居住建筑节能设计标准应用技术导则

——严寒和寒冷、夏热冬冷地区

住房和城乡建设部标准定额研究所　编

中国建筑工业出版社

图书在版编目（CIP）数据

居住建筑节能设计标准应用技术导则——严寒和寒冷、夏热冬冷地区/住房和城乡建设部标准定额研究所编.—北京：中国建筑工业出版社，2010.8
ISBN 978-7-112-12336-0

Ⅰ.①居…　Ⅱ.①住…　Ⅲ.①居住建筑-节能-建筑设计-标准-中国-教材　Ⅳ.①TU241-65

中国版本图书馆 CIP 数据核字（2010）第 148982 号

《严寒和寒冷地区居住建筑节能设计标准》JGJ 26-2010 和《夏热冬冷地区居住建筑节能设计标准》JGJ 134-2010 经住房和城乡建设部 2010 年 3 月 18 日分别以第 522 号、第 523 号公告批准、发布，于 2010 年 8 月 1 日起正式实施。这两本标准是在《民用建筑节能设计标准（采暖居住建筑部分）》JGJ 26-95 和《夏热冬冷地区居住建筑节能设计标准》JGJ 134-2001 基础上修订得来的。

上述两本标准不仅政策性、技术性、经济性强，而且涉及面广、推行难度大。为配合标准的宣贯、实施和监督，住房和城乡建设部标准定额研究所组织标准的主要编制成员编制了此"应用技术导则"。本书主要包含 4 部分内容：第一篇编制概况；第二篇标准内容释义（逐条对上述两本标准的内容进行讲解，内容全面，是贯彻、理解和实施标准的关键）；第三篇专题论述（对标准编制过程中的部分技术指标及参数作了相关介绍）；第四篇相关法律、法规和政策等。

本书适合广大建筑工程设计、暖通工程及工程监理等相关专业技术人员参考使用。

* * *

责任编辑：何玮珂　丁洪良
责任设计：李志立
责任校对：张艳侠　关　健

居住建筑节能设计标准应用技术导则
——严寒和寒冷、夏热冬冷地区
住房和城乡建设部标准定额研究所　编

*
中国建筑工业出版社出版、发行（北京西郊百万庄）
各地新华书店、建筑书店经销
北京红光制版公司制版
北京云浩印刷有限责任公司印刷
*
开本：787×1092毫米　1/16　印张：26½　字数：645千字
2010 年 8 月第一版　2011 年 2 月第二次印刷
定价：**68.00** 元
ISBN 978-7-112-12336-0
（19609）

编 委 会 名 单

主编：林海燕　郎四维

编委：（按姓氏笔画顺序排列）

方修睦　冯　雅　闫增峰　朱清宇　陆耀庆

周　辉　赵士怀　董　宏　潘云钢

主审：李　铮　陈国义

审核：林常青　高　鹏

前　言

节能减排关系到建设"资源节约型、环境友好型社会",关系到实现我国政府在哥本哈根会议上所做出的"到 2020 年单位国内生产总值二氧化碳排放比 2005 年下降 40%～50%"的承诺,对实现我国经济和社会的可持续发展都是举足轻重的。

工业、交通、建筑是能源消费的三大领域,一般而言,国家越发达,交通和建筑消耗的能源比例就越高。当前我国的城镇化正处在一个高速发展阶段,城镇化率年均增长接近于 1 个百分点,每年新建成的约 20 亿平方米建筑。随着大量的人口进入城市以及人民生活水平的提高,建筑能耗总量还会不可避免地增长。因此,建筑节能工作的重要性显得非常突出。

要做好建筑节能工作,节能标准的作用非常大。《严寒寒冷地区居住建筑节能设计标准》JGJ 26 - 2010、《夏热冬冷地区居住建筑节能设计标准》JGJ 134 - 2010 由住房和城乡建设部组织编制、审查、批准并与国家质量技术监督检验检疫总局联合发布,于 2010 年8 月 1 日起正式实施。这两本标准是在《民用建筑节能设计标准(采暖居住建筑部分)》JGJ 26 - 95 和《夏热冬冷地区居住建筑节能设计标准》JGJ 134 - 2001 基础上修订得来的。

这两本标准不仅政策性、技术性、经济性强,而且涉及地域较广。与修订前的原标准比,标准的技术内容、计算方法、相关参数的选取和确定都有了明显的变化。尤其是《严寒寒冷地区居住建筑节能设计标准》与其前身《民用建筑节能设计标准(采暖居住建筑部分)》相比,节能目标有了较大的提高,气候区得到了细分,变化更大。

为配合这两本标准的宣贯、实施和监督,住房和城乡建设部标准定额司组织标准的主要编制成员编制了此"应用技术导则"作为标准的宣贯辅导教材。导则主要包括 4 部分内容:第一篇编制概况;第二篇标准内容释义,逐条对标准内容进行讲解,内容全面,是贯彻、理解、实施这两本标准的关键;第三篇专题论述,就标准编制过程中的部分技术指标、参数确定等内容作了介绍;第四篇相关法律、法规和政策。

本书适合相关气候区各级建设行政主管部门负责建筑节能工作的人员、设计院的建筑师、暖通空调工程师等技术人员、施工图审查人员、监理和质检机构人员以及大专院校、科研单位从事建筑节能研究的人员参考使用。

编者

2010 年 7 月

4

目　　录

第一篇 编制概况

一、严寒和寒冷地区居住建筑节能设计标准

1 任务来源及编制过程

根据 2005 年 3 月 30 日原建设部印发建标函 [2005] 84 号文件"关于印发《2005 年工程建设标准规范制定、修订计划（第一批）》的通知"，《民用建筑节能设计标准（采暖居住建筑部分）》JGJ 26-95 全面修订，并更名为《严寒和寒冷地区居住建筑节能设计标准》。中国建筑科学研究院为主编单位，会同其他参编单位共同修订本标准。

由于中国建筑科学研究院同时接受了工程建设国家标准《居住建筑节能设计标准》的主编任务，而《居住建筑节能设计标准》的内容涵盖了本标准的内容，所以前期的编制工作主要是围绕着《居住建筑节能设计标准》开展的。2006 年 9 月工程建设国家标准《居住建筑节能设计标准》编制组第四次工作会议以后，根据建设部标准定额司的指示，暂时放缓国家标准《居住建筑节能设计标准》的制订工作，将工作重点转至《民用建筑节能设计标准（采暖居住建筑部分）》JGJ 26-95、《夏热冬冷地区居住建筑节能设计标准》JGJ 134-2001 的修订上来。

2007 年 3 月 23 日在北京中国建筑科学研究院召开《严寒和寒冷地区居住建筑节能设计标准》JGJ 26 和《夏热冬冷地区居住建筑节能设计标准》JGJ 134-2001 修订编制组第一次工作会议。在这次工作会议上正式将原国标《居住建筑节能设计标准》编制组分成这两个行业标准的修编组，并在《居住建筑节能设计标准》征求意见稿的基础上形成了两个行业标准的草稿。会上建设部标准定额研究所领导要求编制组在已有的基础上，加快行业标准的修订工作。

《严寒和寒冷地区居住建筑节能设计标准》JGJ 26（以下简称《标准》）标准编制组经过 1 年多的工作，2008 年 4 月完成了该标准的征求意见稿，并通过网上和书面两种方式广泛征求意见，2008 年 11 月完成了送审稿。

2008 年 12 月工程建设标准技术归口管理单位在北京组织召开了该标准的审查会。审查委员会对该标准进行了严格地审查，并提出了许多宝贵的修改意见。审查委员会一致通过了《标准》送审稿审查，建议编制组根据审查会议的意见，对送审稿进一步修改和完善，形成报批稿，尽快上报。

审查会议后，标准主编单位根据审查委员会的修改意见和建议，又对该标准进行了逐条检查和修改，最终完成了该标准的报批稿，现正式向标准主管部门报批。

2 标准的主要内容及特点

2.1 标准制定的基本原则

（1）在标准中明确界定居住建筑的范围，确定了标准的适用范围。

（2）适应建筑节能形势的需要，将原标准 50% 的节能目标提高到 65% 左右，接近气候相近的发达国家的水平。但从适合中国国情出发，也为了使今后建筑节能的目标提法更科学，标准条文中不再简单地提节能百分之多少作为目标，而是在条文说明中加以更加详

细准确的描述。

（3）结合在编的气象数据标准工作，细分了我国北方的严寒和寒冷建筑气候区。采用度日数作为气候子区的分区指标，进而确定建筑围护结构规定性指标的限值要求，并注意与原有标准的衔接。

（4）针对目前国内外外墙保温的工程现状和技术要求，应采用新的评价指标评价不同保温构造的热桥影响。

（5）补充完善原标准中的耗热量指标计算方法。

（6）根据不同建筑、不同地区供热体制改革的需求，确定节能效果明显的措施。

条件允许时，鼓励使用可再生能源。

2.2 主要内容

本标准适用于严寒和寒冷地区新建、改建和扩建居住建筑的建筑节能设计。包括以下5章和7个附录。即：（1）总则；（2）术语；（3）严寒和寒冷地区气候子区及室内热环境计算参数；（4）建筑与围护结构热工设计；（5）采暖、通风和空气调节节能设计；（6）附录A 主要城市的气候区属、气象参数、耗热量指标；（7）附录B 平均传热系数和热桥线性传热系数计算；（8）附录C 地面传热系数计算；（9）附录D 围护结构传热系数的修正系数 ε 值和封闭阳台温差修正系数 ζ；（10）附录E 外遮阳系数的简化计算；（11）附录F 关于面积和体积的计算；（12）附录G 采暖管道最小保温层厚度 $\delta_{\min}$。

第3章"严寒和寒冷地区气候子区及室内热环境计算参数"按采暖度日数细分了我国北方地区的气候子区，规定了冬季采暖计算温度和计算换气次数。

第4章"建筑与围护结构热工设计"规定了体形系数和窗墙面积比限值，并按新分的气候子区规定了围护结构热工参数限值。规定了围护结构热工性能的权衡判断的方法和要求。采用稳态计算方法，给出该地区居住建筑的采暖耗热量指标。

第5章"采暖、通风和空气调节节能设计"提出在节能65%要求下，热源、热力站及热力网、采暖系统、通风与空气调节系统设计的基本规定，并与当前我国北方城市的供热改革相结合，提供相应的指导原则和技术措施。

2.3 标准的特点

（1）在原标准的基础上，大幅提高了建筑围护结构的热工性能要求，对采暖系统地提出了更严格的技术措施，将采暖居住建筑的节能目标提高到65%。

（2）根据采暖度日数指标，将我国的严寒和寒冷气候区进一步细分为5个气候小区，按照这5个气候小区分别确定居住建筑的围护结构热工性能要求，针对性更强。

（3）本标准的技术内容涵盖建筑及围护结构热工性能，采暖系统的热源、输配系统、末端及监测控制系统，比较全面。在提出规定性指标的同时又提出性能化的设计方法，可操作性强。

（4）规定采暖系统的控制和计量措施，符合国情要求。

（5）本标准提供了配套的计算软件，同时也提供了可以直接查找的表格，附录内容比较完整、实用。

3 征求意见处理情况

2008年8月形成征求意见稿，向社会发函，广泛征求意见。征求意见稿共发出85

份，收到反馈意见表21份，各类问题汇总共计116条。征求意见单位涵盖设计院、科研院所、大专院校及生产厂家等。反馈意见的都是具有居住建筑节能设计、施工经验的专家和技术人员，他们从各方面提出了十分具体的意见。主编单位在认真考虑反馈意见的情况下，修改原稿得到送审稿初稿，并经编制组讨论，定稿。

4 标准审查会意见和结论

2008年12月9日，由住房和城乡建设部建筑工程标准技术归口单位在北京组织召开了行业标准《严寒和寒冷地区居住建筑节能设计标准（送审稿）》审查会。该标准系根据原建设部建标函〔2005〕84号文件的要求，由中国建筑科学研究院会同参编单位对《民用建筑节能设计标准（采暖居住建筑部分）》JGJ 26-95的全面修订并更名而成。会议由标准技术归口单位程志军处长主持，住房和城乡建设部标准定额研究所陈国义处长、高鹏工程师出席了会议。陈国义处长代表标准主管部门讲话，他强调了《标准》的修订对促进我国严寒和寒冷地区居住建筑节能减排的重要意义，并对送审稿的审查提出了具体要求。出席审查会的代表共30余人，其中包括编制组的全体成员。

《标准》的审查由审查委员会主任吴德绳、许文发教授主持。编制组代表对《标准》修编的背景、工作情况、修编原则、主要内容以及提请审查的重点作了简要介绍。会议听取了编制组代表的介绍，审查委员会对《标准》展开了逐章逐条的审查，并突出了审查重点。通过审查和讨论，审查委员会形成以下审查意见：

（1）《标准》及其条文说明，资料齐全、内容完整、数据可信，符合标准审查的要求。

（2）《标准》与现行相关标准、规范协调一致。

（3）《民用建筑节能设计标准（采暖居住建筑部分）》JGJ 26-95对推动我国的建筑节能事业发挥过巨大的作用。随着建筑节能工作全面深入开展，《标准》的修订是必要的，对进一步推动我国采暖居住建筑的节能工作具有重要的现实意义。

（4）根据国家对节能减排的要求，在总结采暖地区实施《民用建筑节能设计标准（采暖居住建筑部分）》JGJ 26-95的经验和遇到的问题的基础上，借鉴建筑节能先进国家的经验，《标准》在以下几方面作了重大的修订：1）将采暖居住建筑的节能目标提高到65%左右；2）细分了严寒和寒冷地区的节能设计子气候区；3）根据建筑的不同层数，提出了体形系数、建筑围护结构传热系数和耗热量指标的限值；4）调整了窗墙面积比限值，提高了窗的热工性能要求；5）采用了基于二维传热计算的附加线传热系数方法计算外墙平均传热系数；6）补充和修改了建筑物耗热量指标计算方法；7）增加了与供热计量有关的技术内容；8）增加了通风、空调内容和系统冷源能效限值的规定。

（5）《标准》能适应节能减排的形势，符合我国国情，并吸收了发达国家建筑节能的经验及先进成果，具有科学性、先进性和可操作性，总体上达到了国际先进水平。

（6）审查委员会一致通过了《标准》送审稿审查，建议编制组根据审查会议的意见，对送审稿进一步修改和完善，形成报批稿，尽快上报。

5 发布公告

住房和城乡建设部于2010年3月18日印发"中华人民共和国住房和城乡建设部公告"【第522号】"关于发布行业标准《严寒和寒冷地区居住建筑节能设计标准》JGJ 26-

中华人民共和国住房和城乡建设部

公 告

第 522 号

关于发布行业标准《严寒和寒冷地区 居住建筑节能设计标准》的公告

现批准《严寒和寒冷地区居住建筑节能设计标准》为行业标准，编号为 JGJ26－2010，自 2010 年 8 月 1 日起实施。其中，第 4.1.3、4.1.4、4.2.2、4.2.6、5.1.1、5.1.6、5.2.4、5.2.9、5.2.13、5.2.19、5.2.20、5.3.3、5.4.3、5.4.8 条为强制性条文，必须严格执行。原《民用建筑节能设计标准（采暖居住建筑部分）》JGJ26－95 同时废止。

— 1 —

本标准由我部标准定额研究所组织中国建筑工业出版社出版发行。

二〇一〇年三月十八日

印发：各省、自治区住房和城乡建设厅，直辖市建委及有关部门，新疆生产建设兵团建设局，国务院有关部门，有关协会，有关标准技术归口单位。

住房和城乡建设部办公厅秘书处　　　2010 年 3 月 19 日印发

校对：标准定额司　王果英

二、夏热冬冷地区居住建筑节能设计标准

1 任务来源及编制过程

根据 2005 年 3 月 30 日原建设部印发建标函〔2005〕84 号文件"关于印发《2005 年工程建设标准规范制定、修订计划（第一批）》的通知"，《夏热冬冷地区居住建筑节能设计标准》JGJ 134－2001 局部修订，中国建筑科学研究院为主编单位。会同其他参编单位共同修编本标准。

由于中国建筑科学研究院同时接受了工程建设国家标准《居住建筑节能设计标准》的主编任务，而《居住建筑节能设计标准》的内容涵盖了本标准的内容，所以前期的编制工作主要是围绕着《居住建筑节能设计标准》开展的。2006 年 9 月工程建设国家标准《居住建筑节能设计标准》编制组第四次工作会议以后，根据建设部标准定额司的指示，暂时放缓国家标准《居住建筑节能设计标准》的制订工作，将工作重点转至《夏热冬冷地区居住建筑节能设计标准》JGJ 134－2001 局部修订和《民用建筑节能设计标准（采暖居住建筑部分）》JGJ 26－95 全面修订的两项工作上。

2007 年 3 月 23 日在北京中国建筑科学研究院召开《严寒和寒冷地区居住建筑节能设计标准》和《夏热冬冷地区居住建筑节能设计标准》编制组成立会暨第一次工作会议。在这次工作会议上正式将原国标《居住建筑节能设计标准》编制组分成这两个行业标准的修编组，并在《居住建筑节能设计标准》征求意见稿的基础上形成了两个行业标准的草稿。会上建设部标准定额研究所领导要求编制组在已有的基础上，加快行业标准的修订工作。

根据工作计划及分工，编制组于 2007 年 5 月至 12 月，完成了各地标准背景资料的调研、整理与分析，并制定各地典型年气候参数，为编制整个地区节能标准的指导思想、标准所要规定的水平定位提供了依据。2008 年 2 月至 6 月，完成了围护结构热工性能指标的制定。2008 年 7 月 27 日编制组召开了第二次工作会议。在第二次会议上，编制组对主编单位提出的征求意见稿初稿进行讨论，在建筑、热工及暖通空调系统技术要求及行业导向上编制组内部统一了认识。会后，主编人员根据编制组的处理意见对初稿进行修改，于 2008 年 8 月形成征求意见稿，并广泛征求意见。

考虑到本标准是局部修编，时间已非常紧张，主编单位在汇总完征求意见稿反馈意见后，没有专门召开编制组全体会议，而是将收集到的反馈意见整理后发给各编委，编制组成员之间通过电子邮件讨论、交换意见，形成编制组的处理意见。根据编制组的处理意见，主编单位对征求意见稿进行了修改，形成了正式的送审稿。

在标准编制过程中，除全体编制组会议外，编制组还召开了多次不同形式的讨论会，广泛交流、及时修改和总结，解决了许多专门问题和难点。这种灵活多样的讨论会是标准编制中一种必需的工作方式，时间短、成本低、效率高。

本标准的修订也得到美国劳伦斯伯克利实验室（LNBL）技术支持，在标准的编制过程中，主编单位与 LNBL 等部门的外籍专家进行了多次交流，了解国外居住建筑节能设计的现状、技术及相关标准情况。外籍专家给予中方许多中肯的建议和帮助。

2 标准的主要内容及特点

2.1 标准制定的基本原则

（1）鉴于夏热冬冷地区的居住建筑围护结构的热工性能要兼顾冬夏两季，而且冬季采暖和夏季空调又都属居民个人行为，仅从建筑围护结构入手，进一步提高节能率潜力有限，因此本次修编不提高原标准的节能目标。

（2）夏热冬冷地区大规模实施建筑节能的年头比较短，积累的经验不足，原标准在执行过程中遇到了一些问题，本次修编的重点在提高原标准中一些重要规定的合理性，增强标准的可操作性，促进标准的贯彻和实施。

（3）细化一些重要的规定。

（4）鉴于在节能大检查中发现的夏热冬冷地区空调采暖能耗计算比较混乱的现象，修订后的标准将原来的计算全年空调采暖用电量，改为对建筑围护结构热工性能的综合判断，计算中基本上只允许窗和墙之间调整，其他的细节固定，可避免混乱。至于计算采暖空调用电量时，热泵机组的能效比仍然采用修订前的约定值（偏低），这样在保持相同节能率情况下，不会降低对于围护结构热工参数的要求。

（5）随着近年来采暖空调设备标准最低能效的提高和能效等级标准的实施，在采暖空调设备能效规定上，做了修订。

2.2 主要内容

本标准适用于夏热冬冷地区新建、改建和扩建居住建筑的建筑节能设计。包括以下6章和3个附录。即：（1）总则；（2）术语；（3）室内热环境设计计算指标；（4）建筑和围护结构热工设计；（5）建筑围护结构热工性能的综合判断；（6）采暖、空调和通风节能设计；附录 A 面积和体积的计算；附录 B 外墙平均传热系数的计算；附录 C 外遮阳系数的简化计算。

室内热环境设计计算参数规定了冬夏季采暖设计温度和计算换气次数。本章设定了本标准计算的条件，解释了节能设计标准计算的基本条件。

建筑和围护结构热工设计按建筑层数重新规定了居住建筑的体形系数限值，并规定了围护结构热工设计的包含热桥部位的热工参数限值。当热工性能不满足限值要求时，应进行围护结构热工性能的综合判断。

围护结构热工性能的综合判断给出了方法和计算条件。采用动态模拟，计算并比较设计建筑和参照的冬季采暖和夏季空调的耗电量。

此次修编删除了原标准中采暖空调耗电量限值数据，避免耗电量限值被误解为该地区居住建筑的实际空调采暖能耗。

采暖、空调和通风节能设计提出节能设计要求下，对冷源、热源、通风与空气调节系统设计的基本规定，提供相应的指导原则和技术措施。

作为一本技术标准，编制过程中注意了以下几方面内容：（1）标准应条理清晰，整体结构严谨。节能体系完整合理，便于执行。其规定性指标和性能性指标相结合体现了国际同类标准由规定性指标向性能性指标发展的先进水平。在确保建筑节能目标实现的同时，为建筑师的艺术创造开拓了广阔的空间，体现严格性和灵活性相结合，便于标准的实施。（2）标准提出的室内热环境主要设计指标兼顾社会、经济、技术发展水平，兼顾舒适与节能、环保，体现了适度超前，同时考虑到北方地区内各地发展不平衡。本标准给出的居室冬季采暖设计计算温度为18℃，夏季空调设计计算温度为26℃。另外，为满足室内空气品质的要求，规定采暖、空调时，换气量为1次/小时，从而保证居住者的舒适度要求。

（3）考虑到冷热源的能源效率对节省能源至关重要，标准规定了冷源系统的性能系数，能效比性能参数限值，采暖热源的热效率。并与《冷水机组能效限定值及能源效率等级》GB 19577-2004，《单元式空气调节机能效限定值及能源效率等级》GB 19576-2004，《多联式空调（热泵）机组能效限定值及能源效率等级》GB 21454-2008等标准相一致。

（4）对地源热泵系统设计的要求，适合该地区居住建筑采暖空调特点，确保地下资源不被破坏和不被污染，遵循国家标准《地源热泵系统工程技术规范》GB 50366中的各项有关规定，切实可行，并有利于新能源和新技术的开发应用。

2.3 标准的特点

（1）本次局部修编，重新确定住宅的围护结构热工性能要求和控制采暖空调能耗指标技术措施，根据国情需要和国内技术水平发展现状，没有强制提高节能率要求，而是进一步确保该地区居住建筑节能50%战略目标的落实。

（2）建立了居住建筑围护结构热工性能综合判断法的原则，规定了详细的方法和要求，可操作性强。

（3）本标准包括建筑及围护结构热工性能、冷热源、输配系统、末端及监测控制系统。提出性能化的设计方法，综合性强。

（4）规定了空调冷热源的设备效率，操作简单，具有较强的灵活性。

（5）规定采暖空调系统的控制和计量措施，地源热泵系统设计要求，有利于新能源和新技术的开发应用，符合中国国情。

3 征求意见处理情况

2008年8月形成征求意见稿，向社会发函，广泛征求意见。征求意见稿共发出80份，收到反馈意见表26份，各类问题汇总共计104条。征求意见单位涵盖设计院、科研院所、大专院校及生产厂家等。反馈意见的都是具有居住建筑节能设计、施工经验的专家和技术人员，他们从各方面提出了十分具体的意见。主编单位在认真考虑反馈意见的情况下，修改原稿得到送审稿初稿，并经编制组讨论，定稿。

4 标准审查会意见和结论

根据原建设部建标函〔2005〕84号文的要求，中国建筑科学研究院会同参编单位完成了《夏热冬冷地区居住建筑节能设计标准》JGJ 134-2001（以下简称《标准》送审稿）的局部修订。2008年12月10日由住房和城乡建设部建筑工程标准技术归口单位在北京组织召开了审查会。会议由程志军处长主持，住房和城乡建设部标准定额研究所陈国义处长、林常青工程师出席了会议。陈国义处长代表标准主管部门讲话，他强调了《标准》的修订对促进我国夏热冬冷地区居住建筑节能标准贯彻实施的重要意义，并对送审稿的审查提出了具体要求和希望。程志军处长宣布了审查委员会名单。出席审查会的代表共40余人，其中包括编制组的全体成员。

《标准》的审查由审查委员会主任李百战、陆善后教授主持。编制组代表对《标准》修编的背景、工作情况、修编原则、主要内容以及提请审查的重点作了简要介绍。会议听取了编制组代表的介绍，审查委员会对《标准》展开了逐章逐条的审查，并突出了审查重点。审查工作认真细致、深入全面。通过审查和讨论，审查委员会形成以下审查意见：

（1）《标准》（送审稿）及其条文说明，资料齐全，内容完整，结构严谨，条理清晰，数据可靠，符合标准审查的要求。

（2）《夏热冬冷地区居住建筑节能设计标准》JGJ 134－2001是建设部在该地区首次发布的建筑节能设计标准，对推动该地区的居住建筑的节能发挥着巨大的作用。随着建筑节能工作的深入，该标准在实施过程中遇到一些具体问题，修订工作对进一步推动《标准》的贯彻实施具有重要的现实意义。

（3）总结了夏热冬冷地区实施《夏热冬冷地区居住建筑节能设计标准》JGJ 134－2001的经验和遇到的问题，编制组在以下几方面对《标准》作了重大的修订：

1）根据建筑的不同层数，提出体形系数的限值；

2）根据两档体形系数提出了建筑围护结构传热系数的限值；

3）放宽窗墙面积比，提高窗的热工性能要求，明确了遮阳要求；

4）取消了"建筑物节能综合指标的限值"，引入"参照建筑"进行围护结构热工性能的综合判断；

5）规范和简化了采暖和空调耗电量的计算条件；

6）增加了采暖空调冷热源设备的能效限值。

（4）《标准》适应节能减排的形势，符合我国夏热冬冷地区建筑节能工作的实际，提高了《夏热冬冷地区居住建筑节能设计标准》JGJ 134－2001的科学性，增强了规范性和可操作性，总体上达到了国际先进水平。

（5）审查委员会一致通过了《标准》送审稿审查，建议编制组根据审查会议的意见，对送审稿进一步的修改和完善，形成报批稿，尽快上报。

5 发布公告

住房和城乡建设部于2010年3月18日印发"中华人民共和国住房和城乡建设部公告"【第523号】"关于发布行业标准《夏热冬冷地区居住建筑节能设计标准》的公告"全文如下：

中华人民共和国住房和城乡建设部

公 告

第 523 号

关于发布行业标准《夏热冬冷地区
居住建筑节能设计标准》的公告

现批准《夏热冬冷地区居住建筑节能设计标准》为行业标准，编号为 JGJ134-2010，自 2010 年 8 月 1 日起实施。其中，第 4.0.3、4.0.4、4.0.5、4.0.9、6.0.2、6.0.3、6.0.5、6.0.6、6.0.7 条为强制性条文，必须严格执行。原《夏热冬冷地区居住建筑节能设计标准》JGJ134-2001 同时废止。

本标准由我部标准定额研究所组织中国建筑工业出版社出版发行。

印发：各省、自治区住房和城乡建设厅，直辖市建委及有关部门，新疆生产建设兵团建设局，国务院有关部门，有关协会，有关标准技术归口单位。

住房和城乡建设部办公厅秘书处　　2010年3月24日印发

校对：标准定额司　王果英

第二篇 标准内容释义

一、《严寒和寒冷地区居住建筑节能设计标准》
JGJ 26 - 2010 内容释义

第1章 总 则

1.0.2 本标准适用于严寒和寒冷地区新建、改建和扩建居住建筑的节能设计。

【释义】

本标准适用于各类居住建筑，其中包括住宅、集体宿舍、住宅式公寓、商住楼的住宅部分、托儿所、幼儿园等；采暖能源种类包括煤、电、油、气或可再生能源，系统则包括集中或分散方式供热。

当其他类型的既有建筑改建为居住建筑时，以及原有的居住建筑进行扩建时，都应该按照本标准的要求采取节能措施，必须符合本标准的各项规定。

本标准不涵盖既有居住建筑的节能改造。

1.0.3 严寒和寒冷地区居住建筑必须采取节能设计，在保证室内热环境质量的前提下，建筑热工和暖通设计应将采暖能耗控制在规定的范围内。

【释义】

各类居住建筑的节能设计，必须根据当地具体的气候条件，首先要降低建筑围护结构的传热损失，提高采暖、通风和照明系统的能源利用效率，达到节约能源的目的，同时也要考虑到不同地区的经济、技术和建筑结构与构造的实际情况。

本次标准修订在原标准节能要求基础上，主要从提高围护结构的保温和采暖空调设备效率角度考虑，将建筑物耗热量指标控制在规定的范围内，至于空调节能内容，在第5章有所反映。此外，本标准未包括照明、生活热水、炊事等方面的节能内容。对于照明节能，在《建筑照明设计标准》GB 50034 - 2004 中已另有规定。

我国北方城市建筑供热在二三十年前还是以烧火炉采暖为主，一些城市的集中供热也是以小型锅炉供热为主，而现在已逐步转变为以集中供热为主，区域供热已经有了很大的发展。1996 年全国各城市集中供热面积共计只有 7.3 亿 m^2，到 2005 年各地区城市集中供热面积已达 25.2 亿 m^2，采用不同燃料的分散锅炉供热也迅速增加。1997 年城镇居民家庭平均每百户空调器拥有量北京为 27.20 台，到 2005 年已迅速增加到 146.47 台。由此可以看出，采暖和空调的日益普及，更要求建筑节能工作必须迅速跟上。

为了合理设定节能目标的基准值，并便于衔接与对比，本标准提出的节能目标的基准仍基本上沿用《民用建筑节能设计标准（采暖居住建筑部分）》JGJ 26 - 95 的规定。即严寒地区和寒冷地区的建筑，以各地 1980—1981 年住宅通用设计、4 个单元 6 层楼、体形系数为 0.30 左右的建筑物的耗热量指标计算值，经线性处理后的数据作为基准能耗。在此能耗值的基础上，本标准将居住建筑的采暖能耗降低 65% 左右作为节能目标，再按此目标对建筑、热工、采暖设计提出节能措施要求。

　　当然，这种全年采暖能耗计算，只可能采用典型建筑按典型模式运算，而实际建筑是多种多样、十分复杂的，运行情况也是千差万别。因此，在做节能设计时按照本标准的规定去做就可以满足要求，没有必要再花时间去计算分析所设计建筑物的节能率。

　　本标准的实施，既可节约采暖用能，又有利于提高建筑热舒适性，改善人们的居住环境。

第2章 术语和符号

2.1 术 语

2.1.1 采暖度日数 heating degree day based on 18℃

一年中，当某天室外日平均温度低于18℃时，将该日平均温度与18℃的差值乘以1d，并将此乘积累加，得到一年的采暖度日数。

2.1.2 空调度日数 cooling degree day based on 26℃

一年中，当某天室外日平均温度高于26℃时，将该日平均温度与26℃的差值乘以1d，并将此乘积累加，得到一年的空调度日数。

2.1.3 计算采暖期天数 heating period for calculation

采用滑动平均法计算出的累年日平均温度低于或等于5℃的天数。计算采暖期天数仅供建筑节能设计计算时使用，与当地法定的采暖天数不一定相等。

2.1.4 计算采暖期室外平均温度 mean outdoor temperature during heating period

计算采暖期室外日平均温度的算术平均值。

2.1.5 建筑体形系数 shape factor

建筑物与室外大气接触的外表面积与其所包围的体积的比值。外表面积中，不包括地面和不采暖楼梯间内墙及户门的面积。

2.1.6 建筑物耗热量指标 index of heat loss of building

在计算采暖期室外平均温度条件下，为保持室内设计计算温度，单位建筑面积在单位时间内消耗的需由室内采暖设备供给的热量。

2.1.7 围护结构传热系数 heat transfer coefficient of building envelope

在稳态条件下，围护结构两侧空气温差为1℃，在单位时间内通过单位面积围护结构的传热量。

2.1.8 外墙平均传热系数 mean heat transfer coefficient of external wall

考虑了墙上存在的热桥影响后得到的外墙传热系数。

2.1.9 围护结构传热系数的修正系数 modification coefficient of building envelope

考虑太阳辐射对围护结构传热的影响而引进的修正系数。

2.1.10 窗墙面积比 window to wall ratio

窗户洞口面积与房间立面单元面积（即建筑层高与开间定位线围成的面积）之比。

2.1.11 锅炉运行效率 efficiency of boiler

采暖期内锅炉实际运行工况下的效率。

2.1.12 室外管网热输送效率 efficiency of network

管网输出总热量与输入管网的总热量的比值。

2.1.13 耗电输热比 ratio of electricity consumption to transfered heat quantity

在采暖室内外计算温度下，全日理论水泵输送耗电量与全日系统供热量比值。

2.2 符 号

2.2.1 气象参数

$HDD18$——采暖度日数，单位：℃·d；

$CDD26$——空调度日数，单位：℃·d；

Z——计算采暖期天数，单位：d；

t_e——计算采暖期室外平均温度，单位：℃。

2.2.2 建筑物

S——建筑体形系数，单位：1/m；

q_H——建筑物耗热量指标，单位：W/m²；

K——围护结构传热系数，单位：W/(m²·K)；

K_m——外墙平均传热系数，单位：W/(m²·K)；

ε_i——围护结构传热系数的修正系数，无因次。

2.2.3 采暖系统

η_1——室外管网热输送效率，无因次；

η_2——锅炉运行效率，无因次；

EHR——耗电输热比，无因次。

第3章 严寒和寒冷地区气候子区
与室内热环境计算参数

3.0.1 依据不同的采暖度日数($HDD18$)和空调度日数($CDD26$)范围,可将严寒和寒冷地区进一步划分成为表3.0.1所示的5个气候子区。

表3.0.1 严寒和寒冷地区居住建筑节能设计气候子区

气候子区		分 区 依 据
严寒地区 (Ⅰ区)	严寒(A)区	$6000 \leqslant HDD18$
	严寒(B)区	$5000 \leqslant HDD18 < 6000$
	严寒(C)区	$3800 \leqslant HDD18 < 5000$
寒冷地区 (Ⅱ区)	寒冷(A)区	$2000 \leqslant HDD18 < 3800,\quad CDD26 \leqslant 90$
	寒冷(B)区	$2000 \leqslant HDD18 < 3800,\quad CDD26 > 90$

【释义】

衡量一个地方的寒冷的程度可以用不同的指标。以前的几本相关标准用的基本上都是温度指标。但是本建筑节能设计标准的着眼点在于控制采暖的能耗,而采暖的需求除了温度的高低这个因素外,还与低温持续的时间长短有着密切的关系。而欧洲和北美大部分国家的建筑节能规范都是依据采暖度日数作为分区指标的。我国地域辽阔,一个气候区的面积就可能相当于欧洲几个国家,区内的冷暖程度相差也比较大,有必要进一步细分。因此,本标准中气候分区的指标以采暖度日数($HDD18$)结合空调度日数($CCD26$)。同时将严寒和寒冷地区进一步细分成5个子区,并依此提出的建筑围护结构热工性能的合理要求。

本标准采暖度日数($HDD18$)计算步骤如下:

1. 计算近10年每年365天的日平均温度。日平均温度取气象台站每天4次的实测值的平均值。

2. 逐年计算采暖度日数。当某天的日平均温度低于18℃时,用该日平均温度与18℃的差值乘以1天,并将此乘积累加,得到一年的采暖度日数($HDD18$)。

3. 以上述10年采暖度日数($HDD18$)的平均值为基础,计算得到该城市的采暖度日数($HDD18$)值。

本标准空调度日数($CDD26$)计算步骤如下:

1. 计算近10年每年365天的日平均温度。日平均温度取气象台站每天4次的实测值的平均值。

2. 逐年计算空调度日数。当某天的日平均温度高于26℃时,用该日平均温度与26℃的差值乘以1天,并将此乘积累加,得到一年的空调度日数($CDD26$)。

3. 以上述10年空调度日数($CDD26$)的平均值为基础,计算得到该城市的空调度日数($CDD26$)值。

目前,我国大部分气象站提供每日4次的温度实测值,少量气象站逐时纪录温度变化。本标准作过比对，气象台站每天 4 次的实测值的平均值与每天 24 次的实测值的平均值之间的差异不大，因此采用每天 4 次的实测值的平均值作为日平均气温。

上述气候分区更多的考虑的是技术层面的要求，而没有强调建筑节能管理方面，有时候会带来一些行政管理上的麻烦，例如有一些省份由于一两个不同气候区属的城市，地方（省一级）建筑节能工作的管理中就多出了一个气候区，对这样的情况可以在地方性的技术和管理文件中作一些特殊的规定。

3.0.2 室内热环境计算参数的选取应符合下列规定：

1 冬季采暖室内计算温度应取 18℃；

2 冬季采暖计算换气次数应取 0.5h^{-1}。

【释义】

室内热环境质量的指标体系包括温度、湿度、风速、壁面温度等多项指标。本标准只提了温度指标和换气次数指标，原因是考虑到一般住宅极少配备集中空调系统，湿度、风速等参数实际上无法控制。另一方面，在室内热环境的诸多指标中，对人体的舒适以及对采暖能耗影响最大的也是温度指标，换气指标则是从人体卫生角度考虑的一项必不可少的指标。

冬季室温控制在 18℃，基本达到了热舒适的水平。

本条文规定的 18℃ 只是一个计算能耗时所采用的室内温度，并不等于实际的室温。在严寒和寒冷地区，对一栋特定的居住建筑，实际的室温主要受室外温度的变化和采暖系统的运行状况的影响。

换气次数是室内热环境的另外一个重要的设计指标。冬季室外的新鲜空气进入室内，一方面有利于确保室内的卫生条件；另一方面又要消耗大量的能量，因此要确定一个合理的换气次数。

本条文规定的换气次数也只是一个计算能耗时所采用的换气次数数值，并不等于实际的换气次数。实际的换气量是由住户自己控制的。在北方地区，由于冬季室内外温差很大，居民很注意窗户的密闭性，很少长时间开窗通风。

第4章 建筑与围护结构热工设计

4.1 一般规定

4.1.1 建筑群的总体布置，单体建筑的平面、立面设计和门窗的设置，应考虑冬季利用日照并避开冬季主导风向。

【释义】

建筑群的布置和建筑物的平面设计合理与否与建筑节能关系密切。建筑节能设计首先应从总体布置及单体设计开始，应考虑如何在冬季最大限度地利用自然能来取暖，多获得热量和减少热损失，以达到节能的目的。具体来说，就是要在冬季充分利用日照，朝向上应尽量避开当地冬季主导风向。

4.1.2 建筑物宜朝向南北或接近朝向南北。建筑物不宜设有三面外墙的房间，一个房间不宜在不同方向的墙面上设置两个或更多的窗。

【释义】

太阳辐射得热对建筑能耗的影响很大，冬季太阳辐射得热可降低采暖负荷。由于太阳高度角和方位角的变化规律，南北朝向的建筑冬季可以增加太阳辐射得热。但朝向的选择受着多种考虑的制约，包括不同方向的视野、建筑物对邻近公路的位置、建筑基地的地形、噪声源的所在地以及气候的性质。

房屋的朝向通过其对于两种不同气候因素影响的调节作用，从两个方面影响着室内的气候：

(1)太阳辐射及其对不同方向的墙面和房间的热作用。

(2)与主导风向及建筑朝向之间的关系有关联的通风问题。

对于以上两个因素的考虑可能导致互为矛盾的朝向要求。根据严寒和寒冷各地区夏季的最多频率风向，建筑物的主体朝向为南北向，也有利于自然通风。因此南北朝向是最有利的建筑朝向。但由于建筑物的朝向还要受到许多其他因素的制约，不可能都做到南北朝向，所以本条用了"宜"字。

然而，在分析朝向的影响时，最方便的还是先分别地探讨这两个因素，然后找出适合任一特定情况的最佳处理方案。调整建筑设计以缓和朝向对温度及通风条件影响是完全可能的。

各地区特别是严寒地区，外墙的传热耗热量占围护结构耗热量的28%以上，外墙面越多则耗热量越大，越容易产生结露、长毛的现象。如果一个房间有三面外墙，其散热面过多，能耗过大，对建筑节能极为不利。当一个房间有两面外墙时，例如靠山墙拐角的房间，不宜在两面外墙上均开设外窗，以避免增强冷空气的渗透，增大采暖耗热量。

4.1.3 严寒和寒冷地区居住建筑的体形系数不应大于表4.1.3规定的限值。当体形系数大于表4.1.3规定的限值时，必须按照本标准第4.3节的要求进行围护结构热工性能的权衡判断。

表 4.1.3　严寒和寒冷地区居住建筑的体形系数限值

	建 筑 层 数			
	≤3层	(4～8)层	(9～13)层	≥14层
严寒地区	0.50	0.30	0.28	0.25
寒冷地区	0.52	0.33	0.30	0.26

【释义】

本条文是强制性条文。

建筑物体形系数是指建筑物的外表面积和外表面积所包围的体积之比。

建筑物的平、立面不应出现过多的凹凸，体形系数的大小对建筑能耗的影响非常显著。体形系数越小，单位建筑面积对应的外表面积越小，外围护结构的传热损失越小。从降低建筑能耗的角度出发，应该将体形系数控制在一个较小的水平上。

但是，体形系数不只是影响外围护结构的传热损失，它还与建筑造型、平面布局、采光通风等紧密相关。体形系数过小，将制约建筑师的创造性，造成建筑造型呆板，平面布局困难，甚至损害建筑功能。因此，如何合理确定建筑形状，必须考虑本地区气候条件、冬、夏季太阳辐射强度、风环境、围护结构构造等各方面因素。应权衡利弊，兼顾不同类型的建筑造型，尽可能地减少房间的外围护面积，使体形不要太复杂，凹凸面不要过多，以达到节能的目的。

表 4.1.3 中的建筑层数分为四类，是根据目前大量新建居住建筑的种类来划分的。如(1～3)层多为别墅、托幼、疗养院，(4～8)层的多为大量建造的住宅，其中 6 层板式楼最常见，(9～13)层多为高层板楼，14 层以上多为高层塔楼。考虑到这四类建筑本身固有的特点，即低层建筑的体形系数较大，高层建筑的体形系数较小，因此，在体形系数的限值上有所区别。这样的分层方法与现行《民用建筑设计通则》GB 50352 - 2005 有所不同。在《民用建筑设计通则》中，(1～3)为低层，(4～6)为多层，(7～9)为中高层，10 层及 10 层以上为高层。之所以不同是由于两者考虑如何分层的依据不同，节能标准主要考虑体形系数的变化，《民用建筑设计通则》则主要考虑建筑使用的要求和防火的要求，例如 6 层以上的建筑需要配置电梯，高层建筑的防火要求更严等。从使用的角度讲，本标准的分层与《民用建筑设计通则》的分层不同并不会给设计人员带来任何新增的麻烦。

体形系数对建筑能耗影响较大，依据严寒地区的气象条件，在 0.3 的基础上每增加0.01，能耗约增加 2.4%～2.8%；每减少 0.01，能耗约减少 2.3%～3%。严寒地区如果将体形系数放宽，为了控制建筑物耗热量指标，围护结构传热系数限值将会变得很小，使得围护结构传热系数限值在现有的技术条件下实现有难度，同时投入的成本太大。本标准适当地将低层建筑的体形系数放大到 0.50 左右，将大量建造的6(4～8)层建筑的体形系数控制在 0.30 左右，有利于控制居住建筑的总体能耗。同时经测算，建筑设计也能够做到。高层建筑的体形系数一般在 0.23 左右。为了给建筑师更大的设计灵活空间，将严寒地区体形系数限值控制在 0.25(≥14 层)。寒冷地区体形系数控制适当放宽。

编制组曾经做过分析，以北京地区为例，通过计算典型多层建筑模型的耗热量指标，来研究体形系数对居住建筑耗热量指标的影响。改变体形系数是通过增减建筑模型的层数得到的。如表 4.1.3-1 所示。

表 4.1.3-1 体形系数对建筑耗热量指标的影响

体形系数	0.366	0.341	0.324	0.313	0.304	0.297	0.291	0.287	0.283
耗热量指标(W/m²)	23.24	22.04	21.24	20.67	20.24	19.9	19.64	19.42	19.24
体形系数减少量	0.025	0.017	0.011	0.009	0.007	0.006	0.004	0.004	0.003
耗热量指标减少量	1.2	0.8	0.57	0.43	0.34	0.26	0.22	0.18	0.16
体形系数每减少0.01,耗热量减少百分比	2.1%	2.1%	2.4%	2.3%	2.4%	2.2%	2.8%	2.3%	2.8%

体形系数	0.28	0.277	0.275	0.273	0.271	0.266	0.261	0.258
耗热量指标(W/m²)	19.08	18.95	18.84	18.74	18.65	18.44	18.2	18.04
体形系数减少量	0.003	0.002	0.002	0.002	0.005	0.005	0.003	—
耗热量指标减少量	0.13	0.11	0.1	0.09	0.21	0.24	0.16	
体形系数每减少0.01,耗热量减少百分比	2.3%	2.9%	2.7%	2.4%	2.3%	2.6%	2.9%	平均值 2.5%

从上述两表数据可以看出:建筑的耗热量指标随着体形系数的减小而减小,并且体形系数每减少 0.01,建筑的耗热量指标就会减少 2.1%～2.9%,平均减少 2.5%。并且通过数据拟合发现,建筑的耗热量指标与体形系数的线性关系较强,其拟合曲线如图 4.1.3 所示。

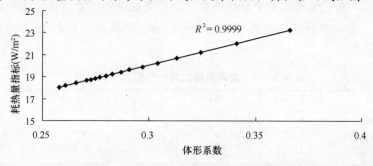

图 4.1.3 建筑耗热量指标与体形系数的关系

另外由于本条文是强制性条文,一般情况下对体形系数的要求是必须满足的。一旦所设计的建筑超过规定的体形系数时,则要求提高建筑围护结构的保温性能,并按照本章第 4.3 节的规定进行围护结构热工性能的权衡判断,审查建筑物的采暖能耗是否能控制在规定的范围内。

4.1.4 严寒和寒冷地区居住建筑的窗墙面积比不应大于表 4.1.4 规定的限值。当窗墙面积比大于表 4.1.4 规定的限值时,必须按照本标准第 4.3 节的要求进行围护结构热工性能的权衡判断,并且在进行权衡判断时,各朝向的窗墙面积比最大也只能比表 4.1.4 中的对应值大 0.1。

表 4.1.4 严寒和寒冷地区居住建筑的窗墙面积比限值

朝 向	窗墙面积比	
	严寒地区	寒冷地区
北	0.25	0.30
东、西	0.30	0.35
南	0.45	0.50

注:1 敞开式阳台的阳台门上部透明部分应计入窗户面积,下部不透明部分不应计入窗户面积。

2 表中的窗墙面积比应按开间计算。表中的"北"代表从北偏东小于 60°至北偏西小于 60°的范围;"东、西"代表从东或西偏北小于等于 30°至偏南小于 60°的范围;"南"代表从南偏东小于等于 30°至偏西小于等于 30°的范围。

【释义】

本条文是强制性条文。

窗（包括阳台门的透明部分）对建筑能耗高低的影响主要有两个方面：一是窗的传热系数影响冬季采暖、夏季空调时的室内外温差传热；另外窗受太阳辐射影响而造成室内得热。冬季，通过窗户进入室内的太阳辐射热有利于建筑节能，因此，减小窗的传热系数抑制温差传热是降低窗热损失的主要途径之一；而夏季，通过窗口进入室内的太阳辐射热成为空调降温的负荷，因此，减少进入室内的太阳辐射以及减小窗或透明幕墙的温差传热都是降低空调能耗的途径。

窗墙面积比既是影响建筑能耗的重要因素，也受建筑日照、采光、自然通风等满足室内环境要求的制约。一般普通窗户（包括阳台的透明部分）的保温性能比外墙差很多，而且窗的四周与墙相交之处也容易出现热桥，窗越大，温差传热量也越大。因此，从降低建筑能耗的角度出发，必须合理地限制窗墙面积比。

编制组曾进行计算，分析了不同朝向窗墙比的变化对建筑耗热量指标的影响。分析时，在保持其他立面的窗墙比不变的情况下，分别变化南向、东西向、北向的窗墙比，来研究不同朝向的窗墙比的变化对耗热量指标的影响。计算结果如表 4.1.4-1 至表 4.1.4-3 所示。

表 4.1.4-1　南向窗墙比对耗热量指标的影响

窗墙比	0.5	0.45	0.4	0.35	0.3	0.25	0.2	0.15	平均
耗热量（W/m²）	21.34	21.24	21.23	21.03	20.93	20.82	20.72	20.61	
窗墙比每增加 0.05 耗热量增加量（W/m²）	—	0.47%	0.05%	0.95%	0.48%	0.53%	0.48%	0.53%	0.50%

表 4.1.4-2　北向窗墙比对耗热量指标的影响

窗墙比	0.4	0.35	0.3	0.25	0.2	0.15	平均
耗热量（W/m²）	21.24	20.67	20.1	19.52	18.95	18.38	
窗墙比每增加 0.05 耗热量增加量（W/m²）	—	2.76%	2.84%	2.97%	3.01%	3.10%	2.93%

表 4.1.4-3　东西向窗墙比对耗热量指标的影响

窗墙比	0.31	0.26	0.21	0.16	0.11	0.06	平均
耗热量（W/m²）	22.14	21.96	21.78	21.6	21.42	21.24	
窗墙比每增加 0.05 耗热量增加量（W/m²）	—	0.82%	0.83%	0.83%	0.84%	0.85%	0.83%

从上述数据可以看出：

（1）建筑的耗热量指标随着窗墙比的增大而增大；

（2）不同朝向的窗墙比变化对耗热量指标的影响不同：北向窗墙比的变化对耗热量指标的影响较大，东西向窗墙比的变化影响次之，南向窗墙比的变化影响再次之。

另外关于本条文，还需要重点说明以下几点：

（1）本标准中的窗墙面积比按开间计算。之所以这样做主要有两个理由：一是窗的传热损失总是比较大的，需要严格控制；二是建筑节能施工图审查比较方便，只需要审查最可能超标的开间即可。

（2）一般情况下，对窗墙面积比的强制性条文要求是必须满足的。一旦所设计的建筑超过规定的窗墙面积比时，则要求提高建筑围护结构的保温隔热性能，（如选择保温性能好的窗框和玻璃，以降低窗的传热系数，加厚外墙的保温层厚度以降低外墙的传热系数等），并按照本章第4.3节的规定进行围护结构热工性能的权衡判断，审查建筑物耗热量指标是否能控制在规定的范围内。而且，即使是采用权衡判断，窗墙面积比也应该有所限制。从节能和室内环境舒适的双重角度考虑，居住建筑都不应该过分地追求所谓的通透。

（3）关于朝向，在严寒地区，南偏东30°～南偏西30°为最佳朝向，因此建筑各朝向偏差在30°以内时，按相应朝向处理；超过30°时，按不利朝向处理。比如：南偏东20°时，则认为是南向；南偏东30°时，则认为是东向。

4.1.5 楼梯间及外走廊与室外连接的开口处应设置窗或门，且该窗和门应能密闭。严寒（A）区和严寒（B）区的楼梯间宜采暖，设置采暖的楼梯间的外墙和外窗应采取保温措施。

【释义】

严寒和寒冷地区冬季室内外温差大，楼梯间、外走廊如果敞开肯定会增强楼梯间、外走廊隔墙和户门的散热，造成不必要的能耗，因此需要封闭。

从理论上讲，如果楼梯间的外表面（包括墙、窗、门）的保温性能和密闭性能与居室的外表面一样好，那么楼梯间不需要采暖，这是最节能的。

但是，严寒地区（A）区冬季气候异常寒冷，该地区的居住建筑楼梯间习惯上是设置采暖的。严寒地区（B）区冬季气候也非常寒冷，该地区的有些城市的居住建筑楼梯间习惯上设置采暖，有些城市的居住建筑楼梯间习惯上不设置采暖。本标准尊重各地的习惯。设置采暖的楼梯间采暖设计温度应该低一些，楼梯间的外墙和外窗的保温性能对保持楼梯间的温度和降低楼梯间采暖能耗很重要，考虑到设计和施工上的方便，一般就按居室的外墙和外窗同样处理。

4.2　围护结构热工设计

4.2.2 根据建筑物所处城市的气候分区区属不同，建筑围护结构的传热系数不应大于表4.2.2-1～表4.2.2-5规定的限值，周边地面和地下室外墙的保温材料层热阻不应小于表4.2.2-1～表4.2.2-5规定的限值，寒冷(B)区外窗综合遮阳系数不应大于表4.2.2-6规定的限值。当建筑围护结构的热工性能参数不满足上述规定时，必须按照本标准第4.3节的规定进行围护结构热工性能的权衡判断。

表4.2.2-1　严寒(A)区围护结构热工性能参数限值

围护结构部位	传热系数 $K[W/(m^2 \cdot K)]$		
	≤3层建筑	(4～8)层的建筑	≥9层建筑
屋面	0.20	0.25	0.25
外墙	0.25	0.40	0.50
架空或外挑楼板	0.30	0.40	0.40

围护结构部位	传热系数 $K[\text{W}/(\text{m}^2 \cdot \text{K})]$		
	≤3 层建筑	(4～8)层的建筑	≥9 层建筑
非采暖地下室顶板	0.35	0.45	0.45
分隔采暖与非采暖空间的隔墙	1.2	1.2	1.2
分隔采暖与非采暖空间的户门	1.5	1.5	1.5
阳台门下部门芯板	1.2	1.2	1.2
外窗 窗墙面积比≤0.2	2.0	2.5	2.5
0.2＜窗墙面积比≤0.3	1.8	2.0	2.2
0.3＜窗墙面积比≤0.4	1.6	1.8	2.0
0.4＜窗墙面积比≤0.45	1.5	1.6	1.8
围护结构部位	保温材料层热阻 $R[(\text{m}^2 \cdot \text{K})/\text{W}]$		
周边地面	1.70	1.40	1.10
地下室外墙(与土壤接触的外墙)	1.80	1.50	1.20

表 4.2.2-2　严寒(B)区围护结构热工性能参数限值

围护结构部位	传热系数 $K[\text{W}/(\text{m}^2 \cdot \text{K})]$		
	≤3 层建筑	(4～8)层的建筑	≥9 层建筑
屋面	0.25	0.30	0.30
外墙	0.30	0.45	0.55
架空或外挑楼板	0.30	0.45	0.45
非采暖地下室顶板	0.35	0.50	0.50
分隔采暖与非采暖空间的隔墙	1.2	1.2	1.2
分隔采暖与非采暖空间的户门	1.5	1.5	1.5
阳台门下部门芯板	1.2	1.2	1.2
外窗 窗墙面积比≤0.2	2.0	2.5	2.5
0.2＜窗墙面积比≤0.3	1.8	2.2	2.2
0.3＜窗墙面积比≤0.4	1.6	1.9	2.0
0.4＜窗墙面积比≤0.45	1.5	1.7	1.8
围护结构部位	保温材料层热阻 $R[(\text{m}^2 \cdot \text{K})/\text{W}]$		
周边地面	1.40	1.10	0.83
地下室外墙(与土壤接触的外墙)	1.50	1.20	0.91

表 4.2.2-3　严寒(C)区围护结构热工性能参数限值

围护结构部位	传热系数 $K[\text{W}/(\text{m}^2 \cdot \text{K})]$		
	≤3 层建筑	(4～8)层的建筑	≥9 层建筑
屋面	0.30	0.40	0.40
外墙	0.35	0.50	0.60
架空或外挑楼板	0.35	0.50	0.50
非采暖地下室顶板	0.50	0.60	0.60
分隔采暖与非采暖空间的隔墙	1.5	1.5	1.5
分隔采暖与非采暖空间的户门	1.5	1.5	1.5
阳台门下部门芯板	1.2	1.2	1.2
外窗 窗墙面积比≤0.2	2.0	2.5	2.5
0.2＜窗墙面积比≤0.3	1.8	2.2	2.2
0.3＜窗墙面积比≤0.4	1.6	2.0	2.0
0.4＜窗墙面积比≤0.45	1.5	1.8	1.8
围护结构部位	保温材料层热阻 $R[(\text{m}^2 \cdot \text{K})/\text{W}]$		
周边地面	1.10	0.83	0.56
地下室外墙(与土壤接触的外墙)	1.20	0.91	0.61

表 4.2.2-4　寒冷(A)区围护结构热工性能参数限值

围护结构部位		传热系数 $K[\text{W}/(\text{m}^2 \cdot \text{K})]$		
		≤3 层建筑	(4~8)层的建筑	≥9 层建筑
屋面		0.35	0.45	0.45
外墙		0.45	0.60	0.70
架空或外挑楼板		0.45	0.60	0.60
非采暖地下室顶板		0.50	0.65	0.65
分隔采暖与非采暖空间的隔墙		1.5	1.5	1.5
分隔采暖与非采暖空间的户门		2.0	2.0	2.0
阳台门下部门芯板		1.7	1.7	1.7
外窗	窗墙面积比≤0.2	2.8	3.1	3.1
	0.2<窗墙面积比≤0.3	2.5	2.8	2.8
	0.3<窗墙面积比≤0.4	2.0	2.5	2.5
	0.4<窗墙面积比≤0.5	1.8	2.0	2.3
围护结构部位		保温材料层热阻 $R[(\text{m}^2 \cdot \text{K})/\text{W}]$		
周边地面		0.83	0.56	—
地下室外墙(与土壤接触的外墙)		0.91	0.61	—

表 4.2.2-5　寒冷(B)区围护结构热工性能参数限值

围护结构部位		传热系数 $K[\text{W}/(\text{m}^2 \cdot \text{K})]$		
		≤3 层建筑	(4~8)层的建筑	≥9 层建筑
屋面		0.35	0.45	0.45
外墙		0.45	0.60	0.70
架空或外挑楼板		0.45	0.60	0.60
非采暖地下室顶板		0.50	0.65	0.65
分隔采暖与非采暖空间的隔墙		1.5	1.5	1.5
分隔采暖与非采暖空间的户门		2.0	2.0	2.0
阳台门下部门芯板		1.7	1.7	1.7
外窗	窗墙面积比≤0.2	2.8	3.1	3.1
	0.2<窗墙面积比≤0.3	2.5	2.8	2.8
	0.3<窗墙面积比≤0.4	2.0	2.5	2.5
	0.4<窗墙面积比≤0.5	1.8	2.0	2.3
围护结构部位		保温材料层热阻 $R[(\text{m}^2 \cdot \text{K})/\text{W}]$		
周边地面		0.83	0.56	—
地下室外墙(与土壤接触的外墙)		0.91	0.61	—

注：周边地面和地下室外墙的保温材料层不包括土壤和混凝土地面。

表 4.2.2-6　寒冷 (B) 区外窗综合遮阳系数限值

外窗		遮阳系数 SC（东、西向/南、北向）		
		≤3 层建筑	4~8 层的建筑	≥9 层建筑
	窗墙面积比≤0.2	—/—	—/—	—/—
	0.2<窗墙面积比≤0.3	—/—	—/—	—/—
	0.3<窗墙面积比≤0.4	0.45/—	0.45/—	0.45/—
	0.4<窗墙面积比≤0.5	0.35/—	0.35/—	0.35/—

【释义】

本条文是强制性条文。

由于我国幅员辽阔，各地气候差异很大。为了使建筑物适应各地不同的气候条件，满足节能要求，应根据建筑物所处的建筑气候分区，确定建筑围护结构合理的热工性能参数。本标准按照5个子气候区，分别提出了建筑围护结构的传热系数限值以及外窗玻璃遮阳系数的限值。

一、建筑围护结构热工性能限值确定的主要原则：

1. 严寒和寒冷地区冬季室内外温差大，采暖期长，提高围护结构的保温性能对降低采暖能耗作用明显。确定建筑围护结构传热系数的限值时不仅应考虑节能率，而且也从工程实际的角度考虑了可行性、合理性。

2. 围护结构传热系数限值是通过对气候子区的能耗分析和考虑现阶段技术成熟程度而确定的。根据各个气候区节能的难易程度，确定不同的传热系数限值。

3. 我国建筑节能"三步节能"目标实现的技术路线要求。在严寒地区，第二步节能时围护结构保温层厚度已经达到6～10cm厚，再单纯靠通过加厚保温层厚度，获得的节能收益已经很小。因此需通过提高采暖管网输送热效率和提高锅炉运行效率来减轻对围护结构的压力。

理论分析表明，达到同样的节能效果，锅炉效率每增加1%，则建筑物的耗热量指标可降低要求1.5%左右，室外管网输送热效率每增加1%，则建筑物的耗热量指标可降低要求1.0%左右，并且当锅炉效率和室外管网输送热效率都提高时，总能耗的降低和锅炉效率、室外管网输送热效率的提高呈线性关系。考虑到各地节能建筑的节能潜力和我国的围护结构保温技术的成熟程度，为避免各地采用统一的节能比例的做法，而采取同一气候子区，采用相同的围护结构限值的做法。对处于严寒和寒冷气候区的50个城市的多层建筑的建筑物耗热量指标的分析结果表明，采用的管网输送热效率为92%，锅炉平均运行效率为70%时，平均节能率约为65%左右。此时，最冷的海拉尔的节能率为58%，伊春的节能率为61%。这对于经济不发达且到目前建筑节能刚刚起步的这些地区来讲，该指标是合适的。

经过编制组计算分析，在新标准节能65%的要求下，围护结构承担的节能率约为35%～40%，供热系统承担的节能率约为25%～30%。下表是北京地区典型居住建筑各部分节能贡献率(表4.2.2-7)。

表4.2.2-7 围护结构、供热系统性能提高及相应的节能率(北京地区)

	围护结构					供热系统	
	外窗 K	外墙 K	屋面 K	地面 K		锅炉运行效率	管网输送效率
				周边	非周边		
20世纪80年代	6.4	1.7	1.26	0.52	0.3	0.55	0.85
新标准	2.8	0.6	0.45	0.2	0.1	0.70	0.92
变化值	3.6	1.1	0.81	0.32	0.2	0.15	0.07
节能贡献率	19.9%	14.2%	4.5%	1.4%		25%	
	40%						
总节能率	65%						

二、确定围护结构各部分热工性能时所重点考虑的内容

和以前标准要求内容相类似，本标准依然对外墙、屋面、外窗、架空或外挑楼板、非采暖地下室顶板、隔墙（分隔采暖与非采暖空间）、进户门、阳台门下部门芯板、周边地面与地下室外墙等部位的热工性能提出要求。

外墙

本标准所要求的外墙传热系数是考虑了热桥影响后计算得到的平均传热系数。此次标准修编，在外墙平均传热系数计算方法上有很大进步。详细分析内容可参见第三篇的专题文章。

外窗

在严寒和寒冷地区，外窗传热的热量损失占主要地位，而且窗和墙连接的周边又是保温的薄弱环节。因此，本标准对各朝向外窗的传热系数的要求需普遍提高。各个朝向窗墙比是指不同朝向外墙面上的窗、阳台门的透明部分的总面积与所在朝向外墙面的总面积（包括该朝向上的窗、阳台门的透明部分的总面积）之比。

另外由于窗户（包括阳台门的透明部分）的保温隔热性能比外墙差很多，窗墙面积比越大，采暖和空调能耗也越大。因此，从降低建筑能耗的角度出发，必须限制窗墙面积比。本条文规定的围护结构传热系数和遮阳系数限值表中，窗墙面积比越大，对窗的传热系数要求越高。本标准对窗的传热系数要求与窗墙比的大小联系在一起，这与《公共建筑节能设计标准》GB 50189-2005 的要求形式相一致。

这里要说明的是，由于标准规定窗墙比是按开间计算的，一栋建筑肯定会出现若干个窗墙面积比，因此就会出现一栋建筑要求使用多种不同传热系数窗的情况。这种情况的出现在实际工程中处理起来并没有大的困难。为简单起见可以按最严的要求选用窗户产品，当然也可以按不同要求选用不同的窗产品。事实上，同样的玻璃，同样的框型材，由于窗框比的不同，整窗的传热系数本身就是不同的。另外，现在的玻璃选择也非常多，外观完全相同的窗，由于玻璃的不同，传热系数差别也可以很大。

地面（地下室外墙）

与土壤接触的地面的内表面，由于受二维、三维传热的影响，冬季时比较容易出现温度较低的情况，一方面造成大量的热量损失；另一方面也不利于底层居民的健康，甚至发生地面结露现象，尤其是靠近外墙的周边地面更是如此。因此要特别注意这一部分围护结构的保温、防潮。

在严寒地区周边地面一定要增设保温材料层。在寒冷地区周边地面也应该增设保温材料层。

地下室虽然不作为正常的居住空间，但也常会有人的活动，也需要维持一定的温度。另外增强地下室的墙体保温，也有利于减小地面房间和地下室之间的传热，特别是提高一层地面与墙角交接部位的表面温度，避免墙角结露。因此本条文也规定了地下室与土壤接触的墙体要设置保温层。

本标准中表 4.2.2-1～表 4.2.2-5 中周边地面和地下室墙面的保温层热阻要求，大致相当于（2～6）cm 厚的挤压聚苯板的热阻。挤压聚苯板不吸水，抗压强度高，用在地下比较适宜。

本标准所要求的地面（地下室外墙）热阻是考虑了热桥影响后计算得到的平均传热系

数。此次标准修编，在周边地面和非周边地面（地下室外墙）热阻计算方法上有很大进步。详细分析内容可参见第三篇的专题文章。

三、围护结构热工性能计算时所取典型建筑的边界条件

为确定在本标准所规定围护结构热工性能时的建筑物耗热量指标，标准编制组根据大量调研，确定了典型建筑耗热量指标计算的边界条件。

1. 将典型建筑分别按照低层、多层、中高层和高层分类。低层对应3层建筑、多层对应6层的建筑、（9~13）层的建筑和≥14层的。各类典型建筑的条件见表4.2.2-8及表4.2.2-9。

表4.2.2-9 典型建筑的体形系数

地区类别	建筑层数			
	3层	6层	11层	14层
严寒地区	0.41	0.32	0.28	0.23
寒冷地区	0.41	0.32	0.28	0.23

表4.2.2-9 典型建筑的窗墙面积比

地区类别		建 筑 层 数			
		3层	6层	11层	14层
严寒地区	南	0.40	0.30~0.40	0.35~0.40	0.35~0.40
	东西	0.03	0.05	0.05	0.25
	北	0.15	0.20~0.25	0.20~0.25	0.25~0.30
寒冷地区	南	0.40	0.45	0.45	0.40
	东西	0.03	0.06	0.06	0.30
	北	0.15	0.30~0.40	0.30~0.40	0.35

2. 由于本标准室内计算温度与原标准 JGJ 26-95 有所不同，在本标准分析计算中，已将20世纪80年代通用建筑的耗热量指标进行了折算。折算公式如下：

$$q'_{H1} = (q_{H1} + 3.8) \frac{t'_i - t_e}{t_i - t_e} - 3.8$$

3. 采暖和空调时，换气次数应为 1.0 次/h；

4. 室内得热平均强度应取 3.8W/m²。

围护结构热工性能参数计算应符合下列规定：

1. 外墙的传热系数系指考虑了热桥影响后计算得到的平均传热系数，平均传热系数应按本标准附录B的规定计算。

2. 窗墙面积比应按建筑开间计算。

3. 周边地面是指室内距外墙的内表面2m以内的地面，周边地面的传热系数应按本标准附录C的规定计算。

4. 窗的综合遮阳系数应按下式计算：

$$SC = SC_C \times SD = SC_B \times (1 - F_K/F_C) \times SD$$

式中：SC——窗的综合遮阳系数；

SC_c——窗本身的遮阳系数；

SC_B——玻璃的遮阳系数；

F_K——窗框的面积；

F_C——窗的面积，F_K/F_C 为窗框面积比，PVC 塑钢窗或木窗窗框比可取 0.30，铝合金窗窗框比可取 0.20；

SD——外遮阳的遮阳系数，应按本标准附录 D 的规定计算。

4.2.4 寒冷（B）区建筑的南向外窗（包括阳台的透明部分）宜设置水平遮阳或活动遮阳。东、西向的外窗宜设置活动遮阳。外遮阳的遮阳系数应按本标准附录 D 确定。当设置了展开或关闭后可以全部遮蔽窗户的活动式外遮阳时，应认定满足本标准第 4.2.2 条对外窗的遮阳系数的要求。

【释义】

居住建筑的南向的房间大都是起居室、主卧室，常常开设比较大的窗户，夏季透过窗户进入室内的太阳辐射热构成了空调负荷的主要部分。在南窗的上部设置水平外遮阳夏季可减少太阳辐射热进入室内，冬季由于太阳高度角比较小，对进入室内的太阳辐射影响不大。有条件最好在南窗设置卷帘式或百叶窗式的外遮阳。

东西窗也需要遮阳，但由于当太阳东升西落时其高度角比较低，设置在窗口上沿的水平遮阳几乎不起遮挡作用，宜设置展开或关闭后可以全部遮蔽窗户的活动式外遮阳。

冬夏两季透过窗户进入室内的太阳辐射对降低建筑能耗和保证室内环境的舒适性所起的作用是截然相反的。活动式外遮阳容易兼顾建筑冬夏两季对阳光的不同需求，所以设置活动式的外遮阳更加合理。窗外侧的卷帘、百叶窗等就属于"展开或关闭后可以全部遮蔽窗户的活动式外遮阳"，虽然造价比一般固定外遮阳（如窗口上部的外挑板等）高，但遮阳效果好，且能兼顾冬夏，应当鼓励使用。

4.2.5 居住建筑不宜设置凸窗。严寒地区除南向外不应设置凸窗，寒冷地区北向的卧室、起居室不得设置凸窗。

当设置凸窗时，凸窗凸出（从外墙面至凸窗外表面）不应大于 400mm；凸窗的传热系数限值应比普通窗降低 15%，且其不透明的顶部、底部、侧面的传热系数应小于或等于外墙的传热系数。当计算窗墙面积比时，凸窗的窗面积和凸窗所占的墙面积应按窗洞口面积计算。

【释义】

从节能的角度出发，居住建筑不应设置凸窗，但节能并不是居住建筑设计所要考虑的唯一因素，因此本条文提"不宜设置凸窗"。设置凸窗时，凸窗的保温性能必须予以保证，否则不仅造成能源浪费，而且容易出现结露、淌水、长霉等问题，影响房间的正常使用。

严寒地区冬季室内外温差大，凸窗更加容易发生结露现象，寒冷地区北向的房间冬季凸窗也容易发生结露现象，因此本条文提"不应设置凸窗"。

凸窗热工缺陷的存在往往会破坏围护结构整体的保温性能，更为严重的热工缺陷和热桥还有导致室内结露的危险。这些特殊的构造部位都是潜在的热桥，在做外保温的时候要额外注意。

这里通过数值模拟分析，对不同保温情况下的凸窗热桥部位的温度场分布进行比较。标准要求建筑构造部位的潜在热工缺陷及热桥部位须加强，进而采取相关的技术措施以保证最终的围护结构热工性能。

凸窗无局部保温时的温度场分布图　　　凸窗设保温时的温度场分布图

4.2.6 外窗及敞开式阳台门应具有良好的密闭性能。严寒地区外窗及敞开式阳台门的气密性等级不应低于国家标准《建筑外门窗气密、水密、抗风压性能分级及检测方法》GB/T 7106－2008 中规定的 6 级。寒冷地区 1～6 层的外窗及敞开式阳台门的气密性等级不应低于国家标准《建筑外门窗气密、水密、抗风压性能分级及检测方法》GB/T 7106－2008 中规定的 4 级，7 层及 7 层以上不应低于 6 级。

【释义】

本条文是强制性条文。

一般而言，窗户越大，可开启的窗缝越长。窗缝通常都是容易热散失的部位，而且窗户的使用时间越长，缝隙的渗漏也越厉害。为了保证建筑节能，要求外窗具有良好的气密性能，以避免冬季室外空气过多地向室内渗漏。《建筑外门窗气密、水密、抗风压性能分级及检测方法》GB/T 7106-2008 中规定在 10Pa 压差下，每小时每米缝隙的空气渗透量 q_1 和每小时每平方米面积的空气渗透量 q_2 作为外门窗的气密性分级指标。6 级对应的性能指标是：$0.5\ m^3/(m \cdot h) < q_1 \leqslant 1.5\ m^3/(m \cdot h)$，$1.5 m^3/(m^2 \cdot h) < q_2 \leqslant 4.5\ m^3/(m^2 \cdot h)$。4 级对应的性能指标是：$2.0\ m^3/(m \cdot h) < q_1 \leqslant 2.5\ m^3/(m \cdot h)$，$6.0\ m^3/(m^2 \cdot h) < q_2 \leqslant 7.5\ m^3/(m^2 \cdot h)$。

4.2.7 封闭式阳台的保温应符合下列规定：

1　阳台和直接连通的房间之间应设置隔墙和门、窗。

2　当阳台和直接连通的房间之间不设置隔墙和门、窗时，应将阳台作为所连通房间的一部分。阳台与室外空气接触的墙板、顶板、地板的传热系数必须符合本标准第 4.2.2 条的规定，阳台的窗墙面积比必须符合本标准第 4.1.4 条的规定。

3　当阳台和直接连通的房间之间设置隔墙和门、窗，且所设隔墙、门、窗的传热系数不大于本标准第 4.2.2 条表中所列限值，窗墙面积比不超过本标准表 4.1.4 的限值时，可不对阳台外表面作特殊热工要求。

4　当阳台和直接连通的房间之间设置隔墙和门、窗，且所设隔墙、门、窗的传热系数大于本标准第4.2.2条表中所列限值时，阳台与室外空气接触的墙板、顶板、地板的传热系数不应大于本标准第4.2.2条表中所列限值的120%，严寒地区阳台窗的传热系数不应大于2.5W/(m²·K)，寒冷地区阳台窗的传热系数不应大于3.1W/(m²·K)，阳台外表面的窗墙面积比不应大于60%，阳台和直接连通房间隔墙的窗墙面积比不应超过本标准表4.1.4的限值。当阳台的面宽小于直接连通房间的开间宽度时，可按房间的开间计算隔墙的窗墙面积比。

【释义】

　　由于气候寒冷的原因，在北方地区大部分阳台都是封闭式的。封闭式阳台和直接联通的房间之间理应有隔墙和门、窗。有些开发商为了增大房间的面积吸引购买者，常常省去了阳台和房间之间的隔断，这种做法不可取。一方面容易造成过大的采暖能耗，另一方面如若处理不当，房间可能达不到设计温度，阳台的顶板、窗台下部的栏板还可能结露。因此，本条文第1款规定，阳台和房间之间的隔墙不应省去。本条文第2款则规定，如果省去了阳台和房间之间的隔墙，则阳台的外表面就必须当作房间的外围护结构来对待。

　　北方地区，也常常有些封闭式阳台作为冬天的储物空间，本条文的第3款就是针对这种情况提出的要求。

　　朝南的封闭式阳台，冬季常常像一个阳光间，本条文的第4款就是针对这种情况提出的要求。在阳台的外表面保温，白天有阳光时，即使打开隔墙上的门窗，房间也不会多散失热量。晚间关上隔墙上的门窗，阳台上也不会发生结露。阳台外表面的窗墙面积比放宽到0.60，相当于考虑3m层高，1.8m窗高的情况。

4.2.8　外窗（门）框与墙体之间的缝隙，应采用高效保温材料填堵，不得采用普通水泥砂浆补缝。

4.2.9　外窗（门）洞口室外部分的侧墙面应做保温处理，并应保证窗（门）洞口室内部分的侧墙面的内表面温度不低于室内空气设计温、湿度条件下的露点温度，减小附加热损失。

【释义】

　　随着外窗（门）本身保温性能的不断提高，窗（门）框与墙体之间缝隙成了保温的一个薄弱环节，如果为图省事，在安装过程中就采用水泥砂浆填缝，这道缝隙很容易形成热桥，不仅大大抵消了窗（门）的良好保温性能，而且容易引起室内侧窗（门）周边结露，在严寒地区尤其要注意。

　　通常窗、门都安装在在墙上洞口的中间位置，这样墙上洞口的侧面就被分成了室内和室外两部分，室外部分的侧墙面应进行保温处理，否则洞口侧面很容易形成热桥，不仅大大抵消门窗和外墙的良好保温性能，而且容易引起周边结露，在严寒地区尤其要注意。

4.2.10　外墙与屋面的热桥部位均应进行保温处理，并应保证热桥部位的内表面温度不低于室内空气设计温、湿度条件下的露点温度，减小附加热损失。

4.2.11　变形缝应采取保温措施，并应保证变形缝两侧墙的内表面温度在室内空气设计温、湿度条件下不低于露点温度。

【释义】

　　室内表面出现结露最直接的原因是表面温度低于室内空气的露点温度。居住建筑室内表面发生结露会给室内环境带来负面影响，给居住者的生活带来不便。如果长时间的结露则还会滋生霉菌，对居住者的健康造成有害的影响，是不允许的。另一方面，热桥是出现高密度热流的部位，加强热桥部位的保温，可以减小采暖负荷。外墙的热桥主要出现在梁、柱、窗口周边、楼板和外墙的连接等处，屋顶的热桥主要出现在檐口、女儿墙和屋顶的连接等处，设计时要注意这些细节。

一般说来，居住建筑外围护结构的内表面大面积结露的可能性不大，结露大都出现在金属窗框、窗玻璃表面、墙角、墙面、屋面上可能出现热桥的位置附近。本条文规定在居住建筑节能设计过程中，应注意外墙与屋面可能出现热桥的部位的特殊保温措施，核算在设计条件下可能结露部位的内表面温度是否高于露点温度，防止在室内温、湿度设计条件下产生结露现象。

值得指出的是，要彻底杜绝内表面的结露现象有时也是非常困难的。例如由于某种特殊的原因，房间内的相对湿度非常高，在这种情况下就很容易结露。本条文规定的是在"室内空气设计温、湿度条件下"不应出现结露。"室内空气温、湿度设计条件下"就是一般的正常情况，不包括室内特别潮湿的情况。

变形缝是保温的薄弱环节，加强对变形缝部位的保温处理，避免变形缝两侧墙出现结露问题，也减小通过变形缝的热损失。

变形缝的保温处理方式多种多样。例如在寒冷地区的某些城市，采取沿着变形缝填充一定深度的保温材料的措施，使变形缝形成一个与外部空气隔绝的密闭空腔。在严寒地区的某些城市，除了沿着变形缝填充一定深度的保温材料外，还采取将缝两侧的墙做内保温的措施。显然，后一种做法保温性能更好。

4.3 围护结构热工性能的权衡判断

4.3.1 建筑围护结构热工性能的权衡判断应以建筑物耗热量指标为判据。

4.3.2 计算得到的所设计居住建筑的建筑物耗热量指标应小于或等于本标准附录 A 中表 A.0.1-2 的限值。

【释义】

第 4.1.3 条和第 4.1.4 条对严寒和寒冷地区各子气候区的建筑的体形系数和窗墙比提出了明确的限值要求，第 4.2.2 条对建筑围护结构提出了明确的热工性能要求，如果这些要求全部得到满足，则可认定设计的建筑满足本标准的节能设计要求。但是，随着住宅的商品化，开发商和建筑师越来越关注居住建筑的个性化，有时会出现所设计建筑不能全部满足第 4.1.3 条、第 4.1.4 条和第 4.2.2 条要求的情况。在这种情况下，不能简单地判定该建筑不满足本标准的节能设计要求。因为第 4.2.2 条是对每一个部分分别提出热工性能要求，而实际上对建筑物采暖负荷的影响是所有建筑围护结构热工性能的综合结果。某一部分的热工性能差一些可以通过提高另一部分的热工性能弥补回来。例如某建筑的体形系数超过了第 4.1.3 条提出的限值，通过提高该建筑墙体和外窗的保温性能，完全有可能使传热损失仍旧得到很好的控制。为了尊重建筑师的创造性工作，同时又使所设计的建筑能够符合节能设计标准的要求，故引入建筑围护结构总体热工性能是否达到要求的权衡判断法。权衡判断法不拘泥于建筑围护结构各局部的热工性能，而是着眼于总体热工性能是否满足节能标准的要求。

严寒和寒冷地区夏季空调降温的需求相对很小，因此建筑围护结构的总体热工性能权衡判断以建筑物耗热量指标为判据。

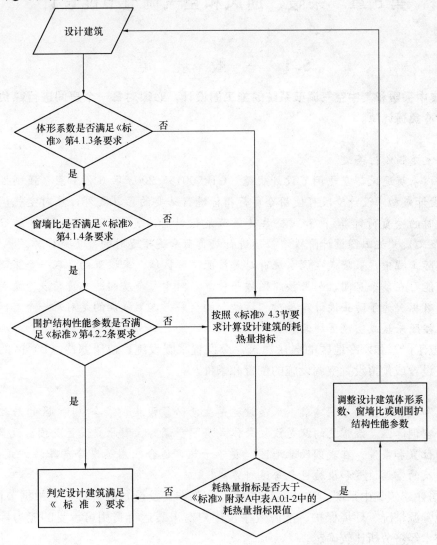

图 4.3.2-1　建筑物围护结构热工性能权衡判断流程图

附录 A 中表 A.0.1-2 的严寒和寒冷地区各城市的建筑物耗热量指标限值，是根据低层、多层、高层一些比较典型的建筑计算出来的，这些建筑的体形系数满足表 4.1.3 的要求，窗墙面积比满足表 4.1.4 的要求，围护结构热工性能参数满足第 4.2.2 条对应表中提出的要求，因此作为建筑物围护结构的总体热工性能权衡判断的基准。

附录 A 的耗热量指标规定是用于计算和比较建筑采暖能耗的统一计算条件。例如北京是按照包括辅助房间在内的全部房间平均室内计算温度 18℃、采暖期天数 114 天、室外平均温度 0.4℃作为计算条件。不能将本标准规定的计算条件，看作采暖设计的舒适度标准，也不能直接将按此计算所得的总耗热量，当作所有住宅的实际耗热量。

节能设计时，进行建筑物围护结构热工性能权衡判断流程如图 4.3.2-1。

第5章 采暖、通风和空气调节节能设计

5.1 一 般 规 定

5.1.1 集中采暖和集中空气调节系统的施工图设计，必须对每一个房间进行热负荷和逐项逐时的冷负荷计算。

【释义】

本条文是强制性条文。

根据《采暖通风与空气调节设计规范》GB 50019-2003 第6.2.1条（强制性条文）："除方案设计或初步设计阶段可使用冷负荷指标进行必要的估算之外，应对空气调节区进行逐项逐时的冷负荷计算"；和《公共建筑节能设计标准》GB 50189-2005 第5.1.1条（强制性条文）："施工图设计阶段，必须进行热负荷和逐项逐时的冷负荷计算。"

在实际工程中，采暖或空调系统有时是按照"分区域"来设置的，在一个采暖或空调区域中可能存在多个房间，如果按照区域来计算，对于每个房间的热负荷或冷负荷仍然没有明确的数据。为了防止设计人员对"区域"的误解，这里强调的是对每一个房间进行计算而不是按照采暖或空调区域来计算。

5.1.2 位于严寒和寒冷地区的居住建筑，应设置采暖设施；位于寒冷（B）区的居住建筑，还宜设置或预留设置空调设施的位置和条件。

【释义】

严寒和寒冷地区的居住建筑，采暖设施是生活必须设施。寒冷（B）区的居住建筑夏天还需要空调降温，最常见的就是设置分体式房间空调器。因此宜设置或预留设置空气调节设施的位置和条件。在我国西北地区，夏季干热，适合应用蒸发冷却降温方式，当然，条文中提及的空调设置和设施也包含这种方式。

5.1.3 居住建筑集中采暖、空调系统的热、冷源方式及设备的选择，应根据节能要求，考虑当地资源情况、环境保护、能源效率及用户对采暖运行费用可承受的能力等综合因素，经技术经济分析比较确定。

【释义】

随着经济发展，人民生活水平的不断提高，对空调、采暖的需求逐年上升。对于居住建筑设计时选择集中空调、采暖系统方式，还是分户空调、采暖方式，应根据当地能源、环保等因素，通过技术经济分析来确定。同时，还要考虑用户对设备及运行费用的承担能力。

5.1.4 居住建筑集中供热热源形式的选择，应符合下列规定：

1 以热电厂和区域锅炉房为主要热源；在城市集中供热范围内时，应优先采用城市热网提供的热源。

2 技术经济合理情况下，宜采用冷、热、电联供系统。

3 集中锅炉房的供热规模应根据燃料确定，当采用燃气时，供热规模不宜过大，采用燃煤时供热规模不宜过小。

4 在工厂区附近时，应优先利用工业余热和废热。

5 有条件时应积极利用可再生能源。

【释义】

居住建筑的供热采暖能耗占我国建筑能耗的主要部分，热源形式的选择会受到能源、环境、工程状况、使用时间及要求等多种因素影响和制约，为此必须客观全面地对热源方案进行分析比较后合理确定。有条件时，应积极利用太阳能、地热能等可再生能源。

5.1.5 居住建筑的集中采暖系统，应按热水连续采暖进行设计。居住区内的商业、文化及其他公共建筑的采暖形式，可根据其使用性质、供热要求经技术经济比较确定。公共建筑的采暖系统应与居住建筑分开，并应具备分别计量的条件。

【释义】

居住建筑采用连续采暖能够提供一个较好的供热品质。同时，在采用了相关的控制措施（如散热器恒温阀、热力入口控制、供热量控制装置如气候补偿控制等）的条件下，连续采暖可以使得供热系统的热源参数、热媒流量等实现按需供应和分配，不需要采用间歇式供暖的热负荷附加，并可降低热源的装机容量，提高了热源效率，减少了能源的浪费。

对于居住区内的公共建筑，如果允许较长时间的间歇使用，在保证房间防冻的情况下，采用间歇采暖对于整个采暖季来说相当于降低了房间的平均采暖温度，有利于节能。但宜根据使用要求进行具体的分析确定。将公共建筑的系统与居住建筑分开，可便于系统的调节、管理及收费。

热水采暖系统对于热源设备具有良好的节能效益，在我国已经提倡了三十多年。因此，集中采暖系统，应优先发展和采用热水作为热媒，而不应以蒸汽等介质作为热媒。

5.1.6 除当地电力充足和供电政策支持、或者建筑所在地无法利用其他形式的能源外，严寒和寒冷地区的居住建筑内，不应设计直接电热采暖。

【释义】

本条文是强制性条文。

根据《住宅建筑规范》GB 50368－2005 中第 8.3.5 条（强制性条文）："除电力充足和供电政策支持外，严寒地区和寒冷地区的居住建筑内不应采用直接电热采暖。"

建设节约型社会已成为全社会的责任和行动，用高品位的电能直接转换为低品位的热能进行采暖，热效率低，是不合适的。同时，必须指出，"火电"并非清洁能源。在发电过程中，不仅对大气环境造成严重污染；而且，还产生大量温室气体（CO_2），对保护地球、抑制全球气候变暖非常不利。

严寒、寒冷地区全年有 4～6 个月采暖期，时间长，采暖能耗占有较高比例。近些年来由于采暖用电所占比例逐年上升，致使一些省市冬季尖峰负荷也迅速增长，电网运行困难，出现冬季电力紧缺。盲目推广没有蓄热配置的电锅炉，直接电热采暖，将进一步劣化电力负荷特性，影响民众日常用电。因此，应严格限制应用直接电热进行集中采暖的方式。

当然，作为自行配置采暖设施的居住建筑来说，并不限制居住者选择直接电热方式自行进行分散形式的采暖。

5.2 热源、热力站及热力网

5.2.1 当地没有热电联产、工业余热和废热可资利用的严寒、寒冷地区，应建设以集中锅炉房为热源的供热系统。

【释义】

原建设部、国家发展和改革委员会、财政部、人事部、民政部、劳动和社会保障部、国家税务总局、国家环境保护总局颁布的《关于进一步推进城镇供热体制改革的意见》（建城〔2005〕220号）中，在优化配置城镇供热资源方面提出"要坚持集中供热为主，多种方式互为补充，鼓励开发和利用地热、太阳能等可再生能源及清洁能源供热"的方针。集中采暖系统应采用热水作为热媒。当然，该条也包含当地没有设计直接电热采暖条件。

5.2.2 新建锅炉房时，应考虑与城市热网连接的可能性。锅炉房宜建在靠近热负荷密度大的地区，并应满足该地区环保部门对锅炉房的选址要求。

【释义】

目前有些地区的很多城市都已做了集中供热规划设计，但限于经济条件，大部分规模较小，有不少小区暂时无网可入，只能先搞过渡性的锅炉房，因此提出该条文。

5.2.3 独立建设的燃煤集中锅炉房中，单台锅炉的容量不宜小于7.0MW；对于规模较小的居住区，锅炉的单台容量可适当降低，但不宜小于4.2MW。

【释义】

根据《民用建筑节能设计标准（采暖居住建筑部分）》JGJ 26-95中第5.1.2条：

1. 根据燃煤锅炉单台容量越大效率越高的特点，为了提高热源效率，应尽量采用较大容量的锅炉；

2. 考虑住宅采暖的安全性和可靠性，锅炉的设置台数应不少于2台，因此对于规模较小的居住区（设计供热负荷低于14MW），单台锅炉的容量可以适当地降低。

5.2.4 锅炉的选型，应与当地长期供应的燃料种类相适应。锅炉的设计效率不应低于表5.2.4中规定的数值。

表5.2.4　锅炉的最低设计效率　　　　　　　　　　　　　　　　（%）

锅炉类型、燃料种类及发热值		在下列锅炉容量（MW）下的设计效率（%）						
		0.7	1.4	2.8	4.2	7.0	14.0	>28.0
燃煤	烟煤 Ⅱ	—	—	73	74	78	79	80
	Ⅲ	—	—	74	76	78	80	82
燃油、燃气		86	87	87	88	89	90	90

【释义】

本条文是强制性条文。

锅炉运行效率是以长期、监测和记录数据为基础，统计时期内全部瞬时效率的平均值。本标准中规定的锅炉运行效率是以整个采暖季作为统计时间的，它是反映各单位锅炉运行管理水平的重要指标。它既和锅炉及其辅机的状况有关，也和运行制度等因素有关。在《民用建筑节能设计标准》JGJ 26-95中规定锅炉运行效率为68%，实际上早在20世纪90年代我国有些单位锅炉房的锅炉运行效率就已经超过了73%。本标准在分析锅炉设计效率时，将运行效率取为70%。近些年我国锅炉设计制造水平有了很大的提高，锅炉房的设备配置也发生了很大的变化，已经为运行单位的管理水平的提高提供了基本条件，只要选择设计效率较高的锅炉，合理组织锅炉的运行，就可以使运行效率达到70%。本标准制定时，通过我国供暖负荷的变化规律及锅炉的特性分析，提出了锅炉设计效率达到70%时设计者所选用的锅炉的最低设计效率，最后根据目前国内企业生产的锅炉的设计效率确定表5.2.4的数据。

详细分析可参见专题论述"严寒和寒冷地区住宅小区采暖供热热源及管网节能"。

5.2.5 锅炉房的总装机容量应按下式确定：

$$Q_B = \frac{Q_0}{\eta_1} \qquad (5.2.5)$$

式中：Q_B——锅炉房的总装机容量（W）；

Q_0——锅炉负担的采暖设计热负荷（W）；

η_1——室外管网输送效率，可取0.92。

【释义】

本条公式根据《民用建筑节能设计标准》JGJ 26-95第5.2.6条。热水管网热媒输送到各热用户的过程中需要减少下述损失：（1）管网向外散热造成散热损失；（2）管网上附件及设备漏水和用户放水而导致的补水耗热损失；（3）通过管网送到各热用户的热量由于网路失调而导致的各处室温不等造成的多余热损失。管网的输送效率是反映上述各个部分效率的综合指标。提高管网的输送效率，应从减少上述三方面损失入手。通过对多个供热小区的分析表明，采用本标准给出的保温层厚度，无论是地沟敷设还是直埋敷设，管网的保温效率是可以达到99%以上的。考虑到施工等因素，分析中将管网的保温效率取为98%。系统的补水，由两部分组成，一部分是设备的正常漏水，另一部分为系统失水。如果供暖系统中的阀门、水泵盘根、补偿器等，经常维修，且保证工作状态良好的话，测试结果证明，正常补水量可以控制在循环水量的0.5%。通过对北方6个代表城市的分析表明，正常补水耗热损失占输送热量的比例小于2%；各城市的供暖系统平衡效率达到95.3%～96%时，则管网的输送效率可以达到93%。考虑各地技术及管理上的差异，所以在计算锅炉房的总装机容量时，将室外管网的输送效率取为92%。

5.2.6 燃煤锅炉房的锅炉台数，宜采用（2～3）台，不应多于5台。当在低于设计运行负荷条件下多台锅炉联合运行时，单台锅炉的运行负荷不应低于额定负荷的60%。

【释义】

目前的锅炉产品和热源装置在控制方面已经有了较大的提高，对于低负荷的满足性能得到了改善，因此在有条件时尽量采用较大容量的锅炉有利于提高能效，同时，过多的锅炉台数会导致锅炉房面积加大、控制相对复杂和投资增加等问题，因此宜对设置台数进行一定的限制。

当多台锅炉联合运行时，为了提高单台锅炉的运行效率，其负荷率应有所限制，避免出现多台锅炉同时运行但负荷率都很低而导致效率较低的现象。因此，设计时应采取一定的控制措施，通过运行台数和容量的组合，在提高单台锅炉负荷率的原则下，确定合理的运行台数。

锅炉的经济运行负荷区通常为70%～100%；允许运行负荷区则为60%～70%和100%～105%。因此，本条根据习惯，规定单台锅炉的最低负荷为60%。对于燃煤锅炉来说，不论是多台锅炉联合运行还是只有单台锅炉运行，其负荷都不应低于额定负荷的

60%。对于燃气锅炉，由于燃烧调节反应迅速，一般可以适当放宽。

5.2.7 燃气锅炉房的设计，应符合下列规定：

1 锅炉房的供热半径应根据区域的情况、供热规模、供热方式及参数等条件来合理地确定。当受条件限制供热面积较大时，应经技术经济比较确定，采用分区设置热力站的间接供热系统。

2 模块式组合锅炉房，宜以楼栋为单位设置；数量宜为（4~8）台，不应多于10台；每个锅炉房的供热量宜在1.4MW以下。当总供热面积较大，且不能以楼栋为单位设置时，锅炉房应分散设置。

3 当燃气锅炉直接供热系统的锅炉的供、回水温度和流量限定值，与负荷侧在整个运行期对供、回水温度和流量的要求不一致时，应按热源侧和用户侧配置二次泵水系统。

【释义】

燃气锅炉的效率与容量的关系不太大。关键是锅炉的配置、自动调节负荷的能力等。有时，性能好的小容量锅炉会比性能差的大容量锅炉效率更高。燃气锅炉房供热规模不宜太大，是为了在保持锅炉效率不降低的情况下，减少供热用户，缩短供热半径，有利于室外供热管道的水力平衡，减少由于水力失调形成的无效热损失，同时降低管道散热损失和水泵的输送能耗。

锅炉的台数不宜过多，只要具备较好满足整个冬季的变负荷调节能力即可。由于燃气锅炉在负荷率30%以上时，锅炉效率可接近额定效率，负荷调节能力较强，不需要采用很多台数来满足调节要求。锅炉台数过多，必然造成占用建筑面积过多，一次投资增大等问题。

首先，模块式组合锅炉燃烧器的调节方式均采用一段式启停控制，冬季变负荷调节只能依靠台数进行，为了尽量符合负荷变化曲线应采用合适的台数，台数过少易偏离负荷曲线，调节性能不好，8台模块式锅炉已可满足调节的需要。其次，模块式锅炉的燃烧器一般采用大气式燃烧，燃烧效率较低，比非模块式燃气锅炉效率低不少，对节能和环保均不利。另外，以楼栋为单位来设置模块式锅炉房时，因为没有室外供热管道，弥补了燃烧效率低的不足，从总体上提高了供热效率。反之则两种不利条件同时存在，对节能环保非常不利。因此模块式组合锅炉只适合小面积供热，供热面积很大时不应采用模块式组合锅炉，应采用其他高效锅炉。

5.2.8 锅炉房设计时应充分利用锅炉产生的各种余热，并应符合下列规定：

1 热媒供水温度不高于60℃的低温供热系统，应设烟气余热回收装置。

2 散热器采暖系统宜设烟气余热回收装置。

3 有条件时，应选用冷凝式燃气锅炉；当选用普通锅炉时，应另设烟气余热回收装置。

【释义】

低温供热时，如地面辐射采暖系统，回水温度低，热回收效率较高，技术经济很合理。散热器采暖系统回水温度虽然比地面辐射采暖系统高，但仍有热回收价值。

冷凝式锅炉价格高，对一次投资影响较大，但因热回收效果好，锅炉效率很高，有条件时应选用。

5.2.9 锅炉房和热力站的总管上，应设置计量总供热量的热量表（热量计量装置）。集中

采暖系统中建筑物的热力入口处，必须设置楼前热量表，作为该建筑物采暖耗热量的热量结算点。

【释义】

本条文是强制性条文

2005年12月6日由建设部、发改委、财政部、人事部、民政部、劳动和社会保障部、国家税务总局、国家环境保护总局八部委发文《关于进一步推进城镇供热体制改革的意见》（建城〔2005〕220号），文件明确提出，"新建住宅和公共建筑必须安装楼前热计量表和散热器恒温控制阀，新建住宅同时还要具备分户热计量条件"。文件中楼前热表可以理解为是与供热单位进行热费结算的依据，楼内住户可以依据不同的方法（设备）进行室内参数（比如热量、温度）测量，然后，结合楼前热表的测量值对全楼的用热量进行住户间分摊。

行业标准《供热计量技术规程》JGJ 173-2009中第3.0.1条（强制性条文）："集中供热的新建建筑和既有建筑的节能改造必须安装热量计量装置"；第3.0.2条（强制性条文）："集中供热系统的热量结算点必须安装热量表"。明确表明供热企业和终端用户间的热量结算，应以热量表作为结算依据。用于结算的热量表应符合相关国家产品标准，且计量检定证书应在检定的有效期内。

由于楼前热表为该楼所用热量的结算表，要求有较高的精度及可靠性，价格相应较高，可以按楼栋设置热量表，即每栋楼作为一个计量单元。对于建筑用途相同，建设年代相近，建筑形式、平面、构造等相同或相似，建筑物耗热量指标相近，户间热费分摊方式一致的小区（组团），也可以若干栋建筑，统一安装一块热量表。

有时，在管路走向设计时一栋楼会有2个以上入口，此时宜按2个以上热表的读数相加以代表整栋楼的耗热量。

对于既有居住建筑改造时，在不具备住户热费条件而只根据住户的面积进行整栋楼耗热量按户分摊时，每栋楼应设置各自的热量表。

5.2.10 在有条件采用集中供热或在楼内集中设置燃气热水机组（锅炉）的高层建筑中，不宜采用户式燃气供暖炉（热水器）作为采暖热源。当必须采用户式燃气炉作为热源时，应设置专用的进气及排烟通道，并应符合下列规定：

　　1　燃气炉自身必须配置有完善且可靠的自动安全保护装置。

　　2　应具有同时自动调节燃气量和燃烧空气量的功能，并应配置有室温控制器；

　　3　配套供应的循环水泵的工况参数，应与采暖系统的要求相匹配。

【释义】

户式燃气采暖炉包括热风炉和热水炉，已经在一定范围内应用于多层住宅和低层住宅采暖，在建筑围护结构热工性能较好（至少达到节能标准规定）和产品选用得当的条件下，也是一种可供选择的采暖方式。本条根据实际使用过程中的得失，从节能角度提出了对户式燃气采暖炉选用的原则要求。

对于户式供暖炉，在采暖负荷计算中，应该包括户间传热量，在此基础上可以再适当留有余量。但是若设备容量选择过大，会因为经常在部分负荷条件下运行而大幅度地降低热效率，并影响采暖舒适度。

另外，因燃气采暖炉大部分时间在部分负荷运行，如果单纯进行燃烧量调节而不相应改变燃烧空气量，会由于过剩空气系数增大使热效率下降。因此宜采用具有自动同时调节燃气量和燃烧空气量功能的产品。

为保证锅炉运行安全，要求户式供暖炉设置专用的进气及排气通道。

在目前的一些实际工程中，有些采用每户直接向大气排放废气的方式，不利于对建筑周围的环境保护；另外有一些建筑由于房间密闭，没有考虑专有进风通道，可能会导致由于进风不良引起的燃烧效率低下的问题；还有一些将户式燃气炉的排气直接排进厨房等的排风道中，不但存在一定的安全隐患，也直接影响到锅炉的效率。因此本条文提出对此要设置专有的进、排风道。但对于采用平衡式燃烧的户式锅炉，由于其方式的特殊性，只能采用分散就地进排风的方式。

5.2.11 当系统的规模较大时，宜采用间接连接的一、二次水系统；热力站规模不宜大于100000m²；一次水设计供水温度宜取 115℃～130℃，回水温度应取 50℃～80℃。

【释义】

根据《民用建筑节能设计标准（采暖居住建筑部分）》JGJ 26－95 第 5.2.1 条。本条强调，在设计采暖供热系统时，应详细进行热负荷的调查和计算，合理确定系统规模和供热半径，主要目的是避免出现"大马拉小车"的现象。有些设计人员从安全考虑，片面加大设备容量和散热器面积，使得每吨锅炉的供热面积仅在 （5000～6000）m² 左右，最低仅2000m²，造成投资浪费，锅炉运行效率很低。考虑到集中供热的要求和我国锅炉的生产状况，锅炉房的单台容量宜控制在 （7.0～28.0）MW 范围内。系统规模较大时，建议采用间接连接，并将一次水设计供水温度取为 （115～130）℃，设计回水温度取为 （50～80)℃，主要是为了提高热源的运行效率，减少输配能耗，便于运行管理和控制。

5.2.12 当采暖系统采用变流量水系统时，循环水泵宜采用变速调节方式；水泵台数宜采用 2 台（一用一备）。当系统较大时，可通过技术经济分析后合理增加台数。

【释义】

水泵采用变频调速是目前比较成熟可靠节能方式。

1. 从水泵变速调节的特点来看，水泵的额定容量越大，则总体效率越高，变频调速的节能潜力越大。同时，随着变频调速的台数增加，投资和控制的难度加大。因此，在水泵参数能够满足使用要求的前提下，宜尽量减少水泵的台数。

2. 当系统较大时，如果水泵的台数过少，有时可能出现选择的单台水泵容量过大甚至无法选择的问题；同时，变频水泵通常设有最低转速限制，单台设计容量过大后，由于低转速运行时的效率降低使得有可能反而不利于节能。因此这时应可以通过合理的经济技术分析后适当增加水泵的台数。至于是采用全部变频水泵，还是采用"变频泵＋定速泵"的设计和运行方案，则需要设计人员根据系统的具体情况，如设计参数、控制措施等等，进行分析后合理确定。

3. 目前关于变频调速水泵的控制方法很多，如供回水压差控制、供水压力控制、温度控制（甚至供热量控制）等，需要设计人根据工程的实际情况，采用合理、成熟、可靠的控制方案。其中最常见的是供回水压差控制方案。

5.2.13 室外管网应进行严格的水力平衡计算。当室外管网通过阀门截流来进行阻力平衡时，各并联环路之间的压力损失差值，不应大于 15 ％。当室外管网水力平衡计算达不到上述要求时，应在热力站和建筑物热力入口处设置静态水力平衡阀。

5.2.14 建筑物的每个热力入口，应设计安装水过滤器，并应根据室外管网的水力平衡要求和建筑物内供暖系统所采用的调节方式，决定是否还要设置自力式流量控制阀、自力式压差控制阀或其他装置。

【释义】

5.2.13条是强制性条文。

本条是针对目前实际情况中还存在的一些问题来制定的。

从实际情况来看：供热系统水力不平衡的现象现在依然很严重，其主要原因是：与空调水系统相比较，采暖系统的散热器阻力较小，而相当多的采暖系统的末端并没有设置实时的"温度——流量"控制手段，因而使得采暖末端环路阻力在整个系统中所占的比例相对较小。例如：就一般情况而言，空调冷水系统的"末端盘管＋温控阀"的阻力大约占整个系统阻力的25％～35％左右。而散热器阻力占室内采暖系统阻力大约在5％～15％左右，而在由热网直接供应的采暖系统中，则只占有2％～5％左右（与散热器的形式有关）；即使是在设置了散热器温控阀的采暖系统中，其末端环路的阻力占室内采暖系统阻力大约在20％～30％左右，而在由热网直接供应的采暖系统中，则只占有10％～15％左右。

在目前的设计中，许多管道系统设计采用的方法是"流速法"或"比摩阻法"，设计计算比较粗糙，一些设计没有按照相关规范的要求对采暖系统的管网进行各并联环路的水力平衡计算。显然，由于上述的管路阻力所占的比例较大的原因，如果各并联环路完全按照所谓"合理比摩阻"来设计，必然导致采暖系统近端的实际水流量大于设计值而远端的实际水流量会较大的偏离设计的需求。基于这一实际原因，一些系统设计采用了加大水泵扬程去满足所谓"最不利环路"的做法，从而造成了供热能耗浪费的主要原因之一。如果通过合理的水力系统平衡设计计算，将"最不利环路"的阻力控制在一个合理的水平是有可能的。

因此对系统节能而言，首先应该通过设计计算实现水力平衡的要求。设计原则是：近端环路采用较大的比摩阻而远端环路采用较小的比摩阻。

当然，管内设计水流速不能无限的过大（对于近端环路）或过小（对于远端环路）。因此在某些系统中，可能会出现即使近端环路按照最高限制流速设计、远端环路按照最低限制流速设计，仍然无法实现各并联环路的水利平衡要求（不大于15％）的情况，这种情况下，远端环路才能真正称为"最不利环路"，这时就需要在设计阻力较小的环路上设置静态水力平衡阀，通过对阀门的初调试，实现设计状态下的水力平衡——即时的各末端的设计水流量达到要求。

静态水力平衡阀是最基本的平衡元件。实践证明，系统第一次调试平衡后，在设置了供热量自动控制装置进行质调节的情况下，室内散热器恒温阀的动作引起系统压差的变化不会太大，也不会因为某些末端的调节引起整个管路系统的失调。

如果末端不进行量调节（比如：不设置散热器温控阀或者专用的手动调节流量的阀门），整个系统为定流量系统时，设计人可以根据水力平衡的情况，合理的设置自力式流量控制阀（定流量阀）。但对于末端自动调节流量的变流量系统，各环路不应设置定流量阀。

对于供热半径比较远、且末端环路连接点间距比较大的系统来说，如果在系统总供回水管之间设置统一的压差控制方式，无法有效解决运行过程中由于各环路流量调节所带来的环路之间的相互影响时，可以考虑在各环路的热力入口处设置自力式压差控制阀或其他压差控制装置。

不论设置静态手动平衡阀、定流量阀还是压差控制阀，设计图中均应注明阀门的工作参数要求（如：额定流量或控制压差等），以确保阀门规格和口径的正确选择和初调试的正常进行。

关于各种水力平衡阀选择的具体要求，见5.2.15条。

5.2.15 水力平衡阀的设置和选择，应符合下列规定：

1 阀门两端的压差范围，应符合其产品标准的要求。

2 热力站出口总管上，不应串联设置自力式流量控制阀；当有多个分环路时，各分环路总管上可根据水力平衡的要求设置静态水力平衡阀。

3 定流量水系统的各热力入口，可按照本标准第5.2.13、5.2.14条的规定设置静态水力平衡阀，或自力式流量控制阀。

4 变流量水系统的各热力入口，应根据水力平衡的要求和系统总体控制设置的情况，设置压差控制阀，但不应设置自力式定流量阀。

5 当采用静态水力平衡阀时，应根据阀门流通能力及两端压差，选择确定平衡阀的直径与开度。

6 当采用自力式流量控制阀时，应根据设计流量进行选型。

7 采用自力式压差控制阀时，应根据所需控制压差选择与管路同尺寸的阀门，同时应确保其流量不小于设计最大值。

8 当选择自力式流量控制阀、自力式压差控制阀、电动平衡两通阀或动态平衡电动调节阀时，应保持阀权度 $S=0.3\sim0.5$。

【释义】

每种阀门都有其特定的使用压差范围要求，设计时，阀两端的压差不能超过产品的规定。

阀权度 S 的定义是："调节阀全开时的压力损失 ΔP_{min} 与调节阀所在串联支路的总压力损失 ΔP_0 的比值"。它与阀门的理想特性一起对阀门的实际工作特性起着决定性作用。当 $S=1$ 时，ΔP_0 全部降落在调节阀上，调节阀的工作特性与理想特性是一致的；在实际应用场所中，随着 S 值的减小，理想的直线特性趋向于快开特性，理想的等百分比特性趋向于直线特性。

对于自动控制的阀门（无论是自力式还是其他执行机构驱动方式），由于运行过程中开度不断在变化，为了保持阀门的调节特性，确保其调节品质，自动控制阀的阀权度宜在0.3～0.5之间。要说明的是其阀权度的计算应以该环路的压差控制点所控制的压差为准。

对于静态水力平衡阀，在系统初调试完成后，阀门开度就已固定，运行过程中，其开度并不发生变化；因此，对阀权度没有严格要求。

对于以小区供热为主的热力站而言，由于管网作用距离较长，系统阻力较大，如果采用动态自力式控制阀串联在总管上，由于阀权度的要求，需要该阀门的全开阻力较大，这样会较大的增加水泵能耗。因为设计的重点是考虑建筑内末端设备的可调性，如果需要自动控制，我们可以将自动控制阀设置于每个热力入口（建筑内的水阻力比整个管网小得多，这样在保证同样的阀权度情况下阀门的水流阻力可以大为降低），同样可以达到基本相同的使用效果和控制品质。因此，本条第二款规定在热力站出口总管上不宜串联设置自动控制阀。考虑到出口可能为多个环路的情况，为了初调试，可以根据各环路的水力平衡情况合理设置静态水力平衡阀。静态水力平衡阀选型原则：静态水力平衡阀是用于消除环路剩余压头、限定环路水流量用的，为了合理地选择平衡阀的型号，在设计水系统时，一定仍要进行管网水力计算及环网平衡计算，选取平衡阀。对于旧系统改造时，由于资料不全并为方便施工安装，可按管径尺寸配用同样口径的平衡阀，直接以平衡阀取代原有的截止阀或闸阀。但需要作压降校核计算，以避免原有管径过于富余使流经平衡阀时产生的压降过小，引起调试时由于压降过小而造成仪表较大的误差。校核步骤如下：按该平衡阀管辖的供热面积估算出设计流量，按管径求出设计流量时管内的流速 v（m/s），由该型号平衡阀全开时的 ζ 值，按公式 $\Delta P = \zeta(v^2\rho/2)$（Pa），求得压降值 ΔP（式中 $\rho = 1000$ kg/m³），如果 ΔP 小于（2～3）kPa，可改选用小口径型号平衡阀，重新计算 v 及 ΔP，直到所选平衡阀在流经设计水量时的压降 $\Delta P \geqslant$（2～3）kPa 时为止。

尽管自力式恒流量控制阀具有在一定范围内自动稳定环路流量的特点，但是其水流阻力也比较大，因此即使是针对定流量系统，对设计人员的要求也首先是通过管路和系统设计来实现各环路的水力平衡（即"设计平衡"）；当由于管径、流速等原因的确无法做到"设计平衡"时，才应考虑采用静态水力平衡阀通过初调试来实现水力平衡的方式；只有当设计认为系统可能出现由于运行管理原因（例如水泵运行台数的变化等）有可能导致的水量较大波动时，才宜采用阀权度要求较高、阻力较大的自力式恒流量控制阀。但是，对于变流量系统来说，除了某些需要特定定流量的场所（例如为了保护特定设备的正常运行或特殊要求）外，不应在系统中设置自力式流量控制阀。

5.2.16 在选配供热系统的热水循环泵时，应计算循环水泵的耗电输热比（*EHR*），并应标注在施工图的设计说明中。循环水泵的耗电输热比应符合下式要求：

$$EHR = \frac{N}{Q \cdot \eta} \leqslant \frac{A \times (20.4 + a\Sigma L)}{\Delta t} \tag{5.2.16}$$

式中：*EHR*——循环水泵的耗电输热比；

  N——水泵在设计工况点的轴功率（kW）；

  Q——建筑供热负荷（kW）；

  η——电机和传动部分的效率，应按表5.2.16选取；

  Δt——设计供回水温度差（℃），应按照设计要求选取；

  A——与热负荷有关的计算系数，应按表5.2.16选取；

  ΣL——室外主干线（包括供回水管）总长度（m）；

  a——与 ΣL 有关的计算系数，应按如下选取或计算：

    当 $\Sigma L \leqslant 400$m 时，$a = 0.0115$；

    当 $400 < \Sigma L < 1000$m 时，$a = 0.003833 + 3.067/\Sigma L$；

    当 $\Sigma L \geqslant 1000$m 时，$a = 0.0069$。

表5.2.16　电机和传动部分的效率及循环水泵的耗电输热比计算系数

热负荷 Q（kW）		<2000	≥2000
电机和传动部分的效率 η	直联方式	0.87	0.89
	联轴器连接方式	0.85	0.87
计算系数 A		0.0062	0.0054

【释义】

规定耗电输热比（EHR）的目的是为了防止采用过大的水泵以使得水泵的选择在合理的范围。

本条文的基本思路来自《公共建筑节能设计标准》GB 50189-2005 第5.2.8条。但根据实际情况对相关的参数进行了一定的调整：

1. 目前的国产电机在效率上已经有了较大的提高，根据国家标准《中小型三项异步电动机能效限定值及节能评价值》GB 18613-2002 的规定，7.5kW以上的节能电机产品的效率都在89%以上。但是，考虑到供热规模的大小对所配置水泵的容量（即由此引起的效率）会产生一定的影响，从目前的水泵和电机来看，当 $\Delta t=20℃$ 时，针对2000kW以下的热负荷所配置的采暖循环水泵通常不超过7.5kW，因此水泵和电机的效率都会有所下降，因此将原条文中的固定计算系数0.0056改为一个与热负荷有关的计算系数A表示（表5.2.16）。这样一方面对于较大规模的供热系统，本条文提高了对电机的效率要求；另一方面，对于较小规模的供热系统，也更符合实际情况，便于操作和执行。

2. 考虑到采暖系统实行计量和分户供热后，水系统内增加了相应的一些阀件，其系统实际阻力比原来的规定会偏大，因此将原来的14改为20.4。

3. 原条文在不同的管道长度下选取的 $a\Sigma L$ 值不连续，在执行过程中容易产生的一些困难，也不完全符合编制的思路（管道较长时，允许EHR值加大）。因此，本条文将 a 值的选取或计算方式变成了一个连续线段，有利于条文的执行。按照条文规定的 $a\Sigma L$ 值计算结果比原条文的要求略为有所提高。

4. 由于采暖形式的多样化，以规定某个供回水温差来确定EHR值可能对某些采暖形式产生不利的影响。例如当采用地板辐射供暖时，通常的设计温差为10℃，这时如果还采用20℃或25℃来计算EHR，显然是不容易达到标准规定的。因此，本条文采用的是"相对法"，即同样的系统的评价标准一致，所以对温差的选择不作规定，而是"按照设计要求选取"。

详细分析见专题论述《集中热水采暖系统循环水泵耗电输热比（EHR）的修编情况介绍与实施要点》。

5.2.17 设计一、二次热水管网时，应采用经济合理的敷设方式。对于庭院管网和二次网，宜采用直埋管敷设。对于一次管网，当管径较大且地下水位不高时，或者采取了可靠的地沟防水措施时，可采用地沟敷设。

【释义】

引自原《民用建筑节能设计标准（采暖居住建筑部分）》JGJ 26-95 第5.3.1条。一、二次热水管网的敷设方式，直接影响供热系统的总投资及运行费用，应合理选取。对于庭院管网和二次网，管径一般较小，采用直埋管敷设，投资较小，运行管理也比较方便。对于一次管网，可根据管径大小经过经济比较确定采用直埋或地沟敷设。

5.2.18 供热管道保温厚度不应小于本标准附录G的规定值，当选用其他保温材料或其导热系数与附录G的规定值差异较大时，最小保温厚度应按下式修正：

$$\delta'_{min} = \frac{\lambda'_m \cdot \delta_{min}}{\lambda_m}$$ (5.2.18)

式中：δ'_{min}——修正后的最小保温层厚度（mm）；

δ_{min}——本标准附录 G 规定的最小保温层厚度（mm）；

λ'_m——实际选用的保温材料在其平均使用温度下的导热系数[W/（m·K）]；

λ_m——本标准附录 G 规定的保温材料在其平均使用温度下的导热系数[W/（m·K）]。

【释义】

　　管网输送效率达到 92% 时，要求管道保温效率应达到 98%。根据《设备及管道绝热设计导则》中规定的管道经济保温层厚度的计算方法，对玻璃棉管壳和聚氨酯保温管分析表明，无论是直埋敷设还是地沟敷设，管道的保温效率均能达到 98%。严寒地区保温材料厚度有较大的差别，寒冷地区保温材料厚度差别不大。为此严寒地区每个气候子区分别给出了最小保温层厚度，而寒冷地区统一给出最小保温层厚度。如果选用其他保温材料或其导热系数与附录 G 中值差异较大时，可以按照式（5.2.18）对最小保温厚度进行修正。

　　详细分析可参见专题论述"严寒和寒冷地区住宅小区采暖供热热源及管网节能"。

5.2.19 当区域供热锅炉房设计采用自动监测与控制的运行方式时，应满足下列规定：

　　1 应通过计算机自动监测系统，全面、及时地了解锅炉的运行状况。

　　2 应随时测量室外的温度和整个热网的需求，按照预先设定的程序，通过调节投入燃料量实现锅炉供热量调节，满足整个热网的热量需求，保证供暖质量。

　　3 应通过锅炉系统热特性识别和工况优化分析程序，根据前几天的运行参数、室外温度，预测该时段的最佳工况。

　　4 应通过对锅炉运行参数的分析，作出及时判断。

　　5 应建立各种信息数据库，对运行过程中的各种信息数据进行分析，并应能够根据需要打印各类运行记录，储存历史数据。

　　6 锅炉房、热力站的动力用电、水泵用电和照明用电应分别计量。

【释义】

本条文是强制性条文。

锅炉房采用计算机自动监测与控制不仅可以提高系统的安全性，确保系统能够正常运行；而且，还可以取得以下效果：

1. 全面监测并记录各运行参数，降低运行人员工作量，提高管理水平。

2. 对燃烧过程和热水循环过程进行能有效的控制调节，提高并使锅炉在高效率下运行，大幅度地节省运行能耗，并减少大气污染。

3. 能根据室外气候条件和用户需求变化及时改变供热量，提高并保证供暖质量，降低供暖能耗和运行成本。

因此，在锅炉房设计时，除小型固定炉排的燃煤锅炉外，应采用计算机自动监测与控制。

条文中提出的五项要求，是确保安全、实现高效、节能与经济运行的必要条件。它们的具体监控内容分别为：

（1）实时检测：通过计算机自动检测系统，全面、及时地了解锅炉的运行状况，如运行的温度、压力、流量等参数，避免凭经验调节和调节滞后。全面了解锅炉运行工况，是实施科学的调控的基础。

（2）自动控制：在运行过程中，随室外气候条件和用户需求的变化，调节锅炉房供热量（如改变出水温度，或改变循环水量，或改变供汽量）是必不可少的，手动调节无法保证精度。

计算机自动监测与控制系统，可随时测量室外的温度和整个热网的需求，按照预先设定的程序，通过调节投入燃料量（如炉排转速）等手段实现锅炉供热量调节，满足整个热网的热量需求，保证供暖质量。

（3）按需供热：计算机自动监测与控制系统可通过软件开发，配置锅炉系统热特性识别和工况优化分析程序，根据前几天的运行参数、室外温度，预测该时段的最佳工况，进而实现对系统的运行指导，达到节能的目的。

（4）安全保障：计算机自动监测与控制系统的故障分析软件，可通过对锅炉运行参数的分析，作出及时判断，并采取相应的保护措施，以便及时抢修，防止事故进一步扩大，设备损坏严重，保证安全供热。

（5）健全档案：计算机自动监测与控制系统可以建立各种信息数据库，能够对运行过程中的各种信息数据进行分析，并根据需要打印各类运行记录，储存历史数据，为量化管理提供了物质基础。

5.2.20 对于未采用计算机进行自动监测与控制的锅炉房和换热站，应设置供热量控制装置。

【释义】

本条文是强制性条文。

本条文对锅炉房及热力站的节能控制提出了明确的要求。设置供热量控制装置（比如气候补偿器）的主要目的是对供热系统进行总体调节，使锅炉运行参数在保持室内温度的前提下，随室外空气温度的变化随时进行调整，始终保持锅炉房的供热量与建筑物的需热量基本一致，实现按需供热；达到最佳的运行效率和最稳定的供热质量。

设置供热量控制装置后，还可以通过在时间控制器上设定不同时间段的不同室温，节省供热量；合理地匹配供水流量和供水温度，节省水泵电耗，保证恒温阀等调节设备正常工作；还能够控制一次水回水温度，防止回水温度过低减少锅炉寿命。

由于不同企业生产的气候补偿器的功能和控制方法不完全相同，但必须具有能根据室外空气温度变化自动改变用户侧供（回）水温度、对热媒进行质调节的基本功能。

气候补偿器正常工作的前提，是供热系统已达到水力平衡要求，各房间散热器均装置了恒温阀，否则，即使采用了供热量控制装置也很难保持均衡供热。

5.3 采 暖 系 统

5.3.1 室内的采暖系统，应以热水为热媒。

【释义】

引自《公共建筑节能设计标准》GB 50189 - 2005 中第 5.2.1 条。

国家节能指令第四号明确规定："新建采暖系统应采用热水采暖"。实践证明，采用热水作为热媒，不仅对采暖质量有明显的提高，而且便于进行节能调节。因此，明确规定应以热水为热媒。

5.3.2 室内的采暖系统的制式，宜采用双管系统。当采用单管系统时，应在每组散热器的进出水支管之间设置跨越管，散热器应采用低阻力两通或三通调节阀。

【释义】

要实现室温调节和控制，必须在末端设备前设置调节和控制的装置，这是室内环境的要求，也是"供热体制改革"的必要措施，双管系统可以设置室温调控装置。如果采用顺流式垂直单管系统，必须设置跨越管，采用顺流式水平单管系统时，散热器采用低阻力两通或三通调节阀，以便调控室温。

5.3.3 集中采暖（集中空调）系统，必须设置住户分室（户）温度调节、控制装置及分户热计量（分户热分摊）的装置或设施。

【释义】

本条文是强制性条文。

楼前热量表是该栋楼与供热（冷）单位进行用热（冷）量结算的依据，而楼内住户则进行按户热（冷）量分摊，所以，每户应该有相应的装置作为对整栋楼的耗热（冷）量进行户间分摊的依据。

要依据住户用热来进行付费，室内采暖系统必须要实现每户住户可以自主进行室温调节或调控，对于采暖散热器作为末端设备的室内采暖系统来说，在每一台散热器上安装恒温控制阀可以实现使室温自动保持在设定的室温范围内。

由于严寒地区和寒冷地区的"供热体制改革"已经开展，近年来已开发应用了一些户间采暖"热量分摊"的方法，并且有较大规模的应用。下面对目前在国内已经有一定规模应用的采暖系统"热量分摊"方法的原理和应用时需要注意的事项加以介绍，供选用时参考。要说明的是，由于本标准编制过程较长，收集到的材料会有一定程度的陈旧，特别是测量原理会有所改进，应用面积会大大增加，这里的描述一定有不全面的地方。

计量收费的原则是："将建筑物作为一个整体进行热量分配时，分配仪表的数据采集系统与建筑物或采暖系统构成了一个热量分配系统"。这种分配（分摊）系统必须：1）热量分配系统所依据的分配模型，其物理概念要明确，分配模型要能溯源，模型中的参数，不能是机械的组合，也要能够溯源；2）热量分配系统应具有强抗干扰能力。热量分配系统的干扰，主要来自为两部分，一部分为采暖系统或建筑物对分配原理的干扰。一部分是对数据采集系统的噪声干扰。对分配原理的干扰不消除，将导致分配原理的错误，进而出现分配结果错误，对分配原理的干扰的消除程度，一般要在由采暖系统与数据采集系统组成的综合系统上才能验证。用户对计量结果的质疑，除了对数据采集系统进行检定外，尚需要对分配原理的干扰消除状况进行检定。对分配原理的干扰的抑制水平，成为评价分配方法的主要指标。

好在住房和城乡建设部已经发布实施了《供热计量技术规程》JGJ 173—2009（2009年7月1日实施），有关内容请以该规程为准。

1. 散热器热分配计方法

散热器热分配计法是利用散热器热量分配计所测量的每组散热器的散热量比例关系，来对建筑的总供热量进行分摊的。其具体做法是，在每组散热器上安装一个散热器热量分配计，通过读取热量分配计的读数，得出各组散热器的散热量比例关系，对总热量表的读数进行分摊计算，得出每个住户的供热量。

该方法安装简单，有蒸发式、电子式及电子远传式三种，在德国和丹麦大量应用。

散热器热量分配计法适用于新建和改造的散热器供暖系统，不必将原有垂直系统改成按户分环的水平系统。但是，该方法不适用于地面辐射供暖系统。

采用该方法的前提是热量分配计需要进行刻度标定，也就是说，热分配计和散热器需要在实验室进行匹配试验，得出散热量的对应数据才可应用，而我国散热器型号种类繁多，试验检测工作量较大；居民用户还可能私自更换散热器，给分配计的检定工作带来了不利因素。该方法的另一个缺点是需要入户安装和每年抄表换表（电子远传式分配计无需入户读表，但是投资较大）；不少住户散热器安装了散热器罩，这会影响分配计的安装、读表和计量效果。

另外的一个问题是由于每户居民在整幢建筑中所处位置不同（有的住户户内有屋面，有山墙），即便同样住户面积，保持同样室温，散热器热量分配计上显示的数字却是不相同的。所以，热量费用分摊时，要将散热器热量分配计获得的热量进行住户位置的修正。

原建设部已批准《蒸发式热分配表》CJ/T 271-2007 为城镇建设行业产品标准。

欧洲标准 EN834、EN835 中分配表的原文为 heat cost allocators，直译应为"热费分配器"，所以也可以理解为散热器热费分配计方法。

散热器热分配法系统示意图见图 5.3.3-1。

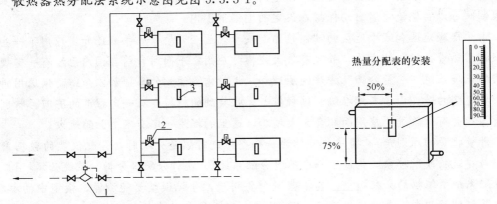

图 5.3.3-1 散热器热分配法系统示意图
1—楼前热量表；2—散热器恒温阀；3—散热器热分配计

应用实例：

蒸发式热分配计法：天津市凯立小区，供热面积 50682m²，10 幢楼，553 套住宅，1998 年冬季开始供热。由南开区供热办所属的万德庄供热站供热。室内采暖为单管跨跃式系统，采用德国费特拉蒸发式热分配计和丹佛斯温控阀。总热量表安装在换热站内，10 块分表安装在居民楼前。天津河东区顺驰名都新园小区，顺驰名都新园小区的供热面积 96485m²，住宅 1184 套，市住宅集团供热公司供热，热源为 7 兆瓦燃煤锅炉 2 台，在热源出口安装了 3 块热量总表。室内供暖为单管跨越式系统，计量方式为德国费特拉蒸发式热分配计，散热器安装了丹佛斯温控阀，2000 年冬季开始热计量试验。

电子式热分配计法：中国地质科学院阜南小区位于北京市阜外大街，钓鱼台国宾馆西侧，共有 7 栋楼，总建筑面积为 20445m²。热源为阜南小区 32 号独立燃气锅炉房，规模为 1 台 2 吨锅炉和 1 台 1 吨锅炉，2004 年 10 月进行供热计量改造，每栋楼热力入口处安装一块超声波热量表，计量楼的总耗热量，室内供暖系统由垂直单管顺流式改造为垂直单管跨越式系统，每个散热器表面安装电子热分配计，作为计算户用热费的依据。

2. 温度面积方法

温度面积法利用所测量的每户室内温度，结合建筑面积来对该栋建筑的总供热量进行分摊。这种方法的出发点是按照住户的平均温度来分摊热费。如果某住户在供暖期间的室温维持较高，那么该住户分摊的热费也较多。它与住户在楼内的位置没有关系，收费时不必进行住户位置的修正。应用比较简单，结果比较直观，它也与建筑内采暖系统没有直接关系。所以，这种方法适用于新建建筑各种采暖系统的热计量收费，也适合于既有建筑的热计量收费改造。

其具体做法是，在每户主要房间安装一个温度传感器，用来对室内温度进行测量，通过采集器采集的室内温度经通讯线路送到热量采集显示器；热量采集显示器接收来自采集器的信号，并将采集器送来的用户室温送至热量采集显示器；热量采集显示器接收采集显示器、楼前热量表送来的信号后，按照规定的程序将热量进行分摊。主要房间一般是指卧室和起居室，目前主要的安装位置在户内门上方 200～300 mm 处。传感器位置应具有一致性，远离冷热源，且不被阳光直射。为了防止用户"有意"开窗为了降低传感器测到的室温，系统已开发具有防止"有意"开窗的措施。另外，这种方法不能识别"自由热"

住房和城乡建设部已将《温度法热计量分配装置》列入"2008 年住房和城乡建设部归口工业产品行业标准制订、修订计划"。

温度面积分摊法热计量分配系统见图 5.3.3-2。

应用实例：

北京：2006 年 11 月，应用于中国人民解放军63926 部队七里渠营区，包括营房宿舍及办公楼四栋、家属楼两栋及锅炉房监控室。采暖房间的散热器加装了手动恒温调节阀。六座既有建筑及锅炉房建筑面积约 23000 平方米。

乌鲁木齐市：2007 年 9 月，应用于乌鲁木齐市建委综合楼，20 层，地上 18 层，地下 2 层；1～2层为办公用房，3～18 层为住宅，一梯 8 户，共计128 户；乌鲁木齐市水区政府住宅楼 1 栋，18 层，5个单元，一梯 2 户，共计 180 户；乌鲁木齐市鲤鱼山小区建筑共 6 栋，每栋 5 层，3 个单元，一梯 2户，共计 180 户；乌鲁木齐市南湖一区建筑共 8 栋，每栋 6 层，一梯 2 户，共计 304 户；2008 年 9 月，乌鲁木齐陶然亭高层住宅供暖分户计量开始实施，

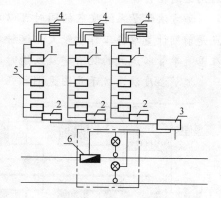

图 5.3.3-2 温度面积法热计量
分配系统构成
1—采集器；2—热量采集显示器；
3—热量计算分配器；4—温度传感器；
5—通信线路；6—楼前热量表

该建筑物 1 栋，33 层，1 个单元，一梯 6 户，共计 196 户。每个供暖区安装楼栋超声波总表一块，每户安装 3 个温度传感器，数据传输采用有线方式，或无线局域网方式。

青海：2007 年 12 月，应用于青海省建筑勘察设计研究院商住楼分户计量工程。建筑1 栋，地上部分 31 层，2 个单元，1～5 层为办公用房，6～31 层为住宅，共计 250 户；2008 年 6 月，应用于青海西宁青藏铁路花园住宅楼供暖分户计量工程，建筑共 14 栋，57个单元共计 622 户；应用于青海西宁虎台小区住宅楼分户计量工程。建筑共 5 栋，17 个

单元 264 户。每户安装 3 个温度传感器，安装楼栋超声波总表一块，数据传输采用有线方式或采用无线局域网方式。

宁夏：2008 年 9 月，应用于宁夏红寺堡小区住宅楼供暖分户计量工程。建筑共 4 栋，每栋楼 4 个单元，共计 95 户。每户安装 3 个温度传感器，每栋楼安装一块超声波热量总表，数据传输采用无线局域网方式。

大庆市：2008 年 10 月，应用于大庆湖滨教师花园小区住宅楼工程。建筑 1 栋，6 层，一梯 2 户，共计 12 户，每户安装 1 个温度传感器，数据传输采用有线传输方式。

3. 流量温度方法

流量温度法是利用每个立管或分户独立系统与热力入口流量之比相对不变的原理，结合现场测出的流量比例和各分支三通前后温差，分摊建筑的总供热量。流量比例是每个立管或分户独立系统占热力入口流量的比例。

该方法适合既有建筑垂直单管顺流式系统的热计量改造，还可用于共用立管的按户分环供暖系统，也适用于新建建筑散热器供暖系统。

采用流量温度法时，应注意以下问题：1) 测量入水温度的传感器应安装在散热器或分户独立系统的分流三通的入水端，距供水立管距离宜大于 200mm；测量回水温度的传感器应安装在合流三通的出水端，距合流三通距离宜大于 100mm，同时距回水立管的距离宜大于 200mm；2) 测温仪表、计算处理设备和热量结算点的热量表之间，应实现数据的网络通信传输。

该方法计量系统安装的同时可以实现室内系统水力平衡的初调节及室温调控功能。缺点是前期计量准备工作量较大，这种方法也需要对住户位置进行修正。但是这种方法应用在垂直单管顺流式的既有建筑改造时，需要解决温度测量误差问题。

流量温度法系统示意图见图 5.3.3-3。

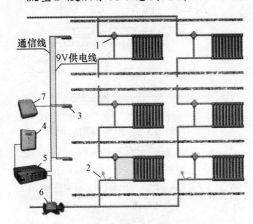

图 5.3.3-3　流量温度法系统示意图
1—三通阀（集成有采温与通信功能）；
2—温度采集器；3—无线接收器；
4—单元计量装置；5—流量热能分配器；
6—楼宇热量表；7—供电箱

应用实例：

建设部丙区 6、7、9 号楼改造工程。改造前：建设部丙区供热面积 78000m²，共十栋楼，7 栋楼进行热计量改造，3 栋楼做分户热计量与室温调节改造。丙区 6、7、9 号均为 20 世纪 80 年代以前的六层砖混住宅建筑，采用垂直单管顺流式供暖系统。丙 6 楼 48 户，垂直单管 10 根，室内散热器 60 组（不含厨卫）；丙 7 楼 42 户，垂直单管 37 根，室内散热器 138 组（不含厨卫）；丙 9 楼结构共 6 层，全楼 48 户，室内散热器 60 组（不含厨卫），垂直单管 10 根。安装改造方案为：1) 每组散热器前安装一只智能型三通电动阀。2) 在立管的底层散热器回水管安装温度数据采集处理器。3) 在丙 6、丙 7 热力入口处各安装一部超声波热量表用于计算楼宇总热量，并将超声波热量表与管理计算机相连。4) 在各个单元入口安装一部单元计量装置及电源箱，将单元计量装置与管理计算机相连。5) 在丙 9

号楼口设立总监控室所用数据传于此。

4. 通断时间面积方法

通断时间面积法是以每户的供暖系统通水时间为依据，分摊建筑的总供热量。其具体做法是，对于接户分环的水平式供暖系统，在各户的分支支路上安装室温通断控制阀，对该用户的循环水进行通断控制来实现该户的室温调节。同时在各户的代表房间里放置室温控制器，用于测量室内温度和供用户设定温度，并将这两个温度值传输给室温通断控制阀。室温通断控制阀根据实测室温与设定值之差，确定在一个控制周期内通断阀的开停比，并按照这一开停比控制通断调节阀的通断，以此调节送入室内热量，同时记录和统计各户通断控制阀的接通时间，按照各户的累计接通时间结合供暖面积分摊整栋建筑的热量。

该方法应用的前提是住宅每户必须为一个独立的水平串联式系统，设备选型和设计负荷要良好匹配，不能改变散热末端设备容量，户与户之间不能出现明显水力失调，户内散热末端不能分室或分区控温，以免改变户内环路的阻力。该方法能够分摊热量、分户控温，但是不能实现分室的温控。该方法不适合用于采用传统垂直系统的既有建筑采暖系统的改造，另外，这种方法也需要对住户位置进行修正。

采用通断时间面积法时，应注意以下问题：①通断执行器应安装在每户的入户管道上，温度控制器宜放置在住户房间内不受日照和其他热源影响的位置；②通断执行器和中央处理器之间应实现网络连接控制；③通断时间面积法在操作实施前，应进行户间的水力平衡调节，消除系统的垂直失调和水平失调；在实施过程中，用户的散热器不可自行改动更换。

通断时间面积法应用较直观，可同时实现室温控制功能，适用按户分环、室内阻力不变的供暖系统。

通断法的不足在于，它测量的不是供热系统给予房间的供热量，而是根据供暖的通断时间再分摊总热量，二者存在着差异，如散热器大小匹配不合理，或者散热器堵塞，都会对测量结果产生影响，造成计量误差。

通断时间面积法系统示意图见图 5.3.3-4。

应用实例：

2007~2008 采暖季，在一汽 12 个住宅小区进行了"通断时间面积法热分摊技术"的示范应用。其中位于长春一汽车城名仕家园（25A）住宅小区作为重点示范工程，总建筑面积 16.7 万 m²，其中约 4.2 万 m² 的 288 个用户住宅进行了采暖末端通断热计量系统改造。

5. 户用热量表方法

热量表的主要类型有机械式热量表、电磁式热量表、超声波式热量表。机械式热量表的初投资相对较低，但流量测量精度相对不高，表阻力较大，容易阻塞，易损件较多，因此对水质有一定要求。电磁式热量表、超声波式热量表的初投资相对机械

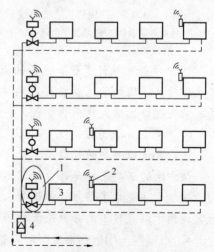

图 5.3.3-4 通断时间面积法系统示意图
1—室温通断控制阀；2—室温控制器；
3—供热末端设备；4—楼栋热入口热量表

式热量表要高很多，但流量测量精度高、压损小、不易堵塞，使用寿命长。

户用热量表法适用于按户分环的室内供暖系统。该方法计量的是系统供热量，比较直观，容易理解。使用时应考虑仪表堵塞或损坏的问题，并提前制定处理方案，做到及时修理或者更换仪表，并处理缺失数据。该方法不适合用于采用传统垂直系统的既有建筑采暖系统的改造，另外，这种方法也需要对住户位置进行修正。

无论是采用户用热量表直接计量结算还是再行分摊总热量，户表的投资高或者故障率高都是主要的问题。户用热表的故障主要有两个方面，一是由于水质处理不好容易堵塞，二是仪表运动部件难以满足供热系统水温高、工作时间长的使用环境，目前在工程实践中，户用热量表的故障率较高，这是近年来推行热计量的一个重要棘手问题。同时，采用户用热量表需要室内系统为按户分环独立系统，目前普遍采用的是化学管材埋地布管的做法，化学管材漏水事故时有发生，而且为了将化学管材埋在地下，需要大量混凝土材料，增加了投资、减少了层高、增加了建筑承重负荷，综合成本比较高。

原建设部已批准《热量表》CJ/128-2007为城镇建设行业产品标准。

户用热量表法系统示意图见图5.3.3-5。

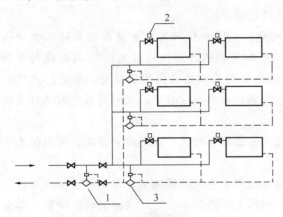

图5.3.3-5 户用热量表法系统示意图
1—楼前热量表；2—散热器恒温阀；3—户用热量表

应用实例：

天津市红桥区人民家园是天津墙改办所属津墙公司按照二步节能标准建设的节能住宅。小区供热面积83313m²、1159套住宅，热源安装了5台德国进口燃气锅炉，按系统安装了5块热量表。室内采暖系统为共用立管的分户独立系统形式，每户安装一块进口机械式热量表，每组散热器上安装了国产调节阀。

天津市河东区龙潭西里供热面积7989m²，住宅95套，该小区为市建委、墙改办所属津墙公司按照二步节能标准建设的节能住宅，已列入建设部节能示范工程。1999年开始热计量试验，开始由附近一台4T/h小燃煤锅炉供热，2002年并入地热供热管网，一块热量总表安装在换热站内，室内采暖系统为共用立管的分户独立系统形式，采用进口机械式户用热量表，安装在楼道管道井内，每组散热器上安装了温控阀。

6. 户用热水表方法

这种方法以每户的热水循环量为依据，进行分摊总供热量。

该方法的必要条件是每户必须为一个独立的水平系统，也需要对住户位置进行修正。由于这种方法忽略了每户供暖供回水温差的不同，在散热器系统中应用误差较大。所以，通常适用于温差较小的分户地面辐射供暖系统，已在西安市有应用实例。

5.3.4 当室内采用散热器供暖时，每组散热器的进水支管上应安装散热器恒温控制阀。

【释义】

散热器恒温控制阀（又称温控阀、恒温器等）安装在每组散热器的进水管上，它是一种自力式调节控制阀，用户可根据对室温高低的要求，调节并设定室温。这样恒温控制阀就确保了各房间的室温，避免了立管水量不平衡，以及单管系统上层及下层室温不匀问题。同时，更重要的是当室内获得"自由热"（free heat，又称"免费热"，如阳光照射，室内热源——炊事、照明、电器及居民等散发的热量）而使室温有升高趋势时，恒温控制阀会及时减少流经散热器的水量，不仅保持室温合适，同时达到节能目的。目前北京、天津等地方节能设计标准已将安装散热器恒温阀作为强制性条文，根据实施情况来看，有较好的效果。

对于安装在装饰罩内的恒温阀，则必须采用外置传感器，传感器应设在能正确反映房间温度的位置。

散热器恒温控制阀的特性及其选用，应遵循行业标准《散热器恒温控制阀》JG/T 195-2006 的规定。

安装了散热器恒温阀后，要使它真正发挥调温、节能功能，特别在运行中，必须要有一些相应的技术措施，才能使采暖系统正常运行。首先是对系统的水质要求，必须满足本标准 5.2.13 条的规定。因为散热器恒温阀是一个阻力部件，水中悬浮物会堵塞其流道，使得恒温阀调节能力下降，甚至不能正常工作。北京市地方标准《居住建筑节能设计标准》DBJ 11-602-2006（2007 年 2 月 1 日实施）第 6.4.9 条规定，防堵塞措施应符合以下规定：1. 供热采暖系统水质要求应执行北京市地方标准《供热采暖系统水质及防腐技术规程》DBJ 01-619-2004 的有关规定。2. 热力站换热器的一次水和二次水入口应设过滤器。3. 过滤器具体设置要求详见《供热采暖系统水质及防腐技术规程》DBJ 01-619-2004 的有关规定。同时，不应该在采暖期后将采暖水系统的水卸去，要保持"湿式保养"。另外，对于在原有供热系统热网中并入了安装有散热器恒温阀的新建造的建筑后，必须对该热网重新进行水力平衡调节。因为，一般情况下，安装有恒温阀的新建筑水力阻力会大于原来建筑，导致新建建筑的热水量减少，甚至降低供热品质。

要说明的是，在《供热计量技术规程》JGJ 173-2009 中，第 7.2.1 条（强制性条文）："新建和改建的居住建筑或以散热器为主的公共建筑的室内供暖系统应安装自动温度控制阀进行室温调控"。这里摘录该条文的条文说明如下："供热体制改革以"多用热，多交费"为原则，实现供暖用热的商品化、货币化。因此，用户能够根据自身的用热需求，利用供暖系统中的调节阀主动调节室温、有效控制室温是实施供热计量收费的重要前提条件。以往传统的室内供暖系统中安装使用的手动调节阀，对室内供暖系统的供热量能够起到一定的调节作用，但因其缺乏感温元件及自力式动作元件，无法对系统的供热量进行自动调节，从而无法有效利用室内的自由热，节能效果大打折扣。散热器系统应在每组散热器安装散热器恒温阀或者其他自动阀门（如电动调温阀门）来实现室内温控；通断面积法可采用通断阀控制户内室温。散热器恒温控制阀具有感受室内温度变化并根据设定的室内温度对系统流量进行自力式调节的特性。正确使用散热器恒温控制阀可实现对室温的主动调节以及不同室温的恒定控制。散热器恒温控制阀对室内温度进行恒温控制时，可有效利用室内自由热、消除供暖系统的垂直失调从而达到节省室内供热量的目的"。

5.3.5 散热器宜明装，散热器的外表面应刷非金属性涂料。

【释义】

引自《公共建筑节能设计标准》GB 50189-2005 中第 5.2.4 条。

散热器暗装在罩内时，不但散热器的散热量会大幅度减少；而且，由于罩内空气温度远远高于室内空气温度，从而使罩内墙体的温差传热损失大大增加。为此，应避免这种错误做法。

散热器暗装时，还会影响温控阀的正常工作。如工程确实需要暗装时（如幼儿园），则必须采用带外置式温度传感器的温控阀，以保证温控阀能根据室内温度进行工作。

实验证明：散热器外表面涂刷非金属性涂料时，其散热量比涂刷金属性涂料时能增加10%左右。

另外，散热器的单位散热量、金属热强度指标（散热器在热媒平均温度与室内空气温度差为1℃时，每1kg重散热器每小时所放散的热量）和单位散热量的价格这三项指标，是评价和选择散热器的主要依据，特别是金属热强度指标，是衡量同一材质散热器节能性和经济性的重要标志。

5.3.6 采用散热器集中采暖系统的供水温度（t）、供回水温差（Δt）与工作压力（P），宜符合下列规定：

1 当采用金属管道时，$t \leqslant 95℃$、$\Delta t \geqslant 25℃$。
2 当采用热塑性塑料管时，$t \leqslant 85℃$；$\Delta t \geqslant 25℃$，且工作压力不宜大于1.0MPa。
3 当采用铝塑复合管—非热熔连接时，$t \leqslant 90℃$、$\Delta t \geqslant 25℃$。
4 当采用铝塑复合管—热熔连接时，应按热塑性塑料管的条件应用。
5 当采用铝塑复合管时，系统的工作压力可按表5.3.6确定。

表5.3.6 不同工作温度时铝塑复合管的允许工作压力

管材类型	代号	长期工作温度（℃）	允许工作压力（MPa）
搭接焊式	PAP	60	1.00
		75※	0.82
		82※	0.69
	XPAP	75	1.00
		82	0.86
对接焊式	PAP3，PAP4	60	1.00
	XPAP1，XPAP2	75	1.50
	XPAP1，XPAP2	95	1.25

注： ※指采用中密度聚乙烯（乙烯与辛烯共聚物）材料生产的复合管。

【释义】

对于不同材料管道，提出不同的设计供水温度。对于以热水锅炉作为直接供暖的热源设备来说，降低供水温度对于降低锅炉排烟温度、提高传热温差具有较好的影响，使得锅炉的热效率得以提高。采用换热器作为采暖热源时，降低换热器二次水供水温度可以在保证同样的换热量情况下减少换热面积，节省投资。由于目前的一些建筑存在大流量、小温差运行的情况，因此本标准规定采暖供回水温差不应小于25℃。在可能的条件下，设计时应尽量提高设计温差。

热塑性塑料管的使用条件等级按5级考虑，即正常操作温度80℃时的使用时间为10年；60℃时为25年；20℃（非采暖期）为14年。

以北京为例：采暖期不足半年，通常，采暖供水温度随室外气温进行调节，在50年使用期内，各种水温下的采暖时间为25年，非采暖期的水温取20℃，累积也为25年。

当散热器采暖系统的设计供回水温度为 85℃/60℃ 时，正常操作温度下的使用年限为：85℃时为 6 年；80℃时为 3 年；60℃时为 7 年。相当于80℃时为9.6年；60℃时为25年；20℃时为14.4年。这时，若选择工作压力为1.0MPa，相应的管系列为：PB管-S4；PEX管-S3.2。

对于非热熔连接的铝塑复合管，由于它是由聚乙烯和铝合金两种杨氏模量相差很大的材料组成的多层管，在承受内压时，厚度方向的管环应力分布是不等值的，无法考虑各种使用温度的累积作用，所以，不能用它来选择管材或确定管壁厚度，只能根据长期工作温度和允许工作压力进行选择。

对于热熔连接的铝塑复合管，在接头处，由于铝合金管已断开，并不连续，因此，真正起连接作用的实际上只是热塑性塑料；所以，应该按照热塑性塑料管的规定来确定供水温度与工作压力。

铝塑复合管的代号说明：

PAP——由聚乙烯/铝合金/聚乙烯复合而成；

XPAP——由交联聚乙烯/铝合金/交联聚乙烯复合而成；

XPAP1（一型铝塑管）——由聚乙烯/铝合金/交联聚乙烯复合而成；

XPAP2（二型铝塑管）——由交联聚乙烯/铝合金/交联聚乙烯复合而成；

PAP3（三型铝塑管）——由聚乙烯/铝合金/聚乙烯复合而成；

PAP4（四型铝塑管）——由聚乙烯/铝合金/聚乙烯复合而成；

RPAP5（新型的铝塑复合管）——由耐热聚乙烯/铝合金/耐热聚乙烯复合而成。

5.3.7 对室内具有足够的无家具覆盖的地面可供布置加热管的居住建筑，宜采用低温地面辐射供暖方式进行采暖。低温地面辐射供暖系统户（楼）内的供水温度不应超过 60℃，供回水温差宜等于或小于 10℃；系统的工作压力不应大于 0.8MPa。

【释义】

低温地板辐射采暖是国内近20年以来发展较快的新型供暖方式，埋管式地面辐射采暖具有温度梯度小、室内温度均匀、脚感温度高等特点，在热辐射的作用下，围护结构内表面和室内其他物体表面的温度，都比对流供暖时高，人体的辐射散热相应减少，人的实际感觉比相同室内温度对流供暖时舒适得多。在同样的热舒适条件下，辐射供暖房间的设计温度可以比对流供暖房间低（2～3）℃，因此房间的热负荷随之减小。

室内家具、设备等对地面的遮蔽，对地面散热量的影响很大。因此，要求室内必须具有足够的裸露面积（无家具覆盖）供布置加热管的要求，作为采用低温地板辐射供暖系统的必要条件。

保持较低的供水温度和供回水温差，有利于延长塑料加热管的使用寿命；有利于提高室内的热舒适感；有利于保持较大的热媒流速，方便排除管内空气；有利于保证地面温度的均匀。

有关地面辐射供暖工程设计方面规定，应遵循行业标准《地面辐射供暖技术规程》JGJ 142-2004 执行。

5.3.8 采用低温地面辐射供暖的集中供热小区，锅炉或换热站不宜直接提供温度低于60℃的热媒。当外网提供的热媒温度高于60℃时，宜在各户的分集水器前设置混水泵，抽取室内回水混入供水，保持其温度不高于设定值，并加大户内循环水量；混水装置也可以设置在楼栋的采暖热力入口处。

【释义】

在一个热水供暖的小区或供暖系统中，可能存在多种采暖方式，目前比较典型的方式主要是散热器采暖和低温热水地板辐射采暖两种形式。其中散热器采暖需要比较高的供水温度，而低温热水地板辐射采暖需求的供水温度则相对来说低得多。但是，从采暖特性来看，为了保证地面温度的均匀性等原因，低温热水地板辐射采暖的热水供回水温差也比散热器采暖系统小一些。换句话说：在输送同样热量的情况下，低温热水地板辐射采暖系统的热水输配的水泵装机总容量会大于散热器采暖。

对于两种采暖方式都存在的系统来说，主泵宜按照较高温的供水（通常宜在70～80℃左右）和较大的设计温差来确定流量；但由于低温热水地板辐射采暖系统的供水温度不宜超过60℃，因此，对于低温热水地板辐射采暖系统应采用混水或者热交换器方式。如果采用热交换器这种间接式系统，换热器一、二次侧的水流阻力均需要系统循环泵和二次侧水泵分别来负担，显然会导致所有水泵的总体安装容量大于采用混水泵方式更大一些。

即使对于供热系统全部采用低温热水地板辐射采暖系统的小区来说，如果将主泵按照小的供水温差来选择，也将使得主泵的流量过大，且整个采暖季节都运行而不利于节能。因此，适当提高供水温度并加大供回水温差后，对于主泵的装机容量会有较大的下降。同时，将输配系统进行适当的分散设置，采用系统主循环泵与各入口混水泵联合运行的方式，更有利于优化每个采暖热力入口环路的调控和运行管理，起到运行能耗节省的作用。

因此，本条提出系统设计供水温度不宜低于60℃的目的，是为了提高系统供水温差，降低系统循环泵的流量。在此基础上，各热力入口采用混水方式更有利于节能，且混水泵已采用变速调节的方式——控制回水混合水量，保持供水温度不变。

在采用混水装置时，对混水泵的参数（主要是流量和扬程）应进行仔细的计算。

需要特别指出的是：由于混水方式不等同于系统主泵与末端循环泵的串联运行方式，因此，在同样的输送水量和系统管网不变的条件下，系统主泵的扬程需求并没有变化。因此采用混水泵的主要目的是为了得到适合地板辐射采暖系统的低温热水，因此对于整个供暖系统来说，与系统直接采用低温供水的方式相比，实际上它带来的是系统主泵流量的减少和混水泵调节更为优化而得到的节能效果。

5.3.9 当设计低温地面辐射供暖系统时，宜按主要房间划分供暖环路，并应配置室温自动调控装置。在每户分水器的进水管上，应设置水过滤器，并应按户设置热量分摊装置。

【释义】

分室控温，是按户计量的基础；为了实现这个要求，应对各个主要房间的室内温度进行自动控制。室温控制可选择采用以下任何一种模式：

模式Ⅰ："房间温度控制器（有线）＋电热（热敏）执行机构＋带内置阀芯的分水器"

通过房间温度控制器设定和监测室内温度，将监测到的实际室温与设定值进行比较，根据比较结果输出信号，控制电热（热敏）执行机构的动作，带动内置阀芯开启与关闭，从而改变被控（房间）环路的供水流量，保持房间的设定温度。

模式Ⅱ："房间温度控制器（有线）＋分配器＋电热（热敏）执行机构＋带内置阀芯的分水器"

与模式 I 基本类似，差异在于房间温度控制器同时控制多个回路，其输出信号不是直接至电热（热敏）执行机构，而是到分配器，通过分配器再控制各回路的电热（热敏）执行机构，带动内置阀芯动作，从而同时改变各回路的水流量，保持房间的设定温度。

模式 III："带无线电发射器的房间温度控制器＋无线电接收器＋电热（热敏）执行机构＋带内置阀芯的分水器"

利用带无线电发射器的房间温度控制器对室内温度进行设定和监测，将监测到的实际值与设定值进行比较，然后将比较后得出的偏差信息发送给无线电接收器（每间隔 10min 发送一次信息），无线电接收器将发送器的信息转化为电热（热敏）式执行机构的控制信号，使分水器上的内置阀芯开启或关闭，对各个环路的流量进行调控，从而保持房间的设定温度。

模式 IV："自力式温度控制阀组"

在需要控温房间的加热盘管上，装置直接作用式恒温控制阀，通过恒温控制阀的温度控制器的作用，直接改变控制阀的开度，保持设定的室内温度。

为了测得比较有代表性的室内温度，作为温控阀的动作信号，温控阀或温度传感器应安装在室内离地面 1.5m 处。因此，加热管必须嵌墙抬升至该高度处。由于此处极易积聚空气，所以要求直接作用恒温控制阀必须具有排气功能。

模式 V："房间温度控制器（有线）＋电热（热敏）执行机构＋带内置阀芯的分水器"

选择在有代表性的部位（如起居室），设置房间温度控制器，通过该控制器设定和监测室内温度；在分水器前的进水支管上，安装电热（热敏）执行器和二通阀。房间温度控制器将监测到的实际室内温度与设定值比较后，将偏差信号发送至电热（热敏）执行机构，从而改变二通阀的阀芯位置，改变总的供水流量，保证房间所需的温度。

本系统的特点是投资较少、感受室温灵敏、安装方便。缺点是不能精确地控制每个房间的温度，且需要外接电源。一般适用于房间控制温度要求不高的场所，特别适用于大面积房间需要统一控制温度的场所。

与散热器采暖的基本原理一样，低温热水地板辐射采暖系统设置房间温度控制同样有利于利用自由热而节能。同时，由于控制阀门、热量计量装置等的要求，设置水过滤器是必不可少的。

关于控制方式，上面已经对 5 种模式进行了详细的解释。

值得注意的是：由于低温热水地板辐射采暖系统与散热器采暖系统相比存在较大的热惰性，因此，在设置房间温度的具体控制时，需要考虑到这种情况。

详细分析参见专题论述"地面辐射供暖系统的室温调控及混水调节"。

5.3.10 施工图设计时，应严格进行室内供暖管道的水力平衡计算，确保各并联环路间（不包括公共段）的压力损失差额不大于 15%；在水力平衡计算时，要计算水冷却产生的附加压力，其值可取设计供、回水温度条件下附加压力值的 2/3。

【释义】

与室外热水供热管网一样，通过设计计算使得各并联环路间的水力平衡是非常重要的。只有当通过管径调整无法满足 15% 的要求时，才需要在相关环路考虑增设其他的调节措施。但是，增设调节措施（例如手动调节阀）之后，应重新进行水力平衡计算，防止增设调节措施的环路变成了新的"最不利环路"。一般可通过下列措施达到各并联环路之间的水力平衡：

1. 环路布置应力求均匀对称，环路半径不宜过大，负担的立管数不宜过多。

2. 应首先通过调整管径，使并联环路之间压力损失相对差额的计算值达到最小。

3. 当调整管径不能满足要求时，应采取增大末端设备的阻力特性，或在立管或支环路上设置静态或动态水力平衡装置等措施。

在采暖季平均水温下，重力循环作用压力约为设计工况下的最大值的 2/3，引自《采暖通风与空气调节设计规范》GB 50019-2003 中第 4.8.6 条。

5.3.11 在寒冷地区，当冬季设计状态下的采暖空调设备能效比（COP）小于 1.8 时，不宜采用空气源热泵机组供热；当有集中热源或气源时，不宜采用空气源热泵。

【释义】

引自《公共建筑节能设计标准》GB 50189-2005 中第 5.4.10 条第 3 款。

寒冷地区使用时必须考虑机组的经济性与可靠性，本条提出了空气源热泵机组经济合理应用和节能运行的基本原则。与水冷式机组相比，空气源热泵机组耗电和价格较高，但其具备供热功能。在寒冷地区，对集中热源未运行时需要提前或延长采暖的工程中使用较为适合，此时运行性能系数较高。但在寒冷地区，当在室外温度较低的工况下运行，如需要继续运行，致使机组制热 COP 太低，失去了热泵机组的节能优势。因此，集中热源运行后，不应再采用热泵采暖。

5.4 通风和空气调节系统

5.4.1 通风和空气调节系统设计应结合建筑设计，首先确定全年各季节的自然通风措施，并应做好室内气流组织，提高自然通风效率，减少机械通风和空调的使用时间。当在大部分时间内自然通风不能满足降温要求时，宜设置机械通风或空气调节系统，设置的机械通风或空气调节系统不应妨碍建筑的自然通风。

【释义】

一般说来，居住建筑通风设计包括主动式通风和被动式通风。主动式通风指的是利用机械设备动力组织室内通风的方法，它一般要与空调、机械通风系统进行配合。被动式通风（自然通风）指的是采用"天然"的风压、热压作为驱动对房间降温。在我国多数地区，住宅进行自然通风是解决能耗和改善室内热舒适的有效手段，在过渡季室外气温低于 26℃ 高于 18℃ 时，由于住宅室内发热量小，这段时间完全可以通过自然通风来消除热负荷，改善室内热舒适状况。即使是室外气温高于 26℃，但只要低于（30~31）℃ 时，人在自然通风的条件下仍然会感觉到舒适。许多建筑设置的机械通风或空气调节系统，都破坏了建筑的自然通风性能。因此强调设置的机械通风或空气调节系统不应妨碍建筑的自然通风。

5.4.2 采用分散式房间空调器进行空调和（或）采暖时，宜选择符合国家标准《房间空气调节器能效限定值及能源效率等级》GB 12021.3 和《转速可控型房间空气调节器能效限定值及能源效率等级》GB 21455 中规定的节能型产品（即能效等级 2 级）。

【释义】

采用分散式房间空调器进行空调和采暖时，这类设备一般由用户自行采购，该条文的目的是要推荐用户购买能效比高的产品。国家标准《房间空气调节器能效限定值及能源效率等级》GB 12021.3 和《转速可控型房间空气调节器能效限定值及能源效率等级》GB 21455，规定节能型产品的能源效率为 2 级。

目前，《房间空气调节器能效限定值及能效等级》GB 12021.3‐2010 将于 2010 年 6 月 1 日颁布实施。与 2004 年版标准相比，2010 年版标准将能效等级分为三级，同时对能效限定值与能源效率等级指标已有提高。2004 版中的节能评价值（即能效等级第 2 级）在 2010 年版标准仅列为第 3 级。

鉴于当前是房间空调器标准新老交替的阶段，市场上可供选择的产品仍然执行的是老标准。本标准规定，鼓励用户选购节能型房间空调器，其意在于从用户需求端角度逐步提高我国房间空调器的能效水平，适应我国建筑节能形势的需要。

为了方便应用，表 5.4.2‐1 列出了《房间空气调节器能效限定值及能源效率等级》GB 12021.3‐2004、《房间空气调节器能效限值及能效等级》GB 12021.3‐2010、《转速可控型房间空气调节器能效限定值及能源效率等级》GB 21455‐2008 标准中列出的房间空气调节器能源效率等级为第 2 级的指标和转速可控型房间空气调节器能源效率等级为第 2 级的指标，表 5.4.2‐2 列出了 GB 12021.3‐2010 中空调器能源效率等级指标。

表 5.4.2-1　房间空调器能源效率等级指标节能评价值

| 类型 | 额定制冷量 CC (W) | 能效比 EER(W/W) | | 制冷季节能源消耗效率 $EER[W·h/(W·h)]$ |
		GB 12021.3‐2004 标准中节能评价值（能效等级 2 级）	GB 12021.3‐2010 标准中节能评价值（能效等级 2 级）	GB 21455‐2008 标准中节能评价值（能效等级 2 级）
整体式	—	2.90	3.10	—
分体式	CC≤4500	3.20	3.40	4.50
	4500＜CC≤7100	3.10	3.30	4.10
	7100＜CC≤14000	3.00	3.20	3.70

表 5.4.2-2　房间空调器能源效率等级指标

| 类　型 | 额定制冷量 CC (W) | GB 12021.3‐2010 标准中能效等级 | | |
		3	2	1
整体式	—	2.90	3.10	3.30
分体式	CC≤4500	3.20	3.40	3.60
	4500＜CC≤7100	3.10	3.30	3.50
	7100＜CC≤14000	3.00	3.20	3.40

5.4.3　当采用电机驱动压缩机的蒸气压缩循环冷水（热泵）机组或采用名义制冷量大于 7100W 的电机驱动压缩机单元式空气调节机作为住宅小区或整栋楼的冷热源机组时，所选用机组的能效比（性能系数）不应低于现行国家标准《公共建筑节能设计标准》GB 50189 中的规定值；当设计采用多联式空调（热泵）机组作为户式集中空调（采暖）机组时，所选用机组的制冷综合性能系数不应低于国家标准《多联式空调（热泵）机组能效限定值及能源效率等级》GB 21454‐2008 中规定的第 3 级。

【释义】

本条文是强制性条文。

居住建筑可以采取多种空调采暖方式，如集中方式或者分散方式。如果采用集中式空调采暖系统，比如本条文所指的采用电力驱动、由空调冷热源站向多套住宅、多栋住宅楼甚至住宅小区提供空调采暖冷热源（往往采用冷、热水）；或者应用户式集中空调机组（户式中央空调机组）向一套住宅提供空调冷热源（冷热水、冷热风）进行空调采暖。

集中空调采暖系统中，冷热源的能耗是空调采暖系统能耗的主体。因此，冷热源的能源效率对节省能源至关重要。性能系数、能效比是反映冷热源能源效率的主要指标之一，为此，将冷热源的性能系数、能效比作为必须达标的项目。对于设计阶段已完成集中空调采暖系统的居民小区，或者按户式中央空调系统设计的住宅，其冷源能效的要求应该等同于公共建筑的规定。

国家质量监督检验检疫总局已发布实施的空调机组能效限定值及能源效率等级的标准有：《冷水机组能效限定值及能源效率等级》GB 19577-2004，《单元式空气调节机能效限定值及能源效率等级》GB 19576-2004，《多联式空调（热泵）机组能效限定值及能源效率等级》GB 21454-2008。产品的强制性国家能效标准，将产品根据机组的能源效率划分为5个等级，目的是配合我国能效标识制度的实施。能效等级的含义：1等级是企业努力的目标；2等级代表节能型产品的门槛（按最小寿命周期成本确定）；3、4等级代表我国的平均水平；5等级产品是未来淘汰的产品。

为了方便应用，以下表5.4.3-1为规定的冷水（热泵）机组制冷性能系数（COP）值和表5.4.3-2规定的单元式空气调节机能效比（EER）值，这是根据国家标准《公共建筑节能设计标准》GB 50189-2005中第5.4.5、5.4.8条强制性条文规定的能效限值。而表5.4.3-3为多联式空调（热泵）机组制冷综合性能系数〔IPLV（C）〕值，是根据《多联式空调（热泵）机组能效限定值及能源效率等级》GB 21454-2008标准中规定的能效等级第3级。

表 5.4.3-1 冷水（热泵）机组制冷性能系数（COP）

类　　　型		额定制冷量 CC（kW）	性能系数 COP（W/W）
水　冷	活塞式/涡旋式	CC<528	3.80
		528<CC≤1163	4.00
		CC>1163	4.20
	螺杆式	CC<528	4.10
		528<CC≤1163	4.30
		CC>1163	4.60
	离心式	CC<528	4.40
		528<CC≤1163	4.70
		CC>1163	5.10
风冷或蒸发冷却	活塞式/涡旋式	CC≤50	2.40
		CC>50	2.60
	螺杆式	CC≤50	2.60
		CC>50	2.80

表 5.4.3-2　单元式空气调节机组能效比（*EER*）		
类　型		能效比 *EER*（W/W）
风冷式	不接风管	2.60
	接风管	2.30
水冷式	不接风管	3.00
	接风管	2.70

表 5.4.3-3　多联式空调（热泵）机组制冷综合性能系数〔*IPLV*（*C*）〕	
名义制冷量 *CC*（W）	综合性能系数〔*IPLV*（*C*）〕（能效等级第 3 级）
$CC \leqslant 28000$	3.20
$28000 < CC \leqslant 84000$	3.15
$84000 < CC$	3.10

5.4.4　安装分体式空气调节器（含风管机、多联机）时，室外机的安装位置必须符合下列规定：

1　应能通畅地向室外排放空气和自室外吸入空气。

2　在排出空气与吸入空气之间不应发生明显的气流短路。

3　可方便地对室外机的换热器进行清扫。

4　对周围环境不得造成热污染和噪声污染。

【释义】

寒冷地区尽管夏季时间不长，但在大城市中，安装分体式空调器的居住建筑还为数不少。分体式空调器的能效除与空调器的性能有关外，同时也与室外机合理的布置有很大关系。为了保证空调器室外机功能和能力的发挥，应将它设置在通风良好的地方，不应设置在通风不良的建筑竖井或封闭的或接近封闭的空间内，如内走廊等地方。如果室外机设置在阳光直射的地方，或有墙壁等障碍物使进、排风不畅和短路，都会影响室外机功能和能力的发挥，而使空调器能效降低。实际工程中，因清洗不便，室外机换热器被灰尘堵塞，造成能效下降甚至不能运行的情况很多。因此，在确定安装位置时，要保证室外机有清洗的条件。

5.4.5　设有集中新风供应的居住建筑，当新风系统的送风量大于或等于 3000m³/h 时，应设置排风热回收装置。无集中新风供应的居住建筑，宜分户（或分室）设置带热回收功能的双向换气装置。

【释义】

引自《公共建筑节能设计标准》GB 50189－2005 中第 5.3.14，5.3.15 条。对于采暖期较长的地区，比如 *HDD* 大于 2000 的地区，回收排风热，能效和经济效益都很明显。

5.4.6　当采用风机盘管机组时，应配置风速开关，宜配置自动调节和控制冷、热量的温控器。

【释义】

1. 要求风机盘管具有一定的冷、热量调控能力，既有利于室内的正常使用，也有利于节能。三速开关是常见的风机盘管的调节方式，由使用人员根据自身的体感需求进行手动的高、中、低速控制。对于大多数居住建筑来说，这是一种比较经济可行的方式，可以在一定程度上节省冷、热消耗。但此方式的单独使用只针对定流量系统，这是设计中需要注意的。

2. 采用人工手动的方式，无法做到实时控制。因此，在投资条件相对较好的建筑中，推荐采用利用温控器对房间温度进行自动控制的方式。（1）温控器直接控制风机的转速——适用于定流量系统；(2) 温控器和电动阀联合控制房间的温度——适用于变流量系统。

5.4.7 当采用全空气直接膨胀风管式空调机时，宜按房间设计配置风量调控装置。

【释义】

按房间设计配置风量调控装置的目的是使得各房间的温度可调，在满足使用要求的基础上，避免部分房间的过冷或过热而带来的能源浪费。当投资允许时，可以考虑变风量系统的方式（末端采用变风量装置，风机采用变频调速控制）；当经济条件不允许时，各房间可配置方便人工使用的手动（或电动）装置，风机是否调速则需要根据风机的性能分析来确定。

5.4.8 当选择土壤源热泵系统、浅层地下水源热泵系统、地表水（淡水、海水）源热泵系统、污水水源热泵系统作为居住区或户用空调（热泵）机组的冷热源时，严禁破坏、污染地下资源。

【释义】

本条文是强制性条文。

国家标准《地源热泵系统工程技术规范》GB 50366 - 2005 中对于"地源热泵系统"的定义为"以岩土体、地下水或地表水为低温热源，由水源热泵机组、地热能交换系统、建筑物内系统组成的供热空调系统。根据地热能交换系统形式的不同，地源热泵系统分为地埋管地源热泵系统、地下水地源热泵系统和地表水地源热泵系统"。2006 年 9 月 4 日由财政部、原建设部共同发文"关于印发《可再生能源建筑应用专项资金管理暂行办法》的通知"（财建 [2006] 460 号）中第四条规定可再生能源建筑应用专项资金重点支持以下 6 个领域：(1) 与建筑一体化的太阳能供应生活热水、供热制冷、光电转换、照明；(2) 利用土壤源热泵和浅层地下水源热泵技术供热制冷；(3) 地表水丰富地区利用淡水源热泵技术供热制冷；(4) 沿海地区利用海水源热泵技术供热制冷；(5) 利用污水水源热泵技术供热制冷；(6) 其他经批准的支持领域。其中，地源热泵系统占其中两项。

要说明的是在应用地源热泵系统，不能破坏地下水资源。这里引用《地源热泵系统工程技术规范》GB 50366 - 2005 的强制性条文，即"地源热泵系统方案设计前，应进行工程场地状况调查，并对浅层地热能资源进行勘察"，"地下水换热系统应根据水文地质勘察资料进行设计，并必须采取可靠回灌措施，确保置换冷量或热量后的地下水全部回灌到同一含水层，不得对地下水资源造成浪费及污染。系统投入运行后，应对抽水量、回灌量及其水质进行监测"。

如果地源热泵系统采用地下埋管式换热器，要进行土壤温度平衡模拟计算，应注意并进行长期应用后土壤温度变化趋势的预测，以避免长期应用后土壤温度发生变化，出现机组效率降低甚至不能制冷或供热。

《地源热泵系统工程技术规范》GB 50366 - 2005 自实施以来，对地源热泵空调技术在我国健康快速的发展和应用起到了很好的指导和规范作用。然而，随着地埋管地源热泵系统研究和应用的不断深入，如何正确获得岩土热物性参数，并用来指导地源热泵系统的设计，《规范》中并没有明确的条文。因此，在实际的地埋管地源热泵系统的设计和应用中，存在有一定的盲目性和随意性。具体为：(1) 简单地按照每延米换热量来指导地埋管地源热泵系统的设计和应用，给地埋管地源热泵系统的长期稳定运行埋下了很多隐患。(2) 没有统一的规范对岩土热响应试验的方法和手段进行指导和约束，造成岩土热物性参数测试结果不一致，致使地埋管地源热泵系统在应用过程中存在一些争议。

为了使《地源热泵系统工程技术规范》GB 50366 - 2005 更加完善合理，统一规范岩土热响应试验方法，正确指导地埋管地源热泵系统的设计和应用，于 2008 年进行局部修订，主要增加补充了岩土热响应试验方法及相关内容。

增加的主要内容有：3.2.2A 当地埋管地源热泵系统的应用建筑面积在 3000～5000m² 时，宜进行岩土热响应试验；当应用建筑面积大于等于 5000m² 时，应进行岩土热响应试验。3.2.2B 岩土热响应试验应符合附录 C 的规定，测试仪器仪表应具有有效期内的检验合格证、校准证书或测试证书。4.3.5A 当地埋管地源热泵系统的应用建筑面积在 5000m² 以上，或实施了岩土热响应试验的项目，应利用岩土热响应试验结果进行地埋管换热器的设计，且宜符合下列要求：1. 夏季运行期间，地埋管换热器出口最高温度宜低于 33℃；2. 冬季运行期间，不添加防冻剂的地埋管换热器进口最低温度宜高于 4℃。以及新增附录 C 岩土热响应试验。

详细分析见专题论述《地源热泵系统工程技术规范》GB 50366‑2005 修订要点解读。

5.4.9 空气调节系统的冷热水管的绝热厚度，应按现行国家标准《设备及管道绝热设计导则》GB/T 8175 中的经济厚度和防止表面凝露的保冷层厚度的方法计算，建筑物内空气调节系统冷热水管的经济绝热厚度可按表 5.4.9 的规定选用。

表 5.4.9　建筑物内空气调节系统冷热水管的经济绝热厚度

管道类型	绝 热 材 料			
	离心玻璃棉		柔性泡沫橡塑	
	公称管径（mm）	厚度（mm）	公称管径（mm）	厚度（mm）
单冷管道（管内介质温度7℃～常温）	≤DN32	25	按防结露要求计算	
	DN40～DN100	30		
	≥DN125	35		
热或冷热合用管道（管内介质温度5～60℃）	≤DN40	35	≤DN50	25
	DN50～DN100	40	DN70～DN150	28
	DN125～DN250	45	≥DN200	32
	≥DN300	50		
热或冷热合用管道（管内介质温度0～95℃）	≤DN50	50	不适宜使用	
	DN70～DN150	60		
	≥DN200	70		

注：1　绝热材料的导热系数 λ 应按下列公式计算：

离心玻璃棉：$\lambda=(0.033+0.00023t_m)$ [W/(m·K)]

柔性泡沫橡塑：$\lambda=(0.03375+0.0001375t_m)$ [W/(m·K)]

其中 t_m——绝热层的平均温度（℃）。

2　单冷管道和柔性泡沫橡塑保冷的管道均应进行防结露要求验算。

【释义】

引自《公共建筑节能设计标准》GB 50189‑2005 中第 5.3.28 条。

5.4.10 空气调节风管绝热层的最小热阻应符合表 5.4.10 的规定。

表 5.4.10　空气调节风管绝热层的最小热阻

风管类型	最小热阻（m² · k/W）
一般空调风管	0.74
低温空调风管	1.08

【释义】

引自《公共建筑节能设计标准》GB 50189 - 2005 中第 5.3.29 条。

附录　围护结构传热系数的修正系数 ε 和封闭阳台温差修正系数 ζ

不透明围护结构主要包括外墙和屋顶,外墙受到太阳辐射作用的大小与其自身的朝向和外墙表面的太阳辐射吸收系数有很大的关系,传热系数修正系数主要受当地水平面太阳辐射、屋顶表面太阳辐射吸收系数的影响。本标准按不同朝向给出了外墙和屋面传热系数修正系数值 ε,考虑了典型墙面(屋面)不同状况下的影响。

近几年采暖民用住宅的阳台已普遍做成封闭型。尤其在严寒、寒冷地区更是如此。这就使封闭阳台的围护结构耗热量计算必须也引入一个温差修正系数。封闭阳台温差修正系数 ζ 的计算时,首先建立如下热平衡方程:

$$K_0 A_0 (18 - t) - K_1 A_1 (t - t_{out}) + \rho I S_c A_3 = 0 \tag{1}$$

式中:K_0,K_1——阳台隔墙的传热系数,阳台的传热系数(由墙体、窗的传热系数按面积加权平均得到);

A_0,A_1,A_3——阳台隔墙的面积,阳台外围护结构的面积,阳台外部窗的面积;

t,t_{out}——阳台内部的空气温度,室外空气温度;

ρ——阳台内部对太阳辐射的吸收率,取 0.3;

I——太阳辐射强度;

S_c——阳台窗的遮阳系数,取 0.67。

温差修正系数的定义式为:

$$\xi = \frac{18 - t}{18 - t_{out}} \tag{2}$$

由式(1)、式(2)可推出温差修正系数的计算公式为:

$$\xi = \frac{K_1 A_1}{K_0 A_0 + K_1 A_1} - \frac{\rho I S_c A_3}{(18 - t_{out})(K_0 A_0 + K_1 A_1)} \tag{3}$$

计算封闭阳台温差修正系数 ζ 时,选定一长、宽、高为 2.9m×1.2m×2.8m 的典型封闭阳台为例,作温差修正系数的计算,其图如图 1 所示:

按照标准规定的传热系数,计算出 K_0,K_1 并把 A_0,A_1,A_3 带入式(3)得:

$$\xi = 0.684 - 0.0372 \frac{I}{18 - t_{out}} \tag{4}$$

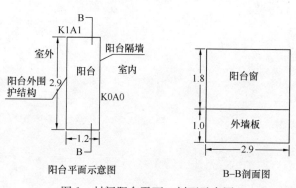

图 1　封闭阳台平面、剖面示意图

二、《夏热冬冷地区居住建筑节能设计标准》
JGJ 134 – 2010 内容释义

第1章 总 则

1.0.2 本标准适用于夏热冬冷地区新建、改建和扩建居住建筑的建筑节能设计。

【释义】

　　本标准的内容主要是对夏热冬冷地区居住建筑从建筑、围护结构和暖通空调设计方面提出节能措施，对采暖和空调能耗规定控制指标。

　　当其他类型的既有建筑改建为居住建筑时，以及原有的居住建筑进行扩建时，都应该按照本标准的要求采取节能措施，必须符合本标准的各项规定。

　　本标准适用于各类居住建筑，其中包括住宅、集体宿舍、住宅式公寓、商住楼的住宅部分、托儿所、幼儿园等。

　　近年来，为了落实既定的建筑节能目标，很多地方都开始了成规模的既有居住建筑节能改造。由于既有居住建筑的节能改造在经济和技术两个方面与新建居住建筑有很大的不同，因此，本标准并不涵盖既有居住建筑的节能改造。

1.0.3 夏热冬冷地区居住建筑必须采取节能设计，在保证室内热环境的前提下，建筑热工和暖通空调设计应将采暖和空调能耗控制在规定的范围内。

【释义】

　　夏热冬冷地区过去是个非采暖地区，建筑设计不考虑采暖的要求，也谈不上夏季空调降温。建筑围护结构的热工性能差，室内热环境质量恶劣，即使采用采暖、空调，其能源利用效率也往往较低。本标准的要求，首先是要保证室内热环境质量，提高人民的居住水平；同时要提高采暖、空调能源利用效率，贯彻执行国家可持续发展战略。

第 2 章 术 语

2.0.1 热惰性指标 （D）index of thermal inertia

表征围护结构抵御温度波动和热流波动能力的无量纲指标，其值等于各构造层材料热阻与蓄热系数的乘积之和。

2.0.2 典型气象年 （TMY）typical meteorological year

以近 10 年的月平均值为依据，从近 10 年的资料中选取一年各月接近 10 年的平均值作为典型气象年。由于选取的月平均值在不同的年份，资料不连续，还需要进行月间平滑处理。

2.0.3 参照建筑 reference building

参照建筑是一栋符合节能标准要求的假想建筑。作为围护结构热工性能综合判断时，与设计建筑相对应的，计算全年采暖和空气调节能耗的比较对象。

第3章 室内热环境设计计算指标

3.0.1 冬季采暖室内热环境设计计算指标应符合下列规定：

1 卧室、起居室室内设计温度应取 18℃；

2 换气次数应取 1.0 次/h。

【释义】

室内热环境质量的指标体系包括温度、湿度、风速、壁面温度等多项指标。本标准只提了温度指标和换气指标，原因是考虑到一般住宅极少配备集中空调系统，湿度、风速等参数实际上无法控制。另一方面，在室内热环境的诸多指标中，对人体的舒适以及对采暖能耗影响最大的是温度指标，换气指标则是从人体卫生角度考虑必不可少的指标。所以只提了空气温度指标和换气指标。

本条文规定的 18℃ 只是一个计算参数，在进行围护结构热工性能综合判断时用来计算采暖能耗，并不等于实际的室温。实际的室温是由住户自己控制的。

换气次数是室内热环境的另外一个重要的设计指标。冬季，室外的新鲜空气进入室内，一方面有利于确保室内的卫生条件，另一方面又要消耗大量的能量，因此要确定一个合理的换气次数。一般情况，住宅建筑的净高在 2.5m 以上，按人均居住面积 20m² 计算，1 小时换气 1 次，人均占有新风 50m³。

本条文规定的换气次数也只是一个计算参数，同样是在进行围护结构热工性能综合判断时用来计算采暖能耗，并不等于实际的新风量。实际的通风换气是由住户自己控制的。

3.0.2 夏季空调室内热环境设计计算指标应符合下列规定：

1 卧室、起居室室内设计温度应取 26℃；

2 换气次数应取 1.0 次/h。

【释义】

本条文规定的 26℃ 只是一个计算参数，在进行围护结构热工性能综合判断时用来计算空调能耗，并不等于实际的室温。实际的室温是由住户自己控制的。

本条文规定的换气次数也只是一个计算参数，同样是在进行围护结构热工性能综合判断时用来计算空调能耗，并不等于实际的新风量。实际的通风换气是由住户自己控制的。

潮湿是夏热冬冷地区气候的一大特点。在本节室内热环境主要设计计算指标中虽然没有明确提出相对湿度设计指标，但并非完全没有考虑潮湿问题。实际上，空调机在制冷工况下运行时，会有去湿功能而改善室内舒适程度。

第4章 建筑和围护结构热工设计

4.0.1 建筑群的总体布置、单体建筑的平面、立面设计和门窗的设置应有利于自然通风。

4.0.2 建筑物宜朝向南北或接近朝向南北。

【释义】

夏热冬冷地区的居住建筑，在春秋季和夏季凉爽时段，组织好室内外的自然通风，不仅有利于改善室内的热舒适程度，而且可减少空调运行的时间，降低建筑物的实际使用能耗。因此在建筑群的总体布置和单体建筑的设计时，考虑自然通风是十分必要的。

太阳辐射得热对建筑能耗的影响很大，夏季太阳辐射得热增加制冷负荷，冬季太阳辐射得热降低采暖负荷。由于太阳高度角和方位角的变化规律，南北朝向的建筑夏季可以减少太阳辐射得热，冬季可以增加太阳辐射得热，是最有利的建筑朝向。但由于建筑物的朝向还受到其他许多因素的制约，不可能都为南北朝向，所以本条用了"宜"字。

4.0.3 夏热冬冷地区居住建筑的体形系数不应大于表4.0.3规定的限值。当体形系数大于表4.0.3规定的限值时，必须按照本标准第5章的要求进行建筑围护结构热工性能的综合判断。

表4.0.3 夏热冬冷地区居住建筑的体形系数限值

建筑层数	≤3层	(4～11)层	≥12层
建筑的体形系数	0.55	0.40	0.35

【释义】

本条为强制性条文。

建筑物体形系数是指建筑物的外表面积与外表面积所包的体积之比。体形系数是表征建筑热工特性的一个重要指标，与建筑物的层数、体量、形状等因素有关。体形系数越大，则表现出建筑的外围护结构面积大，体形系数越小则表现出建筑外围护结构面积小。

体形系数的大小对建筑能耗的影响非常显著。体形系数越小，单位建筑面积对应的外表面积越小，外围护结构的传热损失越小。从降低建筑能耗的角度出发，应该将体形系数控制在一个较低的水平上。

但是，体形系数不只是影响外围护结构的传热损失，它还与建筑造型、平面布局、采光通风等紧密相关。体形系数过小，将制约建筑师的创造性，造成建筑造型呆板，平面布局困难，甚至损害建筑功能。因此应权衡利弊，兼顾不同类型的建筑造型，来确定体形系数。当体形系数超过规定时，则要求提高建筑围护结构的保温隔热性能，并按照本标准第5章的规定通过建筑围护结构热工性能综合判断，确保实现节能目标。

表4.0.3中的建筑层数分为三类，是根据目前本地区大量新建居住建筑的种类来划分的。如（1～3）层多为别墅，（4～11）层多为板式结构楼，其中6层板式楼最常见，12层以上多为高层塔楼。考虑到这三类建筑本身固有的特点，即低层建筑的体形系数较大，高层建筑的体形系数较小，因此，在体形系数的限值上有所区别。这样的分层方法与现行

国家标准《民用建筑设计通则》GB 50352－2005有所不同。在《民用建筑设计通则》中，（1～3）为低层，（4～6）为多层，（7～9）为中高层，10层及10层以上为高层。之所以不同是由于两者考虑如何分层的原因不同，节能标准主要考虑体形系数的变化，《民用建筑设计通则》则主要考虑建筑使用的要求和防火的要求，例如6层以上的建筑需要配置电梯，高层建筑的防火要求更严格等等。从使用的角度讲，本标准的分层与《民用建筑设计通则》的分层不同并不会给设计人员带来任何新增的麻烦。

4.0.4 建筑围护结构各部分的传热系数和热惰性指标不应大于表4.0.4规定的限值。当设计建筑的围护结构中的屋面、外墙、架空或外挑楼板、外窗不符合表4.0.4的规定时，必须按照本标准第5章的规定进行建筑围护结构热工性能的综合判断。

表4.0.4 建筑围护结构各部分的传热系数（K）和热惰性指标（D）的限值

围 护 结 构 部 位		传热系数 $K[W/(m^2 \cdot K)]$	
		热惰性指标 $D \leqslant 2.5$	热惰性指标 $D > 2.5$
体形系数 ≤0.40	屋面	0.8	1.0
	外墙	1.0	1.5
	底面接触室外空气的架空或外挑楼板	1.5	
	分户墙、楼板、楼梯间隔墙、外走廊隔墙	2.0	
	户门	3.0（通往封闭空间） 2.0（通往非封闭空间或户外）	
	外窗（含阳台门透明部分）	应符合本标准表4.0.5-1、表4.0.5-2的规定	
体形系数 >0.40	屋面	0.5	0.6
	外墙	0.80	1.0
	底面接触室外空气的架空或外挑楼板	1.0	
	分户墙、楼板、楼梯间隔墙、外走廊隔墙	2.0	
	户门	3.0（通往封闭空间） 2.0（通往非封闭空间或户外）	
	外窗（含阳台门透明部分）	应符合本标准表4.0.5-1、表4.0.5-2的规定	

【释义】

本条为强制性条文。

本条文规定了墙体、屋面、楼地面及户门的传热系数和热惰性指标限值，其中分户墙、楼板、楼梯间隔墙、外走廊隔墙、户门的传热系数限值一定不能突破，外围护结构的传热系数如果超过限值，则必须按本标准第5章的规定进行围护结构热工性能综合判断。

之所以作出这样的规定是基于如下的考虑：按第5章的规定进行的围护结构热工性能综合判断只涉及屋面、外墙、外窗等与室外空气直接接触的外围护结构，与分户墙、楼板、楼梯间隔墙等无关。

在夏热冬冷地区冬夏两季的采暖和空调降温是居民的个体行为，基本上是部分时间、部分空间的采暖和空调，因此要减小房间和楼内公共空间之间的传热，减小户间的传热。

确定围护结构热工性能参数时，应符合4.0.6条规定：

（1）建筑物面积和体积应按本标准附录A的规定计算确定。

（2）外墙的传热系数应考虑结构性冷桥的影响，取平均传热系数，其计算方法应符合本标准附录B的规定。

（3）当屋顶和外墙的传热系数满足本标准表4.0.4的限值要求，但热惰性指标 $D \leqslant 2.0$ 时，应按照《民用建筑热工设计规范》GB 50176-93第5.1.1条来验算屋顶和东、西向外墙的隔热设计要求。

（4）当砖、混凝土等重质材料构成的墙、屋面的面密度 $\rho \geqslant 200 \text{kg/m}^2$ 时，可不计算热惰性指标，直接认定外墙、屋面的热惰性指标满足要求。

（5）楼板的传热系数可按装修后的情况计算。

夏热冬冷地区是一个相当大的地区，区内各地的气候差异仍然很大。在进行节能建筑围护结构热工设计时，既要满足冬季保温，又要满足夏季隔热的要求。采用平均传热系数，是考虑了围护结构周边混凝土梁、柱、剪力墙等"热桥"的影响，以保证建筑在夏季空调和冬季采暖时通过围护结构的传热量小于标准的要求，不至于造成由于忽略了热桥影响而导致建筑耗热量或耗冷量的计算值偏小，使设计的建筑物达不到预期的节能效果。

将这一地区高于等于6层的建筑屋面和外墙的传热系数值统一定为1.0（或0.8）W/($\text{m}^2 \cdot \text{K}$)和1.5（或1.0）W/($\text{m}^2 \cdot \text{K}$)，并不是没有考虑这一地区的气候差异。重庆、成都、湖北（武汉）、江苏（南京）、上海等的地方节能标准反映了这一地区的气候差异，这些标准对屋面和外墙的传热系数的规定与本标准基本上是一致的。

根据无锡、重庆、成都等地节能居住建筑几个试点工程的实际测试数据和DOE-2程序能耗分析的结果都表明，在这一地区改变围护结构传热系数时，随着 K 值的减小，能耗指标的降低并非按线性规律变化，当屋面 K 值降为1.0 W/($\text{m}^2 \cdot \text{K}$)，外墙平均 K 值降为1.5W/($\text{m}^2 \cdot \text{K}$)时，再减小 K 值对降低建筑能耗的作用已不明显。因此，本标准考虑到以上因素和降低围护结构的 K 值所增加的建筑造价，认为屋面 K 值定为1.0（或0.8）W/($\text{m}^2 \cdot \text{K}$)，外墙 K 值为1.5（或1.0）W/($\text{m}^2 \cdot \text{K}$)，在目前情况下对整个地区都是比较适合的。

本标准对墙体和屋顶传热系数的要求并不太高的。主要原因是要考虑整个地区的经济发展的不平衡性。某些经济不太发达的省区，节能墙体主要靠使用空心砖和保温砂浆等材料。使用这类材料去进一步降低 K 值就要显著增加墙体的厚度，造价会随之大幅度增长，节能投资的回收期延长。但对于某些经济发达的省区，可能会使用高效保温材料来提高墙体的保温性能，例如采取聚苯乙烯泡沫塑料做墙体外保温。采用这样的技术，进一步降低墙体的 K 值，只要增加保温层的厚度即可，造价不会成比例增加，所以进一步降低 K 值是可行的，也是经济的。屋顶的情况也是如此。如果采用聚苯乙烯泡沫塑料做屋顶的保温层，保温层适当增厚，不会大幅度增加屋面的总造价，而屋面的 K 值则会明显降低，也是经济合理的。

建筑物的使用寿命比较长，从长远来看，应鼓励围护结构采用较高档的节能技术和产品，热工性能指标突破本标准的规定。经济发达的地区，建筑节能工作开展得比较早的地区，应该往这个方向努力。

本标准对 D 值作出规定是考虑了夏热冬冷地区的特点。这一地区夏季外围护结构严重地受到不稳定温度波作用，例如夏季实测屋面外表面最高温度南京可达62℃，武汉64℃，重庆61℃以上，西墙外表面温度南京可达51℃，武汉55℃，重庆56℃以上，夜间围护结构外表面温度可降至25℃以下，对处于这种温度波幅很大的非稳态传热条件下的建筑围护结构来说，只采用传热系数这个指标不能全面地评价围护结构的热工性能。传热系数只是描述围护结构传热能力的一个性能参数，是在稳态传热条件下建筑围护结构的评价指标。在非稳态传热的条件下，围护结构的热工性能除了用传热系数这个参数之外，还应该用抵抗温度波和热流波在建筑围护结构中传播能力的热惰性指标 D 来评价。

目前围护结构采用轻质材料越来越普遍。当采用轻质材料时，虽然其传热系数满足标准的规定值，但热惰性指标 D 可能达不到标准的要求，从而导致围护结构内表面温度波幅过大。武汉、成都、重庆荣昌、上海径南小区等节能建筑试点工程建筑围护结构热工性能实测数据表明，夏季无论是自然通风、连续空调还是间歇空调，砖混等厚重结构与加气混凝土砌块、混凝土空心砌块等中型结构以及金属夹芯板等轻型结构相比，外围护结构内表面温度波幅差别很大。在满足传热系数规定的条件下，连续空调时，空心砖加保温材料的厚重结构外墙内表面温度波幅值为 (1.0～1.5)℃，加气混凝土外墙内表面温度波幅为 (1.5～2.2)℃，空心混凝土砌块加保温材料外墙内表面温度波幅为 (1.5～2.5)℃，金属夹芯板外墙内表面温度波幅为 (2.0～3.0)℃。在间歇空调时，内表面温度波幅比连续空调要增加1℃。自然通风时，轻型结构外墙和屋顶的内表面使人明显地感到一种烘烤感。例如在重庆荣昌节能试点工程中，采用加气混凝土175mm作为屋面隔热层，屋面总热阻达到 $1.07m^2 \cdot kW$，但因屋面的热稳定性差，其内表面温度达37.3℃，空调时内表面温度最高达31℃，波幅大于3℃。因此，对屋面和外墙的 D 值作出规定，是为了防止因采用轻型结构 D 值减小后，室内温度波幅过大以及在自然通风条件下，夏季屋面和东西外墙内表面温度可能高于夏季室外计算温度最高值，不能满足《民用建筑热工设计规范》GB 50176-93 的规定。

将夏热冬冷地区外墙的平均传热系数 K_m 及热惰性指标分两个标准对应控制，这样更能切合目前外墙材料及结构构造的实际情况。

围护结构按体形系数的不同，分两档确定传热系数 K 限值和热惰性指标 D 值。建筑体形系数越大，则接受的室外热作用越大，热、冷损失也越大。因此，体形系数大者则理应保温隔热性能要求高一些，即传热系数 K 限值应小一些。

根据夏热冬冷地区实际的使用情况和楼地面传热系数便于计算考虑，对不属于同一户的层间楼地面和分户墙、楼底面接触室外空气的架空楼地面作了传热系数限值规定；底层为使用性质不确定的临街商铺的上层楼地面传热系数限值，可参照楼地面接触室外空气的架空楼地面执行。

由于采暖、空调房间的门对能耗也有一定的影响，因此，明确规定了采暖、空调房间通往室外的门（如户门、通往户外花园的门、阳台门）和通往封闭式空间（如封闭式楼梯间、封闭阳台等）或非封闭式空间（如非封闭式楼梯间、开敞阳台等）的门的传热系数 K 的不同限值。

4.0.5 不同朝向外窗（包括阳台门的透明部分）的窗墙面积比不应大于表 4.0.5-1 规定的限值。不同朝向、不同窗墙面积比的外窗传热系数不应大于表 4.0.5-2 规定的限值；综合遮阳系数应符合表 4.0.5-2 的规定。当外窗为凸窗时，凸窗的传热系数限值应比表 4.0.5-2 规定的限值小 10%；计算窗墙面积比时，凸窗的面积应按洞口面积计算。当设计建筑的窗墙面积比或传热系数、遮阳系数不符合表 4.0.5-1 和表 4.0.5-2 的规定时，必须按照本标准第 5 章的规定进行建筑围护结构热工性能的综合判断。

表 4.0.5-1 不同朝向外窗的窗墙面积比限值

朝 向	窗墙面积比	朝 向	窗墙面积比
北	0.40	南	0.45
东 、西	0.35	每套房间允许一个房间（不分朝向）	0.60

表 4.0.5-2 不同朝向、不同窗墙面积比的外窗传热系数和综合遮阳系数限值

建 筑	窗墙面积比	传热系数 K [W/(m² · K)]	外窗综合遮阳系数 SC_w (东、西向/南向)
体形系数 ≤0.40	窗墙面积比≤0.20	4.7	—/—
	0.20＜窗墙面积比≤0.30	4.0	—/—
	0.30＜窗墙面积比≤0.40	3.2	夏季≤0.40/夏季≤0.45
	0.40＜窗墙面积比≤0.45	2.8	夏季≤0.35/夏季≤0.40
	0.45＜窗墙面积比≤0.60	2.5	东、西、南向设置外遮阳 夏季≤0.25 冬季≥0.60
体形系数 ＞0.40	窗墙面积比≤0.20	4.0	—/—
	0.20＜窗墙面积比≤0.30	3.2	—/—
	0.30＜窗墙面积比≤0.40	2.8	夏季≤0.40/夏季≤0.45
	0.40＜窗墙面积比≤0.45	2.5	夏季≤0.35/夏季≤0.40
	0.45＜窗墙面积比≤0.60	2.3	东、西、南向设置外遮阳 夏季≤0.25 冬季≥0.60

注： 1 表中的"东、西"代表从东或西偏北 30°（含 30°）至偏南 60°（含 60°）的范围；"南"代表从南偏东 30°至偏西 30°的范围。

2 楼梯间、外走廊的窗不按本表规定执行。

【释义】

本条为强制性条文。

确定围护结构（外窗）热工性能参数时，应符合 4.0.6 条规定：

（1）窗墙面积比是指窗户洞口面积与房间立面单元面积（即建筑层高与开间定位线围成的面积）之比，应按建筑开间（轴距离）计算。

（2）窗的综合遮阳系数应按下式计算：

$$SC = SC_C \times SD = SC_B \times (1 - F_K/F_C) \times SD$$

式中：SC——窗的综合遮阳系数；

SC_C——窗本身的遮阳系数；

SC_B——玻璃的遮阳系数；

F_K——窗框的面积；

F_C——窗的面积，F_K/F_C 为窗框面积比，PVC 塑钢窗或木窗窗框比可取 0.30，铝合金窗窗框比可取 0.20，其他框材的窗按相近原则取值；

SD——外遮阳的遮阳系数，应按本标准附录 C 的规定计算。

普通窗户（包括阳台门的透明部分）的保温性能比外墙差很多，尤其是夏季白天通过

窗户进入室内的太阳辐射热也比外墙多得多。一般而言，窗墙面积比越大，则采暖和空调的能耗也越大。因此，从节约的角度出发，必须限制窗墙面积比。在一般情况下，应以满足室内采光要求作为窗墙面积比的确定原则，表4.0.5-1中规定的数值能满足较大进深房间的采光要求。

在夏热冬冷地区，人们无论是过渡季节还是冬、夏两季普遍有开窗加强房间通风的习惯。一是自然通风改善了室内空气品质；二是夏季在两个连晴高温期间的阴雨降温过程或降雨后连晴高温开始升温过程的夜间，室外气候凉爽宜人，加强房间通风能带走室内余热和积蓄冷量，可以减少空调运行时的能耗。因此需要较大的开窗面积。此外，南窗大有利于冬季日照，可以通过窗口直接获得太阳辐射热。近年来居住建筑的窗墙面积比有越来越大的趋势，这是因为商品住宅的购买者大都希望自己的住宅更加通透明亮，尤其是客厅比较流行落地门窗。因此，规定每套房间允许一个房间窗墙面积比可以小于等于0.60。但当窗墙面积比增加时，应首先考虑减小窗户（含阳台透明部分）的传热系数和遮阳系数。夏热冬冷地区的外窗设置活动外遮阳的作用非常明显。提高窗的保温性能和灵活控制遮阳是夏季防热、冬季保温、降低夏季空调冬季采暖负荷的重要措施。

条文中对东、西向窗墙面积比限制较严，因为夏季太阳辐射在东、西向最大。不同朝向墙面太阳辐射强度的峰值，以东、西向墙面为最大，西南（东南）向墙面次之，西北（东北）向又次之，南向墙更次之，北向墙为最小。因此，严格控制东、西向窗墙面积比限值是合理的，对南向窗墙面积比限值放得比较松，也符合这一地区居住建筑的实际情况和人们的生活习惯。

对外窗的传热系数和窗户的遮阳系数作严格的限制，是夏热冬冷地区建筑节能设计的特点之一。在放宽窗墙面积比限值的情况下，必须提高对外窗热工性能的要求，才能真正做到住宅的节能。技术经济分析也表明，提高外窗热工性能，比提高外墙热工性能的资金效益高3倍以上。同时，适当放宽每套房间允许一个房间有很大的窗墙面积比，采用提高外窗热工性能来控制能耗，给建筑师和开发商提供了更大的灵活性，以满足这一地区人们提高居住建筑水平和国家对建筑节能的要求。

4.0.7 东偏北30°至东偏南60°、西偏北30°至西偏南60°范围内的外窗应设置挡板式遮阳或可以遮住窗户正面的活动外遮阳，南向的外窗宜设置水平遮阳或可以遮住窗户正面的活动外遮阳。各朝向的窗户，当设置了可以完全遮住正面的活动外遮阳时，应认定满足本标准表4.0.5-2对外窗遮阳的要求。

【释义】

遮阳设施可用于室外、室内或双层玻璃之间。它们可以是固定式、可调节式或活动式的，也可以从建筑形式及几何外形上加以变化而起遮阳的作用。内遮阳包括软百叶窗、可卷百叶窗及帘幕等，它们通常为活动的，即可升降、可卷或可从窗户上收走的，但有一些仅可调节角度。外遮阳包括百叶窗、遮棚、水平悬板及各种肋板：垂直的，水平的或综合式的（框式）。双层玻璃间的遮阳包括软百叶帘、褶片及可卷的遮阳，它们通常为可调节的或可在内部伸缩的。

可调节及可伸缩的遮阳设施可以随人们的意愿而调整，使之符合改变着的要求。但固定式遮阳则根据其几何外形、朝向及每日、每年太阳运动情况之间的关系，按预定的目的面起着固定的作用。为了调整其作用使之适合于功能的要求，有必要在设计遮阳设施的细部时，对于上述各项因素进行全面的考虑。

可调节式遮阳设施的几何外形（无论是水平的、垂直的、也无论其宽度与间距之比率如何）不会影响其遮挡效率，因为它可以随时转动以遮挡日光。但是，可调节遮阳的效率，是随着它的颜色、对玻璃的位置以及通风条件不同而变。

窗户及遮阳设施的热作用，其影响程度自然是取决于窗户尺寸与房间大小的相对比例关系。但除此而外，其他因素如通风条件、墙的厚度及材料的热物理性能也都影响着窗户及遮阳的热作用。

窗户尺寸的热作用主要取决于遮挡条件。当窗户敞开又有遮阳时，窗户愈大，则室内气温愈接近于室外气温。这不仅是由于窗户大通风率高所造成，还因为玻璃与普通墙相比，热阻较低之故。

但当窗户无遮阳时，扩大窗户的面积可导致较高的辐射增热从而提高室温。室温的提高随朝向及季节不同而异决定于窗户所受的太阳辐射强度，对此第4.2节已作详细论述。

透过窗户进入室内的太阳辐射热，夏季构成了空调降温的主要负荷，冬季可以减小采暖负荷，所以在夏热冬冷地区设置活动式外遮阳是最合理的。夏季太阳辐射在东、西向最大，在东、西向设置外遮阳是减少太阳辐射热进入室内的一个有效措施。近年来，我国的遮阳产业有了很大发展，能够提供各种满足不同需要的产品。同时，随着全社会节能意识的提高，越来越多的居民也认识到夏季遮阳的重要性。因此，在夏热冬冷地区的居住建筑上应大力提倡使用卷帘、百叶窗之类的外遮阳。

4.0.8 外窗可开启面积（含阳台门面积）不应小于外窗所在房间地面面积的5%。多层住宅外窗宜采用平开窗。

【释义】

对外窗的开启面积作规定，避免"大开窗，小开启"现象，有利于房间的自然通风。平开窗的开启面积大，气密性比推拉窗好，可以保证采暖、空调时住宅的换气次数得到控制。

4.0.9 建筑物1～6层的外窗及敞开式阳台门的气密性等级，不应低于国家标准《建筑外门窗气密、水密、抗风压性能分级及检测方法》GB/T 7106－2008中规定的4级；7层及7层以上的外窗及敞开式阳台门的气密性等级，不应低于该标准规定的6级。

【释义】

本条为强制性条文。

为了保证建筑的节能，要求外窗具有良好的气密性能，以避免夏季和冬季室外空气过多地向室内渗漏。《建筑外门窗气密、水密、抗风压性能分级及检测方法》GB/T 7106－2008中规定用10Pa压差下，每小时每米缝隙的空气渗透量q_1和每小时每平方米面积的空气渗透量q_2作为外门窗的气密性分级指标。6级对应的性能指标是：$0.5m^3/(m \cdot h) < q_1 \leqslant 1.5m^3/(m \cdot h)$，$1.5m^3/(m^2 \cdot h) < q_2 \leqslant 4.5m^3/(m^2 \cdot h)$。4级对应的性能指标是：$2.0m^3/(m \cdot h) < q_1 \leqslant 2.5m^3/(m \cdot h)$，$6.0m^3/(m^2 \cdot h) < q_2 \leqslant 7.5m^3/(m^2 \cdot h)$。

本条文对位于不同层上的外窗及阳台门的要求分成两档，在建筑的低层，室外风速比较小，对外窗及阳台门的气密性要求低一些。而在建筑的高层，室外风速相对比较大，对外窗及阳台门的气密性要求则严一些。

4.0.10 当外窗采用凸窗时，应符合下列规定：

1 窗的传热系数限值应比本标准表 4.0.5-2 中的相应值小 10%；

2 计算窗墙面积比时，凸窗的面积按窗洞口面积计算；

3 对凸窗不透明的上顶板、下底板和侧板，应进行保温处理，且板的传热系数不应低于外墙传热系数的限值要求。

【释义】

目前居住建筑设计的外窗面积越来越大，凸窗、弧形窗及转角窗是越来越多，可对其上下、左右不透明的顶板、底板和侧板的保温隔热处理又不够重视，这些部位基本上是钢筋混凝土出挑构件，是外墙上热工性能最薄弱的部位。凸窗上下不透明顶板、底板及左右侧板同样按本标准附录 B 的计算方法得出的外墙平均传热系数，并应达到外墙平均传热系数的限值要求。当弧形窗及转角窗为凸窗时，也应按本条的规定进行热工节能设计。

凸窗的使用增加了窗户传热面积，为了平衡这部分增加的传热量，也为了方便计算，规定了凸窗的设计指标与方法。

4.0.11 围护结构的外表面宜采用浅色饰面材料。平屋顶宜采取绿化、涂刷隔热涂料等隔热措施。

【释义】

采用浅色饰面材料的围护结构外墙面，在夏季有太阳直射时，能反射较多的太阳辐射热，从而能降低空调时的得热量和自然通风时的内表面温度，当无太阳直射时，它又能把围护结构内部在白天所积蓄的太阳辐射热较快地向外天空辐射出去，因此，无论是对降低空调耗电量还是对改善无空调时的室内热环境都有重要意义。采用浅色饰面外表面建筑物的采暖耗电量虽然会有所增大，但夏热冬冷地区冬季的日照率普遍较低，两者综合比较，突出矛盾仍是夏季。

水平屋顶的日照时间最长，太阳辐射照度最大，由屋顶传给顶层房间的热量很大，是建筑物夏季隔热的一个重点。绿化屋顶是解决屋顶隔热问题非常有效的方法，它的内表面温度低且昼夜稳定。当然，绿化屋顶在结构设计上要采取一些特别的措施。在屋顶上涂刷隔热涂料是解决屋顶隔热问题另一个非常有效的方法，隔热涂料可以反射大量的太阳辐射，从而降低屋顶表面的温度。当然，涂刷了隔热涂料的屋顶在冬季也会放射一部分太阳辐射，所以越是南方越适宜应用这种技术。

墙面的垂直绿化是降低墙面太阳辐射的好措施，而且还美化环境。

墙面材料和色彩的不同，对太阳辐射的吸收会有很大的影响，表 4.0.11 是各种表面的太阳辐射吸收率。一般而言，表面光亮、颜色浅吸收率就低。

表 4.0.11 各种表面的太阳辐射吸收率

材料或颜色	短波吸收率	长波吸收率	材料或颜色	短波吸收率	长波吸收率
铝箔（光亮）	0.05	0.05	浅灰色	0.4	0.9
铝箔（已氧化）	0.15	0.12	深灰色	0.7	0.9
镀锌铁皮（光亮）	0.25	0.25	浅绿色	0.4	0.9
铝粉涂料	0.5	0.5	深绿色	0.7	0.9
白灰粉刷（新）	0.12	0.9	一般黑色	0.85	0.9
白漆	0.2	0.9			

墙体吸收太阳辐射并不总是坏事，在冬季它就是对节能有利的因素。冬季南墙的太阳辐射比较强烈，夏季则是东、西墙的太阳辐射比较强，所以墙体的隔热主要考虑东、西墙。

4.0.12 当采用分体式空气调节器（含风管机、多联机）时，室外机的安装位置应符合下列规定：

1 应稳定牢固，不应存在安全隐患；

2 室外机的换热器应通风良好，排出空气与吸入空气之间应避免气流短路

3 应便于室外机的维护；

4 应尽量减小对周围环境的热影响和噪声影响。

【释义】

分体式空调器的能效除与空调器的性能有关外，同时也与室外机的合理布置有很大关系。室外机安装环境不合理，如设置在通风不良的建筑竖井内，设置在封闭或接近封闭的空间内，过密的百叶遮挡、过大的百叶倾角、小尺寸箱体内的嵌入式安装，多台室外机安装间距过小等安装方式使进、排风不畅和短路，都会造成分体式房间空调器在实际使用中的能效大幅降低，甚至造成保护性停机。而确定分体式空调器（含风管机、多联机）室外机的安装位置主要是建筑师，因此，将本条放入建筑和建筑热工设计章节。以下为一些具体设计和建议，供参考。

（1）分体式空调器的室外机座可结合建筑阳台或雨篷设计，底板结构应进行计算，确保安全（见图 4.0.12-1～图 4.0.12-3）。室外机安装在素土地面上时，必须先找平、夯实，然后捣 200mm 厚 C20 细石混凝土机座，四周应加设防护栏杆。

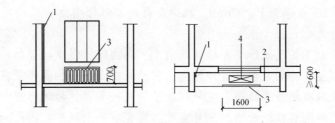

图 4.0.12-1　附设在雨篷的室外机

1—冷凝水立管；2—雨篷；3—金属花格；4—空调器室外机

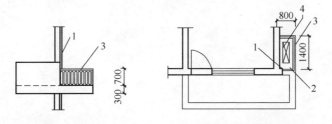

图 4.0.12-2　附设在阳台边的室外机

1—冷凝水立管；2—室外机台板；3—金属花格；4—空调器室外机

（2）分体式空调器的室外机安装在平屋面上时，屋面的面层应捣 100mm 厚 C20 细石混凝土机座，并在土建施工时距室外机 350mm 处的屋面预埋直径 100mm 钢套管（见图 4.0.12-4）。上人屋面室外机四周应设防护栏杆。

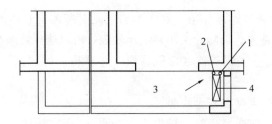

图 4.0.12-3　挂在阳台的室外机

1—冷凝水立管；2—地漏；3—阳台；4—空调器室外机

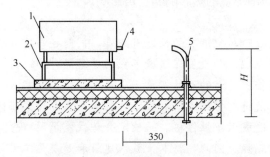

图 4.0.12-4　布置在屋面的室外机

1—室外机；2—室外机支架；3—100mm 厚 C20 细石混
凝土机座；4—制冷剂管口；5—直径 100mm 钢套管

（3）分层安放，首先满足室外机必须的安装维护及空气流通空间。一般情况，机前不得小于 500mm，机后不得小于 300mm。机旁距离则要根据实际情况确定，一般流通空间越宽则对空调运行越有利。

（4）为了避免上下层气流短路和沿建筑高度方向的气流温度的叠加，室外机不要沿建筑垂直方向重叠布置，特别是在建筑凹槽内。室外机组上下层相叠布置在同一位置时应采用可靠的防止气流短路的技术措施。室外机在竖向同一面进、排风时，由于跨越屋顶气流的影响，建筑物上部两层靠近外墙的室外空气温度会有一个跃升，因此为保证上部两层室外机的风冷效果建议将顶层、次顶层的室外机布置在屋顶上。

第5章 建筑围护结构热工性能的综合判断

5.0.1 当设计建筑不符合本标准第 4.0.3、第 4.0.4 和第 4.0.5 条中的各项规定时，应按本章的规定对设计建筑进行围护结构热工性能的综合判断。

【释义】

第四章的第 4.0.3、第 4.0.4 和第 4.0.5 条列出的是居住建筑节能设计的规定性指标。对大量的居住建筑，它们的体形系数、窗墙面积比以及围护结构的热工性能等都能符合第四章的有关规定，这样的居住建筑属于所谓的"典型"居住建筑，它们的采暖、空调能耗已经在编制本标准的过程中经过大量的计算，节能的目标是有保证的，不必再进行本章所规定的热工性能综合判断。

但是由于实际情况的复杂性，总会有一些建筑不能全部满足本标准第 4.0.3、第 4.0.4 和第 4.0.5 条中的各项规定，对于这样的建筑本标准提供了另外一种具有一定灵活性的办法，判断该建筑是否满足本标准规定的节能要求。这种方法称为"建筑围护结构热工性能综合判断"。

"建筑围护结构热工性能综合判断"就是综合地考虑体形系数、窗墙面积比、围护结构热工性能对能耗的影响。例如一栋建筑的体形系数超过了第 4 章的规定，但是它还是有可能采取提高围护结构热工性能的方法，减少通过墙、屋顶、窗户的传热损失，使建筑整体仍然达到节能 50% 的目标。因此对这一类建筑就必须经过严格的围护结构热工性能的综合判断，只有通过综合判断，才能判定其能否满足本标准规定的节能要求。

5.0.2 建筑围护结构热工性能的综合判断应以建筑物在本标准第 5.0.6 条规定的条件下计算得出的采暖和空调耗电量之和为判据。

【释义】

节能的目标最终体现在建筑物的采暖和空调能耗上，建筑围护结构热工性能的优劣对采暖和空调能耗有直接的影响，因此本标准以采暖和空调能耗作为建筑围护结构热工性能综合判断的判据。

用动态方法计算建筑的采暖和空调能耗是一个非常复杂的过程，很多细节都会影响能耗的计算结果。除了建筑围护结构热工性能之外，还受许多其他因素的影响，如受采暖、空调设备能效的影响，受气候条件的影响，受居住者行为的影响等。如果这些条件不一样，计算得到的能耗也肯定不一样，就失去了可以比较的基准，因此本条规定计算采暖和空调耗电量时，必须在"规定的条件下"进行。

需要指出的是，在"规定条件下"计算得到的采暖和空调耗电量并不是建筑实际的采暖空调能耗，而是"规定的条件下"的计算能耗，仅仅是一个比较建筑围护结构热工性能优劣的基础能耗。

5.0.3 设计建筑在规定条件下计算得出的采暖耗电量和空调耗电量之和，不应超过参照建筑在同样条件下计算得出的采暖耗电量和空调耗电量之和。

【释义】

"参照建筑"是一个与设计建筑相对应的假想建筑。"参照建筑"满足第 4 章第

4.0.3、第4.0.4和第4.0.5条列出的规定性指标，是一栋满足本标准节能要求的节能建筑。因此，"参照建筑"在规定条件下计算得出的采暖年耗电量和空调年耗电量之和可以作为一个评判所设计建筑的建筑围护结构热工性能优劣的基础。

当在规定条件下，计算得出的设计建筑的采暖年耗电量和空调年耗电量之和不大于参照建筑的采暖年耗电量和空调年耗电量之和时，说明所设计建筑的建筑围护结构的总体性能满足本标准的节能要求。

5.0.4 参照建筑的构建应符合下列规定：

1 参照建筑的建筑形状、大小、朝向以及平面划分均应与设计建筑完全相同；

2 当设计建筑的体形系数超过本标准表4.0.3的规定时，应按同一比例将参照建筑每个开间外墙和屋面的面积分为传热面积和绝热面积两部分，并应使得参照建筑外围护的所有传热面积之和除以参照建筑的体积等于本标准表4.0.3中对应的体形系数限值；

3 参照建筑外墙的开窗位置应与设计建筑相同，当某个开间的窗面积与该开间的传热面积之比大于本标准表4.0.5-1的规定时，应缩小该开间的窗面积，并应使得窗面积与该开间的传热面积之比符合本标准表4.0.5-1的规定；当某个开间的窗面积与该开间的传热面积之比小于本标准表4.0.5-1的规定时，该开间的窗面积不应作调整；

4 参照建筑屋面、外墙、架空或外挑楼板的传热系数应取本标准表4.0.4中对应的限值，外窗的传热系数应取本标准表4.0.5中对应的限值。

【释义】

"参照建筑"是一个用来与设计建筑进行能耗比对的假想建筑，两者必须在形状、大小、朝向以及平面划分等方面完全相同。

当设计建筑的体形系数超标时，与其形状、大小一样的参照建筑的体形系数一定也超标。由于控制体形系数的实际意义在于控制相对的传热面积，所以可通过将参照建筑的一部分表面积定义为绝热面积达到与控制体形系数相同的目的。

窗户的大小对采暖空调能耗的影响比较大，当设计建筑的窗墙面积比超标时，通过缩小参照建筑窗户面积的办法，达到控制窗墙面积比的目的。

从参照建筑的构建规则可以看出，所谓"建筑围护结构热工性能综合判断"实际上就是允许设计建筑在体形系数、窗墙面积比、围护结构热工性能三者之间进行强弱之间的调整和弥补。

另外需要说明的几点是：

（1）目前，本标准规定的建筑围护结构热工性能综合判断只包括建筑及建筑热工参数的权衡，不包括采暖、空调设备效率的提高及可再生能源的节能贡献。计算时，采暖、空调系统运行时间、模式和设备效率的规定应符合5.0.6条规定。

（2）采用动态计算软件建模时，设置建筑（外）遮阳，（外）遮阳的遮阳系数应首先按附录C规定的方法计算，再与窗户本身的遮阳系数相乘，得出窗户综合遮阳系数，作为参照建筑/设计建筑中窗户的边界条件。不需为（外）遮阳单独建模。而对阳台，当考虑阳台底板对下层窗的水平遮阳效果时，则按阳台底板实际尺寸建模，此时下层窗不能计入上层阳台底板的遮阳系数。

（3）动态计算软件计算时，除非设计建筑提出明确合理的要求，软件中涉及负荷计算的其他参数默认值不能人为变动。如外表面对流换热系数的默认值、门窗渗透模型等。

5.0.5 设计建筑和参照建筑在规定条件下的采暖和空调年耗电量应采用动态方法计算，并应采用同一版本计算软件。

【释义】

由于夏热冬冷地区的气候特性，室内外温差比较小，一天之内温度波动对围护结构传热的影响比较大，尤其是夏季，白天室外气温很高，又有很强的太阳辐射，热量通过围护结构从室外传入室内；夜间室外温度比室内温度下降快，热量有可能通过围护结构从室内传向室外。由于这个原因，为了比较准确地计算采暖、空调负荷，并与现行国标《采暖通风与空气调节设计规范》GB 50019 保持一致，需要采用动态计算方法。

动态计算方法有很多，暖通空调设计手册里的冷负荷计算法就是一种常用的动态计算方法。

本标准在编制过程中采用了反应系数计算方法，并采用美国劳伦斯伯克利国家实验室开发的 DOE-2 软件作为计算工具。

DOE-2 用反应系数法来计算建筑围护结构的传热量。反应系数法是先计算围护结构内外表面温度和热流对一个单位三角波温度扰量的反应，计算出围护结构的吸热、放热和传热反应系数，然后将任意变化的室外温度分解成一个个可叠加的三角波，利用导热微分方程可叠加的性质，将围护结构对每一个温度三角波的反应叠加起来，得到任意一个时刻围护结构表面的温度和热流。

DOE-2 用反应系数法来计算建筑围护结构的传热量。反应系数的基本原理如下：

参照图 5.0.5，当室内温度恒为零，室外侧有一个单位等腰三角波形温度扰量作用时，从作用时刻算起，单位面积壁体外表面逐时所吸收的热量，称为壁体外表面的吸热反应系数，用符号 $X(j)$ 表示；通过单位面积壁体逐时传入室内的热量，称为壁体传热反应系数，用符号 $Y(j)$ 表示；与上述情况相反，当室外温度恒为零，室内侧有一个单位等腰三角波形温度扰量作用时，从作用时刻算起，单位面积壁体内表面逐时所吸收的热量，称为壁体内表面的吸热反应系数，用符号

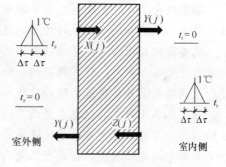

图 5.0.5 板壁的反应系数

$Z(j)$ 表示；通过单位面积壁体逐时传至室外的热量，仍称为壁体传热反应系数，数值与前一种情况相等，固仍用符号 $Y(j)$ 表示；

传热反应系数和内外壁面的吸热反应系数的单位均为 W/(m²·℃)，符号括号中的 $j=0$，1，2……，表示单位扰量作用时刻以后 $j\Delta\tau$ 小时。一般情况 $\Delta\tau$ 取 1 小时，所以 X(5)就表示单位扰量作用时刻以后 5 小时的外壁面吸热反应系数。

反应系数的计算可以参考专门的资料或使用专门的计算机程序，有了反应系数后就可以利用下式计算第 n 个时刻，室内从室外通过板壁围护结构的传热得热量 $HG(n)$。

$$HG(n) = \sum_{j=0}^{\infty} Y(j)t_z(n-j) - \sum_{j=0}^{\infty} Z(j)t_r(n-j)$$

式中：$t_z(n-j)$ 是第 $n-j$ 时刻室外综合温度；

$t_r(n-j)$ 是第 $n-j$ 时刻室内温度。

特别地当室内温度 t_r 不变时，此式还可以简化成：

$$HG(n) = \sum_{j=0}^{\infty} Y(j)t_z(n-j) - K \cdot t_r$$

式中的 K 就是板壁的传热系数。

DOE-2 软件可以模拟建筑物采暖、空调的热过程。用户可以输入建筑物的几何形状和尺寸，可以输入建筑围护结构的细节，可以输入一年 8760 个小时的气象数据，可以选择空调系统的类型和容量等参数。DOE-2 根据用户输入的数据进行计算，计算结果以各种各样的报告形式来提供。

5.0.6 设计建筑和参照建筑的采暖和空调年耗电量的计算应符合下列规定：

1 整栋建筑每套住宅室内计算温度，冬季应全天为 18℃，夏季应全天为 26℃；

2 采暖计算期应为当年 12 月 1 日至次年 2 月 28 日，空调计算期应为当年 6 月 15 日至 8 月 31 日；

3 室外气象计算参数应采用典型气象年；

4 采暖和空调时，换气次数应为 1.0 次/h；

5 采暖、空调设备为家用空气源热泵空调器，制冷时额定能效比应取 2.3，采暖时额定能效比应取 1.9；

6 室内得热平均强度应取 4.3W/m²。

【释义】

本条规定了计算采暖和空调年耗电量时的几条简单的基本条件，规定这些基本条件的目的是为了规范和统一软件的计算，避免出现混乱。

需要强调指出的是，这里计算的目的是对建筑围护结构热工性能是否符合本标准的节能要求进行综合判断，计算规定的条件不是住宅实际的采暖空调情况，因此计算得到的采暖和空调耗电量并非建筑实际的采暖和空调能耗。

在夏热冬冷地区，住宅冬夏两季的采暖和空调降温是居民的个体行为，个体之间的差异非常大。目前，绝大部分居民还是采取部分空间、部分时间采暖和空调的模式，与北方住宅全部空间连续采暖的模式有很大的不同。部分空间、部分时间采暖和空调的模式是一种节能的模式，应予以鼓励和提倡。

第6章 采暖、空调和通风节能设计

6.0.1 居住建筑采暖、空调方式及其设备的选择，应根据当地能源情况，经技术经济分析，及用户对设备运行费用的承担能力综合考虑确定。

【释义】

夏热冬冷地区冬季湿冷夏季酷热，随着经济发展，人民生活水平的不断提高，对采暖、空调的需求逐年上升。对于居住建筑选择设计集中采暖、空调系统方式，还是分户采暖、空调方式，应根据当地能源、环保等因素，通过仔细的技术经济分析来确定。同时，该地区的居民采暖空调所需设备及运行费用全部由居民自行支付，因此，还应考虑用户对设备及运行费用的承担能力。对于一些特殊的居住建筑，如幼儿园、养老院等，可根据具体情况设置集中采暖、空调设施。

6.0.2 当居住建筑采用集中采暖、空调系统时，必须设置分室（户）温度调节、控制装置及分户热（冷）量计量或分摊设施。

【释义】

本条为强制性条文。

当居住建筑设计采用集中采暖、空调系统时，用户应该根据使用的情况缴纳费用。目前，严寒、寒冷地区的集中采暖系统用户正在进行供热体制改革，用户需根据其使用热量的情况按户缴纳采暖费用。严寒、寒冷地区采暖计量收费的原则是，在住宅楼前安装热量表，作为楼内用户与供热单位的结算依据。要依据住户用热来进行付费，室内采暖系统必须要实现每户住户可以自主进行室温调节或调控，而楼内住户则进行按户热量分摊，当然，每户应该有相应的设施作为对整栋楼的耗热量进行户间分摊的依据。要按照用户使用热量情况进行分摊收费，用户应该能够自主进行室温的调节与控制。在夏热冬冷地区则可以根据同样的原则和适当的方法，进行用户使用热（冷）量的计量和收费。

6.0.3 除当地电力充足和供电政策支持、或者建筑所在地无法利用其他形式的能源外，夏热冬冷地区居住建筑不应设计直接电热采暖。

【释义】

本条为强制性条文。

合理利用能源、提高能源利用率、节约能源是我国的基本国策。用高品位的电能直接用于转换为低品位的热能进行采暖，热效率低，运行费用高，是不合适的。近些年来由于采暖用电所占比例逐年上升，致使一些省市冬季尖峰负荷也迅速增长，电网运行困难，出现冬季电力紧缺。盲目推广没有蓄热装置的电锅炉，直接电热采暖，将进一步恶化电力负荷特性，影响民众日常用电。因此，应严格限制设计直接电热进行集中采暖的方式。

当然，作为居住建筑来说，本标准并不限制居住者自行、分散地选择直接电热采暖的方式。

6.0.4 居住建筑进行夏季空调、冬季采暖，宜采用下列方式：

1 电驱动的热泵型空调器（机组）；

2 燃气、蒸汽或热水驱动的吸收式冷（热）水机组；

3 低温地板辐射采暖方式；

4 燃气（油、其他燃料）的采暖炉采暖等。

【释义】

要积极推行应用能效比高的电动热泵型空调器，或燃气、蒸汽或热水驱动的吸收式冷（热）水机组进行冬季采暖、夏季空调。当地有余热、废热或区域性热源可利用时，可用热水驱动的吸收式冷（热）水机组为冷（热）源。此外，低温地板辐射采暖也是一种效率较高和舒适的采暖方式。至于选用何种方式采暖、空调，应由建筑条件，能源情况（比如，当燃气供应充足、价格合适时，应用溴化锂机组；在热电厂余热蒸汽可利用的情况下，推荐使用蒸汽溴化锂机组等）、环保要求等进行技术经济分析，以及用户对设备及运行费用的承担能力等因素来确定。

6.0.5 当设计采用户式燃气采暖热水炉作为采暖热源时，其热效率应达到国家标准《家用燃气快速热水器和燃气采暖热水炉能效限定值及能效等级》GB 20665－2006 中的第 **2** 级。

【释义】

本条为强制性条文。

当以燃气为能源提供采暖热源时，可以直接向房间送热风，或经由风管系统送入；也可以产生热水，通过散热器、风机盘管进行采暖，或通过地下埋管进行低温地板辐射采暖。所应用的燃气机组的热效率应符合现行有关标准《家用燃气快速热水器和燃气采暖热水炉能效限定值及能效等级》GB 20665－2006 中的第 2 级。为了方便应用，下表列出了能效等级值。

表 6.0.5　热水器和采暖炉能效等级

类　　型		热　负　荷	最低热效率值（％）		
			能效等级		
			1	2	3
热水器		额定热负荷	96	88	84
		≤50％额定热负荷	94	84	—
采暖炉（单采暖）		额定热负荷	94	88	84
		≤50％额定热负荷	92	84	—
热采暖炉（两用型）	供暖	额定热负荷	94	88	84
		≤50％额定热负荷	92	84	—
	热水	额定热负荷	96	88	84
		≤50％额定热负荷	94	84	—

注：本表引自《家用燃气快速热水器和燃气采暖热水炉能效限定值及能效等级》GB 20665－2006。

6.0.6 当设计采用电机驱动压缩机的蒸气压缩循环冷水（热泵）机组，或采用名义制冷量大于 7100W 的电机驱动压缩机单元式空气调节机，或采用蒸气、热水型溴化锂吸收式冷水机组及直燃型溴化锂吸收式冷（温）水机组作为住宅小区或整栋楼的冷热源机组时，所选用机组的能效比（性能系数）应符合现行国家标准《公共建筑节能设计标准》GB 50189 中的规定值；当设计采用多联式空调（热泵）机组作为户式集中空调（采暖）机组时，所选用机组的制冷综合性能系数（IPLV（C））不应低于国家标准《多联式空调（热泵）机组能效限定值及能源效率等级》GB 21454－2008 中规定的第 **3** 级。

【释义】

本条为强制性条文。

居住建筑可以采取多种空调采暖方式，如集中方式或者分散方式。如果采用集中式空调采暖系统，比如，本条文所指的采用电力驱动、由空调冷热源站向多套住宅、多栋住宅楼、甚至住宅小区提供空调采暖冷热源（往往采用冷、热水）；或者，应用户式集中空调机组（户式中央空调机组）向一套住宅提供空调冷热源（冷热水、冷热风）进行空调采暖。分散式方式，则多以分体空调（热泵）等机组进行空调及采暖。

集中空调采暖系统中，冷热源的能耗是空调采暖系统能耗的主体。因此，冷热源的能源效率对节省能源至关重要。性能系数、能效比是反映冷热源能源效率的主要指标之一，为此，将冷热源的性能系数、能效比作为必须达标的项目。对于设计阶段已完成集中空调采暖系统的居民小区，或者按户式中央空调系统设计的住宅，其冷源能效的要求应该等同于公共建筑的规定。

国家质量监督检验检疫总局和国家标准化管理委员会已发布实施的空调机组能效限定值及能源效率等级的标准有：《冷水机组能效限定值及能源效率等级》GB 19577-2004，《单元式空气调节机能效限定值及能源效率等级》GB 19576-2004，《多联式空调（热泵）机组能效限定值及能源效率等级》GB 21454-2008。产品的强制性国家能效标准，将产品根据机组的能源效率划分为5个等级，目的是配合我国能效标识制度的实施。能效等级的含义：1等级是企业努力的目标；2等级代表节能型产品的门槛（按最小寿命周期成本确定）；3、4等级代表我国的平均水平；5等级产品是未来淘汰的产品。目的是能够为消费者提供明确的信息，帮助其购买的选择，促进高效产品的市场。

为了方便应用，以下表6.0.6-1为规定的冷水（热泵）机组制冷性能系数（COP）值，表6.0.6-2为规定的单元式空气调节机能效比（EER）值，表6.0.6-3为规定的溴化锂吸收式机组性能参数，这是根据国家标准《公共建筑节能设计标准》GB 50189-2005中第5.4.5和第5.4.8条强制性条文规定的能效限值。而表6.0.6-4为多联式空调（热泵）机组制冷综合性能系数（IPLV（C））值，是根据《多联式空调（热泵）机组能效限定值及能源效率等级》GB 21454-2008标准中规定的能效等级第3级。

表6.0.6-1 冷水（热泵）机组制冷性能系数

类 型		额定制冷量 （kW）	性能系数 （W/W）
水 冷	活塞式/ 涡旋式	＜528	3.80
		528～1163	4.00
		＞1163	4.20
	螺杆式	＜528	4.10
		528～1163	4.30
		＞1163	4.60
	离心式	＜528	4.40
		528～1163	4.70
		＞1163	5.10

类　型		额定制冷量 (kW)	性能系数 (W/W)
风冷或 蒸发冷却	活塞式/ 涡旋式	≤50	2.40
		>50	2.60
	螺杆式	≤50	2.60
		>50	2.80

注：本表引自《公共建筑节能设计标准》GB 50189－2005。

表 6.0.6-2　单元式机组能效比

类　型		能效比（W/W）	类　型		能效比（W/W）
风冷式	不接风管	2.60	水冷式	不接风管	3.00
	接风管	2.30		接风管	2.70

注：本表引自《公共建筑节能设计标准》GB 50189－2005。

表 6.0.6-3　溴化锂吸收式机组性能参数

机型	名　义　工　况				性　能　参　数		
	冷(温)水进/ 出口温度(℃)	冷却水进/出 口温度(℃)	蒸汽压 力 MPa	单位制冷量蒸汽 耗量 kg/(kW·h)	性能系数(W/W)		
					制冷	供热	
蒸汽双效	18/13	30/35	0.25	≤1.40			
			0.4				
	12/7		0.6	≤1.31			
			0.8	≤1.28			
直燃	供冷 12/7	30/35			≥1.10		
	供热出口 60					≥0.90	

注：直燃机的性能系数为：制冷量(供热量)/［加热源消耗量(以低位热值计)＋电力消耗量(折算成一次能)］。本
　　表引自《公共建筑节能设计标准》GB 50189－2005。

表 6.0.6-4　能源效率等级指标——制冷综合性能系数(IPLV(C))

名义制冷量 CC(W)	能效等级第 3 级
CC≤28000	3.20
28000＜CC≤84000	3.15
84000＜CC	3.10

注：本表引自《多联式空调(热泵)机组能效限定值及能源效率等级》GB 21454－2008。

6.0.7　当选择土壤源热泵系统、浅层地下水源热泵系统、地表水（淡水、海水）源热泵
系统、污水水源热泵系统作为居住区或户用空调的冷热源时，严禁破坏、污染地下资源。

【释义】

本条为强制性条文。

国家标准《地源热泵系统工程技术规范》GB 50366－2005 中对于"地源热泵系统"
的定义为"以岩土体、地下水或地表水为低温热源，由水源热泵机组、地热能交换系统、

建筑物内系统组成的供热空调系统。根据地热能交换系统形式的不同，地源热泵系统分为地埋管地源热泵系统、地下水地源热泵系统和地表水地源热泵系统。"。2006年9月4日由财政部、原建设部共同发文《关于印发〈可再生能源建筑应用专项资金管理暂行办法〉的通知》（财建［2006］460号）中第四条规定可再生能源建筑应用专项资金领域支持以下6个重点：①与建筑一体化的太阳能供应生活热水、供热制冷、光电转换、照明；②利用土壤源热泵和浅层地下水源热泵技术供热制冷；③地表水丰富地区利用淡水源热泵技术供热制冷；④沿海地区利用海水源热泵技术供热制冷；⑤利用污水水源热泵技术供热制冷；⑥其他经批准的支持领域。其中，地源热泵系统占了两项。

要说明的是在应用地源热泵系统，不能破坏地下水资源。这里引用《地源热泵系统工程技术规范》GB 50366-2005的强制性条文，即3.1.1条："地源热泵系统方案设计前，应进行工程场地状况调查，并对浅层地热能资源进行勘察"；5.1.1条："地下水换热系统应根据水文地质勘察资料进行设计，并必须采取可靠回灌措施，确保置换冷量或热量后的地下水全部回灌到同一含水层，不得对地下水资源造成浪费及污染。系统投入运行后，应对抽水量、回灌量及其水质进行监测"。

如果地源热泵系统采用地下埋管式换热器，要进行土壤温度平衡模拟计算，应注意并进行长期应用后土壤温度变化趋势的预测，以避免长期应用后土壤温度发生变化，出现机组效率降低甚至不能制冷或供热。

《地源热泵系统工程技术规范》GB 50366-2005自实施以来，对地源热泵空调技术在我国健康快速的发展和应用起到了很好的指导和规范作用。然而，随着地埋管地源热泵系统研究和应用的不断深入，如何正确获得岩土热物性参数，并用来指导地源热泵系统的设计，《规范》中并没有明确的条文。因此，在实际的地埋管地源热泵系统的设计和应用中，存在有一定的盲目性和随意性。具体为：（1）简单地按照每延米换热量来指导地埋管地源热泵系统的设计和应用，给地埋管地源热泵系统的长期稳定运行埋下了很多隐患。（2）没有统一的规范对岩土热响应试验的方法和手段进行指导和约束，造成岩土热物性参数测试结果不一致，致使地埋管地源热泵系统在应用过程中存在一些争议。

为了使《地源热泵系统工程技术规范》GB 50366-2005更加完善合理，统一规范岩土热响应试验方法，正确指导地埋管地源热泵系统的设计和应用，于2008年进行局部修订，主要增加补充了岩土热响应试验方法及相关内容。增加的主要内容有：3.2.2A当地埋管地源热泵系统的应用建筑面积在3000～5000m² 时，宜进行岩土热响应试验；当应用建筑面积大于等于5000m² 时，应进行岩土热响应试验。3.2.2B岩土热响应试验应符合附录C的规定，测试仪器仪表应具有有效期内的检验合格证、校准证书或测试证书。4.3.5A当地埋管地源热泵系统的应用建筑面积在5000m² 以上，或实施了岩土热响应试验的项目，应利用岩土热响应试验结果进行地埋管换热器的设计，且宜符合下列要求：1.夏季运行期间，地埋管换热器出口最高温度宜低于33℃；2.冬季运行期间，不添加防冻剂的地埋管换热器进口最低温度宜高于4℃。以及新增附录C岩土热响应试验。

详细分析见专题论述"《地源热泵系统工程技术规范》GB 50366-2005修订要点解读"。

6.0.8 当采用分散式房间空调器进行空调和（或）采暖时，宜选择符合国家标准《房间空气调节器能效限定值及能效等级》GB 12021.3和《转速可控型房间空气调节器能效限定值及能源效率等级》GB 21455 中规定的节能型产品（即能效等级 2 级）。

【释义】

采用分散式房间空调器进行空调和采暖时，这类设备一般由用户自行采购，该条文的目的是要推荐用户购买能效比高的产品。国家标准《房间空气调节器能效限定值及能效等级》GB 12021.3 和《转速可控型房间空气调节器能效限定值及能源效率等级》GB 21455，规定节能型产品的能源效率为 2 级。

目前，《房间空气调节器能效限定值及能效等级》GB 12021.3-2010 已于 2010 年 6 月 1 日颁布实施。与 2004 年版相比，2010 年版将能效等级分为三级，同时对能效限定值与能源效率等级指标有所提高。2004 版中的节能评价值（即能效等级第 2 级）在 2010 年版中仅列为第 3 级。

鉴于当前是房间空调器标准新老交替的阶段，市场上可供选择的产品仍然执行的是老标准。本标准规定，鼓励用户选购节能型房间空调器，其意在于从用户需求端角度逐步提高我国房间空调器的能效水平，适应我国建筑节能形势的需要。

为了方便应用，表 6.0.8-1 列出了《房间空气调节器能效限定值及能源效率等级》GB 12021.3-2004、《房间空气调节器能效限定值及能效等级》GB 12021.3-2010、《转速可控型房间空气调节器能效限定值及能源效率等级》GB 21455-2008 标准中列出的房间空气调节器能效等级为第 2 级的指标和转速可控型房间空气调节器能源效率等级为第 2 级的指标，表 6.0.8-2 列出了 GB 12021.3-2010 中空调器能效等级指标。

表 6.0.8-1　房间空调器能源效率等级指标节能评价值

| 类型 | 额定制冷量 CC（W） | 能效比 EER（W/W） | | 制冷季节能源消耗效率 EER [W·h/（W·h）] |
		GB 12021.3-2004 标准中节能评价值（能效等级 2 级）	GB 12021.3-2010 标准中节能评价值（能效等级 2 级）	GB 21455-2008 标准中节能评价值（能效等级 2 级）
整体式	—	2.90	3.10	—
分体式	CC≤4500	3.20	3.40	4.50
	4500<CC≤7100	3.10	3.30	4.10
	7100<CC≤14000	3.00	3.20	3.70

表 6.0.8-2　房间空调器能源效率等级指标

| 类　型 | 额定制冷量 CC（W） | GB 12021.3-2010 标准中能效等级 | | |
		3	2	1
整体式	—	2.90	3.10	3.30
分体式	CC≤4500	3.20	3.40	3.60
	4500<CC≤7100	3.10	3.30	3.50
	7100<CC≤14000	3.00	3.20	3.40

6.0.9　当技术经济合理时，应鼓励居住建筑中采用太阳能、地热能等可再生能源，以及在居住建筑小区采用热、电、冷联产技术。

【释义】

中华人民共和国国务院于 2008 年 8 月 1 日发布的、10 月 1 日实施的《民用建筑节能条例》第四条指出："国家鼓励和扶持在新建建筑和既有建筑节能改造中采用太阳能、地热能等可再生能源"。所以在有条件时应鼓励采用。

关于《国民经济和社会发展第十一个五年规划纲要》中指出的十大节能重点工程中，提出"发展采用热电联产和热电冷联产，将分散式供热小锅炉改造为集中供热"。

6.0.10 居住建筑通风设计应处理好室内气流组织、提高通风效率。厨房、卫生间应安装局部机械排风装置。对采用采暖、空调设备的居住建筑，宜采用带热回收的机械换气装置。

【释义】

目前居住建筑还没有条件普遍采用有组织的全面机械通风系统，但为了防止厨房、卫生间的污浊空气进入居室，应当在厨房、卫生间安装局部机械排风装置。如果当地夏季白天与晚上的气温相差较大，应充分利用夜间通风，达到被动降温目的。在安设采暖空调设备的居住建筑中，往往围护结构密闭性较好，为了改善室内空气质量需要引入室外新鲜空气（换气）。如果直接引入，将会带来很高的冷热负荷，大大增加能源消耗。经技术经济分析，如果当地采用热回收装置在经济上合理，建议采用质量好、效率高的机械换气装置（热量回收装置），使得同时达到热量回收、节约能源的目的。

第三篇 专题论述

一、围护结构专篇

专题一 严寒和寒冷地区气候分区及参数计算

中国建筑科学研究院 周 辉 董 宏 林海燕

1 前言

建筑设计与建筑节能与气候的关系十分密切。我国幅员辽阔，地形复杂，各地气候差异悬殊，为了适应各地不同的气候条件，建筑上反映出不同的特点和要求。寒冷的北方，建筑需防寒和保温，建筑布局紧凑，外观封闭、厚重；炎热多雨的南方，建筑要通风、遮阳、隔热，以降温除湿，建筑讲究防晒，内外通透。因此，需要区分我国不同地区气候条件对建筑节能影响的差异性，提供建筑气候参数，明确各气候区的建筑节能设计的基本要求，从总体上做到合理利用气候资源，减少气候对建筑的不利影响。

本文介绍了《严寒和寒冷地区居住建筑节能设计标准》JGJ 26-2010 中严寒和寒冷地区气候分区及参数确定原则及计算方法，分析各区气候特征，明确提供建筑设计所需的气候参数，供标准使用者参考。

2 室外供暖期计算参数的研究现状

计算采暖期天数是根据当地多年的平均气象条件计算出来的，仅供建筑节能设计计算时使用。当地的法定采暖日期是根据当地的气象条件从行政的角度确定的。两者有一定的联系，但计算采暖期天数和当地法定的采暖天数不一定相等。

2.1 供暖期的划分历史

长期以来，我国执行的是按照计划经济模式确定的以保证最低基本热量需求为目的的供暖区域及供暖期标准。而关于集中供暖地区的划分问题，是一个在基本建设领域中争议达 50 年之久，迄今还在争论的问题。

早在 20 世纪 50 年代，原重工业部、电力部和一机部先后分别对供暖地区和非供暖地区作了规定，有的将日平均温度在＋5℃以下的总日数在 90 天以下的地区作为供暖地区；有的将供暖期不满 60 天的地区作为非供暖地区。20 世纪 60 年代，《工业供暖通风设计规范》（送审稿）把日平均温度低于或等于＋5℃的总日数在 60 天的地区都划进了集中供暖地区，这比原重工业部和电力部的规定放宽了一个月，比一机部的标准放宽了 15 天。后来因故未获准执行，但有的单位据此制定了自己的标准。按照此标准，我国集中供暖的区域大体在长江以北，而在长江以南地区一般住宅不供暖。以后陆续出台的有关标准，围绕我国南方地区的供暖标准问题所展开的争论，一直未中止过。但实际执行过程中已经有了将供暖区扩大的倾向了，并且在具体的指标上已经出现根据住宅档次区别划分标准的情况了，1987 年和 2003 年出台的供暖通风空调设计规范规定"累年日平均温度稳定低于或等于 5℃（高档住宅为 8℃）的日数大于或等于 90 天（高档住宅为小于或等于 115 天）地区为集中供暖地区"。

2.2 集中采暖区与过渡采暖区的划分

根据我国《采暖通风与空气调节设计规范》GB 50019 规定：累年日平均温度稳定低于或等于 5℃日数大于或等于 90 天的地区，宜采用集中采暖；累年日平均温度稳定低于或等于 5℃的日数在 60～89 天，或累年日平均温度稳定低于或等于 5℃的日数不足 60 天，但累年日平均温度稳定低于或等于 8℃的日数大于或等于 75 天的地区，对于幼儿园、养老院、中小学校、医疗机构等建筑宜采用集中供暖。本文选取采暖期长度大于等于 90 天，为集中采暖区；采暖期长度在 60～89 天之间的地区为过渡采暖区，因此 90 天线和 60 天线的南北移动则代表了集中采暖区与过渡采暖区界线的变化。

2.3 供暖室外计算温度

早在 20 世纪 40 年代出现了很多根据当地的多年外温记录确定 t_w 的方法。如欧洲一些国家采用历年的最低气温的平均值，像 1978 年以前的德国工程标准 DIN4701 的就是这样规定的；前苏联标准 OCT 90008-39 采用的 ЧАПЛИН 公式；1949 年的美国的暖通工程师学会（ASHVE）的设计手册就推荐此种方法。由于该种方法没考虑室外温度对围护结构的热惰性的影响，因此得出的结果有时是不合时宜的。

20 世纪 50 年代以后确定 t_w 开始考虑围护结构的热惰性。1955 年原苏联的建筑法规里规定，按照 25 年中最冷的四个冬季里最冷的连续 5 天的平均气温的平均值去确定。这个规定是按照莫斯科通用的 $2\frac{1}{2}$ 砖外墙可使周期 5 天的外温在波幅为 $\pm18℃$ 时，外墙内表面的温度波幅也不会超过 $\pm1℃$ 确定的；后来将统计时间改为 50 年，最冷的冬季改为 8 个。1959 年美国的 ASHVE 设计手册中规定 t_w 应随室内气温（t_n）允许的波幅而不同；在 1972 年又进一步规定对于不同类型的结构，应采用不同的 t_w。

我国很少有人研究 t_w 的确定方法。新中国成立前是凭人的经验确定的。20 世纪 50 年代初，采用了原苏联的 ЧАПЛИН 公式，后来采用 1955 年原苏联的建筑法规方法确定。中国幅员辽阔，气候差异悬殊，各地建筑构造差异较大，统一按照 $2\frac{1}{2}$ 砖外墙确定 t_w 不合理。1975 年开始采用历年平均每年不保证 5 天的方法确定 t_w。该方法没有考虑各地外温波动的差别，没有区别各地建筑构造不同以及由此带来的围护结构热工性质的差异，因此简单地规定不保证 5 天是不合适的。尤其是建筑节能 50% 标准的强制实施，推进节能 65% 建筑和全面禁止使用红砖建造房屋以后，建筑材料和墙体构造发生了根本地变化，但无人对此条件下 t_w 的确定方法进行研究。新出版的暖通设计规范，仍然沿用 1975 年的规定。

3 新标准中气候分区原则的变化

针对我国严寒和寒冷地区气候与建筑的关系，按照各地建筑气候的相似性和差异性进行科学合理的建筑气候区划，标准编制时需要重新概括出衡量一个地方的寒冷的程度可以用不同的指标。

从人的主观感觉出发，一年中最冷月的平均温度比较直接地反映了当地的寒冷的程度，以前的几本相关标准用的基本上都是温度指标。但是本建筑节能设计标准的着眼点在于控制采暖的能耗，而采暖的需求除了温度的高低这个因素外，还与低温持续的时间长短有着密切的关系。比如说，甲地最冷月平均温度比乙地低，但乙地冷的时间比甲地长，这样两地采暖需求的热量可能相同。划分气候分区的最主要目的是针对各个分区提出不同的建筑围护结构热工性能要求。由于上述甲乙两地采暖需求的热量相同，将两地划入一个分区比较合理。采暖度日数指标包含了冷的程度和持续冷的时间长度两个因素，用它作为分区指标可能更反映采暖需求的大小。对上述甲乙两地的情况，如用最冷月的平均温度作为分区指标容易将两地分入不同的分区，而用采暖度日数作为分区指标则更可能分入同一个分区。

参照国外标准（例如，欧洲和北美大部分国家的建筑节能规范都是依据采暖度日数作为分区指标的），本次标准修编制定也采用了采暖度日数（$HDD18$）结合空调度日数（$CCD26$）作为气候分区的指标。并将严寒和寒冷地区进一步细分成 5 个子区，目的是使得依此而提出的建筑围护结构热工性能要求更合理一些。我国地域辽阔，一个气候区的面积就可能相当于欧洲几个国家，区内的冷暖程度相差也比较大，需要按照我国建筑和气候分布的实际情况确定分区指标。

根据变暖的特点，标准分析气象数据以各站选取 1995～2004 年作为主要分析时段，而将 1980 年作为参考时段，与参考时段进行对比分析。

标准所用逐日平均气温资料来自中国气象局。由于青海、西藏等地气象台站起始年份一般晚于东部地区台站，为了使台站覆盖均匀且有代表性，因此选定全国 458 个台站（图 1）。

图 1 气象资料台站分布示意图

如何确定表中各气候子区（$HDD18$）的取值范围，只能是相对合理。无论如何取值，总有一些城市靠近相邻分区的边界，如将分界的（$HDD18$）值一调整，这些城市就会被划入另一个分区，这种现象也是不可避免的。有时候这种情况的存在会带来一些行政管理上的麻烦，例如有一些省份由于一两个这样的城市的存在，建筑节能工作的管理中就多出了一个气候区，对这样的情况可以在地方性的技术和管理文件中作一些特殊的规定。标准确定了严寒和寒冷地区居住建筑节能设计气候子区的分区依据。如表 1 所示。

严寒和寒冷地区居住建筑节能设计气候子区　　　　　表 1

气　候　子　区		分　区　依　据	
严寒地区 （Ⅰ区）	严寒（A）区	$6000 \leqslant HDD18$	
	严寒（B）区	$5000 \leqslant HDD18 < 6000$	
	严寒（C）区	$3800 \leqslant HDD18 < 5000$	
寒冷地区 （Ⅱ区）	寒冷（A）区	$2000 \leqslant HDD18 < 3800$,	$CDD26 \leqslant 90$
	寒冷（B）区	$2000 \leqslant HDD18 < 3800$,	$CDD26 > 90$

此次标准修编中，寒冷地区的（$HDD18$）取值范围是为 2000～3800，严寒地区（$HDD18$）取值范围分三段，C 区为 3800～5000，B 区为 5000～6000，A 区大于 6000。从上述这 4 段分区范围看，严寒 C 区和 B 区分得比较细，这其中的原因主要有两个：一是严寒地区居住建筑的采暖能耗比较大，需要严格地控制；二是处于严寒 C 区和 B 区的城市比较多。至于严寒 A 区的（$HDD18$）跨度大，是因为处于严寒 A 区的城市比较少，而且最大的（$HDD18$）也不超过 8000，没必要再细分了。

采用新的气候分区指标并进一步细分气候子区在使用上不会给设计者新增任何麻烦。因为一栋具体的建筑总是落在一个地方，这个地方一定只属于一个气候子区，本标准对一个气候子区提供一张建筑围护结构热工性能表格，换言之每一栋具体的建筑，在设计或审查过程中，只要查一张表格即可。

4　新标准中气象参数的统计计算方法

目前，我国大部分气象站提供每日 4 次的温度实测值，少量气象站逐时纪录温度变化。本标准作过比对，气象台站每天 4 次的实测值的平均值与每天 24 次的实测值的平均值之间的差异不大，因此采用每天 4 次的实测值的平均值作为日平均气温。计算时，采用日平均温度的实测值，或取 2、8、14、20 点 4 个时刻实测值的平均值。计算采暖期天数是指采暖期所包含的天数。采暖期平均温度是指计算采暖期内，日平均气温累年平均值的平均值。而采暖期度日数是指计算采暖期内，18℃ 与日平均气温累年平均值的差值乘以计算采暖期天数。

根据《采暖通风与空气调节设计规范》GB 50019 规定，设计计算用采暖期天数，应按累年日平均温度稳定低于或等于采暖室外临界温度的总日数确定。其中采暖室外临界温度的选取，一般民用建筑和工业建筑，宜采用 5℃。

本标准在确定采暖初终日时，采用连续 5 天滑动平均法。采用 1995～2004 年共 10 年的实测值。个别台站数据有缺漏测的，有数据的年份不少于 7 年。

4.1　计算采暖期的计算步骤

计算采暖期的滑动平均法计算步骤如下：

1　选择近 n 年（$n \geqslant 7$ 年）日平均气温的实测值为计算基础，形成数组 dbt-d（$n \times$ 365）。

$$\begin{bmatrix} t_{1,1} & t_{1,2} & \cdots & t_{1,365} \\ t_{2,1} & t_{2,2} & \cdots & t_{2,365} \\ \cdots & \cdots & \cdots & \cdots \\ t_{n,1} & t_{n,2} & \cdots & t_{n,365} \end{bmatrix} \cdots\cdots\cdots\cdots\cdots \text{数组 dbt-d}$$

2 计算每日的日平均气温的 n 年平均值，形成数组 dbt-dny（1×365）。

$$(t_1^{dny} \quad t_2^{dny} \quad \cdots \quad t_m^{dny} \quad \cdots \quad t_{365}^{dny}) \cdots\cdots\cdots 数组\ dbt\text{-}dny$$

其中：

$$t_m^{dny} = \frac{t_{1,m} + t_{2,m} + \cdots + t_{n,m}}{n}$$

3 计算每日起连续 5 天内日平均气温 n 年平均值的平均值，形成数组 dbt-5dny（1×365）。

$$(t_1^{5dny} \quad t_2^{5dny} \quad \cdots \quad t_m^{5dny} \quad \cdots \quad t_{365}^{5dny}) \cdots\cdots\cdots 数组\ dbt\text{-}5dny$$

其中：

$$t_m^{5dny} = \frac{t_m^{dny} + t_{m+1}^{dny} + \cdots t_{m+4}^{dny}}{5}$$

4 在数组 dbt-5dny 中，将上半年最后一个数值小于或等于 5℃ 的日期之后第 4 日作为采暖期结束日；将下半年第一个数值小于或等于 5℃ 的日期作为采暖期开始日。

$$(t_1^{5dny} \quad t_2^{5dny} \quad \cdots \quad t_i^{5dny} \quad \cdots t_{183}^{5dny} \cdots \quad t_j^{5dny} \quad \cdots \quad t_{365}^{5dny})$$

式中：t_i^{5dny} 为上半年最后一个小于或等于 5℃ 的数值，则第 $i+4$ 日为采暖期结束日；

t_j^{5dny} 为下半年第一个小于或等于 5℃ 的数值，则第 j 日为采暖期开始日；

同时 i，j 应满足以下三个条件之一：

①$1 \leqslant i < 183$ 且 $183 \leqslant j \leqslant 365$

②$1 \leqslant j < i < 183$

③$183 \leqslant j < i \leqslant 365$

5 从确定的采暖期开始日到结束日之间的时段即为"计算采暖期"。

4.2 采暖度日数 *HDD*18 的计算步骤：

1 选择近 n 年（$n \geqslant 7$ 年）日平均气温的实测值为计算基础。

2 逐年计算，当日平均气温低于 18℃ 时，日平均气温与 18℃ 的差值乘以日平均气温低于 18℃ 的天数。

3 计算以上 n 年 hdd 值的平均值，得到该城市的 *HDD*18 值。

4.3 空调度日数 *CDD*26 的计算步骤：

1 选择近 n 年（$n \geqslant 7$ 年）日平均气温的实测值为计算基础。

2 逐年计算，当日平均气温高于 26℃ 时，日平均气温与 26℃ 的差值乘以日平均气温高于 26℃ 的天数。

3 计算以上 n 年 cdd 值的平均值，得到该城市的 *CDD*18 值。

4.4 滑动平均法

滑动平均法是根据时间序列资料、逐项推移，依次计算包含一定项数的序时平均值，以反映长期趋势的方法。

滑动平均值的计算是从一个有 n 项的时间序列中来计算多个连续 m 项序列的平均值。

如：原序列数组为（N_1，$N_2 \cdots N_i \cdots N_n$）；

连续 m 项序列的平均值数组为（M_1，$M_2 \cdots M_i \cdots M_{n-m+1}$）；

其中：

$$M_i = \frac{N_i + N_{i+1} + \cdots + N_{i+m-1}}{m}$$

当时间序列的数值由于受周期变动和随机波动的影响，起伏较大，不易显示出事件的发展趋势时，使用滑动平均法可以消除这些因素的影响。

本规范中计算采暖期天数（Z）的计算中，$n=365$，$m=5$。

需要说明的是，求算采暖期天数时，采用的是先平均后计算的方法；而在求算 $HDD18$ 时，采用的是先计算后平均的方法。采暖期天数和 $HDD18$ 是两个概念，两者在计算方法上不完全一致，两种计算方法的差别如下：

方法一"先平均再计算"，例如按此方法，累年采暖期平均温度是先计算累年逐日的温度平均值，再确定累年的采暖期天数，最后得到累年采暖期平均温度。（简单说，累年有 18 年，先平均再计算意味着先将 18 个 2 月 10 日的日平均温度进行平均，得到一个累年 2 月 10 日的日平均温度，然后按滑动平均计算累年的采暖期起止日，进而得到累年的采暖期室外平均温度）。

方法二"先计算再平均"，则两个步骤的顺序正好相反。先计算逐年采暖期天数，得到逐年的采暖期平均温度，再确定累年的采暖期温度平均值。

对于采暖期天数的确定是先平均再计算还是先计算再平均？标准编制时编制组曾进行过比较，按两种方法计算过 9 个城市的采暖期天数、采暖期内度日数，如表 2 所示。

用两种方法计算的采暖期天数、平均温度、度日数结果比对　　　　　　　表 2

城　　市	先计算再平均			先平均再计算		
	平均温度 （℃）	采暖期 天数 （天）	采暖期内度日数 （℃·d）	平均温度 （℃）	采暖期 天数 （天）	采暖期内度日数 （℃·d）
海拉尔	−11.6	212	6253	−12.03	206	6186
沈阳	−4.11	159	3503	−4.54	150	3381
北京	0.44	126	2206	0.05	114	2046
拉萨	2.27	151	2367	1.6	126	2066
乌鲁木齐	−5.1	170	3918	−6.46	149	3645
西安	2.72	103	1566	2.05	82	1308
上海	5.49	69	856	4.37	25	341
成都	7.95	72	587	没有采暖期		
昆明	8.67	71	631	没有采暖期		

经过对比结果发现：

1　"先计算再平均"比"先平均再计算"得到的采暖期天数长、采暖期内平均温度值高、采暖期度日数大。

2　与累年平均值相比，"先计算再平均"每年的日平均温度值的波动较大。

按常规认识来讲，采暖期应当是一个温度相对稳定的时间段。若采用先计算再平均的方法，可能会将特殊情况当作一般状况。因此，标准中采暖期天数采用累年平均值来计算较为合理。

另外，关于度日数及其用途，$HDD18$ 和 $CDD26$ 是本次标准修编时建筑气候分区的重要指标。因为度日数 $HDD18$ 是一个累计量，需要考虑气候的波动。若度日数计算采用与采暖期温度相同的计算方法（即：先平均再计算），可能会将抵消掉本应计入的温度值。例如，编制组同样也计算了11个城市的度日数。如表3所示。

两种计算方法的 *HDD*18 计算结果比对　　　　　　　　　　　　表3

城　　市	*HDD*18 计算结果			
	先平均后计算		先计算后平均	
	天　　数	*HDD*18	天　　数	*HDD*18
海拉尔	312	6964	310	7023
乌鲁木齐	256	4449	253	4540
沈阳	249	4016	246	4053
北京	221	2853	221	2887
成都	192	1479	197	1514
西安	217	2370	221	2421
南京	197	1934	200	1974
龙华	198	1706	181	1629
广州	107	337	99	433
南宁	125	390	105	506
东方	0	0	28	67

经过分析可以发现，"先平均后计算"得到的度日数值基本上比"先计算后统计"得到的结果偏小。说明进行了数年平均后的数值更加平滑，再用这样的数据进行计算，就掩盖了气候多变的影响。因此，标准中度日数应当采用"先计算再平均"的方法来计算。

最后需要说明，求算采暖期终日时，第一个5日滑动平均大于等于5度的第四天。这种方法，对于青海、西藏一些常年都很冷的地区，会出现计算出来的采暖期偏短的现象。因此在判断采暖终日时，附加了一个判据：在第一个5日滑动平均大于等于5度后，要29个5日滑动平均大于等于5度，才视为终日。*HDD*18 不是采暖期内度日数，而是日历年全年的，*CDD*26 也同样。

4.5　太阳辐射

如前文所述，在我们得到数据的全国气象台站中，只有93个台站具备太阳辐射的观测数据，其他台站只具备通过补充计算得到的日总辐射数据。这样，大多数站点只具备逐日数据，而其太阳辐射的逐日数据中只有日总辐射资料是比较全面的。因此计算这些站点的逐时太阳辐射时力求保证日总辐射与实测值吻合，然后进行直射辐射和散射辐射的分离。具备逐时辐射观测数据的台站中，级别较低的台站可能只具备逐时太阳总辐射的观测数据，此时需对其进行直散分离，从而获得逐时的太阳直射辐射和太阳散射辐射值（图2）。

水平面、及东南西北各朝向的太阳辐射平均强度可以通过两种方式得到：

1 从城市的原始气象数据中直接获得日累计太阳辐射平均强度；

2 根据逐时云量、晴空指数、日照时数以及温升等参数，用模型生成逐时太阳辐射强度，再统计成日平均值。

水平面及四个朝向的太阳辐射平均强度的计算是按常规的逐日累计太阳辐射量生成逐时太阳辐射强度，然后按照不同的朝向进行拆分，拆分成直射辐射和散射辐射。

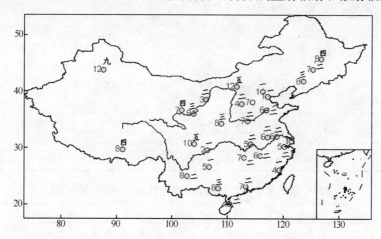

图2 辐射资料站点和气象资料站点分布图
（阿拉伯数字代表该站所有的气象资料中文数字代表该站所有的辐射资料）

进行辐射计算时，需要建立和完善用于常规要素逐时插值（4时次插到24时次）和典型月过度平滑处理的样条插值程序；对无辐射观测城市逐时辐射资料的推算，确立了计算步骤和规则，编制相应的计算程序。

下面给出上述方法得到的北方四个城市16年不同朝向太阳总辐射强度的逐月统计平均值。另外为了比较，编制组还将这四个北方城市与德国同纬度的城市的太阳辐射数据进行对比，如表4～表7所示。

不同分朝向水平太阳总辐射强度计算值 W/m² （漠河）　　　　　　表4

分朝向	Jan	Feb	Mar	Apr	May	June	July	Aug	Sept	Oct	Nov	Dec
南向	39	78	125	152	159	137	125	116	117	107	55	32
东向	18	36	68	110	136	124	111	91	72	50	24	14
北向	14	27	47	73	99	104	95	74	54	35	18	11
西向	20	48	94	138	172	160	141	119	97	67	30	16
水平	30	64	127	202	260	247	220	179	138	91	42	23
南向与水平之比	1.292	1.213	0.981	0.756	0.612	0.555	0.567	0.648	0.849	1.177	1.335	1.342
东向与西向之比	0.865	0.749	0.718	0.799	0.790	0.770	0.785	0.760	0.735	0.748	0.804	0.893
夏三月与冬三月之比	Hor	6.799	South	3.005	East	5.824	North	6.340	West	6.363		
Braunschweig												
南向与水平之比	1.586	1.414	0.989	0.748	0.607	0.550	0.573	0.689	0.904	1.261	1.676	1.667
东向与西向之比	0.909	0.952	0.968	1.000	1.016	1.008	0.984	1.000	1.027	0.959	1.000	1.000
夏三月与冬三月之比	Hor	7.222	South	2.639	East	6.228	North	6.474	West	6.034		

不同分朝向水平太阳总辐射强度计算值 W/m² （呼玛） 表5

分朝向	Jan	Feb	Mar	Apr	May	June	July	Aug	Sept	Oct	Nov	Dec
南向	44	80	126	160	160	142	129	122	126	118	68	37
东向	20	38	73	119	145	133	119	98	80	57	29	16
北向	15	27	48	75	100	107	97	76	56	36	20	12
西向	22	48	92	142	172	163	143	121	101	70	34	18
水平	32	66	130	211	265	257	228	187	146	98	47	26
南向与水平之比	1.343	1.205	0.974	0.757	0.606	0.552	0.567	0.654	0.863	1.205	1.439	1.416
东向与西向之比	0.894	0.805	0.786	0.843	0.841	0.818	0.829	0.807	0.794	0.820	0.844	0.899
夏三月与冬三月之比	Hor	6.363	South	2.653	East	5.463	North	6.008	West	5.822		
Harzgerode												
南向与水平之比	1.613	1.379	0.990	0.743	0.593	0.544	0.562	0.685	0.868	1.197	1.471	1.600
东向与西向之比	1.000	1.075	1.098	1.172	1.117	1.061	1.086	1.113	1.103	1.114	1.043	1.077
夏三月与冬三月之比	Hor	6.635	South	2.530	East	5.917	North	5.854	West	5.638		

不同分朝向水平太阳总辐射强度计算值 W/m² （图里河） 表6

分朝向	Jan	Feb	Mar	Apr	May	June	July	Aug	Sept	Oct	Nov	Dec
南向	50	88	138	173	176	149	134	130	140	124	69	41
东向	22	42	75	124	153	136	120	99	83	57	29	18
北向	17	30	51	77	105	110	99	79	58	38	21	14
西向	26	54	105	158	195	178	154	134	116	78	37	20
水平	37	73	142	230	295	274	240	199	161	105	51	30
南向与水平之比	1.339	1.203	0.975	0.751	0.596	0.542	0.560	0.651	0.868	1.184	1.371	1.384
东向与西向之比	0.856	0.772	0.716	0.784	0.781	0.764	0.779	0.741	0.714	0.734	0.793	0.890
夏三月与冬三月之比	Hor	6.083	South	2.580	East	5.136	North	5.613	West	5.629		
Hof												
南向与水平之比	2.000	1.536	1.027	0.745	0.570	0.514	0.534	0.663	0.932	1.487	1.946	2.087
东向与西向之比	0.966	1.037	1.026	1.080	1.126	1.057	1.053	1.085	1.025	1.035	1.000	1.063
夏三月与冬三月之比	Hor	5.563	South	1.578	East	4.689	North	5.179	West	4.405		

不同分朝向水平太阳总辐射强度计算值 W/m² （海拉尔） 表7

分朝向	Jan	Feb	Mar	Apr	May	June	July	Aug	Sept	Oct	Nov	Dec
南向	61	92	134	166	165	144	132	130	143	130	84	54
东向	29	47	81	131	155	142	127	107	92	65	37	25
北向	21	33	54	80	106	112	102	82	63	42	26	18
西向	32	58	103	157	190	176	154	135	120	84	45	27
水平	48	83	149	237	294	280	247	209	175	118	64	41
南向与水平之比	1.261	1.103	0.900	0.701	0.561	0.516	0.535	0.623	0.821	1.099	1.306	1.325
东向与西向之比	0.896	0.814	0.792	0.834	0.813	0.809	0.828	0.791	0.770	0.773	0.819	0.904
夏三月与冬三月之比	Hor	4.807	South	2.050	East	4.168	North	4.582	West	4.448		
Mannheim												
南向与水平比	1.419	1.369	0.960	0.713	0.572	0.514	0.537	0.654	0.893	1.189	1.513	1.545
东向与西向之比	0.909	1.000	0.940	1.010	1.025	1.017	1.000	1.036	1.024	0.960	1.000	1.000
夏三月与冬三月之比	Hor	6.609	South	2.504	East	6.000	North	5.535	West	5.714		

从上述四个北方城市的与德国同纬度城市的比较可以看到，各朝向数据基本吻合。

参考文献

［1］ 陈莉，方修睦，方修琦，李帅. 过去 20 年气候变暖对我国冬季采暖气候条件与能源需求的影响［J］. 自然资源学报，2006，21.

［2］ 张晴原，黄煜. 中国建筑用标准气象数据库［M］. 北京：机械工业出版社，2004.

［3］ DIN. DIN 4108-6：2003，Thermal protection and energy economy in buildings-Part 6：Calculation of annual heat and energy use［S］. Normenausschuss Bauwesen（NABau）im DIN Deutsches Institut für Normung e. V，2003

专题二 严寒和寒冷地区居住建筑耗热量指标限值计算及围护结构热工性能权衡判断

中国建筑科学研究院 周 辉 丁子虎 董 宏 林海燕

哈尔滨工业大学 方修睦

《严寒和寒冷地区居住建筑节能设计标准》JGJ 26-2010（以下简称《标准》）中将居住建筑按层数分为四类：≤3 层建筑、（4~8）层的建筑、（9~13）层的建筑和≥14 层建筑，并按气候分区对此四类建筑的体形系数、窗墙比、围护结构热工性能参数做出了强制性要求。如果设计建筑的体形系数、窗墙比、围护结构热工性能参数中的任何一项指标突破了《标准》的要求，就需要根据《标准》第 4.3 节中的相应要求对建筑围护结构的总体热工性能进行权衡判断。权衡判断中，耗热量指标是设计建筑是否达到标准要求的唯一判断依据。

1 耗热量指标限值的计算

耗热量指标是指：在计算采暖期室外平均温度条件下，为保持室内设计计算温度，单位建筑面积在单位时间内消耗的需由室内采暖设备供给的热量，其单位是 W/m^2。

对于地处严寒和寒冷地区的居住建筑，采暖能耗是建筑能耗的主体，尽管寒冷地区一些城市夏季也有空调降温需求，但是，对于有三、四个月连续采暖的需求来说，仍然是采暖能耗占主导地位。因此，围护结构的热工性能主要从保温出发考虑。《标准》指出将建筑物采暖耗热量指标控制在规定的范围内，规定以耗热量指标是否大于附录 A 中给出的耗热量指标限值作为建筑围护结构的总体热工性能权衡判断的依据。

1.1 耗热量指标限值的计算方法

由于实际工程中，居住建筑的体形系数、窗墙比等都变化多样。所以只能选取比较典型的建筑及其运行模式作为耗热量指标限值的计算模型。选取层高分别为 3 层、6 层、11 层、14 层的典型建筑建筑分别作为≤3 层建筑、（4~8）层的建筑、（9~13）层的建筑和≥14 层建筑这四类建筑耗热量指标限值的计算模型。所选取的典型建筑的体形系数、窗墙比都分别满足《标准》第 4.1.3 条、第 4.1.4 条中的相应要求。围护结构的热工性能参数取第 4.2.2 条中的上限值。典型建筑的体形系数、窗墙比分别如表 1、表 2 所示。

典型建筑的体形系数　　　　　　　　　　　　表 1

地区类别	建筑层数			
	3 层	6 层	11 层	14 层
严寒地区	0.41	0.32	0.28	0.23
寒冷地区	0.41	0.32	0.28	0.23

典型建筑的窗墙比　　　　　　　　　　　　表 2

地区类别		建 筑 层 数			
		3 层	6 层	11 层	14 层
严寒地区	南	0.40	0.30~0.40	0.35~0.40	0.35~0.40
	东、西	0.03	0.05	0.05	0.25
	北	0.15	0.20~0.25	0.20~0.25	0.25~0.30

地区类别		建 筑 层 数			
		3层	6层	11层	14层
寒冷地区	南	0.40	0.45	0.45	0.40
	东、西	0.03	0.06	0.06	0.30
	北	0.15	0.30～0.40	0.30～0.40	0.35

《标准》中规定了室内热环境计算参数的选取：

（1）冬季室内采暖设计温度为18℃。这点与原标准《民用建筑节能设计标准（采暖居住建筑部分）》JGJ 26-95规定的16℃有所不同，此处的18℃只是计算耗热量指标时采用的室内温度，并不等于实际的室温。

（2）冬季采暖计算换气次数为0.5h^{-1}。此处0.5h^{-1}的换气次数只是计算耗热量指标时采用的换气次数数值，并不等于建筑的实际换气次数。

1.2 耗热量指标限值的计算方法

《标准》4.3.3条中规定了严寒和寒冷地区居住建筑的耗热量指标按照（1）式计算：

$$q_H = q_{HT} + q_{INF} - q_{IH} \tag{1}$$

式中：q_H——建筑物耗热量指标，W/m^2；

q_{HT}——折合到单位建筑面积上单位时间内通过建筑围护结构的传热量，W/m^2；

q_{INF}——折合到单位建筑面积上单位时间内建筑物空气渗透耗热量，W/m^2；

q_{IH}——折合到单位建筑面积上单位时间内建筑物内部得热量，取3.8W/m^2。

由式（1）可以看出建筑物耗热量指标包含了单位建筑面积上单位时间内通过建筑围护结构的传热量、空气渗透耗热量以及建筑物内部得热量这三部分。

通过建筑围护结构的传热量q_{HT}按式（2）计算：

$$q_{HT} = q_{Hq} + q_{Hw} + q_{Hd} + q_{Hmc} + q_{Hy} \tag{2}$$

q_{HT}包括的五项的计算方法如下：

（1）通过外墙的传热量q_{Hq}按（4.3.5）式计算，其中外墙平均传热系数、外墙传热系数的修正系数，应根据《标准》附录B、附录E中的表E.0.2确定，此处的修正主要考虑了太阳辐射对外墙传热的影响；

（2）通过屋顶的传热量q_{Hw}按（4.3.6）式计算，其中屋顶传热系数的修正系数，可根据《标准》附录E中表E.0.2确定，此处的修正主要考虑了太阳辐射对屋顶传热的影响；

（3）通过地面的传热量q_{Hd}按（4.3.7）式计算，其中地面的传热系数是经二维非稳态传热计算程序计算确定的，分周边地面传热系数和非周边地面传热系数。可参照《标准》附录C的规定根据地面构造查询建筑物所处气候分区的代表城市的K_{di}值；

（4）通过外窗（门）的传热量q_{Hmc}按（4.3.8-1）式计算；

（5）通过非采暖封闭阳台的传热量q_{Hy}按（4.3.9-1）式计算，其中封闭阳台是个过渡空间，计算这部分耗热量时，需要已知分隔封闭阳台和室内的墙、窗（门）的平均传热系数，分隔封闭阳台和室内的墙、窗（门）的面积以及阳台的温差修正系数。阳台的温差修正系数可根据《标准》附录E中的表E.0.4确定。

对于第（4）项外窗（门）和第（5）项非采暖封闭阳台传热量的计算，新标准将这部分传热分成两部分来计算，前一部分是室内外温差引起的传热，后一部分是透过外窗、外门的透明部分进入室内的太阳辐射得热，无透明部分的外门太阳辐射修正系数 C_{mc} 取 0。对于凸窗和非采暖封闭阳台的面积都按洞口计算，可以忽略凸窗的上下、左右边窗和边板的传热。

另外，建筑物空气换气耗热量 q_{INF} 按下式计算：

$$q_{INF} = \frac{(t_n - t_e)(C_p \rho N V)}{A_0} \tag{3}$$

式中：C_p——空气的比热容，取 $0.28\text{Wh}/(\text{kg} \cdot \text{K})$；

ρ——空气的密度，kg/m^3，可按照计算 $\rho = \frac{1.293 \times 273}{t_e + 273} = \frac{353}{t_e + 273}$（$\text{kg}/\text{m}^3$）；

N——换气次数，取 0.5h^{-1}；

V——换气体积，m^3，楼梯间及外廊不采暖时，按 $V = 0.60V_0$ 计算；楼梯间及外廊采暖时，按 $V = 0.65V_0$，V_0 为建筑体积；

t_n——室内设计温度；

t_e——采暖期室外计算温度；

A_0——建筑面积。

2 围护结构的总体热工性能的权衡判断

《标准》第 4.1.3 和第 4.1.4 条对严寒和寒冷地区各子气候区的建筑的体形系数和窗墙比提出了明确的限值要求，第 4.2.2 条对建筑围护结构提出了明确的热工性能要求，如果这些要求全部得到满足，则可认定设计的建筑满足本标准的节能设计要求。但是，随着住宅的商品化，开发商和建筑师越来越关注居住建筑的个性化，有时会出现所设计建筑不能全部满足第 4.1.3 条、第 4.1.4 条和第 4.2.2 条要求的情况。在这种情况下，不能简单地判定该建筑不满足本标准的节能设计要求。因为第 4.2.2 条是对每一个部分分别提出热工性能要求，而实际上对建筑物采暖负荷的影响是所有建筑围护结构热工性能的综合结果。某一部分的热工性能差一些可以通过提高另一部分的热工性能弥补回来。

为了尊重建筑师的创造性工作，同时又使所设计的建筑能够符合节能设计标准的要求，故《标准》引入建筑围护结构总体热工性能是否达到要求的权衡判断法。权衡判断法不拘泥于建筑围护结构各局部的热工性能，而是着眼于总体热工性能是否满足节能标准的要求。由于严寒和寒冷地区夏季空调降温的需求相对很小，所以建筑围护结构的总体热工性能权衡判断以建筑物耗热量指标是否大于附录 A 中给出的耗热量指标限值为判据。若设计建筑的耗热量指标不大于《标准》附录 A 中规定耗热量指标限值，即可判定此建筑满足《标准》要求。综上所述，判断设计建筑是否满足《标准》要求的步骤如下：

（1）判断设计建筑是否满足《标准》第 4.1.3 条、第 4.1.4 条、第 4.2.2 条有关体形系数、窗墙比、围护结构热工性能的要求。若完全满足这三条要求，则判定该建筑满足《标准》要求。

（2）若设计建筑有任意一项不满足第 4.1.3 条、第 4.1.4 条、第 4.2.2 条的有关规定，则需要对围护结构的总体热工性能进行权衡判断。按照《标准》第 4.3.3 条中规定的耗热量指标计算方法计算设计建筑的耗热量指标。若设计建筑的耗热量指标小于或等于附录 A 中给出的该地区的耗热量指标限值，则判定该建筑满足《标准》要求。否则判定该建筑不满足《标准》要求。

判断设计建筑是否满足《标准》要求的流程图如下（图 1）：

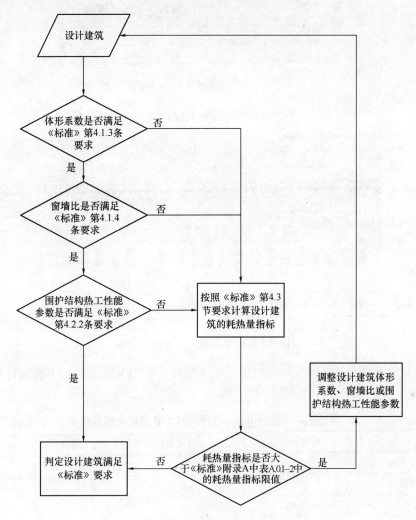

图 1　围护结构权衡判断法的判断流程

3　四种类型建筑耗热量指标的分析

按照《标准》第 4.3.3 条中规定的耗热量指标计算方法，分别计算各个地区 3 层、6 层、11 层、14 层的典型建筑的耗热量指标来作为当地≤3 层建筑、（4～8）层的建筑、（9～13)层的建筑和≥14 层建筑这四类建筑耗热量指标限值。下面分别分析这四种类型建筑的耗热量指标。

3.1　低层住宅耗热量指标的结果分析

按照标准给出的耗热量指标计算方法，按照标准附录 A，得出各城市按计算采暖期室外平均温度排序时低层住宅的耗热量指标。为了对比清晰，图中还给出不同节能率下的建筑物耗热量指标。如图 2、图 3 所示。

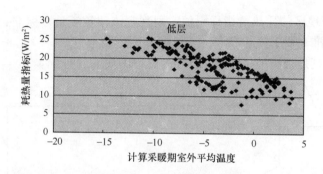

图2 不同室外平均温度时低层住宅的耗热量指标

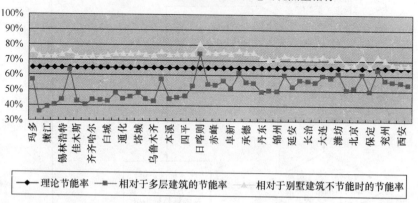

图3 不同城市低层住宅的节能率

为说明采用新的节能设计标准后低层住宅所能达到的节能效果，下面还计算出相对于低层建筑不节能时的节能率。如表3所示。

各气候区不同城市低层住宅相对于参照建筑的节能率 表3

区 属	最小节能率	最大节能率	平均节能率	统计的城市数
严寒A区	0.59	0.71	0.67	5
严寒B区	0.62	0.65	0.64	6
严寒C区	0.63	0.67	0.65	19
寒冷A区	0.61	0.63	0.62	11
寒冷B区	0.61	0.64	0.64	3
总计	0.62	0.65	0.66	44

从统计结果中可以看出，各个气候子区低层住宅的最小节能率在59%～62%之间，这是由于别墅型低层住宅体形系数较大的缘故。但总体平均状态来说，低层住宅相对于参照建筑（自身不节能时）的节能率超过了65%，尤其是寒冷地区。

3.2 多层住宅耗热量指标的结果分析

按照标准给出的耗热量指标计算方法，按照标准第4.2.2条所给出的各气候区多层住宅围护结构传热系数限值，得出各城市按计算采暖期室外平均温度排序时多层住宅的耗热量指标，如图4所示。为了对比清晰，图中还给出不同节能率下的建筑物耗热量指标。如图5所示。

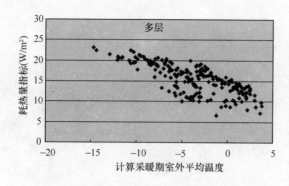

图 4   不同室外平均温度时多层住宅的耗热量指标

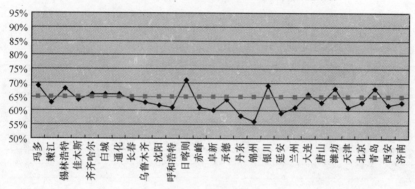

图 5   不同城市多层住宅的节能率

当气象区各城市多层建筑采用标准规定的传热系数限值时，多层住宅节能率的统计结果如表 4 所示：

各气候区不同城市多层住宅节能率的统计   表 4

区　　属	最小节能率	最大节能率	平均节能率	统计的城市数
严寒 A 区	0.55	0.71	0.65	5
严寒 B 区	0.61	0.78	0.66	6
严寒 C 区	0.61	0.69	0.64	19
寒冷 A 区	0.57	0.68	0.62	11
寒冷 B 区	0.54	0.63	0.62	3
总计	0.58	0.67	0.64	44

从图 5 中可以看出日喀则、玛多等几个城市的节能率较高，这是由于这三个城市太阳辐射强度大的缘故。从统计结果中可以看出，当多层建筑采用标准所给出的传热系数限值时，各个气候分区的节能率基本达到了第三步节能的目标。对于多层建筑，可以用传热系数限值作为判断其是否达到第三步节能的依据。

3.3   小高层住宅耗热量指标的结果分析

根据标准附录 A，可以得出整个气候区典型城市按采暖期室外平均温度排序时小高层建筑的耗热量指标和节能率，如图 6、图 7 所示。

当气候区各城市小高层建筑采用标准规定的传热系数限值时，小高层住宅节能率的统

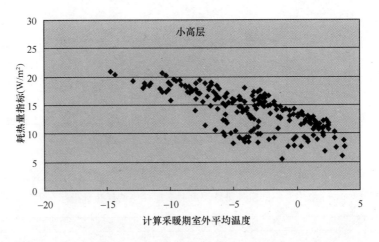

图 6　不同室外平均温度时小高层住宅的耗热量指标

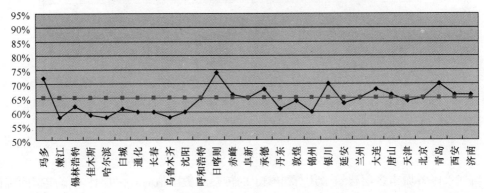

图 7　不同城市的小高层住宅的节能率

计结果如表 5 所示：

各气候区不同城市小高层建筑的节能率的统计　　　　　　　　　　　表 5

区　　属	最小节能率	最大节能率	平均节能率	统计的城市数
严寒 A 区	0.68	0.71	0.71	5
严寒 B 区	0.64	0.74	0.65	6
严寒 C 区	0.64	0.66	0.63	19
寒冷 A 区	0.6	0.66	0.64	11
寒冷 B 区	0.59	0.64	0.64	3
总计	0.63	0.69	0.65	44

　　从统计结果中可以看出，当小高层建筑采用标准所给出的传热系数限值时，各个气候分区的节能率都达到甚至超过节能 65％的目标。这是由于小高层建筑体形系数小的缘故。因此对于小高层建筑，可以用传热系数限值作为判断其是否达到第三步节能的依据。

3.4　高层住宅耗热量指标的结果分析

　　根据标准附录 A 可以得出整个气候区典型城市按度日数排序时高层建筑的耗热量指标和节能率，如图 8、图 9 所示。

　　当气候区各城市高层建筑采用标准规定的传热系数限值时，高层住宅节能率的统计结

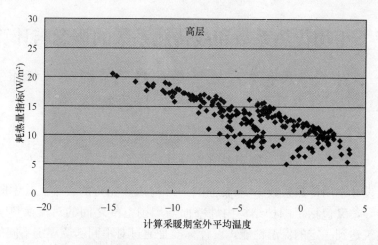

图 8 不同室外平均温度时高层住宅的耗热量指标

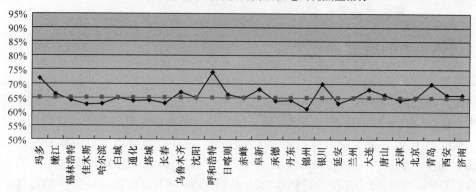

图 9 不同城市高层住宅的节能率

果如表 6 所示:

各气候区不同城市高层建筑节能率的统计   表 6

区 名	最小节能率	最大节能率	平均节能率	统计的城市数
严寒 A 区	0.66	0.70	0.67	5
严寒 B 区	0.65	0.72	0.67	6
严寒 C 区	0.63	0.69	0.65	19
寒冷 A 区	0.61	0.68	0.66	11
寒冷 B 区	0.59	0.63	0.63	3
总 计	0.62	0.70	065	44

　　从统计结果中可以看出，与小高层住宅结果相类似，当高层建筑采用标准所给出的传热系数时，各个气候分区的节能率都超过了第三步节能的目标。这是由于高层建筑体形系数小的缘故。因此对于高层建筑，可以用传热系数限值作为判断其是否达到第三步节能的依据。

专题三　平均传热系数和线传热系数的概念与计算方法

——对《严寒和寒冷地区居住建筑节能设计标准》JGJ 26-2010 附录 B 的解读

中国建筑科学研究院　林海燕　董　宏　周　辉

西安建筑科技大学建筑学院　闫增峰

建筑热工设计中用传热系数 K 来表征围护结构传热能力的大小。其中既包括通过围护结构的热传导，又包括了围护结构内外壁面与周围空气之间的对流换热。在建筑设计时，为了使建筑达到一定的保温性能，设计标准是通过对不同部位规定不同的传热系数来保证，这一点在《严寒和寒冷地区居住建筑节能设计标准》JGJ 26-2010（以下简称《标准》）第 4.2.2 条得到体现。

1　线传热系数的概念

如果建筑围护结构的构造都一致，计算出任何一个断面的 K 值，就可以表征这种构造传热能力的高低。但是，建筑却是由众多不同的构件组合在一起构成的。因此，即使一面墙中，也会存在不同的构造。例如：墙主体部位、两面墙交接处等等。这样仅仅计算墙面某一截面的 K 值并不能说明整面墙的传热性能，这在各部分构造有明显差异的时候更为明显。如图 1 所示的一面带钢筋混凝土构造柱的实心砖墙，分别计算这面墙的不同部位，我们看到：实心砖墙部位的传热系数是 $2.24 \mathrm{W/m^2 \cdot K}$，而构造柱部位的传热系数是 $3.47 \mathrm{W/m^2 \cdot K}$。那么，如何来准确评价这面墙体的传热能力呢？

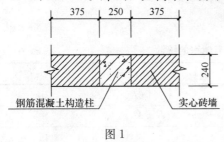

图 1

《标准》在表 4.2.3.1 中指出：外墙的传热系数系指考虑了热桥影响后计算得到的平均传热系数。也就是说：《标准》中用平均传热系数来描述上述墙体的传热能力。在第 2 章术语中，第 2.1.8 条对外墙平均传热系数的定义是：考虑了墙上存在的热桥影响后得到的外墙传热系数。可见，平均传热系数的概念是对一面墙体传热能力的全面评价。

现行《民用建筑热工设计规范》GB 50176-1993 中，提出了平均传热系数按面积进行加权平均的计算方法。即：按照不同构造所占总面积的比例来对不同的热阻值进行加权平均，从而得到一个由多种构造组合成的围护结构的平均传热系数。按照这一方法计算出图 1 所示墙体的平均传热系数是：$2.61 \mathrm{W/m^2 \cdot K}$。

随着高效保温材料的广泛应用，按上述方法得到的计算结果与实际情况产生了较大的偏差。这是因为，按面积加权方法进行计算的基本假定是一维传热，即热流只是沿着垂直于壁面的方向传递，而不会向其他方向扩散，这种假设存在的基本模型是匀质无限大平壁。但是，在实际建筑中，由于围护结构中各种构造做法及构件边缘的普遍存在，真正符合这一假定的部位有限。与水往低处流时的情况类似，热也总是从高温侧沿热阻小的途径流向低温侧。当两种不同材料的导热系数比较接近时（如上面的实心黏土砖和混凝土，两者导热系数相差2倍左右），上述一维传热假设带来的计算误差在工程上是可以接受的，这也是现行热工设计规范采用这种计算方法的前提。但是，目前常用的高效保温材料（如聚苯板）与混凝土之间导热系数的差在40倍左右，这种一维传热假设带

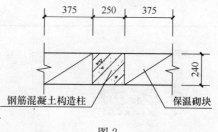

图2

来的误差就大到无法接受了。这种情况下，就有必要用更符合实际情况的二维传热模型来进行计算。将上面例子中的黏土实心砖换成保温砌块，如图2所示，分别采用一维和二维传热模型的计算结果分别是：$1.91W/m^2 \cdot K$、$1.33W/m^2 \cdot K$，两者之间的相对误差为43.6%（而图1构造一、二维传热计算结果的相对误差只有4%）。

为消除上述误差，参照 ISO 标准 10211-2：2001 Thermal bridges in building construction——Calculation of heat flows and surface temperatures——Part 2：Linear thermal bridges，新节能标准引入了线传热系数（ψ）的概念。

在建筑中，常见的热桥部位大多都是呈线性的。例如：砌体结构中的构造柱、圈梁、窗洞口边缘、檐口等（参见《标准》图B.0.2的示意）。从建筑整体看，这些热桥部位通常表现为：在一个方向上的尺度比另外两个方向大得多，我们往往可以用其在某个平面内的断面图和它的长度来描述这些部位（参见《标准》图B.0.5的示意）。因此，可以近似将这种类型的热桥看成是线性的。这样我们就可以通过对热桥节点典型断面的传热分析，进而基本掌握整个热桥的热工状况。

线传热系数就是基于上述考虑，用来表征热桥断面的传热状况的参数。它反映了当围护结构两侧空气温差为1℃时，通过单位长度热桥部位的附加传热量。ψ的计算见《标准》B.0.4式。从计算公式中可知，ψ反映了与主体结构相比，由于热桥的存在而额外增加的传热量。通过ψ值的大小，我们可以直观地了解某种热桥对主体传热系数的影响程度。

表1列出了保温层厚度不同时，窗洞口边缘的几种构造做法ψ值的计算结果。结合ψ值计算公式，通过比较可以看到：ψ值的大小是与节点的构造做法、主体结构和热桥部位传热系数的相对大小密切相关的。

表1

W-WR1						W-WR2						W-WR3					
D	50	60	80	100	120	D	50	60	80	100	120	D	50	60	80	100	120
ψ	0.43	0.44	0.47	0.48	0.50	ψ	0.10	0.10	0.11	0.12	0.13	ψ	0.61	0.63	0.66	0.68	0.70

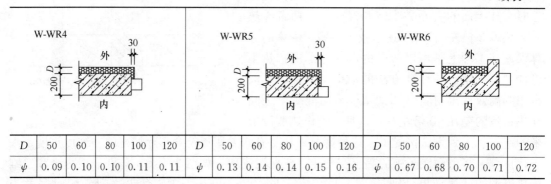

D	50	60	80	100	120	D	50	60	80	100	120	D	50	60	80	100	120
ψ	0.09	0.10	0.10	0.11	0.11	ψ	0.13	0.14	0.14	0.15	0.16	ψ	0.67	0.68	0.70	0.71	0.72

计算公式中需要特别说明的两点是：流过墙体的热流必须要通过二维传热计算得到；节点计算时，与热桥长度方向垂直的墙面尺寸应大于 1m。第一点说明的原因，在前面对图 1、图 2 的计算比较中已经解释清楚了。第二点说明主要是考虑到建立的计算模型应当将热桥的影响全部考虑在内。如果该尺寸取得过小，热桥的影响范围有可能超出计算模型的边缘。这样，ψ 的计算值偏小，不能准确地评价热桥对主体部位传热系数的影响。《标准》B.0.6 条对两个相近热桥应当同时计算的规定，也是出于要全面考虑不同热桥相互影响的原因。

计算出热桥的线传热系数后，就可以用《标准》式（B.0.1）计算墙体的平均传热系数（K_m）了。《标准》B.0.3 条还给出了一个典型墙面平均传热系数的计算示例。整栋建筑外墙平均传热系数的计算可以参照这一公式进行计算，此时，公式中外墙的面积 A 是建筑全部外墙的面积，而热桥线传热系数与热桥长度乘积的和，应当包括建筑中全部的热桥在内。当建筑各面外墙主体部位传热系数不一致时，《标准》B.0.9 条规定，可以先计算各个不同单元墙的平均传热系数，然后再按照面积加权的原则，计算整栋建筑的平均传热系数。

2 线传热系数计算方法

1. 计算条件

低温侧空气温度：0℃

高温侧空气温度：20℃

内表面对流换热系数：8.7W/（m²·K）

外表面对流换热系数：23W/（m²·K）

2. 计算简图

按照节点做法将节点构造简化成计算简图时，应当包括结构层和保温层。做法中的粉刷层、防水层等热阻较小构造层可以省略。简图中结构层的尺寸、保温层的厚度与设计一致。

3. 内外侧空气温差对 ψ 计算值的影响

以图 3、图 4 两个节点为例，当内侧空气温度取 20℃，外侧空气温度依次取 0℃、−10℃、−20℃、−30℃时，ψ 的计算结果如表 2 所示：

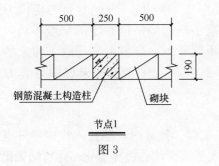

节点1

图3

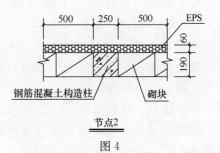

节点2

图4

表2

室外空气计算温度（℃）		0	—10	—20	—30
节点 1	Ψ	0.24	0.24	0.25	0.25
	Q	74.602	111.950	149.527	186.881
节点 2	Ψ	0.01	0.01	0.01	0.01
	Q	13.583	20.388	27.192	33.997

从计算结果可以看出：随着内外两层空气温差的增大，流出的热流在增大，但是 Ψ 值基本保持不变。因此，可以认为：内外侧空气温差对 Ψ 值的影响不大。

4. 保温层厚度变化

同一节点构造，当保温层厚度的改变时，相当于减少了没有被保温层包住的结构的表面积。若计算模型不改变保温层的厚度，而只改变保温层材料的导热系数，虽然保温层的传热系数变了，但是结构层直接接触室外空气的面积没有减小。两者之间的差别见图5：

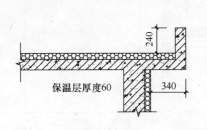
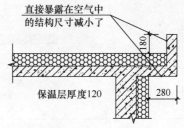

图5

两种不同方法的计算结果如表3所示。

表3

保温层厚度（mm）	建模方法	热流流入侧			热流流出侧			Ψ 计算			
		$Q_入$	$L_入$	$K_入$	$Q_出$	$L_出$	$K_出$	$Q_计$	$L_计$	$K_主$	Ψ
50	不变厚度	—27.675	1.3	—1.06	27.666	3.32	—0.42	17.47	0.6	0.65	0.46
	变厚度	—28.044	1.3	—1.08	27.858	3.34	—0.42	17.347	0.6	0.656	0.473
60	不变厚度	—25.426	1.3	—0.98	25.237	3.32	—0.38	16.25	0.6	0.564	0.474
	变厚度	—25.426	1.3	—0.98	25.237	3.12	—0.38	16.25	0.6	0.564	0.474
80	不变厚度	—22.119	1.3	—0.85	22.109	3.32	—0.33	15.145	0.6	0.44	0.49
	变厚度	—21.766	1.3	—0.84	21.574	3.28	—0.33	14.606	0.6	0.44	0.466
100	不变厚度	—20.103	1.3	—0.77	20.094	3.32	—0.3	14.41	0.6	0.361	0.5
	变厚度	—19.726	1.3	—0.74	19.081	3.24	—0.29	13.389	0.6	0.361	0.453
120	不变厚度	—18.709	1.3	—0.72	18.7	3.32	—0.28	13.899	0.6	0.305	0.51
	变厚度	—17.435	1.3	—0.67	17.236	3.2	—0.37	12.423	0.6	0.305	0.438

从上表 3 可以看出：计算 Ψ 时，随着保温层厚度的增加，两种不同的建模方式下 K、L 值均相同；但两种方法计算出的 Q 都有减小的趋势，但减小的幅度不同，两者之差即是由于直接暴露在空气中的结构尺寸的不同所致。Q 值差异导致了相应的 Ψ 值计算结果不同。因此，对于这种情况，不同保温层厚度建立不同模型的计算方法更为准确。

5. 热流的计算长度

计算 Ψ 值时，需要计算通过节点部位流出的热流量。计算时，除计入流向室外空气的热流外，尚应计入流向相邻构件的热流。两种不同热流统计的边界变化、计算结果比较如下（图 6）：

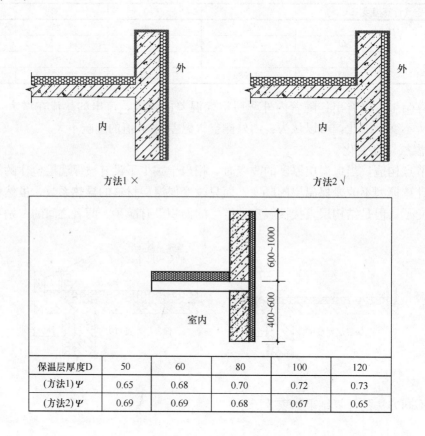

保温层厚度D	50	60	80	100	120
（方法1）Ψ	0.65	0.68	0.70	0.72	0.73
（方法2）Ψ	0.69	0.69	0.68	0.67	0.65

图 6

从计算结果看，方法 2，消除了随着保温层厚度的增加 Ψ 值反而增大的反常现象。

6. 公式 (B.0.4) 中的长度 C 的取值方法

图 7 为外保温墙转角节点，应当取：$C=b_1+d_1$，还是取：$C=b_1$。计算热流的边界长度均为 b_1+d_1。

可以看出：随着保温层加厚，Ψ 值变大。说明主体结构保温做得越好，热桥的影响也随之变大。但以上计算无法说明 B 的两种不同取法，那个更合理。表 4 保持 d_2 不变，仅变化 d_1。

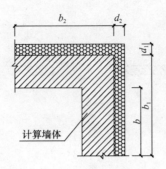

計算墙体

d_1、d_2	60mm	100mm	150mm	200mm
B=b_1+d_1	$\Psi = -0.05$ $Q = 12.067$ $B = 1.16$	$\Psi = -0.04$ $Q = 7.883$ $B = 1.2$	$\Psi = -0.03$ $Q = 5.537$ $B = 1.25$	$\Psi = -0.03$ $Q = 4.29$ $B = 1.3$
B=b_1	$\Psi = -0.02$ $Q = 12.067$ $B = 1.1$	$\Psi = -0.00$ $Q = 7.883$ $B = 1.1$	$\Psi = 0.00$ $Q = 5.537$ $B = 1.1$	$\Psi = 0.01$ $Q = 4.29$ $B = 1.1$

图 7

表 4

d_1	60mm	100mm	120mm	200mm
B=b_1+d_1	$\Psi = -0.05$ $Q = 12.067$ $B = 1.16$	$\Psi = -0.06$ $Q = 12.384$ $B = 1.2$	$\Psi = -0.06$ $Q = 12.491$ $B = 1.22$	$\Psi = -0.09$ $Q = 12.775$ $B = 1.3$
B=b_1	$\Psi = -0.02$ $Q = 12.067$ $B = 1.1$	$\Psi = -0.00$ $Q = 12.384$ $B = 1.1$	$\Psi = 0.00$ $Q = 12.491$ $B = 1.1$	$\Psi = 0.02$ $Q = 12.775$ $B = 1.1$

发现：随着另一侧墙体保温层加厚，当 $B = b_1 + d_1$ 时，Ψ 值逐渐变小，不符合上面的规律。但是，若 $B = b_1$，Ψ 值的变化符合上面的规律。

因此，C 应取墙体结构部分的尺寸，不应将保温层的厚度包括在内。

7. 非矩形构造的计算

受计算方法的限制，采用规范附带的软件 PTemp 计算建筑中的非矩形构造节点的线传热系数时，可以近似简化成矩形计算，或采用 ANSYS 等进行精确计算。

8. 阳台、挑板的计算

计算阳台、挑板的 Ψ 值时，应直接统计从构件根部流出的全部热流。不同热流统计的边界变化如图 8 所示：

两种计算结果比较如下（表 5）：

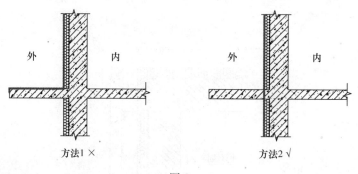

方法1 ✕   方法2 √

图 8

表 5

W-T4						W-T5						W-T6					
D	50	60	80	100	120	D	50	60	80	100	120	D	50	60	80	100	120
前 Ψ	0.28	0.30	0.31	0.33	0.33	Ψ	0.10	0.10	0.10	0.10	0.11	Ψ	0.09	0.09	0.09	0.08	0.08
后 Ψ	0.60	0.60	0.56	0.56	0.53	Ψ	0.22	0.21	0.20	0.19	0.19	Ψ	0.20	0.19	0.17	0.15	0.13

由计算结果对比可见：方法 2，首先消除了随着保温层厚度的增加 Ψ 值反而增大的反常现象。其次，方法 1 计算出的 Ψ 值与其他节点的计算结果相比，普遍偏小，与实际不符。修改后的结果更加合理。

9. 窗口的做法

窗框与墙体之间宜用保温材料填充，且应当反映到计算模型中（图 9）。

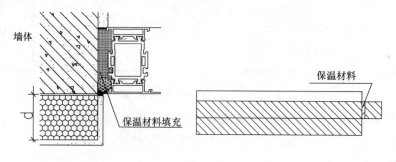

图 9

专题四　新节能标准中热桥计算问题的解决途径

中国建筑科学研究院　董　宏　林海燕

引言

随着建筑节能形式的发展，《民用建筑节能设计标准(采暖居住建筑部分)》JGJ 26-95 的修订工作已完成，新标准将更名为《严寒和寒冷地区居住建筑节能设计标准》JGJ 26-2010，即将颁布实施。与原标准相比新标准在很多方面都做出了大幅的修订，建筑热桥的计算问题即是其中之一。

热桥的存在一方面增大了墙体的传热系数值，造成通过建筑围护结构的热流增加，会加大采暖空调建筑的能耗；另一方面，在北方地区冬季热桥部位的内表面温度过低，会产生结露现象，导致建筑构件发霉，影响建筑的美观和室内环境，甚至对居住者的健康造成伤害。因此，热桥问题应当在设计中得到充分的重视与妥善的解决。原标准对于热桥的计算是按照一维传热理论，采用按面积加权的方法进行计算的。这种方法计算简便，当不同材料间的导热系数相差不大时，产生的误差在工程上可以接受。但是随着节能工作的推进，工程中普遍开始使用高效的保温材料，这些材料与建筑结构构件之间的导热系数相差高达几十倍。由此，原计算方法的局限性就被充分地暴露出来了。关于这方面的讨论已有多篇文章专述，本文主要就新标准如何系统地解决这一问题进行详述。

1　热桥对外围护结构传热系数影响的定量分析方法

新标准参照文献[1]，引入了热桥节点"线传热系数(Ψ)"的概念，用以描述热桥部位对墙体的影响。标准中规定的热桥节点线传热系数的计算方法如下：

$$\psi = \frac{Q^{2D} - KA(t_n - t_e)}{l(t_n - t_e)} = \frac{Q^{2D}}{l(t_n - t_e)} - KC$$

式中：A——以热桥为一边的某一块矩形墙体的面积(m^2)；

$\quad\quad l$——热桥的长度(m)，计算 Ψ 时通常取 1 m；

$\quad\quad C$——该块矩形另一条边的长度(m)，即 $A = l \cdot C$，一般情况下 $C \geqslant 1m$；

$\quad\quad Q^{2D}$——流过该块墙体的热流(W)，上角标 2D 表示二维传热；

$\quad\quad K$——墙体主断面的传热系数[$W/(m^2 \cdot K)$]；

$\quad\quad t_n$——墙体室内侧的空气温度(℃)；

$\quad\quad t_e$——墙体室外侧的空气温度(℃)。

从上式中得到 Ψ 的含义即：1℃温差下，通过单位长度热桥节点所增加的热流。线传热系数主要反映了由于热桥的存在，通过围护结构热流的增加量。其中，新标准中明确规定了通过热桥部位的热流 Q^{2D} 应当通过二维传热计算得到。这样原标准中，由于一维计算所造成的误差就得到了修正。

知道了每一个热桥节点的线传热系数 Ψ 和长度 l，就可以通过下式对一个单元墙体的传热系数进行修正，得到墙体的平均传热系数 K_m：

$$K_m = K + \frac{\sum \psi_j l_j}{A}$$

式中：K_m——单元墙体的平均传热系数[W/(m²·K)]；

       K——单元墙体的主断面传热系数[W/(m²·K)]；

       ψ_j——单元墙体上的第 j 个结构性热桥的线传热系数[W/(m·K)]；

       l_j——单元墙体第 j 个结构性热桥的计算长度(m)；

       A——单元墙体的面积(m²)。

通过以上计算，就可以较为准确地对热桥进行定量分析，并以此评价热桥对外围护结构平均传热系数的影响。同时，将热桥对外围护结构平均传热系数的影响直观地转化为各个不同热桥节点 ψ 值的大小及其长度，这有助于在设计阶段确定保温类型、选择节点构造以及控制建筑能耗。

至此，对于定量计算热桥影响的问题从理论上已经基本解决。只要建筑设计完成了，构造确定了，建筑中任何形式的热桥对建筑外围护结构影响都能够通过计算 ψ 和 K_m 来定量地分析。

2 新标准中热桥影响问题的解决途径

仅仅依靠上述计算公式，在实际工程中要想完成对热桥节点的分析，计算出墙体的平均传热系数，还需要大量的计算工作，有相当的难度。为此，标准中针对不同的情况，给出了以下几条不同的解决途径。

首先，在计算 ψ 值时，流过包含热桥节点墙体的热流(Q^{2D})的计算仍然较难解决。由于二维传热较一维传热计算繁琐，特别是当热桥节点构造复杂时，手工计算难以完成。为此，专门开发了二维传热的计算软件。软件采用图形化的方式进行人机交互，在界面中建立节点的计算模型，并输入材料信息、边界条件等相关计算参数后，软件进行二维传热计算，并将热流、温度以及线传热系数等计算结果以图形或文字的方式输出。同时软件还具有计算露点温度的功能，能以图形方式输出节点中低于露点温度的区域，方便在设计时进行结露验算。该软件的运行结果界面如图1所示。

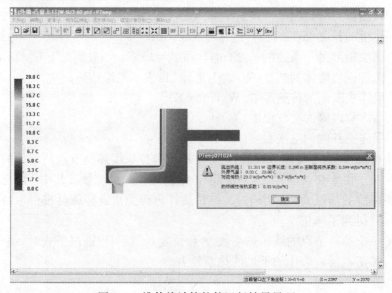

图1　二维传热计算软件运行结果界面

用计算公式配合二维传热计算软件，已经可以较为容易地计算出 Ψ 和 K_m 的值了。但是，Ψ 值的计算，仍然要通过人工建模的方式完成，花费时间、精力。考虑到同样的节点构造会反复用在不同的工程中，为避免重复性的工作，标准中对结构性热桥按照出现的位置进行了分类，例如：外墙—内墙、外墙—楼板、外墙—窗框、外墙—阳台等。并分门别类地对各种保温形式下常用的节点构造，当取不同结构材料和保温层厚度时的 Ψ 值进行了计算，编制成表。这样，只需按构造直接查出对应的 Ψ 值就可以代入公式计算 K_m 值了。由于标准不能像图集那样用大量的篇幅罗列所有的构造，所以仅列举了几种代表性节点供参考，以期说明不同保温形式对主体传热系数的不同影响。

为了更为快捷方便地计算墙体的平均传热系数，标准中又引入了"外墙主断面传热系数的修正系数 φ"。φ 值的计算以选定的典型建筑为基础，抓住了北方地区对外墙平均传热系数影响最大的因素——外窗，选取了窗节点的两种典型构造，同时其他节点则选用最为常见的构造做法。据此，按照标准规定方法计算出了热桥有与无两种情况下墙体传热系数的比值，即为修正系数 φ。通过该系数利用下式即可方便地计算出 K_m 值。

$$K_m = \varphi \cdot K$$

式中：K_m——外墙平均传热系数 $[W/(m^2 \cdot K)]$；

$\quad\quad K$——外墙主断面传热系数 $[W/(m^2 \cdot K)]$；

$\quad\quad \varphi$——外墙主断面传热系数的修正系数。

外墙主断面传热系数的修正系数 φ　　　　　　　　表 1

外墙传热系数限值 K_m	外保温		内保温		夹心保温	
	普通窗	凸窗	普通窗	凸窗	普通窗	凸窗
0.70	1.1	1.2	1.3	1.5	1.3	1.5
0.65	1.1	1.2	1.3	1.5	1.4	1.6
0.60	1.1	1.3	1.3	1.6	1.4	1.7
0.55	1.2	1.3	1.4	1.7	1.5	1.7
0.50	1.2	1.3	1.4	1.7	1.6	1.8
0.45	1.2	1.3	1.5	1.8	1.6	2.0
0.40	1.2	1.3	1.5	1.9	1.8	2.1
0.35	1.3	1.4	1.6	2.1	1.9	2.3
0.30	1.3	1.4	1.7	2.2	2.1	2.5
0.25	1.4	1.5	1.8	2.5	2.3	2.8

需要特别指出的是：相同的保温类型、墙主断面传热系数，当选用的结构性热桥节点构造不同时，φ 值的变化非常大。由于结构性热桥节点的构造做法多种多样，墙体中又包含多个结构性热桥，组合后的类型更是数量巨大，难以一一列举。这一计算方法的主要目的是方便计算，表中给出的只能是针对一般性的建筑立面，在选定的节点构造下计算出的 φ 值。实际工程中，当需要修正的单元墙体的热桥类型、构造均与上表计算时的选定一致或近似时，可以直接采用表中给出的 φ 值计算墙体的平均传热系数；当两者差异较大时，需要另行计算。为此，标准中详细列举了表 1 计算时所选定的结构性热桥的类型及构造，供设计时参考。

通过以上方法，虽然使平均传热系数的计算大为简化，但是无法应对建筑多样性的要求。对于大量的一般性工程，建筑设计中的构造做法通常选自国家或各地方的标准图集。

因此，又开发出了墙体平均传热系数的计算软件，该软件将与标准图集挂钩，图集中所有的节点构造，均包含在软件中。使用时，只需输入建筑的基本信息，挑选好不同部位采用的节点构造，即可直接计算出单个开间、单个立面或整栋建筑的 K_m 值。使得平均传热系数的计算成为建筑师可以轻松完成的工作(图2)。

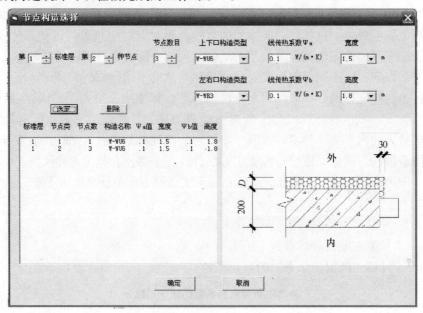

图2 墙体平均传热系数计算软件运行界面

对以上解决热桥影响的几种计算方法，可以总结比较如表2所示：

热桥计算方法对比表   表2

	方法1	方法2	方法3	方法4
计算依据	标准规定的 Ψ 和 K_m 计算公式，二维传热计算软件	标准规定的 K_m 计算公式，不同节点构造 Ψ 值图表	标准给出的 K_m 简化计算公式，修正系数 φ 值表	墙体平均传热系数计算软件
优点	可以解决任意热桥计算问题	避免重复计算相同构造的 Ψ 值	快速、简便	与标准图集衔接，便于建筑设计应用
缺点	需要完成所有计算过程，工作量最大	仍然需要手工计算 K_m 值	适应性差	无法适应不断更新的构造做法
使用范围	特殊的、要求高的少量工程	要求较高、凸出节点设计的工程	只能适用于构造相同工程，或用于方案、初步设计中	一般性工程设计

新标准就热桥对建筑外围护结构影响的问题进行了系统的研究与探讨，形成了完整的定量分析理论；同时又为实际应用提供了4条各不相同的解决途径，从而构成了较为完善的理论体系。

参考文献

[1] ISO. ISO 10211-2：2001 Thermal bridges in building construction-Calculation of heat flows and surface temperatures-Part 2：Linear thermal bridges [S]. 2001.

专题五　建筑围护结构中热桥稳态传热计算研究及比对验证分析

西安建筑科技大学建筑学院　闫增峰　孙立新　谭　伟

中国建筑科学研究院　林海燕　刘月莉　董　宏　周　辉

[摘要]　本文分析了目前国内外建筑围护结构中热桥的传热计算方法研究现状，简要介绍了二维热桥稳态传热模拟软件 PTemp，重点分析了热桥稳态传热实验测试结果与软件模拟计算的结果的一致性，同时还将 PTemp 软件模拟结果与 ANSYS 模拟结果，以及 ISO 10211：2007 标准提供的验证算例计算结果分别进行了比对。三种比对验证结果都证明了 PTemp 模拟软件计算方法的准确性。

0　引言

在建筑围护结构热工计算中，通过围护结构的传热通常按照一维传热计算，这是因为，建筑围护结构两侧承受温差传热作用，沿厚度方向的温度变化远大于高度或宽度方向的温度变化[1]。然而，在实际建筑围护结构中，二维和三维传热普遍存在，这就产生了所谓的建筑围护结构中的热桥[1]。

根据国际标准[2]~[4]，热桥部位定义为：非均匀的建筑围护结构部分，该处的热阻被明显改变，由于建筑围护结构被另一种不同导热系数的材料完全或部分穿透；或者结构的厚度改变；或者内外表面积不同，如墙体、地板、顶棚连接处。

根据《民用建筑热工设计规范》GB 50176－93[5]，热桥定义为：围护结构的热桥部位是指嵌入墙体的混凝土或金属梁、柱，墙体和屋面板中的混凝土肋或金属件，装配式建筑中的板材接缝以及墙角、屋顶檐口、墙体勒脚、楼板与外墙、内隔墙与外墙连接处等部位。

建筑围护结构中的热桥会改变建筑结构的温度分布和通过结构的热流强度。在冬季，热桥处内表面的温度低于围护结构主体部位，常常会导致表面结露，甚至发霉，影响室内卫生状况[1]~[3]。此外，热桥处的热流强度大于围护结构主体部位，如计算不合理，会导致通过建筑围护结构的传热耗热量计算得过小，影响建筑节能计算精确度[6]。因此，为了更好地进行建筑围护结构热工计算及建筑能耗分析，必须准确计算建筑围护结构中热桥内表面的温度及通过热桥处的热流强度。

我国现行建筑热工设计规范和建筑节能设计标准分别于 1993 年和 1995 年颁布，在这两本标准中采用面积加权平均的方法计算热桥传热系数[5,6]。10 多年过去了，随着建筑围护结构材料的更新和保温水平的不断提高，这两本标准中介绍的方法的局限性逐渐显现。可以证明，随着保温层厚度的增加，建筑围护结构保温性能越好，热桥的影响就越大。研究表明，在目前建筑围护结构保温水平情况下，上述计算方法的误差可达到10%～30%[7]，而在 10 年前，上述计算方法的误差则小于 10%[6]。工程实践和检测都表明，在保温性能较好的节能建筑中，热桥的附加耗热量损失占建筑围护结构能耗的比例在增大[8,9]。

由于我国建筑围护结构保温性能较差，加之人们生活水平的不断提高，建筑能耗占我国总商品能耗的比例在不断增加，目前已经超过 27%[10]。因此，提高建筑围护结构保温水平，减少建筑能耗已经成为建筑行业的一项重要任务。随着我国建筑节能工作的不断深入，特别是建筑节能 65% 目标的提出[8]，外墙内、外保温技术的应用日益广泛。而目前绝大部分建筑能耗计算方法和软件都采用一维传热模型计算围护结构耗热量[9]，无法计算热桥附加能耗，对热桥引起的建筑能耗增加量的计算成为建筑节能技术的关键问题，迫切需要对各种建筑节能构造技术中的热桥进行定量分析。

本文主要介绍了热桥模拟计算结果与实验测试结果的对比分析。利用标准主编人员开发的二维热桥稳态传热模拟软件 PTemp 计算了热桥部位的温度分布和传热系数，在实验室进行了热桥稳态传热实验，同时还将 PTemp 与 ANSYS、ISO 10211：2007 标准提供的验证算例进行了结果比对，实验测试结果与模拟计算结果的对比结果证明 PTemp 模拟软件的精确性。本研究为我国建筑节能设计标准的制定提供了科学基础。

1 研究方法

从 20 世纪 60 年代开始，考虑到建筑围护结构对建筑能耗及结构耐久性的影响，学者们对热桥传热计算方法开展了深入研究[11、12]。虽然，关于热桥对建筑能耗影响的动态计算方法仍在不断深化，但是，在国际标准中介绍的稳态计算方法已经能够比较精确地获得热桥的表面温度和通过热桥的热流强度[2]~[4]。

国际标准中引入了热桥的线传热系数的概念，线传热系数 Ψ 利用下式计算[2][4]：

$$\Psi = L^{2D} - \Sigma U_i l_i \tag{1}$$

式中，L^{2D} 为线性耦合系数，W/(m·K)，由二维传热计算得到；U_i 为建筑围护结构第 i 部分的一维传热系数，W/(m²·K)；l_i 为二维计算模型中传热系数 U_i 值对应的围护结构长度，m。

根据国际标准中的计算方法，线性耦合系数 L^{2D} 是计算的关键，为了准确计算得到 L^{2D}，必须进行二维传热计算，对于复杂的建筑围护结构热桥，是无法进行手工计算的。因此，标准主编人开发了一套计算软件 PTemp，该软件是一套基于有限容积法的二维稳态传热计算工具，通过输入围护结构图形，确定边界条件和划分网格，软件可自动进行离散，完成稳态传热计算，从而得到热桥表面温度和热流强度。

为了验证该计算软件的计算精度，也为了考察目前我国建筑节能设计标准中的简化方法的准确性，研究人员曾于 2005 年在实验室进行了稳态传热条件下热桥表面温度和热流强度的测试实验，将实验测试结果分别与二维模拟软件计算结果及我国现行标准中引用的一维简化方法计算结果进行了对比。

2 实验测试

在实验过程中，将带有热桥的建筑围护结构试件 A 和 B 放置在中国建筑科学研究院建筑物理研究所的人工调控的带有热室和冷室的防护热箱中。该防护热箱装置设计满足国家标准规定[13]，每年标定一次，并通过国家建筑工程质量监督检验中心的年审。建筑围护结构主体由加气混凝土砌筑，尺寸为 1000mm×290mm×1200mm（长×宽×高）；在试件正中预埋 H 形钢构件，尺寸为 200mm×200mm×1200mm（长×宽×高）。主体试件表面为水泥砂浆，但试件 B 在 H 形钢冷侧表面做 EPS（聚苯乙烯泡沫塑料）保温处理，即外保温处理。两组试件如图 1 和图 2 所示。试件中所用建筑材料的热工参数见表 1。实验时，利用铜—康铜热电偶测量建筑围护结构表面温度，利用建筑用热流计测量试件表面热流强度。试件表面热电偶和热流计布置如图3所示。热电偶和热流计传感器测量的数据由采集仪自动收集，结果自动存储在计算机中。

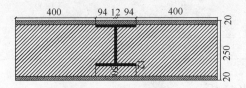

图1　不带保温的测试试件 A

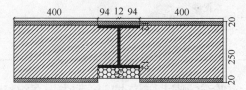

图2　带有外保温的测试试件 B

图3　热侧试件表面热电偶和热流计的布置

实验用的防护热箱热流测量误差不大于±0.5%，热电偶温度测量误差不大于±1%，冷室空气强迫对流，试件表面传热系数依据标准查表得到[13]。

在测试过程中，利用两个热电偶分别连续测量热室与冷室的空气温度。10 个热流计和 18 对热电偶（热电偶沿高度中心线等间距布置，左侧布置了 10 个热流计和 18 对热电偶，右侧布置了 3 个热流计和 4 对热电偶。由于对称分布，图4、图5中用了一组右侧测点数据）布置在试件的热侧；试件冷侧布置了 18 对热电偶。

在测试过程中，热室保持在 19℃，冷室保持在 −12℃。在采集数据前，试件放置在设置温度（热室 19℃，冷室 −12℃）条件下 7 天，确保试件达到温度分布接近均匀。

试件中所用建筑材料的热工参数[5]　　　　　　　　　　　　表1

材　　料	导热系数 ［W/(m・K)］	比热容 ［J/(kg・K)］	密度 (kg/m³)
加气混凝土	0.19	1050	500

材　料	导热系数 [W/(m·K)]	比热容 [J/(kg·K)]	密度 (kg/m³)
水泥砂浆	0.93	1050	1800
H形钢	58.2	480	7850
EPS(聚苯乙烯泡沫塑料)	0.042	1380	30

3　实验室测试与模拟计算结果的对比分析

图 4 和图 5 给出了两个试件热侧表面温度测量值与计算值的对比结果。利用 PTemp 软件模拟计算得到的试件表面温度分布示意图见图 6 和图 7。表 2 和表 3 给出了热侧表面温度最小值和传热系数的测量值与计算值的比较结果。

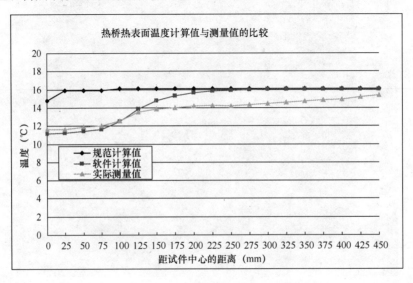

图 4　试件 A 热侧表面温度测量值与计算值的对比

(热室：温度 18.68℃，相对湿度 64%；冷室：温度－12.28℃)

试件 A 的测量值与计算值的比较　　　　　　　　表 2

	测量值	利用现行规范		利用 PTemp	
		计算值	相对误差(%)	计算值	相对误差(%)
热侧表面最低温度(℃)	11.58	14.8	32.6	11.16	3.8
传热系数[W/(m²·K)]	1.12	0.73	53.4	1.06	5.7

试件 B 的测量值与计算值的比较　　　　　　　　表 3

	测量值	利用现行规范		利用 PTemp	
		计算值	相对误差(%)	计算值	相对误差(%)
热侧表面最低温度(℃)	14.26	16.07	17.3	13.7	4.1
传热系数[W/(m²·K)]	0.91	0.63	44.4	0.85	7

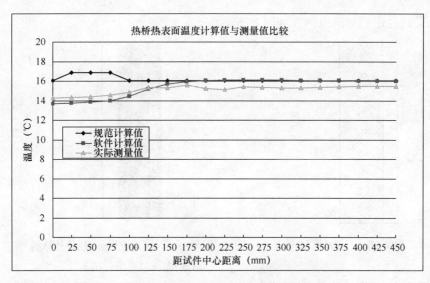

图 5　试件 B 热侧表面温度测量值与计算值的对比

（热室：温度 18.56℃，相对湿度 58%；冷室：温度−11.97℃）

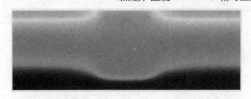

图 6　试件 A 表面温度分布软件模拟结果

图 7　试件 B 表面温度分布软件模拟结果

由图 4、图 5 可见，利用模拟软件计算得到的试件表面温度值与测量值比较接近，表 2 和表 3 表明其相对误差小于 5%；然而，利用我国现行规范规定的计算方法得到的热桥试件表面温度值与测量值相差较大，表 2 和表 3 表明其相对误差甚至达到 32.6%，特别是在热桥中心点的相差最大。由图 4、图 5 可见，在远离热桥处，两种计算方法得到的数值完全一样，而且与测量值基本一致。这说明，在远离热桥处可以按照一维稳态传热方法计算试件表面温度。

根据前文所述，对于热桥，其总传热应包括一维稳态传热部分外加二维线性传热部分。表 2 和表 3 中传热系数对比结果也证明了这一点，利用二维模拟软件计算得到的试件传热系数值与测量值比较接近，相对误差小于 10%。而利用现行规范规定的方法计算得到的传热系数与测量值相差很大，相对误差甚至大于 50%。

4　两种软件模拟计算结果的对比分析

为了研究 PTemp 软件结果的准确性，笔者还与另外一个目前使用非常广泛的有限元计算软件 ANSYS 进行比对。对两个典型的模型算例，在相同边界条件情况下，分析其温度场分布、不同部位的热流强度及相对误差。

模型一：

为一双层材料的外围护结构，由室内到室外依次为 180mm 厚的钢筋混凝土墙体，60mm 厚的聚苯板保温层。室内空气温度设为 20℃，室外气温设为 0℃。在围护结构的内外表面上受到稳定的对流换热。如图 8 所示。

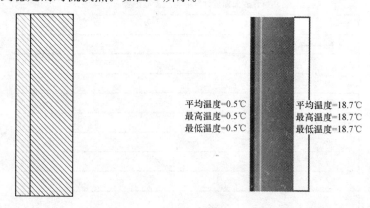

平均温度=0.5℃
最高温度=0.5℃
最低温度=0.5℃

平均温度=18.7℃
最高温度=18.7℃
最低温度=18.7℃

图 8　模型一　　几何模型　　　　图 9　模型一　　利用 PTemp 软件计算的
表面温度分布模拟结果

经过 PTemp 建模后的温度场如图 9 所示。由于此为简单的平壁稳态传热，所以围护结构的最高温度应该出现在内表面，最低温度应该出现在外表面。具体的温度值如图 9 所示。

可见，最高温度为 18.7℃，最低温度为 0.5℃。再来看一下 ANSYS 建立的模型如图10 所示，由于 ANSYS 的温度坐标是由围护结构的最低温度到最高温度，所以我们可以很直观地看出该模型的最低温度为 0.493927℃，最高温度为 18.695℃。对比一下图 9，可见二者相当吻合，误差相当小（这与划分网格的数目有关）。

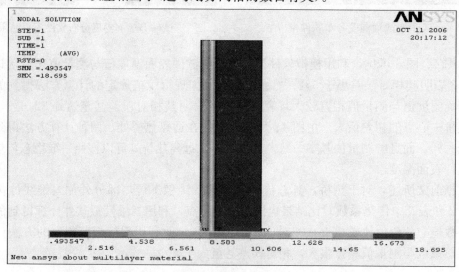

图 10　模型一　　利用 ANSYS 软件计算的表面温度分布模拟结果

经过 PTemp 建模后的模型热流数据如图 11 所示，由于计算次数的设定问题，使得流入热流与流出热流之间有一定的误差。

前面提到了，由于是简单的平壁稳态传热问题分析，所以理论上通过平壁的热流强度因该处处相等，所以可见 ANSYS 分析的热流结果更加接近。具体如图 12 所示。

PTemp 中的流入热流为 11.555W，流出热流为 11.329W。取二者的算术平均值为11.442W。那么它与 ANSYS 的误差为：

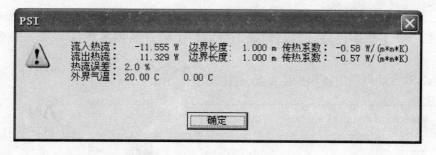

图 11　模型一　　利用 PTemp 软件计算的热流分布模拟结果

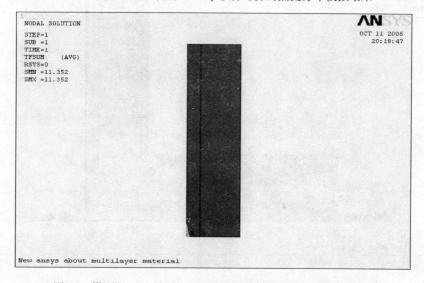

图 12　模型一　　利用 ANSYS 软件计算的热流分布模拟结果

$$\eta = \frac{11.442 - 11.352}{11.442} \times 100\% = 0.8\% \tag{2}$$

可见 PTemp 与 ANSYS 在进行稳态传热计算时，对于热流的计算结果上误差很小，可以控制在 1% 以内。

模型二：外墙-墙角

该模型为一个 240mm 厚的实心砖加 60mm 聚苯板外保温的外墙-墙角，墙角处为一个 240mm×240mm 的钢筋混凝土构造柱。同样室内空气温度设为 20℃，室外气温为 0℃，围护结构受到稳态的对流换热。模型如图 13 所示。

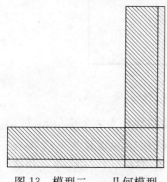

图 13　模型二　　几何模型

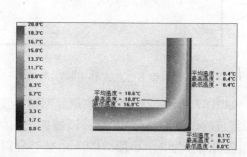

图 14　模型二　　利用 PTemp 软件计算的表面温度分布模拟结果

经过 PTemp 建模后的温度场分布如图 14 所示。由显示的边界温度曲线和值可以看出，通过 PTemp 稳态传热计算后，该围护结构上的最高温度为 18.8℃，最低温度为 0℃。

由 ANSYS 计算后的该模型温度场分布如图 15 所示。

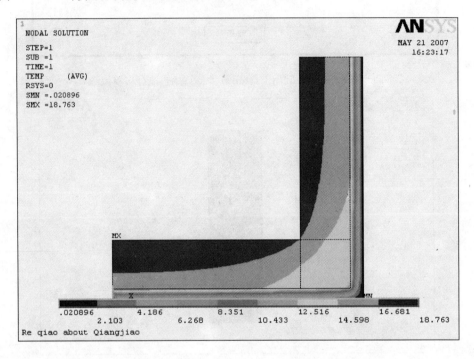

图15　模型二　　利用 ANSYS 软件计算的表面温度分布模拟结果

对比图 14 与图 15 可以能看出，用彩色云图显示的温度场分布几乎相同，同时 ANSYS 计算的最高温度为 18.763℃，最低温度为 0.020896℃，与前面说的 PTemp 计算结果（最高温度为 18.8℃，最低温度为 0℃）之间误差很小，精确度更高。

在热流的输出方面，PTemp 输出第三类边界热流总和如图 16 所示。

图16　模型二　　利用 PTemp 软件计算的热流分布模拟结果

此外，如图 13 所示，为了建立有限元网格，我们将整个模型划分为 8 个小单元（即由 8 个小方形组成的该模型整体），那么该围护结构的外部边界就相应的划分为 6 个小段，内部边界相应得划分为 2 个小段。PTemp 能够分别显示出该小段部分的热流强度及热流。具体如图 17 所示：

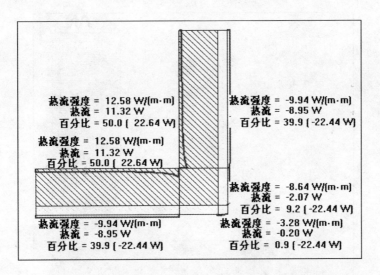

图 17 模型二   利用 PTemp 软件计算的各段热流分布模拟结果

而 ANSYS 软件可以输出热流的整体分布彩色云图如图 18 所示。

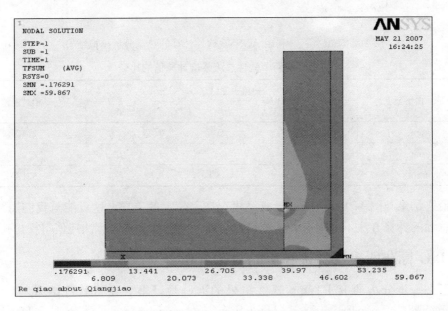

图 18 模型二   利用 ANSYS 软件计算的热流云图模拟结果

由于二维稳态传热的情况下，热流分为 X 和 Y 方向的两个分向量，且越靠近转角处分量越明显，如图 19 所示。

所以 ANSYS 软件的输出结果是对于单个节点而言的，只能得出边界上所有节点的单个热流向量值，无法直接得出第三类边界的热流总和。所以与 PTemp 的输出结果(第三类边界热流总和，见图 17)无法进行直观的对比。

我们可以用 ANSYS 输出边界上各节点的 X、Y 方向热流强度值，然后采用向量的加法原则分别算出各节点 X、Y 方向上的总热流平均值，最后按图 10 所示分别算出各段的热流强度和热流值，具体结果见表 4(仅针对模型中的右侧外表面 3 个小段)。

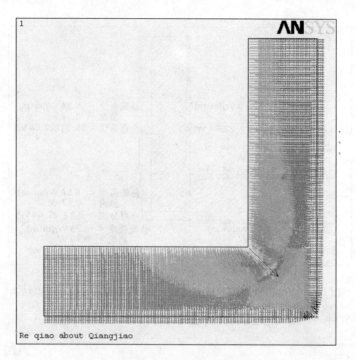

Re qiao about Qiangjiao

图 19 模型二 利用 ANSYS 软件计算的热流分量模拟结果

模型二的两个软件热流强度计算值的比较 表 4

小段长度（由下至上）	热流强度（W/m²）		相对误差
	ANSYS 计算结果	PTemp 计算结果	
60mm	3.20	3.28	2.47%
240mm	8.10	8.64	6.45%
900mm	9.35	9.94	6.12%

但最终结果与图 17 中 PTemp 计算结果存在着较大的差异，这可能与我们用 ANSYS 求热流总和的计算方法不准确有关。总热流强度的向量加法具体算法还值得探讨！

5 与 ISO 标准所提供验证算例的对比分析

为了进一步分析研究 PTemp 软件结果的准确性，笔者还将软件结果与《Thermal bridges in building construction——Heat flows and surface temperatures——Detailed calculations》ISO 10211：2007 标准中附录 A 提供的验证算例进行结果比对。对两个典型的验证模型算例，在相同边界条件情况下，分析其温度场分布及绝对误差。

模型三：

由单一均质材料构成，长短边尺寸比为 2：1，AB 侧为 20℃，BC、CD 侧为 0℃，表面共有 28 个等间距温度点，ISO 标准对各点温度计算结果精度及分布的要求如图 20 所示。

经过 PTemp 模拟后的温度场分布如图 21 所示。

将模拟的各点温度输出，并与 ISO 10211 标准附录 A 中所给各点温度进行对比，可以发现 PTemp 软件计算的各点温度与该标准所提供的 28 个验证点的温度值之间的差异也

A.1.2 Case 1

The heat transfer through half a square column, with known surface temperatures, can be calculated analytically, as shown in Figure A.1. The analytical solution at 28 points of an equidistant grid is given in thesame figure. The difference between the temperatures calculated by the method being validated and the temperatures listed shall not exceed 0.1℃.

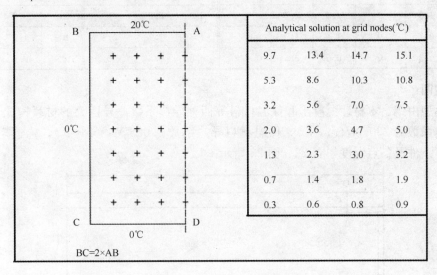

图 20 模型三   温度分布（ISO 10211 标准附录 A 中的 Test Case 1）

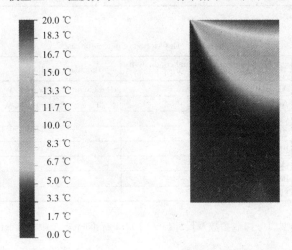

图 21 模型三   利用 PTemp 软件计算的模拟结果（温度分布）

均不超过 0.1℃，满足 ISO 10211 标准的规定（见表 5）。

模型三中 28 个验证点温度值之间的对比验证　　　　　　　　　　　表 5

ISO	PTemp	绝对误差	ISO	PTemp	绝对误差	ISO	PTemp	绝对误差	ISO	PTemp	绝对误差
9.7	9.7	0	13.4	13.4	0	14.7	14.7	0	15.1	15.1	0
5.3	5.2	0.1	8.6	8.6	0	10.3	10.3	0	10.8	10.8	0
3.2	3.2	0	5.6	5.6	0	7.0	7.0	0	7.5	7.4	0.1

ISO	PTemp	绝对误差	ISO	PTemp	绝对误差	ISO	PTemp	绝对误差	ISO	PTemp	绝对误差
2.0	2.0	0	3.6	3.6	0	4.7	4.6	0.1	5.0	5.0	0
1.3	1.3	0	2.3	2.3	0	3.0	3.0	0	3.2	3.2	0
0.7	0.7	0	1.4	1.3	0.1	1.8	1.7	0.1	1.9	1.9	0
0.3	0.3	0	0.6	0.6	0	0.8	0.8	0	0.9	0.9	0

模型四：

该模型由铝、木材、混凝土和保温材料等四种导热系数差异巨大的材料构成。其中，铝的导热系数为 230 W/(m·K)，保温材料导热系数 0.029 W/(m·K)。构造模型的尺寸、边界条件及各点温度如图 22、图 23 所示。

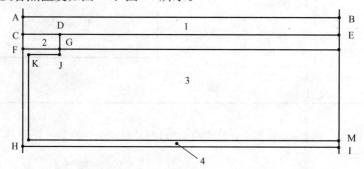

Table A.1—Description of model for case 2

Dimensions mm	Thermal conductivity W/(m·K)	Boundary conditions
AB=500	1:1.15	AB:0℃with R_{se}=0.06m²·K/W
AC=6	2:0.12	HI:20℃with R_{si}=0.11m²·K/W
CD=15	3:0.029	
CF=5	4:230	
EM=40		
GJ=1.5		
IM=1.5		
FG−KJ=1.5		

图 22　模型四　构造参数及尺寸(ISO 10211 标准附录 A 中的 Test Case 2)

Table A.2—Temperature results for case 2

Temperatures℃		
A: 7.1		B: 0.8
C: 7.9	D: 6.3	E: 0.8
F: 16.4	G: 16.3	
H: 16.8		I: 18.3
Total heat flow rate:9.5 W/m		

The difference between the temperatures calculated by the method being validated and the temperatures listed shall not exceed 0.1℃. The difference between the heat flow calculated by the method being validated and the heat flow listed shall not exceed 0.1 W/m.

图 23　ISO 10211 标准给出各点温度分布验证值及温度、热流验证要求

经过 PTemp 模拟后的温度场分布如图 24 所示。

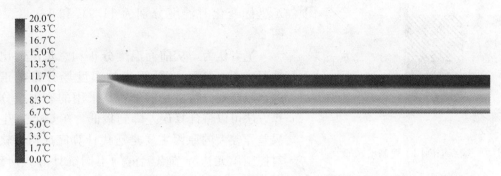

图 24　模型四　利用 PTemp 软件计算的模拟结果（温度分布）

将模拟的各点温度输出，并与 ISO 10211 标准附录 A 中提供的各点温度对比，可以发现（见表 6）：

模型四中 9 个验证点温度值与总热流值的对比验证　　　　　　　　　　　表 6

参数	编　　号	ISO	PTemp	绝对误差
温度（℃）	A	7.1	7.0	0.1
	B	0.8	0.76	0.04
	C	7.9	7.9	0
	D	6.3	6.3	0
	E	0.8	0.8	0
	F	16.4	16.4	0
	G	16.3	12.5	3.8
	H	16.8	16.8	0
	I	18.3	18.3	0
总热流（W/m）		9.5	9.47	0.03

（1）对于标准提出的 9 个验证点中有 6 个点，PTemp 计算温度与 ISO 10211 的验证要求值完全相同，有 2 个点（A、B 点）的温度之间差异不超过 0.1℃；

（2）但对标准提出的验证点 G 点，PTemp 计算温度与 ISO 10211 提供值存在一定差异，温度值之间的绝对误差超过 0.1℃；

（3）对于总热流，PTemp 计算结果与 ISO 10211 的验证要求值相差 0.03W/m，符合标准要求。

针对上述第（2）点，笔者分析了 ISO 标准所给出的模型构造特点，发现 G 点为木材、铝和保温材料等三种材料的边界节点，从数值模拟计算角度说，这是一个计算条件非常不利的点。因为该边界点周围材料的导热系数之间相差巨大（铝和保温材料导热系数之间相差 7900 多倍，铝和木材导热系数之间相差 1900 多倍），同时作为导热系数最大的铝材的（GJ）宽度又很小，仅为 1.5mm，所以 G 点附近的温度梯度变化非常剧烈，即使微小的距离差异也能反映出显著的温度变化。例如，当 PTemp 模型中 G 点周围四个计算控制单

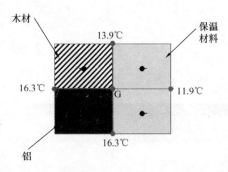

图 25　G 点周围四个控制单元的节点温度

元，Y 坐标变化时温度分别为 13.9℃ 和 16.3℃，X 坐标变化时温度分别为 11.9℃ 和 16.3℃，见图 25。

笔者认为，从前面温度分布和总热流的比对情况来看，PTemp 计算出的温度场分布是正确的，只要划分网格足够细，其采用的有限差分计算方法可以将计算误差降到最低。在 G 点产生结果差异较大的原因主要是迭代计算完成后，软件对控制单元边界节点温度的不同统计方式所致，即如何计算从 G 点周围四个计算控制单元的中心控制点温度生成控制单元边界节点温度。

6　结论

由于热桥的存在，与现行规范规定的一维热桥传热简化计算方法相比，实际通过建筑围护结构的传热耗热量大幅增加，利用一维简化方法计算得到的热桥中心点的内表面温度与实际测试结果相差较大。热桥的简化一维传热计算方法无法准确计算通过建筑围护结构中热桥的表面温度和热流强度，应及时进行修订，以满足建筑节能技术科学发展的需要。本文从三个方面进行对比验证，证明了二维热桥稳态传热模拟软件 PTemp 可以精确地模拟计算热桥稳态传热过程，计算结果正确，精度满足实际工程需要该软件可为相关规范解决热桥稳态传热问题提供技术手段。

参考文献

[1]　刘加平. 建筑物理　第 3 版[M]. 北京：中国建筑工业出版社，2000.

[2]　ISO. ISO 10211-1：1996 Thermal bridges in building construction-heat flows and surface temperatures Part 1 general calculation methods[S]，1996.

[3]　ISO. ISO 10211-2：2001 Thermal bridges in building construction-heat flows and surface temperatures Part 2 linear thermal bridges[S]，2001.

[4]　ISO. ISO 14683：1999 Thermal bridges in building construction-Linear thermal transmittance-simplified methods and default values[S]，1999.

[5]　中华人民共和国建设部. GB 50176 - 93 民用建筑热工设计规范[S]. 北京：中国计划出版社，1996.

[6]　中国建筑科学研究院. JGJ 26 - 95 民用建筑节能设计标准（采暖居住建筑部分）[S]. 北京：中国建筑工业出版社，1996.

[7]　林海燕. 墙体传热的三维模拟分析[C]//中国建筑学会建筑物理分会第八届年会学术论文集，2000：48 - 53.

[8]　刘月莉，林海燕. 建筑围护结构热桥部位的热工性能分析[C]//中国建筑学会建筑物理分会第九届年会学术论文集，2004：197 - 200.

[9]　赵敬源，闫增峰. 建筑外墙热损失计算误差的修正[C]//中国建筑学会建筑物理分会第八届年会学术论文集，2000：40 - 42.

[10]　郎四维. 林海燕等. 公共建筑节能设计标准宣贯辅导教材[M]. 北京：中国建筑工业出版社，2005.

[11]　Zuk W. Thermal behavior of composite bridges-insulated and uninsulated [J]. Highway Research Re-

cord，1965，76（2）：231-253.

[12] Threlkeld J L. Thermal environmental engineering［M］. Englewood cliffs，NJ：Prentice-Hall, Inc，1970.

[13] 刘成昌，曹声欣、王吉林等 . GB/T 13475－92 建筑构件稳态热传递性质的测定标定和防护热箱法［S］. 北京：中国标准出版社，1993.

[14] ISO. ISO 10211：2007 Thermal bridges in building construction-heat flows and surface temperatures ［S］，2007.

专题六 建筑地面传热系数计算方法

中国建筑科学研究院 周 辉 林海燕 董 宏

1 前言

建筑物基础与室外地面连接有两种情况，一是建筑物全部置于室外地面之上，通过从建筑底层地面经过大地向室外地面换热；二是半掩埋式建筑，此时不仅底层地面，包括底层四周墙壁，都通过大地与室外地面换热。建筑物基础与室外地面之间的传热过程不再是一维传热过程，而是三维过程。因此地下的传热问题十分复杂。本文介绍了目前建筑物基础与室外地面传热过程不同的求解方法，以及目前几本标准对该传热问题处理和保温限值要求，提出了《严寒和寒冷地区居住建筑节能设计标准》JGJ26 - 2010 标准附录 C 中建筑物基础与室外地面传热过程数值求解和地面传热系数的计算方法，供标准使用者参考。

2 目前标准中采用的计算方法和限值要求

目前，我国现行的几本节能设计标准中都提出了不同的计算方法，并给出相应的限值要求。

《民用建筑热工设计规范》GB 50176 - 93 中对地面的吸热指数及严寒地区建筑物周边地面的保温作了要求，但并没有给出周边地面保温应达到的水平以及判断地面保温是否达到要求的方法。

《民用建筑节能设计标准(采暖居住建筑)》JGJ 26 - 93 对供暖期室外平均温度低于 $-5℃$ 的地区的建筑周边地面进行了传热系数的限定，即周边 2.0m 范围内地面的传热系数不应超过 $0.3W/(m^2 \cdot K)$。但这个数值是怎样计算得到的在这本标准中并没有提到。在实际计算中，也没有可行的确定传热系数的方法。

在《公共建筑节能设计标准》GB 50189 - 2005 中对公共建筑的地面热阻进行了限值要求，给出了地面热阻的计算方法：地面热阻系指建筑基础持力层以上各层材料的热阻之和。该标准中没有明确给出如何确定基础持力层厚度。另外，当按这种热阻叠加的方法进行计算时没有充分考虑土壤对地面传热的作用，会产生对周边区域加保温层时地面热阻可以达到上述限值要求，而对非周边区域，当不加保温层时计算得到的地面热阻和限值差别很大的现象。

应该说明的是尽管各本标准规定的计算方法不尽统一，但由于标准编制的年代不同，对地面传热问题处理方法和限制要求不完全相同，为此，需要研究关于地面保温措施及其精确的计算方法，这种方法必须考虑到地面的三维传热过程，很重要的是应顾及不同形式和各种保温措施的住宅建筑物热损失可以预估。此外。计算方法还必须考虑到热损失是随室外空气温度变化而改变的，还必须考虑地面温度波幅的衰减及时间延迟的影响。迄今为止，用计算机进行数值模拟是可满足上述要求的一种有效手段。

3 目前的研究方法

建筑物地下区域传热问题主要包括三方面：一是室外空气温度通过土壤对建筑物底层

房间热环境的影响；二是底层房间温度变化导致底层房间与地面之间热流的变化；三是建筑底层房间之间通过地下区域互相之间的影响。在建筑各个部位传热分析时，建筑地面（包括地下室外墙）传热是一类非常特殊的问题。因为与地面进行换热的是土壤，而非室外空气。对于外墙和屋顶这些外围护结构的传热，可认为热流是通过室内空气沿垂直于墙面的方向传递到室外。而对于地面而言，这种处理方式显然是不合理的。

研究建筑地面传热过程的重要依据是地面的热传导微分方程式、热平衡方程式和传热问题定解条件。由于土壤的蓄热作用将导致地下不同深度的地层的温度有很大的差别，目前地下传热问题的研究方法大体上可分为：解析法和离散的数值法两类。其中数值方法又可分为有限差分法和有限元法。

3.1 建筑地面传热的解析解

解析法是直接求解地下区域热平衡方程得到解析解的方法。解析法在定性研究地下传热问题的影响因素时，具有简单、直观等优点，且容易与房间整体热过程耦合计算，但其要求计算区域几何形状规则（须是长方体），材料物性参数均匀，各种扰量变化规律明显（恒定或按正弦波周期变化），并在处理地上墙体厚度及室内外表面的表面传热系数等影响因素时有局限性，同时实际建筑几何形状一般较复杂，各种扰量（如气温、太阳辐射等）均不是周期性变化，因此采用解析法准确地处理实际的地下传热问题有一定的难度。

采用解析法时，地面可以看作是半无限大物体，根据半无限大物体在周期性变化边界条件下温度分布的表达式，可以得到不同深度地层不同时间的温度计算公式：

$$\theta(x,\tau) = A_\mathrm{w}\exp\left(-x\sqrt{\frac{\pi}{aT}}\right)\cos\left(\frac{2\pi}{T} - x\sqrt{\frac{\pi}{aT}}\right) \tag{1}$$

式中：$\theta(x,\tau)$——距地面 x 处的地层在 τ 时刻的过余温度，（℃）；

$\quad\quad A_\mathrm{w}$——地表处温度的最大值与平均值的差，（℃）；

$\quad\quad a$——土壤的热扩散率，（$\mathrm{m^2/s}$）；

$\quad\quad x$——地层距离地表的深度，（m）；

$\quad\quad T$——温度波动的周期，（s）。

从式(1)可以看出，地面下任意平面 x 处的温度随时间变化与表面 $x=0$ 处的温度变化规律相类似，都是周期相同的余弦函数规律，但是由于地面对温度波的阻尼作用，振幅衰减，并且任何深度 x 处温度达到最大值的时间比表面温度达到最大值的时间落后一个相位角 $\frac{1}{2}x\sqrt{\frac{T}{a\pi}}$。

目前地面传热的计算大都采用简化的计算方法。《实用供热空调设计手册》中，采用地带法进行计算，这可以反映在 DOE2 地下传热计算模型中。地下与室外换热量采用的稳态传热公式为：

$$Q = U_\mathrm{eff}(t_\mathrm{g} - t_i)A \tag{2}$$

式中：Q——室内外通过地下区域交换的热量，W；

$\quad\quad U_\mathrm{eff}$——地下围护结构的有效传热系数，$\mathrm{W/(m^2 \cdot K)}$；

$\quad\quad A$——与土层相接触围护的面积，$\mathrm{m^2}$；

$\quad\quad t_\mathrm{g}$——地温，℃；

$\quad\quad t_i$——房间室温，℃。

式(2)中 U_{eff} 并不是地下围护结构的真实传热系数，是为了修正土层的蓄热效果而提出的。有效传热系数的提出只近似保证了最大传热量没有大的偏差。因此在考虑最不利的条件下，地面传热的计算公式仍采用原来的计算方法。折合到单位建筑面积上的通过地面的传热量 $q_{H \cdot d}$ 按式(3)计算。

$$q_{H \cdot d} = \Sigma q_{Hdi}/A_0 = [\Sigma K_{di} F_{di}(t_i - t_e)]/A_0 \tag{3}$$

式中：K_{di}——地面的传热系数，$W/(m^2 \cdot K)$；

$\quad\quad F_{di}$——地面的面积，m^2。

3.2 建筑地面传热的数值解

有限差分法是将空间、时间均离散化，划分成网格，通过数值计算方法来求得各未知数。这种方法较为直观，理论上可处理任意复杂的地下传热问题。下面将介绍数值解的过程和边界条件的处理方式。在此次新标准编制中，地面传热问题采用了有限差分法。

3.2.1 控制方程及其定解条件

通过地面传热的控制方程可以描述成如下形式(图1、图2)：

$$\frac{\partial^2 T}{\partial x^2} + \frac{\partial^2 T}{\partial y^2} + \frac{\partial^2 T}{\partial z^2} = \frac{\rho c}{\lambda} \frac{\partial T}{\partial t} \tag{4}$$

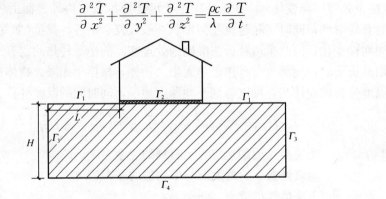

图1　建筑地面基础与土壤的传热边界条件

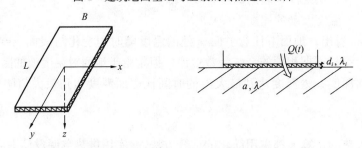

图2　建筑基础与土壤的传热示意图

图1中 Γ_1 表示室外地表面，是第一类定温边界；Γ_2 表示底层房间地板表面，是第一类定温边界；Γ_3 表示绝热侧表面，是第二类定热流边界，取这些表面离建筑物足够远，就可以认为通过它们的热流近似为0；Γ_4 表示一定深度处的恒温层，是第一类等温边界，温度等于全年平均地表温度。H 为恒温层深度，L 为绝热侧表面离开建筑物的距离。

为下面讨论问题方便，先假设几个边界条件为已知：

　　∨ 室外地表温度的年平均值为 T_0，房间内温度为 T_i；

　　∨ 假设土壤是匀质材料构成的，具有恒定导热系数 $\lambda[W/(m \cdot K)]$，恒定比热容

$C(C=\rho c)(\mathrm{J/m^3 \cdot K})$；

　　✓ 地面保温层厚度为 $d_i(\mathrm{m})$，导热系数 $\lambda_i[\mathrm{W/(m \cdot K)}]$；

　　✓ 假设地下深处恒温层 Γ_4 的温度与室外地表温度的年平均值相同，皆为 T_0。与解析法相同，取过余温度 $\overline{T}=T-T_0$，则式(4)的定解边界条件可写作：

$$\overline{T}\,|_{\Gamma_1}=T_{\mathrm{out}}-T_0$$

$$\overline{T}\,|_{\Gamma_2}=T_i-T_0$$

$$\left.\frac{\partial T}{\partial n}\right|_{\Gamma_3}=0$$

$$\overline{T}\,|_{\Gamma_4}=0$$

　　通过地下土壤的三维传热对底层房间的热环境有较大影响，不能将其简单地按照一维传热近似处理。根据相关研究报告可以看出由于不同深度的地层具有不同的温度变化规律，并且影响建筑物地面传热的土壤区域的大小仍然不能确定，因此，在求解上述控制方程之前，首先应确定给传热问题的定解边界条件，并给出简化处理方式。

3.2.2 定解边界条件的简化处理

　　✓ 外部边界条件

　　对于 Γ_1 边界，当室外地面温度 $T_{\mathrm{out}}-T_0$ 为已知边界条件，且全年均值为 0 时，可将其做傅立叶展开，得到不同频率下的谐波分量及相位差，同时计算不同频率的正弦波作用下的地下三维传热过程，从而通过叠加各频率下的响应，得到时域下的解。地表温度主要成分是年周期 8760 小时，日周期 24 小时，半日周期 12 小时，其余各分量远小于这三个主要成分。因此可以认为室外温度变化主要以逐日方式波动，在一个较短短时间内的变化可以忽略不计。室外温度可以描述成周期性正弦函数的形式：

$$T_{\mathrm{out}}=T_0+T_1 \cdot \sin[2\pi(t/t_{\mathrm{p}}-\varphi_1)] \tag{5}$$

　　其中，T_1 为在一年的 t_{p} 时间段内季节温度波动的波幅，相位角 Φ_1 为一年中达到最大室外温度时的相位角。

　　✓ 内部边界条件

　　Γ_2 边界存在如下热流平衡式：

$$\frac{T_i-T}{d_i/\lambda_i}=-\lambda\,\frac{\partial T}{\partial n}$$

　　其中 $d_i/\lambda_i\,(\mathrm{m^2 \cdot K/W})$ 可以认为是房间与土壤之间的热阻。

　　✓ 热流损失

　　热流损失 $Q(t)$：

$$Q(t)=\iint_{\mathrm{S}}-\lambda\,\frac{\partial T}{\partial n}\mathrm{d}S$$

　　其中，S 为地板面积，n 为垂直边界的法线方向。

　　在《严寒和寒冷地区居住建筑节能设计标准》JGJ 26－2010 标准中，地面当量传热系数是按如下方式计算确定的：按地面实际构造建立一个二维的计算模型，然后由一个二维非稳态程序计算若干年，一般计算的时间长度取 12 年，直到地下温度分布呈现出以年为周期的变化，然后统计整个采暖期的地面传热量，然后按下式计算地面当量传热系数 K_{d}：

$$K_d = \frac{q_{Hd}}{F_d(t_n - t_e)}$$

式中：q_{Hd}——折合到单位建筑面积上单位时间内通过地面的传热量（W/m²）；

F_d——地面的面积（m²）。

这里编制组根据北方地区典型地面做法，筛选确定了两类地面构造做法，示意如图3、图4所示，供设计人员选用。

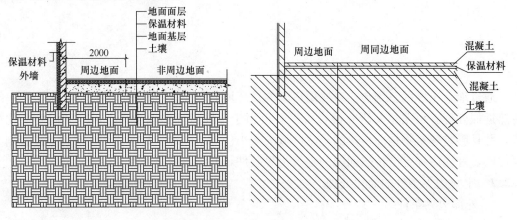

图3　第一类地面构造做法及计算模型图

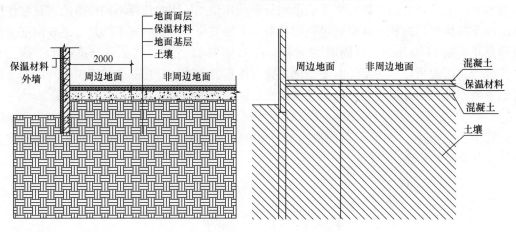

图4　第二类地面构造做法及计算模型图

式中的地面传热系数 K_d 实际上是一个当量传热系数。从热流密度的计算过程可以看出它能够反映气候条件、土壤、地面不同构造做法及室内外高差对传热的影响。无法简单地通过地面的材料层构造计算确定，只能通过非稳态二维或三维传热计算程序确定。为了计算方便，《严寒和寒冷地区居住建筑节能设计标准》JGJ 26-2010 标准编制了附录 C 的表格，见表 1~表 4，使用者可以非常方便地从表格中查到对应地区的地面传热系数的规定值，不必重新计算。

对于楼层数大于 3 层的住宅，地面传热只占整个外围护结构传热的一小部分，计算可以不求那么准确。如果实际的地面构造在附录 C 中没有给出，可以选用附录 C 中某一个相接近构造的当量传热系数。低层建筑地面传热占整个外围护结构传热的比重大一些，应计算准确。

地面构造 **1** 中周边地面当量传热系数(K_d)〔$W/(m^2 \cdot K)$〕　　　　表 1

保温层热阻($m^2 \cdot K$)/W	西安采暖期室外平均温度 2.1℃	北京采暖期室外平均温度 0.1℃	长春采暖期室外平均温度 −6.7℃	哈尔滨采暖期室外平均温度 −8.5℃	海拉尔采暖期室外平均温度 −12.0℃
3.00	0.05	0.06	0.08	0.08	0.08
2.75	0.05	0.07	0.09	0.08	0.09
2.50	0.06	0.07	0.10	0.09	0.11
2.25	0.08	0.07	0.11	0.10	0.11
2.00	0.09	0.08	0.12	0.11	0.12
1.75	0.10	0.09	0.14	0.13	0.14
1.50	0.11	0.11	0.15	0.14	0.15
1.25	0.12	0.12	0.16	0.15	0.17
1.00	0.14	0.14	0.19	0.17	0.20
0.75	0.17	0.17	0.22	0.20	0.22
0.50	0.20	0.20	0.26	0.24	0.26
0.25	0.27	0.26	0.32	0.29	0.31
0.00	0.34	0.38	0.38	0.40	0.41

地面构造 **2** 中周边地面当量传热系数(K_d)〔$W/(m^2 \cdot K)$〕　　　　表 2

保温层热阻($m^2 \cdot K$)/W	西安采暖期室外平均温度 2.1℃	北京采暖期室外平均温度 0.1℃	长春采暖期室外平均温度 −6.7℃	哈尔滨采暖期室外平均温度 −8.5℃	海拉尔采暖期室外平均温度 −12.0℃
3.00	0.05	0.06	0.08	0.08	0.08
2.75	0.05	0.07	0.09	0.08	0.09
2.50	0.06	0.07	0.10	0.09	0.11
2.25	0.08	0.07	0.11	0.10	0.11
2.00	0.08	0.07	0.11	0.11	0.12
1.75	0.09	0.08	0.12	0.11	0.12
1.50	0.10	0.09	0.14	0.13	0.14
1.25	0.11	0.11	0.15	0.14	0.15
1.00	0.12	0.12	0.16	0.15	0.17
0.75	0.14	0.14	0.19	0.17	0.20
0.50	0.17	0.17	0.22	0.20	0.22
0.25	0.24	0.23	0.29	0.25	0.27
0.00	0.31	0.34	0.34	0.36	0.37

地面构造 1 中非周边地面当量传热系数(K_d)［W/($m^2 \cdot$ K)］ 表3

保温层热阻 ($m^2 \cdot$ K)/W	西安 采暖期室外平均温度 2.1℃	北京 采暖期室外平均温度 0.1℃	长春 采暖期室外平均温度 −6.7℃	哈尔滨 采暖期室外平均温度 −8.5℃	海拉尔 采暖期室外平均温度 −12.0℃
3.00	0.02	0.03	0.08	0.06	0.07
2.75	0.02	0.03	0.08	0.06	0.07
2.50	0.03	0.03	0.09	0.06	0.08
2.25	0.03	0.04	0.09	0.07	0.07
2.00	0.03	0.04	0.10	0.07	0.08
1.75	0.03	0.04	0.10	0.07	0.08
1.50	0.03	0.04	0.11	0.07	0.09
1.25	0.04	0.05	0.11	0.08	0.09
1.00	0.04	0.05	0.12	0.08	0.10
0.75	0.04	0.06	0.13	0.09	0.10
0.50	0.05	0.06	0.14	0.09	0.11
0.25	0.06	0.07	0.15	0.10	0.11
0.00	0.08	0.10	0.17	0.19	0.21

地面构造 2 中非周边地面当量传热系数(K_d)［W/($m^2 \cdot$ K)］ 表4

保温层热阻 ($m^2 \cdot$ K)/W	西安 采暖期室外平均温度 2.1℃	北京 采暖期室外平均温度 0.1℃	长春 采暖期室外平均温度 −6.7℃	哈尔滨 采暖期室外平均温度 −8.5℃	海拉尔 采暖期室外平均温度 −12.0℃
3.00	0.02	0.03	0.08	0.06	0.07
2.75	0.02	0.03	0.08	0.06	0.07
2.50	0.03	0.03	0.09	0.06	0.08
2.25	0.03	0.04	0.09	0.07	0.08
2.00	0.03	0.04	0.10	0.07	0.08
1.75	0.03	0.04	0.10	0.07	0.08
1.50	0.03	0.04	0.11	0.07	0.09
1.25	0.04	0.05	0.11	0.08	0.09
1.00	0.04	0.05	0.12	0.08	0.10
0.75	0.04	0.06	0.13	0.09	0.10
0.50	0.05	0.06	0.14	0.09	0.11
0.25	0.06	0.07	0.15	0.10	0.11
0.00	0.08	0.10	0.17	0.19	0.21

参考文献

[1] Vladirnir Bazjanac Ph. D, Joe Huang. DOE2 modeling of two-dimensional heat flow in underground surfaces[R/OL]. California Energy Commission Research Report, 2000.

[2] Fred Winkelmann. Underground surfaces: how to get a better underground surface heat transfer calculation in DOE2. 1e[EB/OL]. Building Energy Simulation User News, 2002, Vol. 22, No. 1: 19-27. http://simulationresearch. lbl. gov/dirun/23n_d_1. pdf.

[3] 杨善勤. 民用建筑节能设计手册[M]. 北京: 中国建筑工业出版社, 1999.

[4] 谢晓娜 宋芳婷等. 建筑环境设计模拟分析软件 DeST 第 11 讲与地面相邻区域动态传热问题的处理 [J]. 暖通空调, 2005, 35: 55-58.

[5] 朱新荣, 刘加平. 关于底层地面传热系数的探讨[J]. 暖通空调, 2008, 38: 105-108.

专题七　夏热冬冷地区外窗保温隔热性能对居住建筑采暖空调能耗和节能的影响分析

福建省建筑科学研究院　赵士怀

本文首先确定了夏热冬冷地区基准性住宅和住宅节能方案，并选取上海、南京、武汉和重庆4个代表性城市作为分析对象，使用美国劳伦斯·伯克力国家实验室开发的DOE-2软件，对基准性住宅和3000多个节能方案进行模拟计算，分析外窗传热系数(K)和遮阳系数(SC)对居住建筑能耗影响。

1　基准住宅和节能方案确定

（1）基准住宅选取是一幢六层楼住宅楼。

（2）基准住宅和节能方案计算参数，见表1。

表1

计算参数	基准住宅	节能方案
屋顶 $K[\mathrm{W}/(\mathrm{m}^2 \cdot \mathrm{K})]$	1.872	1.0
外墙 $K[\mathrm{W}/(\mathrm{m}^2 \cdot \mathrm{K})]$	1.833	1.5, 1.0
外墙面太阳辐射吸收系数 ρ	0.7	0.7
外窗保温隔热性能	$K=6.0, SC=0.9$	$K=6.0,5.5,5.0,4.5,4.0,3.5,3.0,2.5,2.0$ $SC=0.9,0.8,0.7,0.6,0.5,0.4,0.3$
平均窗墙面积比 C_M	0.3009	0.2498,0.3009,0.3535,0.3895,0.4256,0.4718
换气次数 n	1.5	1.0
采暖空调设备能效比 EER	冬季1.0,夏季2.2	冬季1.9,夏季2.3
内热源	照明 0.5875W/m²,其他 251W	照明 0.5875W/m²,其他 251W
室内温度规定值 $tn℃$	冬季18℃,夏季26℃	冬季18℃,夏季26℃

（3）四个城市基准住宅全年能耗值计算结果

从表2可看出，四个城市住宅夏季空调能耗均占全年采暖空调总能耗20%或以上；而夏季空调能耗中，外窗太阳辐射传热要占相当大的比例，因此夏热冬冷地区居住建筑节能中，外窗隔热性能是不可忽视的重要因素。

表2

城　　市	上　海	南　京	武　汉	重　庆
年采暖空调总能耗 $P_\text{总}$ (kWh/m²)	146.67	164.27	157.60	116.67
年采暖能耗 $P_\text{暖}$　(kWh/m²)	116.98	131.88	117.60	79.38
年空调能耗 $P_\text{空}$　(kWh/m²)	29.69	32.40	40.00	37.29
空调能耗占总能耗比例　%	20.24	19.72	25.38	31.96

150

2 外窗保温隔热性能(*K*、*SC*)对住宅能耗的影响

通过3000多个节能方案的模拟计算，选取代表性数据，绘制了外窗 *K* 值分别为3.0、4.5、6.0时的 *P-SC* 曲线图(图1)。图中，"$P_总$"为全年采暖与空调总能耗，"$P_空$"为夏季

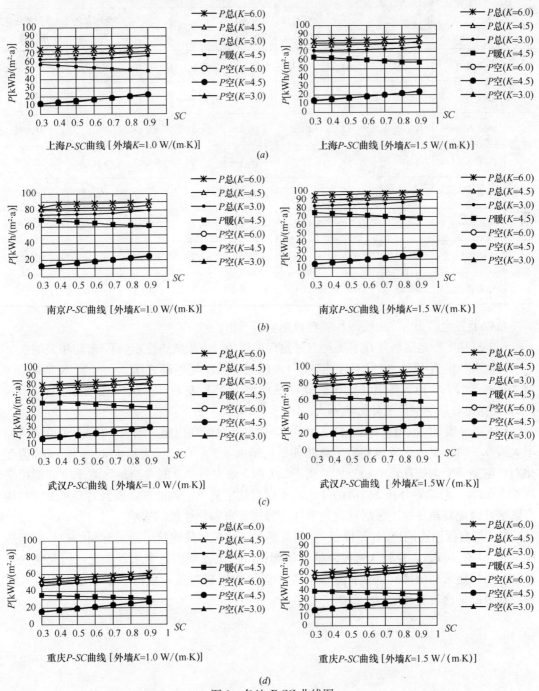

图1　各地 *P-SC* 曲线图

(*a*)上海；(*b*)南京；(*c*)武汉；(*d*)重庆

空调能耗，"$P_{暖}$"为冬季采暖能耗，建筑平均窗墙面积比 $C_M=0.3$。

表 3 列出了外窗 K、SC 值变化对建筑总能耗和采暖、空调能耗影响数据。

不同城市外窗 K、SC 值变化时建筑采暖空调能耗的比较　　　　表 3

年总能耗　外窗参数　地区		$SC=0.6$				$K=4.5$			
		$K=3.0$	$K=6.0$	全年总能耗增减	采暖能耗增减	$SC=0.3$	$SC=0.9$	全年总能耗增减	空调能耗增减
上海	外墙 $K=1.0$	64.38	75.42	+17.1%	+22.7%	69.69	72.40	+3.9%	+87.8%
	外墙 $K=1.5$	72.40	83.33	+15.1%	+19.8%	77.40	80.10	+3.5%	+74.7%
南京	外墙 $K=1.0$	75.63	88.12	+16.5%	+21.4%	81.15	85.63	+5.5%	+91.9%
	外墙 $K=1.5$	85.00	97.19	+12.5%	+18.4%	89.90	94.17	+4.7%	+75.8%
武汉	外墙 $K=1.0$	72.40	83.02	14.7%	+20.7%	75.00	81.67	+8.9%	+82.0%
	外墙 $K=1.5$	80.83	91.56	+13.3%	+18.4%	83.13	90.21	+8.5%	+69.2%
重庆	外墙 $K=1.0$	50.73	57.40	+13.1%	+20.5%	50.73	58.44	+15.1%	+75.6%
	外墙 $K=1.5$	56.77	63.54	+11.9%	+18.5%	56.77	64.69	+14.0%	+65.1%

从以上各地的 $P\text{-}SC$ 曲线图和能耗数据表可看出：

（1）夏热冬冷地区居住建筑能耗与外窗保温性能（K）和隔热性能（SC）密切相关的。

（2）当外窗 K 值增大（保温性能减弱），住宅年总能耗也随之增大；外窗 K 值从 3.0 增大到 6.0 时，全地区各地住宅年总能耗平均增大 15% 左右，采暖能耗增加 20% 左右，但 K 值变化对夏季空调能耗影响不大。

（3）当外窗 SC 值增大（隔热性能减弱），住宅年总能耗也随之增大；外窗 SC 值从 0.3 增大到 0.9 时，全地区各地住宅年总能耗平均增大 8% 左右，重庆增大 14.5%；SC 值变化对住宅夏季空调能耗影响相当大，当 SC 从 0.3 增大到 0.9 时，全地区夏季空调能耗平均增大 78%。总之，外窗 SC 值的变化，不仅对住宅夏季空调能耗，而且对全年总能耗均有影响，因此夏热冬冷地区居住建筑节能应考虑外窗隔热性能的影响。

（4）外窗保温性能提高（K 降低），对夏热冬冷地区居住建筑节能是有利的；外窗隔热性能提高（SC 降低），能较大幅度降低空调能耗，但也会增加冬季采暖能耗，因此夏热冬冷地区居住建筑采用活动外遮阳措施，夏季阻隔太阳辐射进入室内，冬季使太阳进入室内，对节能是比较有利的。

专题八　墙体保温技术的应用

中国建筑科学研究院　林海燕　董　宏　周　辉

为了达到建筑节能的目的，目前主要有以下四条技术路线：降低建筑的采暖、空调、照明负荷；提高采暖、空调、照明系统的效率（包括系统的合理配置）；科学的运行管理（包括技术和人员行为两方面）；采用可再生能源。

提高建筑围护结构的保温隔热性能是降低建筑采暖、空调负荷的重要途径。一般而言，外墙在外围护结构中所占面积最大，因此做好外墙体的保温对降低采暖负荷最为重要。按照现行的建筑节能设计标准的要求，居住建筑的墙体和屋面都要具有比较高的热阻（或者说比较低的传热系数）。例如：夏热冬暖地区要求外墙的传热系数在 $2.0\sim1.5W/(m\cdot℃)$ 左右，大致相当于 $240\sim370mm$ 厚度的实心黏土砖墙的传热系数。夏热冬冷地区要求外墙的传热系数在 $1.5\sim1.0W/(m\cdot℃)$ 左右。寒冷地区和严寒地区要求还要高得多，例如：哈尔滨住宅墙体的保温性能要求大致相当于 $1.5m$ 厚度的实心黏土砖墙的保温性能。随着建筑节能要求的提高，墙体的保温性能还可能进一步提高，显然仅仅依靠传统的墙材来满足建筑节能的要求是不太可能的（表1）。

节能标准对墙体热阻的要求　　　　　　　　　　　　　　表1

气候区	传热系数 [W/(m² · K)]	材料层热阻 (m² · K/W)	折合实心砖厚 (mm)	折合聚苯板厚 (mm)
严寒地区	0.4～0.6	2.34～1.51	1900～1200	94～60
寒冷地区	0.6～1.0	1.51～0.84	1200～650	60～34
夏热冬冷地区	1.0～1.5	0.84～0.51	650～370	34～20
夏热冬暖地区	1.5～2.0	0.51～0.34	370～240	20～14

用新型墙体材料取代黏土烧结砖是我国既定的墙改政策，落实这项政策的同时，必须同时考虑建筑节能的要求。我国的墙材大多要考虑承重的需要，要开发出既能满足承重要求，又能同时满足节能要求的新型墙材，是非常困难的。尤其在北方地区，由于对墙体保温性能的要求非常高，开发同时能满足承重和保温两种性能要求的墙体材料，几乎是不可能的。因此，必须考虑走复合墙体的道路，将墙体的承重层和保温层功能明确区分开来。国际上，建筑节能做得比较好的国家都是走的这条技术路线。我们国家目前也是走的这条技术路线。

常见的高效保温材料与传统的黏土红砖相比，保温性能是极其优越的。玻璃棉、岩棉、聚苯乙烯泡沫塑料板等保温材料的保温性能均相当于同厚度黏土红砖的 20 倍左右。因此走复合墙体之路，墙体的承重材料根本就不再需要考虑导热系数大小的问题，需要解决的是两层材料如何复合的问题，以及保温材料外表面保护层的耐候性问题。

1　墙体的外保温技术

统而言之，将高效保温材料置于墙体的外侧就是墙体的外保温技术。外保温技术也分很多种，国内目前应用得比较多的外保温主要有以下几种：一种是在施工完的墙面上粘贴聚苯乙烯泡沫塑料板，然后再做保护和装饰面层；另一种是将聚苯乙烯泡沫塑料板支在模板中，浇筑完混凝土拆模后再做保护和装饰面层；还有一种是将聚苯乙烯泡沫塑料颗粒混在特殊的砂浆中，抹在外墙面上。从充分发挥保温材料的保温性能的角度来评价，外保温这种方式最好。主要优点是它能切断墙体的结构性热桥，提高结构层的温度，不发生结露。

外保温技术也有缺点，主要是施工比较复杂，造价偏高。以目前国内最常见的墙面上粘贴聚苯乙烯泡沫塑料板保温墙体而言，人们最担心的有两个问题：一是其寿命究竟有多长；二是表面能否粘贴面砖。

德国就聚苯乙烯泡沫塑料板外墙外保温工程的实际情况曾作过很深入的调查研究，40年前的工程状态仍旧完好。我国最早做外墙外保温工程也有将近20年的历史了，目前也仍旧在正常使用中。如果能更加强市场监管，不让伪劣产品和技术进入市场，这类墙体保温工程的寿命应该不是主要问题。

有一种观点提出，我国的住房都私有化了，外墙保温不能与建筑同寿命，维修和更换的问题如何解决。诚然，如果能找到与建筑同寿命的墙体保温材料和技术当然最好，在目前的技术发展还达不到这一要求时，只能先解决主要矛盾。事实上，建筑在使用过程中需要维修的公共系统也不止墙体保温，屋顶、电梯等公共系统也都面临同样的问题。只要规定好制度，由谁出钱维修不应该成为障碍。

至于外表面贴面砖的问题，则应该依靠加强技术研发来解决。安全是第一位的，能贴则贴，不能贴则坚决不贴。

2 墙体的内保温技术

墙体内保温简单而言就是将高效保温材料置于外墙的内侧。与外保温相比，内保温墙体有个明显的好处就是施工简单，保温材料的寿命也不用太担心，墙体外面是否能贴面砖也同保温没有关系。但是，内保温也有非常明显的缺点：一是保温层不能连续，楼板、天花板与外墙的连接处，内隔墙与外墙的连接处都形成热桥，大大降低整面墙的保温性能；二是冬季室内的水蒸气比较容易渗透过保温材料层，在保温材料与外墙的交界面结露结霜；三是室内的防火安全问题。事实上，在北欧、西欧以及我国北方刚开始提倡建筑节能的时候，墙体的保温也是从内保温着手的，后来发现上述问题不易解决，才转向了发展外保温技术。

内保温技术固有的三大问题，也并不是一定不能解决。日本的北海道地区冬季气候严寒，但该地区的不少住宅建筑就采用了外墙内保温技术。为削弱外墙内保温不可避免的热桥效应，日本的规范规定了在外墙与楼板、顶棚的连接处，外墙与内隔墙的连接处，外墙内表面的保温层必须弯折90°，沿楼板、顶棚、隔墙向内延伸一定的长度(图1)。

中国建筑科学研究院建筑物理所也为一

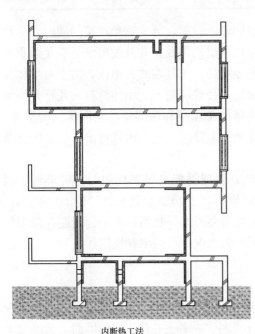

内断热工法

图1 日本标准规范中内保温做法示意图

个工程作类似的外墙内保温技术咨询。经过对整栋建筑所有的节点做二维温度场的模拟分析，得到以下几点结论：(1)墙面整体的保温效果仍然比不上同材料同厚度的外保温，但能够满足节能设计标准的要求；(2)在正常的室内温湿度条件下，各节点不会发生结露；(3)保温层的室内一侧需要设置隔汽层；(4)造价低于外保温。

3　墙体的夹心保温技术

夹心保温墙体就是将高效保温材料放置在内外两片由砌块所砌筑的墙体中间。夹心保温墙体的优点主要是：(1)保温材料得到较好的保护；(2)建筑物的外表仍旧保留砌块建筑特有的风格。夹心保温墙体的缺点主要在于：内外两片墙必须用钢筋网片或金属拉接件连接，同时在墙体与每一层梁或楼板的搭接部位都会形成热桥，这在寒冷和严寒地区很容易造成内表面结露(图2)。

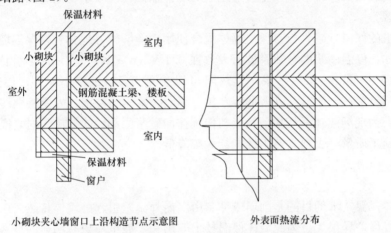

图 2a　夹心保温墙体节点构造示意图及边界热流分布图

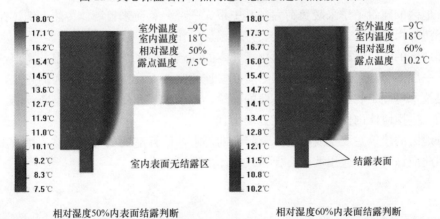

图 2b　夹心保温墙体热桥部位温度分布计算图

但是，由于砌体结构在我国长期以来都是一种非常重要的建筑结构形式。在国家限制使用黏土砖后，各种类型的替代产品层出不穷，混凝土小砌块就是其中最主要的一种。可以预见，砌体结构建筑在未来相当长的一段时间内，仍将保持一定的数量，这在中小城市表现的尤为明显。

目前来看，混凝土小砌块夹心保温墙体比较适合在北方偏南地区和中部偏北地区使用。在保证结构安全的前提下，构造节点的处理非常重要。妥善解决内外两片墙体的拉结问题，以及外墙与楼板连接处的保温构造问题，将是夹心保温技术能否得到广泛应用的关键。

4 墙体的自保温技术

开发和应用既能满足承重又能满足保温要求的墙体材料是人们追求的目标。加气混凝土、多孔页岩砖、多孔淤泥砖、镶嵌了高效保温材料的混凝土小砌块等等，都是这一类的墙体材料。墙体自保温技术构造简单、施工速度快、可靠性高、耐久性好，避免了复合墙体面临的主要技术问题。但是，一般而言，这类材料保温性能不是很好，与常用的高效保温材料相比仍有较大差距，所以主要适用于对墙体保温性能要求不高、热桥影响较小的南方和中部地区。

开发无机的保温砂浆，与自保温墙体配合使用，能够较好地弥补自保温墙体保温性能的不足。例如：保温砂浆的导热系数值大致在 $0.1W/(m \cdot K)$ 左右，200 厚混凝土空心砌块墙体内外各抹 30mm 保温砂浆，总热阻可以达到 $0.77(m^2 \cdot K)/W$，传热系数接近 $1.0W/(m^2 \cdot K)$ 左右，基本可以满足南方和中部地区墙体的要求。需要特别注意的是：由于保温砂浆多为现场搅拌，其物理性能与传统抹面砂浆区别较大。施工时，需要严格控制砂浆质量和施工质量，否则其热工性能会大幅降低。

5 结论

应用墙体保温技术的目的是削弱或抑制由室内外温差引起的墙体传热。由于我国幅员辽阔，各地气候差异很大，因此墙体保温技术应用和发展也应该有明显的地区区别。墙体保温技术的应用和发展大致可按北方、中部和南方三个地区来考虑。

北方地区的建筑冬季采暖负荷大，其中很大一部分负荷来自墙体传热，墙体保温技术应该以坚持外保温为主，最大限度地发挥保温层的作用。

中部地区的建筑冬季采暖负荷远小于北方的建筑，但夏季有空调降温的需求，情况更加复杂。一般而言，对那些冬季连续采暖夏季连续空调而且室内负荷不大的建筑，应用墙体外保温技术可能是利大于弊。对一般的建筑，冬季采暖和夏季空调都是断续的、部分室内空间的，应用墙体内保温技术可能更加适宜。

南方地区的建筑主要是夏季有空调降温的需求，而且空调负荷中墙体传热所占比例也不大，因此应该发展和应用墙体自保温或墙体内保温技术。

专题九 线传热系数法在工程中的应用

中国建筑科学研究院 林海燕 董 宏 周 辉

[摘要] 新修订的《严寒和寒冷地区居住建筑节能设计标准》JGJ 26-2010 在热桥对墙体平均传热系数影响上引入了线传热系数的概念，对墙体平均传热系数的计算采用了基于节点线传热系数的方法。该方法经过引入吸收，现已应用于实际工程设计中。文章简要介绍了用线传热系数计算墙体平均传热系数的方法及其特点，并对采用该方法进行设计的北京地区某外墙内保温住宅工程做了简要介绍。

0 引言

　　热桥的存在，增加了通过围护结构的传热量。而准确计算通过热桥部位的传热量，是定量评价建筑能耗水平的基础。新修订的《严寒和寒冷地区居住建筑节能设计标准》中，在计算热桥对墙体平均传热系数的影响时引入了线传热系数的概念，对墙体平均传热系数的计算采用了基于节点线传热系数的方法，这为定量计算热桥部位的传热提供了科学合理的解决方法。

　　围绕线传热系数法的研究工作已经持续了多年，从最初的实验研究，到计算程序开发、计算方法的确定，再到应用方案的完善，现在又在实际工程应用中对这种计算方法进行了实践。

1 线传热系数法

1.1 简介

　　在建筑中，常见的热桥部位大多都是呈线性的。例如：砌体结构中的构造柱、圈梁，窗洞口边缘、檐口等。从建筑整体看，这些热桥部位通常表现为：在一个方向上的尺度比另外两个方向大得多，我们往往可以用其在某个平面内的断面图和它的长度来描述这些部位。因此，可以近似将这种类型的热桥看成是线性的。这样我们就可以通过对热桥节点典型断面的传热分析，进而基本掌握整个热桥的热工状况。

　　线传热系数（Ψ）是用来表征建筑构造节点断面传热状况的参数，它反映了当围护结构两侧空气温差为1℃时，通过单位长度热桥部位的附加传热量。Ψ 的计算见《严寒和寒冷地区居住建筑节能设计标准》JGJ 26-2010 附录式（B.0.4），从计算公式中可知，Ψ 反映了与主体结构相比，由于热桥的存在而额外增加的传热量。通过 Ψ 值的大小，我们可以直观地了解某种热桥对主体传热系数的影响程度。线传热系数法就是基于二维传热分析得到的节点线传热系数，来计算结构平均传热系数的方法。

　　按照文献 [1] 的规定，墙体的平均传热系数（K_m）由主体部位传热系数和由于热桥增加的传热而附加的传热系数两部分组成。其中，因热桥影响而附加的传热系数由热桥在单位面积中的长度及其线传热系数值决定。

1.2 特点

　　从线传热系数和平均传热系数的计算公式看，计算结果与节点的构造做法、节点的长度，以及主体和热桥部位传热系数的相对大小密切相关。因此，严格来说：只要节点的构造形式，或采用的材料、尺寸不同，Ψ 值就不同；只要建筑中节点的构造、数量不同，

K_m 值就不同。这样一来，线传热系数法的应用看来是相当的复杂。不过对于大量的一般性住宅工程而言，所用材料只是有限的几种，节点构造也有相对统一的做法，当建筑的体形、窗墙比等受到标准的严格限制时，计算出的 K_m 值分布在一定范围内。这样就为简化线传热系数法的计算创造了条件。

截止 2009 年底，由于新的节能标准尚未正式颁布实施，线传热系数法还没有在实际工程中应用。但是，工程中面临的一些实际问题需要用更为科学合理的方法来解决。下面介绍的就是应用线传热系数法解决实际工程问题的案例。

2 工程应用

2.1 项目背景

工程项目是一个位于北京市的住宅小区，整个项目规划用地面积 22147.6m²，建筑类型为住宅及配套公共建筑设施，总建筑面积 77848.37m²。其中多层住宅 9 栋，计 486 户，建筑面积 44014.25m²，建筑的承重墙体采用 190mm 厚混凝土空心砌块。项目开发商考虑到现有外保温技术的缺点以及出于住宅体系创新的需求，希望在项目外墙保温中采用内保温做法。

由于内保温体系在节点构造的处理上不易消除热桥的影响，在北京地区的冬季往往产生严重的结露现象，因此该体系在当地的使用受到严格的限制。北京市地方标准（文献 [2]）对采用内保温体系的居住建筑要求外墙平均传热系数小于 0.3W/（m²·K），这一

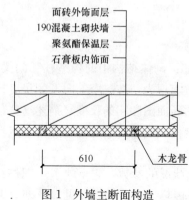

图 1 外墙主断面构造

数值是外保温体系墙体平均传热系数限值的一半。据此计算：若保温层材料采用发泡聚氨酯时 [λ = 0.028W/（m·K）]，保温层厚度需要 85mm。这样的厚度将对建筑内部空间、室内装修及工程造价等都带来不利影响。而且，如果建筑的规定性指标不满足规范要求时，保温层厚度还将进一步加大。即便如此，冬季热桥部位内表面仍然面临结露的风险。

为此，开发商希望通过合理的节点构造设计，降低热桥的不利影响，最终达到减小保温材料厚度、消除结露风险，并符合地方节能标准要求的目标（图 1）。

2.2 问题的解决

按照地方标准的规定，当减小保温层厚度导致墙体平均传热系数不能满足标准要求时，需要通过权衡判断的方法进行计算，使设计建筑的耗热量指标低于北京市居住建筑节能设计标准中规定的建筑耗热量指标限制。

建筑耗热量指标计算时，通过外墙面的传热量由 $\varepsilon_{墙} K_{m墙} F_{墙}$ 计算得到。其中，ε 主要是用来修正太阳辐射和夜间天空辐射对外墙传热的影响；对于一栋确定的建筑 F 是定值；影响外墙传热量的只有外墙的平均传热系数 K_m。因此，当建筑其他各项规定性指标都符合标准限值要求时，只要保证了内保温外墙的平均传热系数满足了标准中对外保温外墙平均传热系数的要求，也就可以保证设计建筑达到节能要求。这样，问题就转化为计算内保温墙体的平均传热系数，并使之达到标准的限值要求。因此，我们选择采用线传热系数法来进行计算分析。

首先，按照建筑设计图纸建立了墙体部位所有节点的计算模型，逐一进行了 Ψ 值计算和内表面结露验算，再分别计算了 9 栋不同建筑外墙的 K_m 值。对于内表面结露验算或 K_m 值不满足标准要求的楼栋提出修改方案，并与建筑专业协商调整后，重新修改模型、调整计算，最终为每栋建筑确定了满足项目目标要求的最小保温层厚度（图 2）。

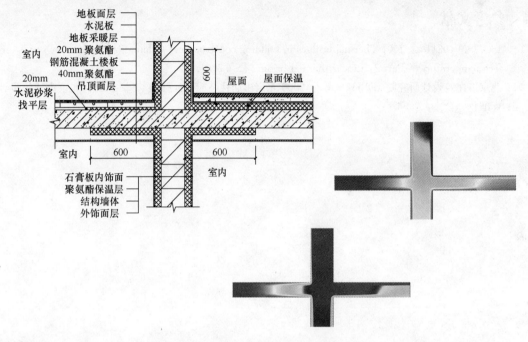

图 2　屋面退台处节点温度分布及结露验算

2.3　计算结果

最终的计算结果见表 1：在满足节能标准的前提下，整个项目 9 栋住宅，需要的最小保温层厚度在 48～54mm 之间，远远小于直接套用节能标准所需要的 85mm，计算出所需要的保温层厚度比标准要求减少了大约 36.5%～43.5%，而且消除了墙体内表面结露的风险，项目预期目标基本实现。该项目已经于 2009 年初通过北京市地方建设主管部门的节能设计审查，进入建筑施工阶段。

保温层厚度计算结果　　　　　　　　　　　　　　　　　　　　　　　　表 1

楼　　号	1	2	3	4	5	6	7	9
标准要求的保温层厚度（mm）	85							
计算出的保温层厚度最小值（mm）	54	54	54	54	52	51	51	48
保温层厚度减小值（mm）	31	31	31	31	33	34	34	37
保温层厚度减小的百分比（%）	36.5	36.5	36.5	36.5	38.8	40.0	40.0	43.5

3　结论

线传热系数法在上述工程的应用是对该方法进行的一次实践。在项目中使用该方法，较好地解决了项目面临的实际问题，通过计算分析对设计进行指导，使完成的设计更为科学合理，为建筑设计工作提供了强有力的技术支撑。实践表明，按照新版设计标准规定的线传热系数法并结合配套的计算软件，计算围护结构平均传热系数概念清楚、操作性强，并能够方便地进行内表面结露验算，指导围护结构节点部位的构造设计，该方法能够满足实际工程的需要。

4 参考文献

［1］ ISO. ISO 10211-2：2001 Thermal bridges in building construction- -Calculation of heat flows and surface temperatures- -Part 2：Linear thermal bridges ［S］. 2001.

［2］ 北京市建筑设计研究院. DBJ11－602－2006 北京市居住节能设计标准 ［S］. 北京：北京市建筑设计标准化办公室，2006.

专题十 多彩石饰面 EPS 薄抹灰外墙外保温系统的性能特点和应用价值

乐意涂料(上海)有限公司 邓 威

摘要

资源能源节约和生态环境保护已成为我国的基本国策，拥有世界上最大建筑市场的中国建筑节能更是其中不可或缺的重要环节，这直接导致了这些年来我国建筑节能各项技术的迅猛发展。外墙外保温及其相关饰面产品的材料和技术，作为建筑节能和装饰的重要组成部分，也得到了突飞猛进的发展：从缺乏基础研究资料和数据、直接引进国外技术，到积累大量信息、结合我国国情进行了大量研发和应用工作。乐意涂料(上海)有限公司的多彩石饰面 EPS 薄抹灰外墙外保温系统(以下简称该系统)，以其成熟稳定的保温性能和几可乱真的装饰效果，得到了众多开发商和建筑设计师的认同，使节能装饰一体化的产品水准再上台阶。下面就对该系统的研发思路、系统构造、性能指标、系统特点、应用价值以及工程案例，做简要的介绍和说明。

1 研发思路

众所周知，EPS 薄抹灰外墙外保温系统(以下简称 EPS 系统)是目前市场上应用最广、性能最稳定、最成熟的外墙外保温系统，在欧美国家已应用超过四十年时间，在我国也应用超过十年时间，也是国内最早制订相关行业标准(《膨胀聚苯板薄抹灰外墙外保温系统》JG 149－2003、《外墙外保温工程技术规程》JGJ 144－2004)的系统；天然石材是目前建筑外立面装饰最高档的材料之一，也是开发商和建筑设计师为提升建筑品味最常用的装饰材料；但是这两者相结合时，却产生了诸多实际问题，如负荷载、冷热桥、节点处理以及成本高昂等问题，同时天然石材作为一种自然资源也是不可再生的。一种模仿天然石材达到酷似程度、并且与 EPS 系统相容的新型涂料产品—乐意多彩石(Dove Multicolor Stone，以下简称多彩石)就在这种背景下诞生了，而且非常自然地与 EPS 系统相融合，这就是该系统的研发思路。

2 系统构造(表1)

多彩石饰面 EPS 薄抹灰外墙外保温系统的基本构造   表1

基层墙体①	系统的基本构造				构造示意图
	粘接层②	保温层③	薄抹灰增强防护层④	饰面层⑤	
混凝土墙体各种砌体墙体	胶粘剂(锚栓)	膨胀聚苯板EPS	抹面胶浆复合耐碱网布	多彩石	⑤④③② ①

备注：1. 当工程设计有要求时，可使用锚栓辅助加固。

2. 多彩石饰面层的组成为：①专用腻子；②勾缝涂料；③造型中涂；④多彩石主涂层；⑤水性 PU 罩面。

3 性能指标(表2~表7)

EPS薄抹灰外墙外保温系统的性能指标(JG 149-2003) 表 2

试 验 项 目		性 能 指 标
吸水量(g/m²),浸水24h		≤500
抗冲击强度(J)	普通型(P型)	≥3.0
	加强型(Q型)	≥10.0
抗风压值 kPa		不小于工程项目的风荷载设计值
耐冻融		表面无裂纹、空鼓、起泡、剥离现象
水蒸气湿流密度 g(m²·h)		≥0.85
不透水性		试样防护层内侧无水渗透
耐候性		表面无裂纹、粉化、剥离现象

胶粘剂的性能指标(JG 149-2003) 表 3

试 验 项 目		性 能 指 标
拉伸粘接强度(MPa) (与水泥砂浆)	原强度	≥0.60
	耐水	≥0.40
拉伸粘接强度(MPa) (与膨胀聚苯板)	原强度	≥0.10,破坏界面在膨胀聚苯板上
	耐水	≥0.10,破坏界面在膨胀聚苯板上
可操作时间(h)		1.5~4.0

EPS板主要性能指标(JG 149-2003) 表 4

试 验 项 目	性能指标	试 验 项 目	性能指标
导热系数[W/(m·K)]	≤0.041	垂直于板面方向的抗拉强度(MPa)	≥0.10
表观密度(kg/m³)	18.0~22.0	尺寸稳定性(%)	≤0.30

抹面胶浆的性能指标(JG 149-2003) 表 5

试 验 项 目		性 能 指 标
拉伸粘接强度(MPa) (与膨胀聚苯板)	原强度	≥0.10,破坏界面在膨胀聚苯板上
	耐水	≥0.10,破坏界面在膨胀聚苯板上
	耐冻融	≥0.10,破坏界面在膨胀聚苯板上
柔韧性	抗压强度/抗折强度(水泥基)	≤3.0
	开裂应变(非水泥基)(%)	≥1.5
可操作时间(h)		1.5~4.0

耐碱网布主要性能指标(JG 149-2003) 表 6

试 验 项 目	性能指标	试 验 项 目	性能指标
单位面积质量(g/m²)	≥130	耐碱断裂强力保留率(经、纬向)(%)	≥50
耐碱断裂强力(经、纬向)(N/50mm)	≥750	断裂应变(经、纬向)(%)	≤5.0

饰面层材料的主要性能指标(乐意多彩石报告编号 W200810241)　　　　表 7

检测项目名称	单位	技术要求(Q/TOIA 14 - 2006)	检验结果
耐水性(96h)	—	无异常	符合
耐碱性(48h)	—	无异常	符合
耐人工气候老化性(600h)	—	不起泡、不剥落、无裂纹	符合(2000h)
粉化	级	≤0	0(2000h)
变色	级	≤0	0(2000h)
耐沾污性	级	≤3	1
耐冲击性	—	涂层无裂纹、剥落及明显变形	符合
粘结强度		—	
标准状态	MPa	≥0.70	0.81
浸水后		≥0.50	0.64

4　系统特点

（1）该系统实际上就是涂料饰面的 EPS 系统，它不仅保温性能稳定、安全性高，而且有成熟的产品标准、技术规程和施工图集（如《膨胀聚苯板薄抹灰外墙保温系统》JG 149 -2003、《外墙外保温工程技术规程》JGJ 144 - 2004、《外墙外保温建筑构造(二)(专威特外墙外保温与装饰系统)》99J121 - 2、《外墙外保温建筑构造(一)》02J121 - 1），施工技术和节点处理有章可循。

（2）该系统可以避免湿贴石材可能产生的安全隐患，也较好地解决了干挂石材时无法回避的冷热桥问题和保温节点处理困难的问题。

（3）单就外墙外保温系统来而言，该系统无需其他辅助加固措施（相对于贴面砖、石材等饰面材料而言），施工工艺最简单，质量隐患也将最少，所以保温系统的造价相对较低。

（4）多彩石的核心技术是水包水分散技术，采用特殊的分散剂和生产工艺将不同颜色的水性液体颜料球，均匀、独立地分散在水性分散介质中，各种液体颜料球不混合、不沉淀。这种全水性的产品与 EPS 系统相容性非常好，相对于市场上水包油（颜料是溶剂型）的同类型产品而言，其优点是显而易见的。

（5）多彩石的施工工艺较简单，但装饰效果却非常突出。提供装饰效果的多彩石主涂层中不同颜色的水性液体颜料球，是一次性用喷枪喷出来的，容易施工；同时又由于五六种颜色相互渗透，与天然石材的色彩和纹理酷似，三五米之外很难分辨，这是传统真石漆的装饰效果难以达到的。

（6）与传统真石漆相比，多彩石的耐污性优势明显，因为传统真石漆是以砂粒作为主涂层，砂粒之间的缝隙容易积污，即使水性 PU 罩面也无济于事；而多彩石主涂层施工完成后的表面是光滑、无缝隙的，再加上水性 PU 罩面，耐污性更好。

（7）多彩石采用无机颜料，色彩更持久；同时加入互交联添加剂，使分散介质中的乳液和液体颜料球中的乳液能交联成膜，再加上水性 PU 罩面，极大地提高了多彩石的耐候性、颜色耐久性。

（8）与天然石材干挂施工工艺相比，多彩石的施工就简单得多了，其综合造价低和施工周期短的优势明显；多彩石 $1\sim1.5kg/m^2$ 的自重，几乎是干挂石材的 $1/50$，极大地减小了建筑自身的负荷以及对桩基的要求；天然石材易出现的其他一些问题，如接缝处积污、填缝胶老化开裂渗水、雨天吸水后变色、维修困难等问题，多彩石也能较好地解决。

（9）多彩石与 EPS 装饰线条相结合以替代石材线条，能使该系统更具价值，因为它能解决石材线条的冷热桥问题，具有自重轻易安装、柔韧性好不开裂、电脑切割容易加工、造型丰富、装饰效果逼真等优点。

5 应用价值

（1）既能够满足高标准的建筑节能要求，又能够达到石材高品位的装饰效果。

（2）相对于干挂石材至少 $600\sim800$ 元 $/m^2$ 的高昂造价，多彩石造价仅为其 20% 左右，经济价值明显，同时还可节约自然资源。

（3）用多彩石饰面的 EPS 装饰线条来替代石材线条，不仅能解决实际工程中的诸多问题，而且还具有更加突出的经济价值，因为异型石材线条的材料和安装成本更高。

（4）由于该系统的外墙外保温能够按照常规标准和图集进行施工，所以相对应的建筑节能效果也将是最佳的。

（5）该系统施工简便、易于管理、施工周期短、自重轻、安全性好等优点，使其更具应用价值。

6 工程案例

该系统已在不同开发商的实际工程案例中得以应用，并得到广泛认同，具体有：绿地集团——新里·中央公馆(长春)、新里·西斯莱公馆(北京)、中华企业——印象春城(上海)、保利地产——叶上海(上海)、招商地产——南桥 1 号(上海)、华润置地——中央公园(武汉)、宝宸集团——怡景苑(上海)、奥克斯置业——盛世天城(宁波)、中国台湾宝路集团——绿中海明苑(上海)、绿中海雅苑(昆山)和新天鸿名人高尔夫别墅(上海)等项目。

二、采暖空调专篇

专题一 集中热水供暖系统循环水泵耗电输热比(*EHR*)的修编情况介绍和实施要点

中国建筑设计研究院 潘云钢

上海建筑设计研究院有限公司 寿炜炜

[摘要] 由于设计、计算以及水力平衡等原因,目前的一些集中热水供暖工程出现了热水循环泵选择扬程过高的情况,使得实际系统出现了:水力不平衡的情况更加恶化、实际水泵流量超过设计流量、水泵运行电耗过大的情况。因此,为了提高集中热水供暖系统的输送效率,降低在热水输送过程中的能耗,《居住建筑节能设计标准》第5.2.16条对引用了《公共建筑节能设计标准 GB 50189 - 2005》中第5.2.8条(以下简称原条文)关于热水供暖系统循环水泵耗电输热比(*EHR*)的规定,并针对其存在的问题和针对居住建筑热水供暖的实际情况进行了适当的修改。

为了使读者正确理解本条规定并在设计中得到合理的实施,这里将第5.2.16条的编制依据、基本数据、计算结果以及实施要点作以下说明。

1 原条文的规定

1.1 内容

在《公共建筑节能设计标准》GB 50189 - 2005 中,第5.2.8条的原文(及其条文说明)如下:

5.2.8 集中热水采暖系统热水循环水泵的耗电输热比(*EHR*),应符合下式要求:

$$EHR = N/Q\eta \tag{5.2.8-1}$$

$$EHR \leqslant 0.0056 \ (14 + a\Sigma L) \ /\Delta t \tag{5.2.8-2}$$

式中:N——水泵在设计工况点的轴功率(kW);

Q——建筑供热负荷(kW);

η——考虑电机和传动部分的效率(%);

当采用直联方式时,$\eta = 0.85$;

当采用联轴器连接方式时,$\eta = 0.83$;

Δt——设计供回水温度差(℃);系统中管道全部采用钢管连接时,取 $\Delta t = 25℃$;

系统中管道有部分采用塑料管材连接时,取 $\Delta t = 20℃$;

ΣL——室外主干线(包括供回水管)总长度(m);

当 $\Sigma L \leqslant 500m$ 时,$a = 0.0115$;

当 $500 < \Sigma L < 1000m$ 时,$a = 0.0092$;

当 $\Sigma L \geqslant 1000m$ 时,$a = 0.0069$。

本条条文说明

本条的来源为《民用建筑节能设计标准》JGJ 26 - 95。但根据实际情况做了如下改动:

(1) 从实际情况来看,水泵功率采用在设计工况点的轴功率对公式的使用更为方便、合理,因此,将《民用建筑节能设计标准》JGJ 26 - 95中"水泵铭牌轴功率"修改为"水泵在设计工况点的轴功率"。

(2)《民用建筑节能设计标准》JGJ 26 - 95中采用的是典型设计日的热负荷平均值指

标。考虑到设计时确定供热水泵的全日运行小时数和供热负荷逐时计算存在较大的难度，因此在这里采用了设计状态下的指标。

（3）规定了设计供回水温度差 Δt 的取值要求，防止在设计过程中由于 Δt 区值偏小而影响节能效果。通常采暖系统宜采用 95/70℃ 的热水；由于目前常用的几种采暖用塑料管对水温的要求通常不能高于 80℃，因此对于系统中采用了塑料管时，系统的供/回水温度一般为 80/60℃。考虑到地板辐射采暖系统的 Δt 不宜大于 10℃，且地板辐射采暖系统在公共建筑中采用的不是很普遍，因此本条不针对地板辐射采暖系统。

1.2 原条文的主要思想

从原条文的内容和条文说明中可以看出，原条文立意主要考虑了以下几个方面：

➢ EHR 的限值与系统的长度有关。在目前的实际工程中，集中采暖系统的作用距离随着工程的不同千差万别，小的在几十米，大的达到了上千米，如果不分作用距离而规定一个具体的数值作为限值是不确当的，也是设计难于满足的。因此，原条文已经非常好的考虑到了此点，在 EHR 的计算公式中引入了室外主干线总长度 ΣL 的概念。这一计算公式告诉设计人员：ΣL 越大，则允许的 EHR 越大，这是原文的一个基本思想。

➢ 关于供回水温度差 Δt。规定设计供回水温度差 Δt 的取值要求，是为了防止在设计过程中由于 Δt 取值偏小而影响节能效果。这是基于散热器采暖为基础的，条文说明中也明确提出了"本条不针对地板辐射采暖"的要求。

1.3 原条文存在的问题

经过多年的实践（包括原条文所引自的《民用建筑节能设计标准》JGJ 26-95 的应用实践），在应用过程中，发现存在以下的问题：

➢ EHR 的计算值随着长度 ΣL 的增加，出现局部不连续的情况。

根据原条文的规定计算，随着长度 ΣL 的增加，其 a 以及 $a\Sigma L$ 与 ΣL 的关系如图 2a、图 2b 所示。从图 2b 中可以看出：当 $\Sigma L = 400 \sim 500$m 时，若采用 $a = 0.0115$ 计算，则 $a\Sigma L$ 的计算值为 $4.6 \sim 5.75$；但当 $500 < \Sigma L < 1000$m 时，在 $\Sigma L = 500$ 时采用 $a = 0.0092$ 计算得到的 $a\Sigma L$ 仅为 4.6，小于第一个条件下的计算值。这也就是说：在 $\Sigma L = 400 \sim 500$m 的管道总长度情况下，对 $a\Sigma L$ 的限值要求低于 $500 < \Sigma L$ 的情况（如：$\Sigma L = 500$m 的 $a\Sigma L$ 值与 $\Sigma L = 625$m 的限值相同）。

同样，在 $\Sigma L = 750 \sim 1000$m 的条件下，会出现相同的情况。

由于 $a\Sigma L$ 的不连续情况，可以看出：EHR 也同样存在不连续的情况。即：在总长度的某些范围内，某一个 EHR 值可以对两个总长度具有适应性。显然，这一问题的出现，与原条文的立意——管道越长，允许值越大，存在一定的矛盾。给设计人员带来的问题是：如果管道在 $500 \sim 625$m 之间（或者 $750 \sim 1333$m 之间），EHR 的允许值如何确定？

➢ 供回水温差的规定有一定局限性。

原条文规定了设计供回水温度差 Δt 的取值要求，不能完全满足目前的采暖系统多样化的需要，对于辐射供暖系统等需要小温差供暖的方式是不适应的。

➢ 规定的电机和传动部分的效率有一定局限性。

目前的国产电机在效率上已经有了较大的提高，根据国家标准《中小型三相异步电动机能效限定值及节能评价值》GB 18613-2006 的规定，7.5kW 以上的节能电机产品的效率都在 90.1% 以上。但是，考虑到供热规模的大小对所配置水泵的容量（即由此引起的效率）会产生一定的影响，从目前的水泵和电机来看，当 $\Delta t = 25℃$ 时，针对 2000kW 以下的热负荷所配置的采暖循环水泵通常不超过 7.5kW，因此这时电机的效率会低于 90%。

2 条文修改时的研究内容

2.1 修编目的

针对以上三个主要问题，在本标准编制过程中，对此进行了研究，希望达到：

（1）使本条文也适用于低温差供暖系统；

（2）根据目前电机的技术水平，结合实际情况，对涉及电机、水泵、传动机构等效率的内容做出新的规定；

（3）解决随管道总长度变化带来的 EHR 不连续的问题；

（4）根据新的居住建筑采暖系统的相关规定和系统设置要求，对原条文的计算公式进行修正。

2.2 条文的修改中主要考虑的内容

➤ 采暖系统分户温度控制和热计量的要求。

采暖系统实施了分户热计量和分户温度调控措施之后，水系统必然增加了相应的一些阀件（如：自力式温控阀或高阻力式手动调节阀、分户热计量仪表及其配套附件——过滤器、阀门等），显然其系统实际阻力比以前的采暖系统阻力有所增加。这些增加的阻力，都需要热水循环泵来承担。

➤ 系统管网的平衡、热力入口控制的要求。

在《居住建筑节能设计标准》第 5.2.15 条第 2、3、4 款中，明确规定了热力站出口和热力入口设置的各种手动或自动平衡阀。对于整个系统来说，这些阀门在系统中与其他阻力元件一起构成了串联阻力，因此在同种情况下，这也将使得新设计的系统的水流阻力比以前未采用平衡阀的系统的阻力也有所增加，需要水泵来承担。

➤ 采暖系统的设计温差问题。

采暖系统中，由于采暖末端的方式和采暖热源的形式不同，对采暖供回水设计温差的要求是不同的。

就末端而言：散热器采暖系统一般可以做到比较大的设计供回水温差（20℃及以上），而地板辐射供暖系统通常的设计温差在 10℃ 左右。

从采暖热源形式来看：当热源的供水温度比较低时，要做到较大的设计供回水温差是比较困难的。例如：采用热泵热水机组供热或者采用如太阳能这样的可再生能源供热时，其能源的品位都是比较低的，而低品位能源的充分利用，也是节能的一项重要措施。在这种情况下，如果单纯要求提高供回水温差，是不现实的。适当地降低温差，加大水泵的流量，从系统总体来说仍然具有较好的节能效果（尤其是可再生能源）。

因此，在条文编制中，需要考虑到针对不同系统供回水温差的要求这一实际情况。

➤ 供热系统半径的问题。

集中热水供暖系统由于形式多样、范围大小不一，使得供暖半径存在非常大的区别。从目前的情况来看，整个系统的供暖半径大到数公里，小到百米的情况都存在，而供暖半径又是影响输送能耗的关键因素之一。如果用一个统一的数字指标来限定，将无法反映客观实际情况。

➤ 设备与产品技术进步。

近些年，供暖系统循环水泵及所配的电机在效率等方面已经有了较大的提高，这也是编制时需要考虑的因素之一。

➤ 与相关标准条文的协调问题。

本条的内容和部分编制思路来自《公共建筑节能设计标准》GB 50189-2005 第 5.2.8 条。经过几年的实践之后，发现其中可能存在一些与工程实际有出入之处。因此，在部分继承《公共建筑节能设计标准》GB 50189-2005 第 5.2.8 条编制思路的基础上，增加和完善了一些相关的内容。

3 关于设计供回水温度差 Δt 的取值

作为一个节能设计的标准和条文参数的要求，编制者认为，对温差的规定应该是在其他条文中可以得到解决的，这样我们可以将本条文的应用领域扩大。在《严寒和寒冷地区居住建筑节能设计标准》JGJ 26-2010 第 5.3.6 条、第 5.3.7 条规定了不同末端采暖系统的供回水温差，因此，在编写本条文时，不再对温差进行限制，而是采用"相对法"的思想——即：对于同样的系统形式和采暖方式，评价 EHR 的标准相同；但不同采暖形式之间不进行对比评价。

4 长度与 EHR 的关系

4.1 系统水阻力 ΔP 和外网水阻力 ΔP_0

4.1.1 计算用系统图——图 1

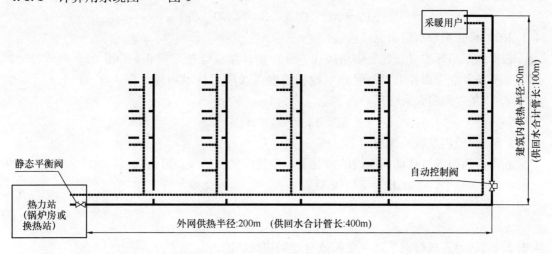

图 1

4.1.2 计算条件及基础数据

4.1.2.1 对图 1 的说明和基础数据

（1）调控阀门的设置（用户内除外）及水流阻力

根据《居住建筑节能设计标准》第 5.2.14 条和第 5.2.15 条第 2、3、4 款的原则，在热力站出口处设置手动静态平衡阀，各热力入口设置静态平衡阀或自动调控阀（自力式流量控制阀、自力式压差控制阀）。

关于调控阀的阻力计算，见本文后面的叙述。

（2）外网供热半径及供回水阻力 ΔP_w

考虑到一些小规模外网的情况，这里暂时假定外网供热半径为 200m（供回水合计管长为 400m）；外网管道的增加后，计算结果将随之变化，此点从 EHR 的表达式中将得到反映。

考虑到存在外网的系统，外网干管的管径相对较大，因此，以 $DN100$ 及以上的管径作为计算的基本条件。

结合《公共建筑节能设计标准》GB 50189–2005 第 5.2.8 条的编制思路，当外线长度≤400m 时，外管网水流阻力按照综合比摩阻（包括局部阻力）为 115Pa/m 考虑。因此图 1 中，外网供回水干管的水流阻力为：

$$\Delta P_w = 400 \times 115 = 46000 \ （\text{Pa}）$$

（3）建筑内供热半径及供回水阻力 ΔP_n

根据《采暖通风与空气调节设计规范》GB 50019–2003 第 4.3.9 条的规定：建筑物的热水采暖系统高度超过 50m 时，宜竖向分区设置。这也就是说，系统的高度不宜超过 50m。同时，考虑到户内的水平干管长度，因此确定从热力入口开始至建筑内采暖用户的供回水干管合计长度为 200m。

参照有关的资料，取室内采暖干管的比摩阻为 80Pa/m。由于室内系统已经单独计算阻力，因此热力入口至室内系统之间的局部阻力（例如：关断阀、弯头、三通等附件）占摩擦阻力的比例相对减少，这里暂时按照 30% 考虑，则室内采暖供回水干管及立管的水阻力为：

$$\Delta P_n = 200 \times 80 \times 1.3 = 20800 \ （\text{Pa}）。$$

4.1.2.2　采暖用户水阻力 ΔP_y

根据北京市标准《新建集中供暖住宅分户热计量设计技术规程》DBJ 01–605–2000 第 7.2.5 条及北京市标准《低温热水地板辐射供暖应用技术规程》DBJ/T 01–49–2000 第 4.2.11 条之规定，采暖用户内的总阻力为 3m，即：

$$\Delta P_y = 30000 \ （\text{Pa}）$$

4.1.2.3　建筑内采暖系统总阻力 ΔP_j

在不计热力入口自动调控阀的情况下，建筑内采暖系统总阻力为：

$$\begin{aligned} \Delta P_j &= \Delta P_n + \Delta P_y \\ &= 20800 + 30000 \\ &= 50800 \ （\text{Pa}） \end{aligned}$$

4.1.2.4　热力入口静态手动平衡阀或自动调控阀的阻力 ΔP_{v1}

（1）采用静态手动平衡阀（定流量系统，按照第 5.2.15 条第 3 款）

根据本标准 5.2.15 条的条文解释，静态手动平衡阀只要其阻力大于 2~3kPa 即可以满足要求。考虑到阀门口径的非连续性变化等原因，为了较好地保证初调试时对静态手动平衡阀的"较准确"定位，这里将此阀门的阻力按照 5kPa 考虑（实际阀权度约为 0.09），即：

$$\Delta P_{v1} = 5\text{kPa}$$

（2）采用动态压差自动调控阀（变流量系统，按照第 5.2.15 条第 4 款）

在确定热力入口自动调控阀的阻力时，需要首先确定的是阀权度 S。之所以要求一定的阀权度，是因为采暖系统供热量与热水流量的变化关系呈现出非线性关系，为了保证自动调控阀具有合理的调节能力，需要阀门在全开状态下承担一定的压差。在《严寒和寒冷地区居住建筑节能设计标准》JGJ 26—2010 第 5.2.15 条第 8 款中要求：自动调控阀的阀权度 $S=0.3\sim0.5$。对于以自然对流或辐射为主的采暖系统来说，与空调供热系统采用强制对流热盘管的供热方式相比，非线性的程度相对弱一些，因此这里取 $S=0.4$ 来计算。计算步骤如下：

根据 S 的定义：$S=\Delta P_{v1}/(\Delta P_{v1}+\Delta P_j)$，得出：

$$\Delta P_{v1}=(S\times\Delta P_j)/(1-S)$$
$$=(0.4\times50800)/(1-0.4)$$
$$=33867(\text{Pa})$$

值得提出的是：根据第 5.2.15 条第 3 款的要求，如果热力入口设置自力式流量控制阀（定流量阀）而不是静态手动平衡阀，则定流量阀的设置和选择原则应按照自动调控阀的要求来进行，即按照（2）的计算方式，取 $S=0.4$ 来进行选择和计算。

4.1.2.5　热力入口总阻力计算

（1）热力入口采用静态手动平衡阀时，热力入口总的阻力（包含热力入口自动调控阀）为：

$$\Delta P_r=\Delta P_{v1}+\Delta P_j$$
$$=5000+50800$$
$$=55800(\text{Pa})$$

（2）热力入口采用自动调控阀时，热力入口总的阻力（包含热力入口自动调控阀）为：

$$\Delta P_r=\Delta P_{v1}+\Delta P_j$$
$$=33867+50800$$
$$=84667(\text{Pa})$$

比较上述两者可知：显然，采用自动调控阀会导致水流阻力增加，这是由于自动调控阀对于阀权度 S 的要求所产生的。

4.1.2.6　热力站之外的采暖系统总阻力计算

（1）热力入口采用静态手动平衡阀时，热力站之外的采暖系统总阻力（不包括热力站静态平衡阀）为：

$$\Delta P_{rw}=\Delta P_r+\Delta P_w$$
$$=55800+46000$$
$$=101800(\text{Pa})$$

（2）热力入口采用自动调控阀时，热力站之外的采暖系统总阻力（不包括热力站静态平衡阀）为：

$$\Delta P_{rw}=\Delta P_r+\Delta P_w$$
$$=84667+46000$$
$$=130667(\text{Pa})$$

4.1.3　热力站静态平衡阀阻力 ΔP_{v2}

要确定这一阀门的阻力，首先需要的是弄清楚该阀门的使用目的和方式。

作为静态平衡阀，其使用的主要目的是水系统初调试，即：通过人工手动调整该阀门的开度，实现所需求的设计流量。在运行过程中，阀门的开度始终保持不变。因此很显然：静态平衡阀与动态调控阀的使用方式是不一样的，它不需要实时的调整开度。这也即是说：对于它的动态调节性能并不是我们最关注的问题，强调调节性能仅仅是为了初调试过程中能够"更精确"的定位。因此从理论上来说，人工手动调整阀门开度是可以做到"无限细分"的——而不像实时调控的动态阀由于机械制造的原因而不可避免地存在或多或少的"超调"情况，这一点与热力入口静态手动平衡阀的特点相同。

由于 S 是决定调节性能的主要因素之一，而静态平衡阀并不需要过高的调节性能要求，因此，如果过分追求 S 的值，会使得系统的阻力大大的增加。基于上述原因，在《居住建筑节能设计标准》第 5.2.15 条的条文解释中，也明确提出了"对阀权度没有严格要求"。因此，可以通过对以下两种情况的分析计算，为我们确定静态平衡阀的阻力提供较好的依据：（1）采用与供回水管直径相等的阀门（简称"等径阀"），（2）采用阀权度 $S=0.1$ 的阀门。

4.1.3.1　调节阀的基本参数和计算热水流量

通过对目前各种资料的收集和整理，调节阀在不同口径时的流通能力如表 1。计算热水流量与管道内的水流速选择有比较大的关系，为了使得所选择的计算流量更为合理，在这里暂定按照各管径下的比摩阻均按照 80Pa/m 的条件下来确定计算流量，如表 1 所示。

调节阀基本参数　　　　表 1

阀门口径	DN100	DN125	DN150
流通能力	160	250	400
计算流量（m³/h）	26.5	46.6	74

4.1.3.2　热力站静态平衡阀阻力 ΔP_{v2} 计算

（1）等径阀的调节阀的计算阻力如表 2 所示。

静态平衡阀计算结果　　　　表 2

管径 DN	100	125	150
阀全开阻力（Pa）	2740	3469	3418
实际阀权度	0.021	0.026	0.026
阀门的最大阻力	3469（DN125 阀门）		

（2）$S=0.1$ 时，静态平衡阀的阻力计算如下：

同样根据 S 的定义：$S=\Delta P_{v2}/(\Delta P_{v2}+\Delta P_{rw})$，可以得出：

1）热力入口采用静态手动平衡阀时：

$$\Delta P_{v2} = (S \times \Delta P_{rw})/(1-S)$$
$$= (0.1 \times 101800)/(1-0.1)$$
$$= 11311(Pa)$$

2）热力入口采用自动调控阀时：

$$\Delta P_{v2} = (S \times \Delta P_{rw})/(1-S)$$
$$= (0.1 \times 130667)/(1-0.1)$$
$$= 14518(\text{Pa})$$

分析上述（1）、（2）的计算结果，可以看出：

➤ 采用等径阀时，阀门的全开阻力在 2740～3418Pa 之间，符合《居住建筑节能设计标准》第 5.2.15 条的条文解释中关于"所选平衡阀在流经设计水量时的压降 $\Delta P \geqslant 2 \sim 3\text{kPa}$"的规定。因此，这也说明，在一般情况下，采用等径阀作为热力站出口处的静态平衡阀是可行的。

➤ 采用 $S=0.1$ 的阀门，其水阻力大于采用等径阀的阻力，会对水泵扬程的要求加大。相对来说，对于系统的输送能耗会增加。

4.1.3.3 热力站静态平衡阀阻力 ΔP_{v2} 的取值

从图 1 中可以看出：由于热力站各环路的静态手动平衡阀与各热力入口的阀门（静态手动平衡阀或自动调控阀）之间是一个串联的关系，也就是说：在这一环路上，同时存在两个可调的阀门。因此，可以认为对于热力站各环路的静态手动平衡阀的调控要求可以适当降低，这样也可以适当地降低对水泵扬程的要求而节约运行能耗。因此，与热力入口的静态手动平衡阀一样，这里将此阀门的阻力按照 5kPa 考虑（实际阀权度约为 0.037）。即：

$$\Delta P_{v2} = 5000\text{Pa}$$

4.1.4 热力站内的其他水流阻力 ΔP_z

根据现有的资料及对目前大部分工程设计的数据汇总，热交换站（或锅炉房）内各种阻力可按照以下考虑：

热源设备 6m，过滤器 2m，止回阀 1m，机房内管道和其他附件合计阻力 2m。

因此，热力站内的其他水流阻力合计为：$\Delta P_z = 11\text{m}$。

4.1.5 系统阻力 ΔP 和 ΔP_0 的计算结果（按照 $1\text{m} \approx 10\text{kPa}$ 计算）

根据上述计算结果，可以得到整个供暖系统水阻力 ΔP（或水泵扬程），见表 3。

供暖系统水阻力 ΔP（水泵扬程）计算结果　　（单位 kPa）　　　　表 3

热力站内阻力	热力站出口阀	室外管网	大楼热力入口控制阀		楼内管道及末端	总计阻力
110	5	46	静态平衡阀	5	50.8	216.8（21.7m）
			自动调控阀	33.9		245.7（24.6m）

从表 3 中可以看出：在热力入口不同的阀门设置情况下，水泵扬程的要求范围在 21.7～24.6m 之间。从最大可能的实际情况出发，选择表 3 中的较大者作为依据，即：系统计算阻力为 24.6m。

考虑到实际情况的复杂性——例如流速选择存在的差异等等，本条修编时，在 $\Sigma L = 400\text{m}$ 的情况下，以水泵扬程不超过 25m 作为依据。由此得出了，除室外管网外的水流阻力（含热力站出口静态平衡阀）为：

$$\Delta P_0 = 25 - 4.6 = 20.4\text{m}。$$

4.2 对于外网供热半径与 a

4.2.1 对于外网供热供回水管道总长度 L 的阻力附加

在上述计算中，是暂时按照外网供热供回水管道总长度为 400m 进行计算的。正如本文 1.4 中所提出的那样，需要在指标中考虑不同外网供回水管道总长度的影响，因此，在系统阻力计算中引入了对不同外网供回水管道总长度的阻力附加，其附加方式为：管道平均比摩阻×外网供回水管道总长度。即：

$$\Delta P_w = a \times \sum L$$

4.2.2 关于 a 值的确定

4.2.2.1 原条文存在的问题分析

原条文中，$a \times \sum L$ 时存在不连续的情况。即：在某些 $\sum L$ 时，可能较小的 $\sum L$ 反而允许更大的 $a \times \sum L$ 值，由此导致的结果是：较小的 $\sum L$ 反而允许更大的 EHR 值，这与原编制思想是不一致的。造成这一问题的主要原因是由于 a 的取值不连续，如图 2a、图 2b 所示。

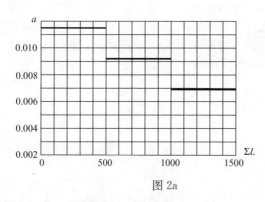

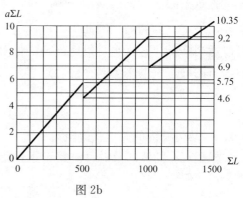

图 2a

图 2b

4.2.2.2 对 a 的研究与确定

考虑到上述原因，在居住建筑节能设计标准的编制过程中，对不同方式的 a 取值方式或确定方式进行了研究。其目标是：①将图 2a 和图 2b 中的不连续线段变为连续线段；②尽可能与原条文取得协调；③尽可能在标准实际限值上接近原条文。

（1）直接将 a 值改为连续，如图 3a 所示。

考虑 0～500m 和 $\geqslant$1000m 两段的 a 不作变动，中间段用斜线相连，得出 $a=0.0161-9.2 \times 10^{-6} \times \sum L$。根据图 3a，可以得到 $\sum L$ 和 $a \sum L$ 的关系，见图 3b。

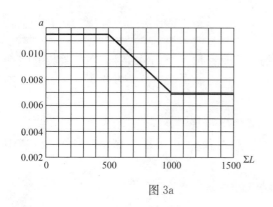

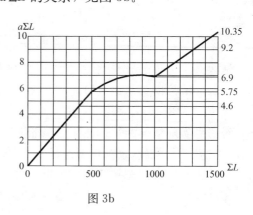

图 3a

图 3b

174

由图 3a、图 3b 可知，进行这样的设置后，在 $\Sigma L=800\sim900\text{m}$ 处，得到的 $a\Sigma L$ 值会比 $\Sigma L=1000\text{m}$ 时的略大，因此显得不够合理（与编制思路不完全协调）。

（2）将 $a\Sigma L$ 改为连续直线段，如图 4b 所示。

在 $0\sim500\text{m}$ 和 $\geqslant1000\text{m}$ 两段的 a 不作变动，并保留原条文的计算公式和取值；但对于 $500<\Sigma L<1000\text{m}$ 的情况，则 $a\Sigma L$ 按照 500×0.0115 和 1000×0.0069 的计算结果来连线，该条直线不通过原点。这样可得出 $a=0.0023+4.6/\Sigma L$，如图 4a 所示（与原条文对比：在 $500\sim700\text{m}$ 的范围内计算结果大于原条文，在 $700\sim1000\text{m}$ 的范围内计算结果小于原条文）。

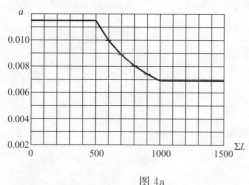

图 4a   图 4b

考虑到图 4b 的 $a\Sigma L$ 线在 500m 处折线的斜率变化较大，显得不够平滑，为了更好地适应实际情况，在图 4b 的基础上稍做变动，得到了图 5a、图 5b。

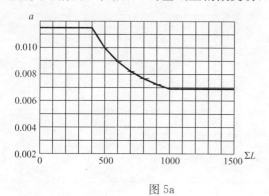
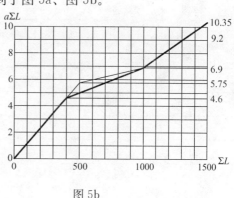

图 5a   图 5b

从图 5b 中可以看出：第一段与图 4b 的第一段重合，但只到 $\Sigma L=400\text{m}$ 处结束；第三段与图 4b 的第三段完全相同；那么第二段是从 400 开始到 1000m，这时计算出：$a=0.003833+3.067/\Sigma L$。这样，线条相对平直一些，且第一和第三段都维持了原有条文规定的值，只是第二段 $400\sim1000\text{m}$ 的实际要求比图 4b 稍高一些。

经过对几个建筑采暖系统的模拟计算，采用图 5a、图 5b 时，比原条文的要求略有提高。但是，在设计中只要正常设计，都是能够满足要求的。

因此，本标准编制时，以图 5a、图 5b 作为确定 a 的依据，结果如下：

（1）对于 $\Sigma L=0\sim400\text{m}$ 的范围内，a 值采用原条文的规定，即：$a=0.0115$；

（2）对于 $\Sigma L\geqslant1000\text{m}$ 的范围内，a 值也采用原条文的规定，即：$a=0.0069$；

（3）对于 $\Sigma L=400\sim1000\text{m}$ 的范围内，a 值按照两点的连线来计算。

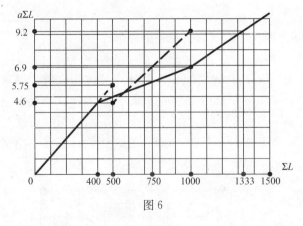

图 6

新条文与原条文进行比较如图 6 所示，其中实线部分反映新条文，虚线部分反映原条文。

在进行这样的规定后，与图 6 中的虚线相比较，有两个特点：一是解决了不连续问题；二是按照新的规定对于 $\Sigma L = 400 \sim 1000\text{m}$ 长度的大部分区间来说，EHR 的计算结果将有所降低，换言之，新规定的标准总体上比原标准有所提高。

5 关于电机及传动效率

目前的国产电机在效率上已经有了较大的提高，常用电机容量及效率如表 4 所示。

电机容量及效率表　　　　　　　　　　　　　　　　　表 4

额定功率（kW）	限定值（最低要求值）			节能评价值（节能产品要求）		
	2 级	4 级	6 级	2 级	4 级	6 级
3	82.6	82.6	81	86.7	87.4	88.3
4	84.2	84.2	82	87.6	88.3	86.1
5.5	85.7	85.7	84	88.6	90.1	89
7.5	87	87	86	89.5	90.1	89
11	88.4	88.4	87.5	90.5	91	90
15	89.4	89.4	89	91.3	91.8	91
18.5	90	90	90	91.8	92.8	91.5
22	90.5	90.5	90	92.2	92.6	92
30	91.4	91.4	91.5	92.9	93.2	92.5
37	92	92	92	93.3	93.4	93
45	92.5	92.5	92.5	93.7	93.9	93.5
55	93	93	92.8	94	94.2	93.8
75	93.6	93.6	93.5	94.6	94.7	94.2
90	93.9	93.9	93.8	95	95	94.5

注：本表引自国家标准《中小型三相异步电动机能效限定值及节能评价值》GB 18613 - 2006。

从表 4 可以看出：7.5kW 以上的节能电机产品的效率在 89％ 以上，即使是最低限值要求的效率也在 86％ 以上，已经高于原条文规定的 85％ 的要求。显然，原条文略显保守。由于本标准是节能设计标准，优先采用节能产品是对设计的基本要求，因此本条文的编制是基于节能电机产品的要求来编制的。

对于 7.5kW 以下的电机，尽管由于容量的不同存在一定的效率差，但其差值是很小的，根据表 1 可计算出小于 7.5kW 的电机的平均效率为 87% 左右。

本条文在编制时，以 7.5kW 的电机作为大、小容量的区分界线（划分理由见本文后叙）：≥7.5kW 的电机效率统一取值为 89%（大容量），<7.5kW 的电机效率统一取值为 87%（小容量）。

另外，采用直接连接，没有传动损失；采用联轴器连接时，平均传动效率为 98%。由此可以确定电机与传动机构的总效率为：

（1）对于小容量水泵，采用直接连接时，$\eta = 87\%$；采用联轴器连接时，$\eta = 85\%$。

（2）对于大容量水泵，采用直接连接时，$\eta = 89\%$；采用联轴器连接时，$\eta = 87\%$。

6 采暖循环水泵的选择

6.1 水泵台数与流量

根据热力站设计的要求，对于建筑供暖系统来说，热交换器的台数设置时应该考虑到一定的备用，通常的做法是：当一台热交换器需要检修时，剩余的热交换器应该能够负担供暖热负荷的 70%。考虑到在一些建筑中热交换器的台数设置不能过多的情况，以及热水循环水泵常采用与热交换器一一对应设置的方式。因此对水泵的台数设置要求是：不少于两台（不包括根据实际情况由设计人确定设置的备用泵），每台所负担的供热量为 70%（供水量也为 70% 的设计流量）。

假定建筑供热负荷为 Q（kW），供回水设计温差为 Δt（℃），则单台水泵的设计水流量 G（m³/h）按下式计算：

$$G = 0.86 \times \frac{0.7 \times Q}{\Delta t} \tag{1}$$

6.2 水泵扬程的确定

见表 3 和本文 4.1.5 部分的分析结果。

6.3 水泵效率

供热规模的大小对所配置水泵的容量会产生一定的影响，由此引起不同的水泵效率的不同。从目前的水泵来看，当扬程在 20~25m 范围内时，配电机容量在 7.5kW 以上水泵的效率基本上都在 70% 以上。通过对国内几个水泵生产企业的产品性能的统计，当扬程在 20~25m 范围内时，不同电机容量的水泵的平均效率为 62%。因此，本条文以 7.5kW 为界来划分不同的要求。

6.4 水泵功率

根据上述对水泵台数、流量、扬程的选择要求，假定供回水温差为 $\Delta t = 20℃$，建筑热负荷为 2000kW，则每台水泵的设计流量按照式（1）计算可得：

$$G = 0.86 \times 0.7 \times 2000/20 = 60.2 \text{（m}^3/\text{h）}$$

当水泵扬程为 25m，效率为 70% 时，单台水泵在设计工况点的轴功率要求为：

$$N = 60.2 \times 25/（367 \times 0.7）= 5.85 \text{（kW）}$$

显然，需要配置的水泵电机功率应为 7.5kW。

对于采用辐射供暖的系统，当 $\Delta t = 10℃$ 时，如果水泵的配置台数相同，则单台泵的轴功率应为：$N=11.7kW$，其配置的电机容量远大于 7.5kW。

这也就是本条文中，将 2000kW 作为 A 值选择的分界点的理由。

7 计算公式中 A 值的计算

在配置两台水泵的条件下，根据 EHR 的定义和水泵轴功率的计算公式，我们可以列出以下方程：

$$EHR=\frac{N}{Q\times\eta} \tag{2}$$

$$N=\frac{2\times G\times H}{367\times\eta b} \tag{3}$$

$$EHR\leqslant A（20.4+a\Sigma L）/\Delta t=A\times H/\Delta t \tag{4}$$

对公式（1）、（2）、（3）、（4）进行联立求解，得：

$$A=\frac{0.00328}{\eta_b\times\eta} \tag{5}$$

上述式中：η_b 为水泵效率。

根据式（5）和前述关于水泵、电机与传动效率的选择要求，我们可以计算得出：

（1）对于热负荷 < 2000kW（电机容量 N < 7.5kW）的系统，采用直连时，$A=0.0061$；采用联轴器连接时，$A=0.0062$。

（2）对于热负荷 ≥ 2000kW（电机容量 N ≥ 7.5kW）的系统，采用直连时，$A=0.0053$；采用联轴器连接时，$A=0.0054$。

由于直连与联轴器方式对最后的计算结果相差不大，为了相对统一标准，取上述两种情况下较大的 A 值作为评判的依据，即：0.0062 和 0.0054。

8 条文的修改与分析

8.1 修改后的条文

5.2.16 在选配供热系统的热水循环泵时，应计算循环水泵的耗电输热比（EHR），并应标注在施工图的设计说明中。EHR 值应符合下式要求：

$$EHR = N/Q \cdot \eta \leqslant A（20.4+a\Sigma L）/\Delta t \tag{5.2.16}$$

式中：N——水泵在设计工况点的轴功率，kW；

　　　Q——建筑供热负荷，kW；

　　　η——电机和传动部分的效率，按表 5.2.16 选取；

　　　Δt——设计供回水温度差，℃，按照设计要求选取；

　　　A——与热负荷有关的计算系数，按表 5.2.16 选取；

　　　ΣL——室外主干线（包括供回水管）总长度，m；

　　　a——与 ΣL 有关的计算系数，按如下选取或计算：

　　　　　当 $\Sigma L\leqslant400m$ 时，$a=0.0115$；

　　　　　当 $400<\Sigma L<1000m$ 时，$a=0.003833 + 3.067/\Sigma L$；

当 $\Sigma L \geqslant 1000$m 时，$a = 0.0069$。

电机和传动效率及 EHR 计算系数   表 5.2.16

热负荷 Q（kW）		<2000	≥2000
电机和传动部分的效率 η	直联方式	0.87	0.89
	联轴器连接方式	0.85	0.87
计算系数 A		0.0062	0.0054

8.2 修改后的条文说明

1）目前的国产电机在效率上已经有了较大的提高，根据国家标准《中小型三相异步电动机能效限定值及节能评价值》GB 18613‑2006 的规定，7.5kW 以上的节能电机产品的效率都在 89% 以上。但是，考虑到供热规模的大小对所配置水泵的容量（即由此引起的效率）会产生一定的影响，从目前的水泵和电机来看，当 $\Delta t = 20℃$ 时，针对 2000kW 以下的热负荷所配置的采暖循环水泵通常不超过 7.5kW，因此水泵和电机的效率都会有所下降，因此将原条文中的固定计算系数 0.0056 改为一个与热负荷有关的计算系数 A 表示（表 5.2.16）。这样一方面对于较大规模的供热系统，本条文提高了对电机的效率要求；另一方面，对于较小规模的供热系统，也更符合实际情况，便于操作和执行。

2）考虑到采暖系统实行计量和分户供热后，水系统内增加了相应的一些阀件，其系统实际阻力比原来的规定会偏大，因此将原来的 14 改为了 20.4。

3）原条文在不同的管道长度下选取的 $a\Sigma L$ 值不连续，在执行过程中容易产生的一些困难，也不完全符合编制的思路（管道较长时，允许 EHR 值加大）。因此，本条文将 a 值的选取或计算方式变成了一个连续线段，有利于条文的执行。按照条文规定的 $a\Sigma L$ 值计算结果比原条文的要求略为有所提高。

4）由于采暖形式的多样化，以规定某个供回水温差来确定 EHR 值可能对某些采暖形式产生不利的影响。例如当采用地板辐射供暖时，通常的设计温差为 10℃，这时如果还采用 20℃ 或 25℃ 来计算 EHR，显然是不容易达到标准规定的。因此，本条文采用的是"相对法"，即同样的系统的评价标准一致，所以对温差的选择不作规定，而是"按照设计要求选取"。

9 新、原条文的几个关键参数的对比分析和应用实施要点

9.1 提高了条文的实用范围

根据目前许多散热器采暖的建筑采用 20℃ 的供回水温差的实际情况（热源参数原因、采用部分塑料管原因等等），本条文修改了以前以 25℃ 作为供回水设计温差的情况，以使得更加符合实际，并使热源的参数可以适当地降低。同时由于本条文采用"相对法"，因此对于地板辐射供暖系统以及利用低品位热源的供暖系统（如太阳能等）来说，由于设计供回水温差减少，设计时是比较容易满足的。

但应该注意的是：上述两处改动并不是提倡随意的减少设计温差。关于设计温差，应按照不同的系统、末端形式和热源形式等情况的需求来综合考虑，并根据本标准的其他相关条文的规定执行。在有条件的情况下，尽可能加大设计温差，对于减少输送能耗是有利的。

9.2 适合新的采暖系统的需求

原条文中的 14 改为 20.4，是由于实行分户计量、温控和采暖系统有可能采用变流量系统的要求以及从保证调解品质的角度出发所带来的系统水流阻力加大而产生的。A 值的加大则是由于考虑到一定的备用原因而产生的。这两者对本条文的影响，将使得在许多情况下，新条文在 EHR 的数值上比原条文"放宽"。

但这种"放宽"不能理解为对原条文的"否定"，而是为了提高采暖品质（例如室内温度控制）、满足政策需求（例如采暖计量收费）和综合节能（例如变流量系统的应用）所必需付出的"代价"。

由于各地经济发展的不同，在实际系统中，可能存在与图 1 中的阀门配置不一样的情况。例如：当采用定流量系统且热力入口配置手动静态平衡阀时，因此对其阀权度的要求可以降低，从表 3 可以看出：此时的系统总阻力不超过 22m，因此 ΔP_0 不超过 17.4。在这种情况下，不能因为很容易满足标准的要求，而在设计中对于水泵扬程的选择可以非常随意。精心的设计在任何情况下对于节能都是必不可少的。

即使采用定流量系统，但热力入口采用自力式流量控制阀（定流量阀）时，其计算阻力和 EHR 的限值要求也应与变流量系统相同。

在实际工程设计中，并不是要求每个热力入口都必须设置静态平衡阀或自动调控阀。从原理上讲，尤其是设计状态下阻力最大的环路（最不利环路），设置此阀门的"负面作用"也是较大的——直接加大了水泵扬程。因此，本文并不构成以图 1 作为设计依据的建议。本条文在编制过程中以图 1 为依据的原因是：由于无法确定实际工程中的"最不利环路"与其他环路的计算阻力差值的大小，因此采用了最大可能的设置方式来作为分析模型。

例如：在定流量系统中，如果某个工程的最不利的热力入口环路与其他热力入口环路的阻力差值超过 5kPa 的话，则最不利环路就不应该再设置静态手动平衡阀，而只是在其他环路设置就可以满足整个系统水力平衡的要求。反之，如果某个工程的最不利环路与其他环路的阻力差值不超过 3kPa 时，则需要按照第 5.2.14 条的要求，考虑是否设置静态手动平衡阀。对于变流量采暖系统和热力入口设置自力式定流量阀门的定流量采暖系统，也是同样的道理。设计中应针对具体问题进行分析。

9.3 供热半径的问题

本文计算中采用了供回水总管长度 400m 为基准，得出系统阻力在 25m 之内的结论。但条文本并不完全限制管道长度和水泵扬程，从计算公式中就可以看出这一点——随着长度的增加，EHR 的限值加大，这也是原条文的立意基础。

因此，分析中计算的系统阻力在 25m 不是对于任何系统都成立的。特别需要强调的是：如果系统供热半径较小，则 EHR 的限制值会相对较小，设计中应通过计算确定实际所设计的系统的阻力，而不能不分实际情况去一律采用 25m 的水泵扬程。

9.4 不同系统总供热量的影响

尽管按照建筑热负荷 2000kW 以及水泵以 62% 和 70% 的效率来区别的方式并不能完全反映实际工程的所有情况，比如：有些小容量泵的效率可能更低，有些工程由于管道长度较长使得阻力超过 25m。但结合实际情况来看，小容量泵所对应的系统作用半径也比较小，因此通常也是可以满足要求的；而作用半径较大的系统往往水泵的容量也比较大，水泵效率会高于70%（反映在轴功率上面），综合起来也是能够达到对EHR的要求的。

因此应用的关键在于：（1）合理确定管道计算流速，降低管道水流阻力；（2）尽可能选择高效的设备。

9.5　不同热源装置台数的对EHR的影响

在上述分析A值的过程中，采用了两台热源（换热器）的设置方式，其中每台的安装容量为总热负荷的70%。当水泵按照与之对应来设置时，两台水泵的运行的总流量显然会超过系统设计流量，因此A值得计算结果也会比较大。对于规模比较大的系统，当设置3台换热器时，每台换热器的容量可为总热负荷的35%；当设置4台及以上的换热器时，每台换热器的容量则可以按照"总热负荷/台数"来确定。上述两种情况下，都会使得单台水泵的装机容量有所减少（不用再按照总流量70%的原则考虑）。因此，这是更容易满足标准的要求。

10　参考资料

[1]　中国建筑科学研究院，中国建筑业协会建筑节能专业委员会．GB 50189-2005 公共建筑节能设计标准[S]．北京：中国建筑工业出版社，2005．

[2]　建设部工程质量安全与行业发展司，中国建筑标准设计研究院．全国民用建筑工程设计技术措施节能专篇 2007 暖通空调·动力[M]．北京：中国计划出版社，2007．

[3]　北京市建筑设计研究院．DBJ 01-606-2000 新建集中供暖住宅分户热计量设计技术规程[S]．北京：北京市建筑设计标准化办公室，2000．

[4]　北京市建筑设计研究院．DBJ/T 01-49-2000 低温热水地板辐射供暖应用技术规程[S]．北京：北京市建筑设计标准化办公室，2000．

[5]　中国标准化研究院 GB 18613-2006 中小型三项异步电动机能效限定值及节能评价值[S]．2006．

专题二 供热采暖管路保温层厚度的经济性分析

——对《严寒和寒冷地区居住建筑节能设计标准》 JGJ 26 - 2010 附录 G 的解读

哈尔滨工业大学 方修睦

热水管网热媒输送到各热用户的过程中存在各种损失：(1)管网由于向外散热造成散热损失；(2)管网上附件及设备由于漏水和用户放水而导致的补水耗热损失；(3)通过管网送到各热用户的热量，由于网路失调而导致的各处室温不等造成的多余热损失。确定合理的管道经济保温层厚度能够提高供热管路的保温效率，并减少热媒在输送过程中由于散热造成的热损失。本文通过给出不同管道敷设方式、不同热价情况下，管道经济保温层厚度的计算公式和计算过程，介绍了《严寒和寒冷地区居住建筑节能设计标准》JGJ 26 - 2010 标准附录 G 中参数的确定过程，供标准使用者参考。

1 管道经济保温层厚度的计算公式

管道经济保温层厚度的确定和管道的敷设方式及采用的保温材料有直接的关系。在《设备及管道绝热设计导则》GB 8175 - 2008 中采用公式(1)确定保温层的厚度。

$$D_i \ln \frac{D_i}{D_0} = 3.795 \times 10^{-3} \sqrt{\frac{f_n \cdot \lambda \cdot \tau \cdot |T_o - T_a|}{P_T \cdot S}} - \frac{2\lambda}{\alpha_s} \tag{1}$$

式中：D_0——管道外径，m；

$\quad D_1$——管道绝热层外径，m；

$\quad \delta$——绝热层厚度，$\delta = (D_0 - D_i)/2$，m；

$\quad f_n$——热价，元/10^6kJ；

$\quad \lambda$——绝热材料在平均设计温度下的导热系数，W/(m·K)；

$\quad \tau$——年运行时间，h；

$\quad T_a$——环境温度，取管道或设备运行期间的平均气温，℃；在地沟内保温经济厚度与热损失计算中，当外表温度 $T_o \leqslant 80℃$ 以下时，T_a 取 20℃；当 T_o 在 81~110℃之间时，取 30℃；当 $T_o \geqslant 110℃$ 时，取 40℃。

$\quad P_T$——绝热结构层单位造价，元/m^3；绝热结构价格包括绝热材料、防潮层、保护层、辅助材料及人工等价格。

$\quad \alpha_s$——绝热层外表面向周围环境的放热系数，按照 $\alpha_s = 1.163 \times (10 + 6\sqrt{W})$ 计算，W 为年平均风速，m/s，W/(m^2·℃)；

$\quad S$——绝热工程投资贷款年分摊率，%；一般在设计使用年限内按复利计算，$S = \frac{i \cdot (1+i)^n}{(1+i)^n - 1}$，$n$ 为还贷年限；i 为贷款的年利率。还贷年限 n，一般为 4~10 年；贷款的年利率 i 根据实际情况取值，一般为 5%~10%。根据 n 取 5 年，i 取 6% 计算得投资贷款年分摊率 S 为 23.74%；

$\quad T_o$——管道或设备的外表面温度，当管道为金属材料时可取管内的介质温度，℃；

为简单分析起见，设热水管网采用集中质调节，则在采暖期室外平均温度下，供水温度 $t_{ge}=t_n+\Delta t'_s\overline{Q^{\frac{1}{(1+b)}}}+0.5\Delta t'_j\overline{Q}$，回水温度 $t_{he}=t_n+\Delta t'_s\overline{Q^{\frac{1}{(1+b)}}}-0.5\Delta t'_j\overline{Q}$，$\Delta t'_s$ 为用户散热器的设计平均计算温差，$\Delta t'_j$ 用户设计供回水温差，$\overline{Q}$ 相对供暖热负荷比，℃。

确定管道的经济保温厚度后，可根据管网地下敷设方式来确定供回水管散热损失，进而保证管网的输送效率和保温效率。

2 不同管网敷设方式下的散热损失

目前管网地下敷设方式主要为直埋敷设和地沟敷设。直埋管网时，供回水管散热损失 q_s 按照式(2)计算。

$$q_s=q_g+q_h \tag{2}$$

$$q_g=\frac{(t_{ge}-t_e)\sum R_2-(t_{he}-t_e)\sum R_e}{\sum R_1 \sum R_2-R_e^2} \tag{3}$$

$$q_h=\frac{(t_{he}-t_e)\sum R_1-(t_{ge}-t_e)\sum R_e}{\sum R_1 \sum R_2-R_e^2} \tag{4}$$

式中：q_g、q_h——供、回水管道单位长度的热损失，W/m；

$\sum R_1$、$\sum R_2$——供、回水管道的总热阻包括保温层热阻和土壤热阻，m℃/W；

R_e——附加热阻，m℃/W；

t_{ge}、t_{he}——在室外平均温度时的供水温度、回水温度，℃；

t_e——采暖期室外平均温度，℃。

地沟敷设时，供回水管散热损失 $\sum q$ 按照式(5)计算。

$$q_s=q_1+q_2=\frac{(t_{go}-t_e)}{R_0} \tag{5}$$

$$t_{go}=\left(\frac{t_{ge}}{R_g}+\frac{t_{he}}{R_h}+\frac{t_e}{R_0}\right)\bigg/\left(\frac{1}{R_g}+\frac{1}{R_h}+\frac{1}{R_0}\right) \tag{6}$$

$$R_g=R_b+R_w \tag{7}$$

$$R_0=R_{ngo}+R_{go}+R_t \tag{8}$$

式中：t_{go}——地沟内空气温度，℃；

R_g、R_h——供、回水管路从热媒到地沟中空气间的热阻，m℃/W；

R_0——管路从地沟内空气到室外空气的热阻，m℃/W；

R_b、R_w——分别为保温材料热阻和从管道保温层外表面到周围介质的热阻，m℃/W；

R_{ngo}、R_{go}、R_t——分别为从沟内空气到沟内壁之间的热阻、地沟壁局部热阻和土壤热阻，m℃/W。

3 不同管网敷设方式下，管道传热热阻计算：

（1）保温材料热阻按照式(9)计算：

$$R_b=\frac{1}{2\pi\lambda_b}\cdot\ln\frac{d_z}{d_w} \tag{9}$$

式中：R_b——保温材料热阻，(m·℃)/W；

λ_b——管材的导热系数，W/(m·℃)；

d_z——保温层外表面的直径，m；

d_w——管道外径，m。

（2）从管道保温层外表面到周围介质的热阻按照式(10)计算：

$$R_w = \frac{1}{\pi d_z \alpha_s} \tag{10}$$

式中：R_w——从管道保温层外表面到周围介质的热阻，$(m \cdot \text{℃})/W$；

α_s——从保温层外表面到空气间的放热系数 $W/(m^2 \cdot \text{℃})$。

（3）从沟内空气到沟内壁之间的热阻按照式(11)计算：

$$R_{ngo} = \frac{1}{\pi \alpha_{ngo} d_{ngo}} \tag{11}$$

式中：R_{ngo}——从沟内空气到沟内壁之间的热阻，$(m \cdot \text{℃})/W$；

α_{ngo}——沟内壁放热系数，$W/(m \cdot \text{℃})$；

d_{ngo}——地沟内廓横截面当量直径。

（4）地沟壁局部热阻按照式(12)计算：

$$R_{go} = \frac{1}{2\pi \alpha_{go}} \ln \frac{d_{wgo}}{d_{ngo}} \tag{12}$$

式中：R_{go}——地沟壁局部热阻，$(m \cdot \text{℃})/W$；

d_{wgo}——地沟横截面外表面的当量直径，m。

（5）土壤热阻按照式(13)计算：

$$R_t = \frac{1}{2\pi \lambda_t} \ln \left(\frac{2H}{d_z} + \sqrt{\left(\frac{2H}{d_z}\right)^2 - 1} \right) \tag{13}$$

$$H = h + h_j = h + \frac{\lambda_t}{\alpha_k} \tag{14}$$

当埋设深度较深($h/d_z \geqslant 2$)时，可采用式(15)。

$$R_t = \frac{1}{2\pi \lambda_t} \ln \frac{4H}{d_z} \tag{15}$$

式中：R_t——土壤热阻，$W/m^2 \cdot \text{℃}$；

λ_t——土壤的导热系数；本设计假设土壤为稍湿土壤，它的 λ_t 取 $2.4W/(m^2 \cdot \text{℃})$；

H——管子的折算埋深，m；

h——从地表到管子中心线的埋设深度，m；

h_j——假想土壤层厚度，m，此厚度的热阻等于土壤表面的热阻；

α_k——土壤表面的放热系数，可采用 $\alpha_k = 12 \sim 15W/(m^2 \cdot \text{℃})$ 计算。

（6）附加热阻按照式(16)计算：

$$R_e = \frac{1}{2\pi \lambda_t} \ln \sqrt{\left(\frac{2H}{b}\right)^2 + 1} \tag{16}$$

式中：b——两管中心线间距离，m。

4 不同热价情况下，管道的经济保温厚度计算

保温层厚度的选取和当地的能量价格有密切的关系。下面以一个典型算例计算，不同能量价格下，经济保温层厚度。所采用的计算条件如下：

1）能量价格 P_E 分别取 $20 \sim 60$ 元/GJ。

2）绝热结构层单位造价 P_T，元/m^3；玻璃棉 1600 元/m^3；聚氨酯 2800 元/m^3。

3）直埋管道埋深 1.0m，地盖板上覆土深度为 0.6m。

4）假定热网设计水温为 95/70℃，热网采用质调节运行，不同地区的给水（回水）平均温度，依据该地区的质调节运行曲线确定。

5）材料的导热系数：

保温材料为玻璃棉管壳时　$\lambda_m = 0.024 + 0.00018t_m$，W/(m·℃)；

保温材料为聚氨酯硬质泡沫保温管　$\lambda_m = 0.02 + 0.00014t_m$，W/(m·℃)；

其中，t_m 为保温材料的平均使用温度，取所分析地区的给水（回水）平均温度与环境温度之差。

利用上述数据及公式，求得不同热价时不同气候区代表城市的保温层厚度。图 1 为热价为 40 元/GJ 时，不同气候区的玻璃棉管壳和聚氨酯保温层厚度图；图 2 和图 3 为热价不同时，不同气候区的玻璃棉管壳、聚氨酯保温厚度图。

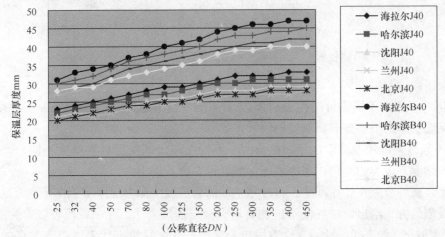

图 1　热价为 40 元/GJ 时，不同城市的供热管道保温层厚度

注：北京 B40、北京 J40，分别表示热价为 40 元/GJ 北京玻璃棉和聚氨酯，其他城市相同。

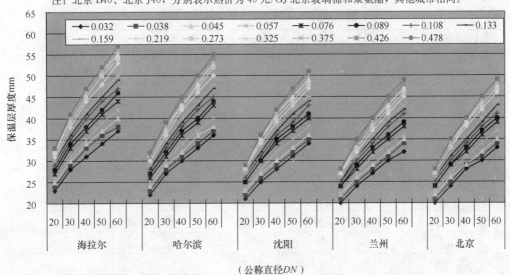

图 2　热价不同时，不同城市的供热管道（玻璃棉）保温层厚度

注：图例中的数据为管道外径，下图相同。

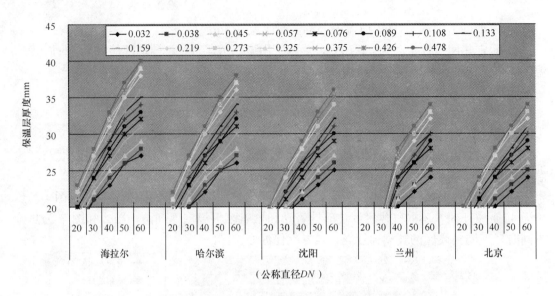

图3 热价不同时，不同城市的供热管道（聚氨酯）保温层厚度

从上述数据图中可见：

1）同一城市，不同热价的保温材料厚度不同，热价越高，需要的保温层厚度越厚。聚氨酯保温层厚度小于玻璃棉保温层厚度。

2）不同气候区代表城市，相同热价时，不同气候区的保温材料厚度不同。严寒地区保温材料厚度有较大的差别，寒冷地区保温材料厚度差别不大。

因此，新的节能设计标准中，将严寒地区的管道经济保温层厚度依据子区分区，分别以代表城市的方式给出所在气候子区的管道保温层厚度要求。Ⅰ（A）代表城市为海拉尔、Ⅰ（B）代表城市为哈尔滨、Ⅰ（C）代表城市为沈阳。Ⅱ区只给出代表城市为北京的保温层厚度，其他城市可以按照北京的厚度选取。

玻璃棉保温材料的管道最小保温层厚度　　　　　　　　表1

气候分区	Ⅰ（A） $t_{mw}=40.9℃$					Ⅰ（B） $t_{mw}=43.6℃$				
公称直径 DN	热价20 元/GJ	热价30 元/GJ	热价40 元/GJ	热价50 元/GJ	热价60 元/GJ	热价20 元/GJ	热价30 元/GJ	热价40 元/GJ	热价50 元/GJ 50	热价60 元/GJ
25	23	28	31	34	37	22	27	30	33	36
32	24	29	33	36	38	23	28	31	34	37
40	25	30	34	37	40	24	29	32	36	38
50	26	31	35	39	42	25	30	34	37	40
70	27	33	37	41	44	26	31	36	39	43
80	28	34	38	42	46	27	32	37	40	44
100	29	35	40	44	47	28	33	38	42	45
125	30	36	41	45	49	28	34	39	43	47
150	30	37	42	46	50	29	35	40	44	48
200	31	38	44	48	53	30	36	42	46	50
250	32	39	45	50	54	31	37	43	47	52

气候分区	Ⅰ(A)		$t_{mw}=40.9℃$			Ⅰ(B)		$t_{mw}=43.6℃$		
公称直径 DN	热价20 元/GJ	热价30 元/GJ	热价40 元/GJ	热价50 元/GJ	热价60 元/GJ	热价20 元/GJ	热价30 元/GJ	热价40 元/GJ	热价50 元/GJ 50	热价60 元/GJ
300	32	40	46	51	55	31	38	43	48	53
350	33	40	46	51	56	31	38	44	49	53
400	33	41	47	52	57	31	39	44	50	54
450	33	41	47	52	57	32	39	45	50	55

注：保温材料层的平均使用温度，$t_{mw}=(t_{ge}+t_{he})/2-20$；$t_{ge}$、$t_{he}$分别为采暖期室外平均温度下，热网供回水平均温度，℃。

玻璃棉保温材料的管道最小保温层厚度　　　　　表2

气候分区	Ⅰ(C)		$t_{mw}=43.8℃$			Ⅱ(A)或Ⅱ(B)		$t_{mw}=48.4℃$		
公称直径 DN	热价20 元/GJ	热价30 元/GJ	热价40 元/GJ	热价50 元/GJ	热价60 元/GJ	热价20 元/GJ	热价30 元/GJ	热价40 元/GJ	热价50 元/GJ	热价60 元/GJ
25	21	25	28	31	34	20	24	28	30	33
32	22	26	29	32	35	21	25	29	31	34
40	23	27	30	33	36	22	26	29	32	35
50	23	28	32	35	38	23	27	31	34	37
70	25	30	34	37	40	24	29	32	36	39
80	25	30	35	38	41	24	29	33	37	40
100	26	31	36	39	43	25	30	34	38	41
125	27	32	37	41	44	26	31	35	39	43
150	27	33	38	42	45	26	32	36	40	44
200	28	34	39	43	47	27	33	38	42	46
250	28	35	40	44	48	27	33	39	43	47
300	29	35	41	45	49	28	34	39	44	48
350	29	36	41	46	50	28	34	40	44	48
400	29	36	42	46	51	28	35	40	45	49
450	29	36	42	47	51	28	35	40	45	49

注：保温材料层的平均使用温度，$t_{mw}=(t_{ge}+t_{he})/2-20$；$t_{ge}$、$t_{he}$分别为采暖期室外平均温度下，热网供回水平均温度，℃。

聚氨酯硬质泡沫保温材料的管道最小保温层厚度　　　　　表3

气候分区	Ⅰ(A)		$t_{mw}=40.9℃$			Ⅰ(B)		$t_{mw}=43.6℃$		
公称直径 DN	热价20 元/GJ	热价30 元/GJ	热价40 元/GJ	热价50 元/GJ	热价60 元/GJ	热价20 元/GJ	热价30 元/GJ	热价40 元/GJ	热价50 元/GJ	热价60 元/GJ
25	17	21	23	26	27	16	20	22	25	26
32	18	21	24	26	28	17	20	23	25	27
40	18	22	25	27	29	17	21	24	26	28
50	19	23	26	29	31	18	22	25	27	30

气候分区	I（A） $t_{mw}=40.9℃$					I（B） $t_{mw}=43.6℃$				
公称直径 DN	热价20 元/GJ	热价30 元/GJ	热价40 元/GJ	热价50 元/GJ	热价60 元/GJ	热价20 元/GJ	热价30 元/GJ	热价40 元/GJ	热价50 元/GJ	热价60 元/GJ
70	20	24	27	30	32	19	23	26	29	31
80	20	24	28	31	33	19	23	27	29	32
100	21	25	29	32	34	20	24	27	30	33
125	21	26	29	33	35	20	25	28	31	34
150	21	26	30	33	36	20	25	29	32	35
200	22	27	31	35	38	21	26	30	33	36
250	22	27	32	35	39	21	26	30	34	37
300	23	28	32	36	39	21	26	31	34	37
350	23	28	32	36	40	22	27	31	34	38
400	23	28	33	36	40	22	27	31	35	38
450	23	28	33	37	40	22	27	31	35	38

注：保温材料层的平均使用温度，$t_{mw}=(t_{ge}+t_{he})/2-20$；$t_{ge}$、$t_{he}$分别为采暖期室外平均温度下，热网供回水平均温度，℃。

聚氨酯硬质泡沫保温材料的管道最小保温层厚度　　表4

气候分区	I（C） $t_{mw}=43.8℃$					II（A）或II（B） $t_{mw}=48.4℃$				
公称直径 DN	热价20 元/GJ	热价30 元/GJ	热价40 元/GJ	热价50 元/GJ	热价60 元/GJ	热价20 元/GJ	热价30 元/GJ	热价40 元/GJ	热价50 元/GJ	热价60 元/GJ
25	15	19	21	23	25	15	18	20	22	24
32	16	19	22	24	26	15	18	21	23	25
40	16	20	22	25	27	16	19	22	24	26
50	17	20	23	26	28	16	20	23	25	27
70	18	21	24	27	29	17	21	24	26	28
80	18	22	25	28	30	17	21	24	27	29
100	18	22	26	28	31	18	22	25	27	30
125	19	23	26	29	32	18	22	25	28	31
150	19	23	27	30	33	18	22	26	29	31
200	20	24	28	31	34	19	23	27	30	32
250	20	24	28	31	34	19	23	27	30	33
300	20	25	28	32	35	19	24	27	31	34
350	20	25	29	32	35	19	24	28	31	34
400	20	25	29	32	35	20	24	28	31	34
450	20	25	29	33	36	20	24	28	31	34

注：保温材料层的平均使用温度，$t_{mw}=(t_{ge}+t_{he})/2-20$；$t_{ge}$、$t_{he}$分别为采暖期室外平均温度下，热网供回水平均温度，℃。

　　另外，当选用其他保温材料或其导热系数与表1～表4所给出的表格差异较大时，最小保温厚度应按式(17)修正：

$$\delta'_{min}=\frac{\lambda'_m \cdot \delta_{min}}{\lambda_m}$$ (17)

式中：δ'_{min}——修正后的最小保温层厚度，mm；

δ_{min}——表中最小保温层厚度，mm；

λ'_m——实际选用的保温材料在其平均使用温度下的导热系数，W/(m·℃)；

λ_m——表中保温材料在其平均使用温度下的导热系数，W/(m·℃)。

专题三 《地源热泵系统工程技术规范》
GB 50366－2005 修订要点解读*

中国建筑科学研究院　朱清宇　徐　伟　沈　亮

[摘要] 岩土热物性参数作为指导地埋管地源热泵系统设计和应用的关键性参数，一直以来都未能引起人们的重视。然而，随着我国地埋管地源热泵系统研究的不断深入，应用规模的不断扩大，岩土热物性参数的重要性日益凸显出来。如何正确获得岩土热物性参数，并以此指导地埋管地源热泵系统的设计，原《地源热泵系统工程技术规范》GB 50366－2005 中并没有系统的规范和约束。2009 年，在原有规范的基础上，增加补充了岩土热响应试验方法和相关内容，明确指出应采用动态耦合计算的方法指导系统设计，并在此基础上，对相关条文进行了修订。此次修订对正确指导地埋管地源热泵系统的设计和应用具有重要意义。

关键词　动态耦合计算　岩土热响应试验　地埋管地源热泵系统

0 引言

地埋管地源热泵系统是将地下 100m 左右恒温带中的土壤、卵石、岩石和含水层作为热泵系统的"热源"和"热汇"的一种季节性蓄能系统[1]。近年来，得益于国家节能减排的政策支持，以及人们环保节能意识的提高，地源热泵系统工程在我国如雨后春笋般迅速推广开来。在这一背景的推动下，2005 年《地源热泵系统工程技术规范》GB 50366－2005（以下简称《规范》）应运而生。

《规范》自实施以来，对地源热泵空调技术在我国健康快速的发展和应用起到了很好的指导和规范作用。然而，随着地埋管地源热泵系统在我国研究和应用的不断深入，如何设计其地埋管换热系统，《规范》中并没有系统的条文加以约束，致使在实际的地埋管地源热泵系统的设计和应用中，存在有一定的盲目性和随意性。为了使《规范》更加完善合理，统一规范岩土热响应试验方法，科学合理地设计地埋管地源热泵系统，本次修订增加了岩土热响应试验方法及相关内容，在确保系统向地下的冬季取热及夏季排热平衡，以及确保系统高效节能的前提下，明确了应结合岩土热物性参数，采用动态耦合计算的方法指导地埋管地源热泵系统设计，并在此基础上，对相关条文进行了修订。

1 《规范》修订的背景

1.1 地埋管地源热泵系统的广泛应用

地埋管地源热泵系统也称为土壤源热泵系统，由于其较其他形式的热泵系统（如地下水地源热泵系统和地表水地源热泵系统），受地域性和自然条件的影响最小，因而应用的深度和广度也相对较广。在我国，该系统的应用具有以下特点：

1）建筑应用规模大。通过对原建设部公布的 2007 年度和 2008 年度可再生能源建筑应用示范项目统计调查，在 144 个示范项目中，总的地源热泵建筑应用面积为 1578.06 万 m^2，其中土壤源热泵技术占到了总建筑应用面积的 21.36%，为 337.16 万 m^2，仅次于地

---

　*"十一五"国家科技支撑课题资助（课题编号：20070106110131002）

下水源热泵技术[2]。此外，应用地埋管地源热泵系统的单体建筑面积越来越大，甚至大有赶超地下水地源热泵系统的态势，这也成为该技术在我国推广应用的显著特点之一。

2）应用地域广。从我国西北边陲——新疆，至东部沿海省份——江苏、浙江，从我国东北的沈阳，至南端的广东、广西，均有已经建成并投入使用的地埋管地源热泵系统。

3）应用建筑类型多。地埋管地源热泵系统几乎涵盖了各种类型的住宅建筑和公共建筑。其中住宅项目包括经济适用房、商品房小区、高档公寓、别墅与农村住宅建筑；公共建筑中包括政府办公建筑、写字楼、商场、宾馆酒店、会展中心、医院、休闲娱乐度假场所、博物馆、体育场馆等，还有部分工业建筑也使用了地埋管地源热泵系统。

1.2 传统的地埋管地源热泵系统设计方法存在较大缺陷

以往以及目前工程应用中，针对地埋管地源热泵系统的设计方法，往往采用每延米换热量的方法，即根据建筑物的总负荷，按照每延米换热量计算总的地埋管换热器长度。这种设计方法往往来源于设计人员自身的经验或估计，是一种粗犷的、没有依据的经验性设计。

从经典传热学理论而言，地埋管换热器与土壤的传热过程是一个复杂的、非稳态的传热过程，所涉及的时间尺度很长，空间区域很大[3]；此外，对于长期运行的地埋管换热器，冬夏季的换热工况存在一定的差异[4]，需要根据冷热负荷的情况，采取动态耦合的计算分析方法，来确定地埋管地源热泵系统的运行和配置情况，如采取间歇运行方式、混合模式运行等。

而如果沿用上述按每延米换热量计算换热器长度的方法指导设计时，则将地埋管换热器与土壤的传热过程视为一个稳态导热过程，不符合实际情况。该方法之所以能够广泛应用于地源热泵系统的设计中，是由于其方法简单，方便设计。但是，以这样的设计方法实施地埋管地源热泵系统存在很大的隐患，不是过于保守，就是过分大胆。只有通过岩土热响应试验，正确获得岩土热物性参数，将用户端的负荷变化情况与岩土热物性参数耦合计算，以动态的理念来指导系统设计，才能决定该系统能否节能。

1.3 对岩土热响应试验的方法没有统一规定

随着对地埋管地源热泵技术的深入研究和广泛应用，通过岩土热响应试验获得岩土热物性参数来指导地埋管地源热泵系统的设计这一理念，也逐渐被广大的业主方和设计人员所接受。但是，哪些地埋管地源热泵系统需要进行岩土热响应试验，采用何种方法来实施这一试验，通过试验得到的岩土热物性参数又如何指导地埋管地源热泵系统的设计，一直以来没有统一的标准加以规范和限制。仅就岩土热响应试验的方法而言，国内外展开了形式多样的研究。为此，笔者对我国十多个省市自治区、近 60 个开展岩土热响应试验的项目进行了广泛深入的调查[5]。通过调查研究发现，如果没有统一的规范对岩土热响应试验的方法和手段进行指导和约束，则很有可能造成通过试验得到的岩土热物性参数结果不一致，致使地埋管地源热泵系统在应用过程中存在一些争议。鉴于此，为了规范地埋管地源热泵系统的市场行为，为该系统的设计提供统一的指导，就需要在《规范》修订时增加对岩土热响应试验的相关规定和说明。

2 《规范》修订要解决的问题

1）对应用地埋管地源热泵系统的项目，以何种方式来界定该项目是否需要进行岩土热响应试验。

由于随着地埋管地源热泵技术应用建筑类型的不断增加，规模的不断扩大，是否所有的项目都需要实施岩土热响应试验，如何实现差别对待，体现《规范》的灵活性，此次修订需要重点说明。

2）采用何种方法来实施岩土热响应试验。

目前，针对岩土热响应试验的研究在国内外已开展多年，提出的试验方法和试验设备也多种多样。此次修订中，采用何种试验方法，对试验设备又有哪些要求，才能体现《规范》的可操作性，也是重点关注的问题之一。

3）如何利用岩土热物性参数指导地埋管地源热泵系统的设计。

岩土热响应试验最关键的目的就是要获得岩土热物性参数，以动态的计算方法来指导具体的地埋管地源热泵系统设计，从而提高地埋管地源热泵系统运行的经济性和稳定性，规范地埋管地源热泵系统的发展和应用。

3 《规范》修订要点解读

此次修订的主要内容为增加岩土热响应试验相关内容，明确提出采用动态耦合计算的方法指导地埋管地源热泵系统的设计，并由此对《规范》中的相关条文和条文说明进行修改。

3.1 对是否需要实施岩土热响应试验提出了明确的界限

在《规范》第 3 章中，增加第 3.2.2A 条：当地埋管地源热泵系统的应用建筑面积在 3000～5000m² 时，宜进行岩土热响应试验；当应用建筑面积大于等于 5000m² 时，应进行热响应试验。并在附录 C：岩土热响应试验中特别说明，地埋管地源热泵系统的应用建筑面积大于或等于 10000m² 时，测试孔的数量不少于 2 个。

该条文中，应用建筑面积指在同一个工程中，应用地埋管地源热泵系统的各个单体建筑面积的总和。这就涵盖了一些分散的地埋管地源热泵系统项目，如大型的别墅小区，虽然每栋单体建筑独立配置一套地埋管地源热泵系统，但当总的应用建筑面积达到条文中的相关规定时，应当进行相应的热响应试验。

此外，随着近几年地埋管地源热泵系统在我国应用的规模越来越大，应用该技术的项目动辄上万平方米，根据国外对商用和公用建筑应用地埋管地源热泵系统的技术要求，应用建筑面积小于 3000m² 时至少设置一个测试孔进行岩土热响应试验。考虑到我国目前地埋管地源热泵系统应用的特点，并结合国外已有的经验，为了保证大中型地埋管地源热泵系统的安全运行和节能效果，同时也是为了便于业主根据自身项目的特点，更为直观地确定是否需要实施岩土热响应试验，规定采用以应用建筑面积作为是否需要实施岩土热响应试验的划分依据。

3.2 采用放热试验的方法实施岩土热响应试验

就岩土热响应试验而言，最为常用也是应用最为成熟的技术方法，就是采用放热的方法进行试验，即采用向地埋管换热器施加一定加热量，保证一段时间连续不间断的运行，通过对运行数据的采集分析，获得岩土热物性参数。与此相对应的就是取热试验，从土壤中提取热量，通过一段时间连续不间断的运行，分析试验数据得到岩土热物性参数。此次修订采用放热试验方法，而没有对采用取热试验的方法进行详细规定，其原因有下：

1）采用放热试验的方法，技术手段和操作方法应用最为成熟，也有较为完备的数据分析方法，非常有利于岩土热响应试验的实施和推广，这也符合制定规范的主旨：即确保规范能够贯彻实施的同时，增加规范条文的可操作性。

2）岩土热物性参数作为一种物理性质，一般来说，在一定的温度波动范围内，其参数不会有较大波动。因此，在通过不同的试验方法而能够获得近似相同的试验结果时，优先选择较为简便，较易实现的试验方法。

3）就目前对我国在岩土热响应试验开展的研究和调研发现，一些科研院所、高校也相继开发出了进行取热试验的测试设备，但普遍存在设备体积、重量庞大，不适于测试现场较为恶劣的环境；加之目前还没有提出针对取热试验的较为完整、合理的分析方法，测试所得到的数据仅作为参考，并不指导具体的设计。鉴于取热试验这种试验方法尚不成熟，不能形成从测试到分析应用的完整体系，不具备推广应用的条件，因此，在此次修订中，仅提供了采用放热试验方法的详细做法和要求。

4）就采用放热试验而言，仍然存在不同的做法，如采用固定加热功率的试验方法，采用固定地埋管换热器入口温度的试验方法等。通过多次的岩土热响应试验总结以及理论分析，在本次修订中，采取固定加热功率的做法，而不采用其他方法，是因为前者在具体操作过程中最易于实现，只需现场提供一个相对稳定的电源即可；试验数据的分析方法也最为成熟，除了推荐的计算软件外，一些科研院所和高校也开发出对应的分析计算软件均可实现计算要求。因此，采用固定加热功率的试验方法最为人们熟知，对设备的制作要求和控制要求也相对较为简单，有利于岩土热响应试验相关技术和研究的推广应用，同时也能为设计人员、业主等提供一种更为直观的、明了的设计选型的试验依据。

3.3 提供一种地埋管换热器的分析方法

在此次修订中，关于对竖直地埋管换热器的分析，推荐一种理论计算模型[6]，作为利用岩土热物性参数对地埋管换热器分析的数学计算方法。其核心就是强调要结合岩土热物性参数，以动态的方法进行地埋管地源热泵系统的设计和选型。

根据经典传热学理论对竖直地埋管换热器的模型假设，分为线热源模型[7]和圆柱热源模型[8]两大经典理论计算模型。这两种模型由于假设条件的不同，从而建立的数学模型也有所不同。但这两种模型都可作为对竖直地埋管换热器分析的数学工具。从《规范》本身的性质而言，制定的目的，是为了规范、指导从事本行业人员和单位的技术行为、工程行为，而非学术讨论文章，对两种方法的利弊加以权衡，确定一种更为可行的方法。因此，修订中推荐一种对竖直地埋管换热器的分析计算方法，一方面增加《规范》的实用性，可以根据《规范》中推荐的分析方法辅助地埋管地源热泵系统的设计，或利用该方法的原理，开发相应的模型计算和设计软件；另一方面，推荐但不局限于一种算法，也确保了《规范》的灵活性和可操作性。

3.4 细化地埋管换热器设计参数

在此次修订中，较为关键的一条，是增加第4.3.5A条，关于冬夏两季对地埋管换热器设计进出口温度的限定。其中要求：夏季运行期间，地埋管换热器出口最高温度宜低于33℃；冬季运行期间，不添加防冻剂的地埋管换热器进口最低温度宜高于4℃。

增加此条款的目的是为了确保地埋管地源热泵系统的高效运行。然而，在针对此条款的实际操作过程中，存在的主要困难是：由于南北气候差异，地埋管换热器夏季出口温度的限制在我国北方地区普遍能够达到规范要求，而南方地区则存在一定的困难；地埋管换热器冬季进口温度限制在我国南方地区普遍能够满足，而在我国北方，尤其是在东北地区难以实现。为此，对此条款严格程度要求的用词，采用了"宜"，目的就是在确保地埋管地源热泵系统运行高效的前提下，尽可能满足对温度限值的要求。

此外，此次修订后的《规范》还提出了一套较为完整的岩土热响应试验方法和步骤，并对试验内容和提交试验报告应当涵盖的方面均给出了明确的规定。丰富了《规范》的内容，增强了《规范》的约束性和可操作性。由于对应的条文说明中已有较为详细的说明，本文不再赘述。

4 结语

此次修订，不仅是对现有地埋管地源热泵系统的完善，同时也是对该技术应用推广的一次总结：

1）地埋管地源热泵系统的应用，应当遵循因地制宜这一大的原则，根据当地地质条件，气候特征适度开展；

2）地埋管地源热泵系统适用于低能耗、低密度的建筑，不仅能够满足用户的供暖空调，甚至生活热水需求，而且其节能环保的效益也能得到极大的体现；

3）应根据不同气候地区的供暖空调特点，按照地埋管换热系统的换热特性进行设计，确保供暖空调系统的高效节能。

此次修订是基于地埋管地源热泵系统在我国快速发展应用的背景，旨在完善地埋管换热系统勘察、前期设计，指导地埋管地源热泵系统方案选择、深化设计。增加了岩土热响应试验方法及相关内容，汲取国外好的经验，立足我国国情，充分吸纳本行业各个单位好的意见和建议，对正确指导地埋管地源热泵系统的设计和应用，规范行业市场，完善标准体系具有十分重要意义。

参考文献

[1] 汪训昌. 以科学发展观规范地源热泵系统建设[J]. 制冷与空调，2009，9(3)：15-21.

[2] 徐伟. 中国地源热泵发展研究报告[M]. 北京：中国建筑工业出版社，2008：4-5.

[3] 方肇洪. 地热换热器的传热分析[J]. 工程热物理学报，2004，25(4)：685-687.

[4] 赵军. U型管理地换热器长期性能的实验研究与灰色预测[J]. 太阳能学报，2006，27(11)：1137-1140.

[5] 朱清宇. 岩土热物性参数测试的研究及应用[J]. 暖通空调，2008，38(增刊)：206-209.

[6] 吕晓辰. 地埋管换热器和周围岩土的传热分析及工程设计应用[J]. 暖通空调，2008，38(增刊)：201-205.

[7] Zeng H Y. A Finite Line-Source Model for Boreholes in Geothermal Heat Exchangers[J]. Heat Transfer-Asian Research，2002，31(7)：558-567.

[8] Ingersoll L R，Plass H J. Theory of the ground pipe heat source for the heat pump [J]. ASHVE Transactions 47：339-348.

专题四　地面辐射供暖系统的室温调控及混水调节

中国建筑西北设计研究院　陆耀庆

1　地面辐射供暖方式的特点及存在的问题

　　节约能源是我国的基本国策，是建设节约型社会的根本要求。因此，进一步提高采暖系统的能源利用效率，降低建筑能耗，是实现国家节约能源和保护环境的长期战略部署。

　　地面辐射供暖系统，以整个室内地面作为散热表面，辐射传热比例占50％以上，因此，形成了下列许多特点：

　　◆ 在热辐射的作用下，围护结构内表面和室内其他物体表面的温度，都比对流供暖时高，人体的辐射散热相应减少，人的实际感觉比相同室内温度对流供暖时舒适得多。

　　◆ 由于直接满足了辐射负荷，室内空气的流动速度处于自然通风水平，因此能创造舒适度优于其他供暖和空调系统的热舒适环境。

　　◆ 室内空气没有强烈的对流，空气的流动速度很低，不会像对流供暖那样导致室内尘埃飞扬，影响卫生。

　　◆ 供暖时室内的垂直温度梯度很小，不仅舒适性提高；而且，围护结构上部的热损耗减少，供暖效果优于对流供暖。

　　◆ 室内没有散热器，不仅不占建筑面积与空间，便于布置家具和悬挂窗帘；而且，也不会污染（熏黑）墙面。

　　◆ 便于实现"热改"要求的"按户热量（费）计量（分摊）"。

　　◆ 由于有辐射强（照）度和温度的综合作用，供暖负荷可减少约15％左右；不仅节省能耗，而且初投资与运行费用都相应减少。

　　◆ 供水温度一般为40～60℃，为利用低温热水、废热等创造了条件。

　　◆ 能适应和满足房间任意改变分隔的需要。

　　◆ 既能供暖，又可供冷；如与置换通风或常规新风系统相结合，可实现温、湿度独立控制。

　　地面辐射供暖系统由于所具有以上诸多特点，特别是它在节能与环保方面所具有的突出优势，因此，得到了人们普遍的青睐。

　　为了改善我国北方严寒和寒冷地区居住建筑的室内热环境，进一步提高采暖系统的能源利用效率，降低居住建筑的能源消耗，在有条件的居住建筑中推广应用地面辐射供暖方式，无疑是非常适宜的。因此，本标准中明确提出：室内具有足够的无家具覆盖的地面供布置加热管的居住建筑，宜采用低温地面辐射供暖方式进行采暖。

　　值得提出的是：国内众多已建成使用的地面辐射供暖工程，在调查中我们发现，普遍存在"一高"、"一低"两个有悖于节能和环保的现象：

　　"一高"，是指供暖时室内的实际温度普遍太高，存出过热现象；

　　"一低"，指的是热源和热网的设计供水温度普遍过低。

　　由于缺乏节能意识，当供暖系统出现室内温度过高现象时，通常很少会受到指责；相反，有时还会认为是设计得"好"。因此，"一高"问题常常被人们忽视。

为了确保地面辐射供暖方式得到科学、合理和正确的发展，充分发挥其节能与环保优势，为节约建筑能耗和保护环境作出应有的贡献，本标准在修编中，针对"一高"、"一低"现象，强调并提出了在设计中认真贯彻"室内温度自动调控"及对"系统供水进行混水调节"两个理念。

2 室温自动调控是实现采暖节能的重要途径

调查结果显示，国内采用地面辐射供暖的建筑物，都不同程度地存在室温过高的现象。在数九寒天里，室温超过 25～28℃ 的实例并不罕见。这不仅浪费大量能源，实际上也给用户造成了极不舒适的环境。

出现以上现象的原因很多，但主要的问题在于：

（1）有些工程项目，未经正规设计，而是由并不具备设计资质的施工单位进行"总承包"；采暖负荷多数是根据"热指标"进行估算，加热管的铺设间距根据"经验"确定。

（2）虽然进行了各房间采暖负荷的计算，但并没有进一步严格地根据供回水温度、室内采暖设计温度、加热管的铺设间距等条件科学地计算确定地板的向上散热量与向下热损失，以及需要铺设加热管的长度；因此，实际上"负荷计算"与"加热管布置"成了"两张皮"。

（3）除个别项目外，所有地面辐射供暖工程几乎都没有设计与安装室温自控装置；大部分只是在加热管的始、末端各设置一个球阀。

不难看出，这些问题几乎都是人为因素所造成，并非地面辐射供暖方式所固有的；而且，在国家有关法规、标准、规范及规程中，对这些问题都已作了相应的规定，只要相关部门严格、认真的地加强管理，问题即可迎刃而解。

目前的关键问题是要让人们认识室温自动调控的必要性与重要性。

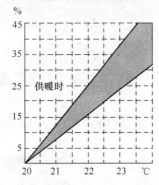

图 1 每提高或降低 1℃ 能量成本的变化率

室温设定值的高低，不仅影响室内热环境品质的好坏；而且，还隐含着系统及设备效率的降低，以及由此而引起的能源消耗的增加。由图 1 可以看出，室温每提高或降低 1℃ 对能耗就有较大的影响，不能等闲视之。

在实际运行过程中，由于客观情况不断地随机变化，例如：采暖设计负荷都是根据"采暖室外计算温度"计算确定的。所谓"采暖室外计算温度"，它是按照累年室外实际出现的较低的日平均温度低于日供暖室外计算温度的时间，平均每年不超过 5 日的原则统计出来的。而实际上室外的空气温度，不仅时刻不停地随机发生改变，而且，在大多数时间里，它总是高于"采暖室外计算温度"。因此，采暖的实际负荷与设计负荷之间，不但始终会存在有偏差，而且，几乎总是前者小于后者，因此，室内将会越来越热。

同时，室内会时刻不断地获得"自由热"，如阳光照射、炊事、照明及其他电器设备等应用过程散发出热量，其结果将使室温逐渐升高。由于人们不可能随时通过调节而相应地减少采暖设备向室内提供的热量，因此，其结果只能是室温越来越高。

这些问题都是通过手动调节难以解决的。如果设置了室温自动调控装置，情况就完全不同了。因为，只要室内温度高于设定值，室温自动调控设备不但能及时发现这一变化，而且，还能尽快作出反应，减少向室内提供的热量，从而避免出现过热现象。

由此可见，室温自动调控是实现建筑节能不可缺少的一项重要措施。为此，本标准修订时，明确地提出了："设计低温地面辐射供暖系统时，宜按主要房间划分供暖环路，配置室温自动调控装置"的要求。

3 "分室控温"是实现"按户热量(费)计量(分摊)"的基础

从理论上讲，由于供给建筑物的热量，是所有用户共同消耗的，因此，该建筑物所消耗的热费，理应由建筑物内的全体用户共同来承担。这意味着在同一栋建筑物内的用户，如果采暖面积相等，在相同的时间内，若保持基本相同的室内热环境和舒适度，则应缴纳相同数量的热费。不过，由于采暖的特殊性，它无法精确地计量各用户实际的用热量；因此，收费的合理性只是大致的、相对的。

在"两部制"热价结构的条件下，建筑物应支付的总热费，等于基本热费与热量热费之和。基本热费是一种固定的费用，不论用户用热与否，都必须缴纳。而热量热费则属于可变费用，它取决于用户用热量的多少。

我国"热改"政策中就明确指出其目的在于：

◆ 激励并提高人们的节能意识，提倡和促进"行为节能"的发展；

◆ 合理的设定、调控和保证室内热环境质量，在满足个性化要求的前提下，节省能源的消耗量；

◆ 确保采暖费用的分摊，保持相对的公平、合理；

◆ 提供对供热单位在供热质量和数量方面实现监督、结算的可能性。

为此，新标准里贯彻了以下观点：

◆ 建筑物的每个采暖热力入口必须设置楼前热量表，作为与供热单位进行结算的依据。

◆ 允许楼内采用各种热费分摊方法。

◆ 采暖系统形式可以多样化。

实现室温自动调控的模式很多，但从本质上来说，可划分为两种类型：一种是电热（动）式：通过分水器上的内置恒温阀与电热执行器来设定与控制每个房间的温度，如图2所示。

图2的方式是在各个房间设置温控器，用以设定与测量室内温度，并通过集线盒与电热执行器相连，通过电热执行器的工作，

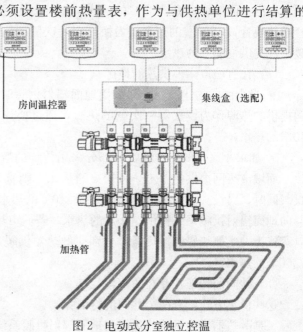

房间温控器　　集线盒（选配）

加热管

图2　电动式分室独立控温

开启或关闭集水器支路上的温控阀。对于大空间或大面积建筑来说，也可以只设1~2个温控器，然后，通过集线盒与电热执行器相连，实现"一对多"的控制。另外，也可以不设集线盒，即房间温控器直接与电热执行器相连接，实现"一对一"的控制。如果取消连接线，改用带无线发射功能的温控器，则可通过无线电接收器再与电热执行器相连接，实现无线控制。

另一种是自力式：通过设置于各个房间加热管路上的自力式恒温控制阀来设定与控制每个房间的温度如图3所示。

为了减少投资，也可以采用分户温控（室温整体控制）系统，即每户

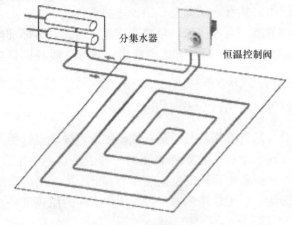

图3　自力式房间温控器

只设一个电动阀或电热阀，在户内选定一个房间（标准间）安装温控器，通过它设定和测量房间温度，并控制电动阀或电热阀的启闭动作。

4　地面辐射供暖系统的供热方式及存在的问题

地面辐射供暖系统的供热方式，通常有以下几种：

（1）在没有城市集中供热的地区

◆ 当小区内的建筑物全部采用地面辐射供暖时，由小区锅炉房直接提供≤60℃的热水；

◆ 如果小区内的建筑物，一部分采用传统的散热器供暖，另一部分采用地面辐射供暖，则由小区锅炉房提供95℃的热水，直接作为散热器供暖系统的热媒；同时，另设一套换热装置，以95℃的热水作为换热器一次侧的热媒，通过换热器换热后向地面辐射供暖系统提供≤60℃的热水。

（2）在有城市集中供热的地区

◆ 当小区内的建筑物全部采用地面辐射供暖时，通常在小区内设换热站，以城市热网提供的热源作为换热器一次侧的热媒，通过换热器换热后向地面辐射供暖系统提供≤60℃的热水；

◆ 如果小区内的建筑物，一部分采用传统的散热器供暖，另一部分采用地面辐射供暖，而城市热网提供的是95~110℃的热水，则直接引入小区作为散热器供暖系统的热媒。同时，另设一套换热装置，以95~110℃的热水作为换热器一次侧的热媒，通过换热器向地面辐射供暖系统提供≤60℃的热水。若城市热网提供的是蒸汽，则小区内应设两个以蒸汽为一次侧热媒的换热器，分别向散热器供暖系统和地面辐射供暖系统提供95℃和≤60℃的热水。

（3）共同的特征及存在的问题

这些供热方式，有两个共同的特征：

一是散热器供暖系统的热媒与地面辐射供暖系统的热媒由不同的热网分别进行输送；

二是室外热网为地面辐射供暖系统输送的都是≤60℃的热水。

这些供热方式，存在着下列一些致命的问题，如：冷热不匀现象；"大流量、小温差"的运行方式；循环水量、输送管道的直径、输送管道的数量、输送能耗及初投资都大。其结果是无效能量损失大，热网输送效率低；从而削弱了地面辐射供暖系统的节能优势。

5　热源直接向地面辐射供暖系统提供≤60℃的热水的方式是不可取的

由于我国《采暖通风与空气调节设计规范》GB 50019 - 2003 及《地面辐射供暖技术规程》JGJ 142 - 2004 都明确规定："地面辐射供暖系统的的供水温度不应大于 60℃"。有些国外资料如美国的 ASHRAE Handbook 2005 和日本的《温水地板辐射供暖设计施工手册》也有类似规定。

由于对限制供水温度的真正涵义缺乏深层次的理解，因比一般都认为："采用地面辐射供暖的小区，热源理应直接制备及提供≤60℃的热水，作为室内地面辐射供暖系统采暖热媒"。

通过查证、分析与核实，我们发现之所以作出："供水温度不应大于 60℃"这样的规定，主要原因在于：

（1）确保建筑结构的安全性

《混凝土结构设计规范》GB 50010 中明确规定："温度超过 60℃时，计算需要的混凝土强度值应提高 20％"。这意味着混凝土的温度高于 60℃时，如不对混凝土的设计强度进行相应的折减，则对建筑结构来说就存在着安全性隐患。

由于加热管与混凝土之间还存在一定的热阻，因此，等价地规定"供水温度不应大于 60℃"，已经比较安全了。

（2）保证室内的热环境质量并避免造成炙烤与灼伤

地面辐射供暖与传统散热器供暖的最大差别，主要在于热量是通过辐射方式传递给人体（物体），而不是以空气为载体通过对流方式交换热量。因此，在地面辐射供暖系统中，需要控制的不是空气温度，而是"平均辐射温度"（MRT）。

通常，可以近似地认为平均辐射温度 MRT（℃）等于房间围护结构内表面的面积加权平均温度，即

$$MRT = \frac{A_1 t_1 + A_2 t_2 + \cdots\cdots + A_n t_n}{A_1 + A_2 + \cdots\cdots + A_n}$$

式中：A_1、A_2、A_3……A_n——围护结构的面积，m^2；

t_1、t_2、t_3……t_n——围护结构的表面温度，℃。

采用地面辐射供暖方式时，室内的地面就是供暖系统的散热面。因此，平均辐射温度的高低，从现象上看是取决于室内围护结构的表面温度；而实质上关键的因素是地面平均温度。而地面平均温度的高低，又与系统供水温度的高低密切相关；所以，控制地面辐射供暖系统的供水温度远比控制室内空气温度更为重要。

同时，地面表面温度的高低，还与是否会对人体形成炙烤感以及发生灼伤有密切关系。ASHRAE Handbook 2005 给出了下表所示的避免炙烤、灼伤与伤害的极限表面温度。

避免炙烤、灼伤与伤害的极限表面温度（℃） 表1

材料	接触时间（min）				
	1/60	10/60	1	10	480
金属、水	65	56	51	48	43
玻璃、混凝土	80	66	54	48	43
木	120	88	60	48	43

多年前，Moritz 和 Henriqes 等以人的皮肤为对象、接触温度44～46℃、接触时间3～6s为条件，进行炙烤发生实验；得出了如图4所示的温度、时间与发生炙烤之间的关系。结论是：地面的表面温度＜44℃时，比起壁厚方向的炙烤来，体细胞的新陈代谢速度较快，不会形成炙烤。也就是说，44℃是不炙烤的极限温度。

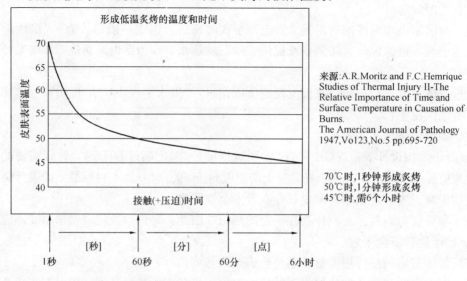

来源:A.R.Moritz and F.C.Hemrique Studies of Thermal Injury II-The Relative Importance of Time and Surface Temperature in Causation of Burns.
The American Journal of Pathology 1947,Vo123,No.5 pp.695-720

70℃时,1秒钟形成炙烤
50℃时,1分钟形成炙烤
45℃时,需6个小时

图 4　温度、时间和发生炙烤间的关系

注："模拟足"是测定闭塞温度的一种装置。在人体与地板面相接触时，因热聚集而温度升高，这种温度称作"闭塞温度"。

日本三菱公司利用"模拟足"进行实验，得出的结论如下：热水入口温度60℃、房间温度22℃时，地板温度36.9℃，闭塞温度为41.6℃。由于低于42℃，考虑为不炙烤。

HVAC GUIDE 1957（Chapter 23 Panel Heating）中早就指出：埋管顶棚的表面温度不宜高于120°F（48.9℃），通常，可以通过限制供水温度不超过140°F（60℃）来保持。

上述各项资料的结论非常接近，归纳起来可以形成：确保舒适并避免出现"炙烤"的地面表面温度应保持低于44℃；而对应的安全供水温度应保持≤60℃。

（3）确保管材的安全使用年限

辐射供暖系统的加热管，可采用热塑性塑料管、铝塑复合管或铜管，在我国出于对"性价比"的综合考虑，应用较为普遍的是热塑性塑料管。

塑料管材的基本荷载形式是内液压，而它的蠕变特性是与强度（管内壁承受的最大应力，即环应力）、时间（使用寿命）和工作温度密切相关的。温度和压力越高，使用寿命就越短；反之，使用寿命就越长。在一定的工作温度下，随着要求强度的增大，管材的使用寿命将缩短。在一定的要求强度下，随着管材工作温度的升高，管材的使用寿命将缩短。

由德国 DIN 16833 标准中提供的耐热聚乙烯（PE-RT）管材的技术数据可知：当要求强度为 4.2N/mm² 时，如果工作温度为 60℃，其使用寿命可达 50 年；但当工作温度升高至 70℃时，其使用寿命将下降至仅 10 年左右。

由此可见，为了确保塑料管材工作在合理、恰当并适宜的应用范围之内，地面辐射供暖系统的供水温度也不应大于 60℃。

6 "混水降温"是克服"一低"的有效途径

在前文中，我们对规定："地面辐射供暖系统的供水温度不应大于 60℃"的必要性与重要性已作了介绍，充分说明了作出这样的规定是完全正确的。

通过进一步分析与思考可以发现，其实规范与规程所限制的只是室内"地面辐射供暖系统的供水温度"，它并没有涉及热源和热网的供水温度。因此，我们大可不必"作茧自缚"，硬把热源与热网的供水温度毫无根据的纳入至上列限制之中。

正因为此，近年来在地面辐射供暖领域里，国际上正在推广应用"混水降温技术"。混水降温的途径，是通过将地面辐射供暖系统的回水（二次回水）混入≥60℃的高温供水（一次供水），获得≤60℃的低温热水（二次供水），作为地面辐射供暖系统的供水；其技术核心是通过对温度的控制，调节改变一次供水（95℃＞t＞60℃）与二次回水（t≤50℃）的混合比例，确保混合水温≤60℃。

采用混水降温技术，能获得以下收获：

◆ 一次供水温度最高允许提升至≤95℃；

◆ 提高能源利用效率，节约能源消耗；

◆ 控温响应速度快，温度控制精度高，偏差可保持在±1～3℃；

◆ 安全可靠有保证：可配置限温式保护器，保持供暖系统水温高于最高值（如 55℃）与低于最低值（如 35℃）时，水泵自动停止运行；

◆ 如配带气候补偿功能，能实现室外空气温度，供暖系统供、回水温度及室内温度的整体性联合控制；

◆ 热舒适环境得到有效的改善。

混水降温技术的应用，彻底改变了由热源和热网直接输送≤60℃热水的不合理现状；并在确保供暖系统始终处于安全、节能、舒适的状态下，有效地克服"一低"现象。

为此，在本次标准修订中，增加了第 5.3.7 条和第 5.3.8 条两条规定，既明确规定采用地面辐射供暖系统时："户（楼）内供水温不应超过 60℃"；并且限定："锅炉或换热站不宜直接提供温度低于 60℃的热媒"。同时，还规定："当外网提供的热媒温度高于 60℃时，宜在各户的分集水器前设置混水泵，抽取室内回水混入供水，以降低供水温度，保持其温度不高于设定值"；而且，还明确了："混水装置也可以设置在楼栋的采暖热力入口处"。

混水降温装置，国外普遍称为"温控中心（Water-Mixing Temperature Control Center For Floor Heating Systems）"，通常有以下几种类型：

（1）恒温控制阀型混水装置

温控阀型混水装置，应用两通或三通恒温控制阀，作为控制混水调节的主要元件。由于受温控阀规格的限制，一般只适用于供暖面积不超过 $200m^2$ 的房间。恒温控制阀简称温控阀，根据应用温控阀形式的不同，可组成下列两种不同的混水装置：

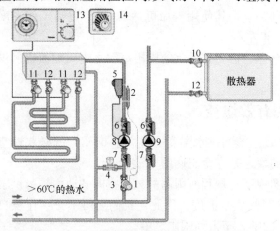

图 5　两通温控阀型混水装置
1—温控阀阀头；2—温度传感器；3—阀体；4—旁通调节阀；5—超温保护器；6/7—球阀；8/9—水泵；10—散热器温控阀；11—电动调节阀；12—锁闭阀；13—可编程恒温器；14—远程设定型恒温阀阀头

1）两通温控阀型混水装置

两通温控阀型混水装置的工作原理如图 5 所示：温控阀 1 的远传温度传感器 2 设置在循环水泵 8 的出水管上，对混合水温度的监测，温控阀 1 根据实测与设定值的偏差，相应的改变其开度，以调节流入高温水的流量，确保供暖系统的供水温度不超过设定值。

为了提高系统安全方面的可靠性，在循环水泵的出水管上，设置了超温保护器（安全温度开关）5，一旦混合水温超过设定值，循环水泵 8 的电源将立即被切断，使水泵停止工作，以确保高于设定值的热水不会流入系统。

需要指出的是：在系统初运行时，应先将温控阀 1 设定为地面辐射供暖系统所要求的供水温度，并将旁通阀 4 全部开启，如供水温度未上升到设定值，则可将旁通阀逐渐关小，直至达到设定温度为止。

2）三通温控阀型混水装置

当供水温度与供暖系统的要求水温不一致时，三通调节阀可以根据所要求的水温通过对混水量的调节，获得所需要的供水温度。

三通调节阀有合流阀与分流阀的区别，其应用方式可分为如图 6 所示的四种形式：

对室内供暖系统来说，图 6 中的（a）、（b）为质调节，（c）、（d）则为量调节。

三通温控阀型混水装置，就是应用上述三通调节阀的混水功能组成的一个温度控制装置。图 7 所示这种装置的形式之一。

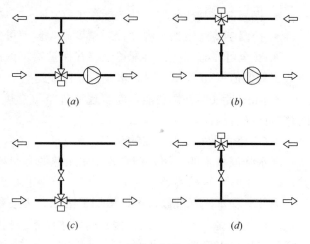

图 6　三通调节阀的应用形式
（a）用于合流的合流阀；（b）用于合流的分流阀；
（c）用于分流的合流阀；（d）用于分流的分流阀

本装置的循环水泵 2 设置在供暖系统的供水管上，通过它抽吸热网供应的高温水和室内供暖系统的回水，经三通温控阀 1 混合后流入室内供暖系统。在三通温控阀的温度控制器上，可以设定供暖系统的供水温度，由远传温度传感器（图中未绘）测量高温水与供暖

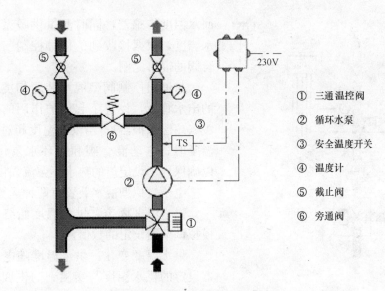

① 三通温控阀

② 循环水泵

③ 安全温度开关

④ 温度计

⑤ 截止阀

⑥ 旁通阀

图 7 三通温控阀型混水装置

系统回水混合后的实际温度，通过与设定值比较后，调节三通温控阀的混合比。当测量温度高于设定值时，减少高温水的流量，增大旁通回水量；反之，若低于设定值时，则增大高温水的流量，减少旁通回水量，从而保证地面辐射供暖系统的供水温度始终不超过规定的最大值。与应用两通温控阀时一样，在循环水泵的出水管上，设置了安全温度开关（超温保护器）3，以确保高于设定值的热水不会流入系统。

应该注意的是当系统的上游还存在有压头、前端还有循环水泵时，在地面辐射供暖系统的回水端应设置电动两通阀；以便在安全温度开关切断水泵电源时，电动两通阀也同时关闭，防止高温热水进入地面辐射供暖系统。

两通温控阀型混水装置的优点是结构简单，初投资费用低廉。缺点是：

◆ 不参考室外温度与回水温度，调节不能完全正确地与室内负荷相匹配；

◆ 热量的变化与水量并不呈线性比例关系，注流流量较难平衡；

◆ 纯粹的比例式调节，温差波动较大。

三通温控阀型混水装置，在热量输出方面，与两通温控阀型混水装置类似，同样未考虑系统负荷的变化情况，但由于它是混合流量，而两通温控阀则是注流流量，因此，更易于控制，温差波动也更小。

（2）电子模拟混水装置

电子模拟型混水装置的主要部分是电子模拟调节器，在它的控制下，通过三通阀对混合水量的调节，实现对供水温度的控制，使其始终保持为设定值。

调节器的控制部分，一般应具有以下功能：

◆ 液晶屏显示：设定的供水温度、实测的供水温度、计算出的供水温度、混合阀和电动执行器的工作状态。

◆ 供水温度选择器。

◆ 回水温度传感器"开/关"选择器。

◆ LED 指示灯显示：混合阀工作状态、水泵工作状态和超过安全温度状态。

电子模拟型混水装置的控制原理如图 8 所示：电子模拟调节器通过供水温度传感器和

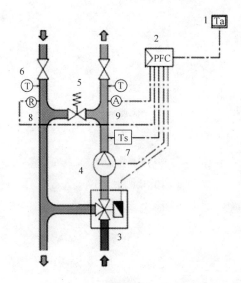

图 8 电子模拟型混水装置

1—室内温控器；2—模拟调节器；3—电动混合阀；
4—循环水泵；5—压差旁通阀；6—温度计；7—安全
温度开关；8—回水温度传感器；9—供水温度传感器

回水温度传感器，同时测量供暖系统的供、回水温度，根据接收到的信号控制三点式电动混合阀的混水比例。

与恒温控制阀型混水装置相类似，在水泵的出水管上，设置了起保护作用的安全温度开关（超温保护器）；当供水温度超过设定的安全温度时，电动混合阀和循环水泵将自动关闭，以确保高于设定值的热水不会流入供暖系统。

电子模拟型混水装置有两种运行方式：

供水温度固定：供水温度始终保持为电子模拟调节器设定的数值。

供水温度变化：供水温度随电子模拟调节器设定的供水温度与实测到的供回水温度（如有其他室内或室外热源温差的变化而改变）。当温差较小时，供水温度则低于设定温度；反之，当温差较大时（比如初供暖阶段），供水温度则高于设定温度。这种控制温差的方式能更加准确地接近系统所需的热负荷。

（3）气候补偿型混水装置

气候补偿型混水装置既适用于地面辐射供暖系统，也适用于地面辐射供冷系统。图 9 所示是一种气候补偿型混水装置的工作原理图。

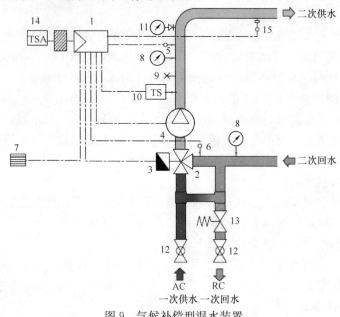

图 9 气候补偿型混水装置

1—气候补偿调节器；2—三通调节阀；3—三点式电动执行器；4—三速水泵；5—供水温度传感器；6—回水温度传感器；7—室外温度传感器；8—温度计；9—泄水阀；10—安全温度开关；11—压力表；12—压差旁通阀；13—水力分压组件；14—带室内温度远传传感器的调节器；15—最大相对湿度限制器（供冷时应用）

气候补偿调节器还与装置在二次供水管上的安全温度开关 10 相连，当出现二次供水温度高于设定的安全温度的情况时，三通调节阀和循环水泵将自动关闭，确保高于设定值的热水不会流入系统。

气候补偿型混水装置另一个特点是设置了水力分压组件 13。水力分压组件的功能是将一、二次系统进行水力分压，使高温水系统与地面辐射供暖系统实现相对独立的运行。两个系统之间只实现热量交换，流量的运行只根据自身系统循环泵的特征。

水力分压能优化一、二次系统的工作，防止一次系统流量变化时对二次地面辐射供暖系统造成影响。这样，每一个分支系统的流量只取决于自身系统和水泵的特性，避免了水泵串联带来的水力不均现象。

水力分压组件内置的压差旁通阀有利于一次系统的循环，以及控制一次系统使用了自动温控时升高的压差。压差旁通阀安装在一次系统回水管上，其阀芯的压力损失有利于一次系统水顺利进入高温采暖/低温制冷末端；同时，支路使用了恒温阀或热电执行器自控时，它能控制一次系统的压差。压差旁通阀为定值压差，压差值通常为 10kPa。

最大相对湿度限制器 15 只是在采用地面辐射供冷时需要，目的是防止在供冷状态下，因相对湿度过大而导致地面产生结露。相对湿度控制器能在相对湿度达到结露点时介入，控制器设定在相对湿度 80%～85%，当相对湿度达到设定值时，控制器将使循环水泵和三通混合阀关闭。

（4）带混水罐的混水装置

应用混水罐的混水装置的形式，取决于三通调节阀的形式（见图 6）如图 10 所示。混水罐的内部分为高温区、低温区及中部的水力过渡区。该罐可立式安装，也可卧式安装。

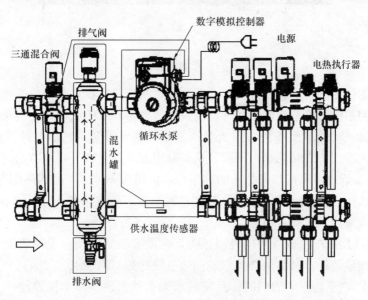

图 10　应用混水罐的混水装置

这种系统具有下列特点：

◆ 结构简单，不需要调试，管理方便；

◆ 一个混水罐可以连接几个对温度和流量有着不同要求的用户；

◆ 一次网与二次网各自独立运行，互不干扰，管网的水力稳定性得到了改善；

◆ 能较大幅度的降低输送能耗。

（5）楼前混水装置

以上介绍的混水装置形式，多数是针对装置在各用户的分集水器之前的原则进行配置的。因此，服务的最大供暖面积一般都在200m²左右。

对于多层和高层建筑，采取按户配置混水装置的方式，当然非常理想，但是，必然带来初投资增加的后果。为了既节省初期投资、又可以克服"一高"现象，在条件适宜时，采用楼前混水将更加合理。为此在新标准中明确规定："混水装置也可以设置在楼栋的采暖热力入口处"。

楼前混水，可以通过不同的调控形式来实现；如图11所示是楼前混水装置的一种形式。它应用两通电动调节阀，通过对一次回水量的调节，实现保持二次供水温度为设定值的目的。

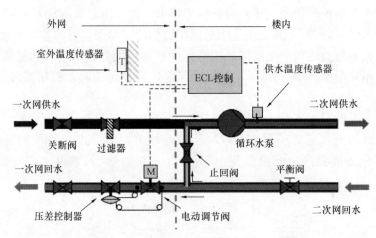

图11　楼前混水装置

由于传统的供热管网系统设计，基本上都是枝状布置，在热源处或换热站内设置循环水泵，根据管网系统的流量和最不利环路的阻力选择循环泵的流量、扬程及台数；管网系统各用户末端设手动调节阀或自力式流量控制阀等调节设备，以消耗掉该用户的剩余压头，达到系统内各用户之间的水力平衡。这种输配方式，存在下列致命的问题：

◆ 供热系统近端（靠近热源处）的热用户，资用压头过多，远端热用户则压力太低；为了满足近端热用户循环流量，必须设置流量调节阀，将多余的资用压头消耗掉。因此，无法避免产生大量的无效能量损失。

◆ 由于近端热用户出现过多的资用压头，在没有很好的调节手段的情况下，很难避免近端热用户流量超标；其结果必然形成供热系统冷热不均现象。

◆ 在出现冷热不均现象的同时，系统的末端必然出现供回水压差过小，即热用户资用压头不足的现象。为改善供热效果，往往采用加大循环水泵的作法，从而使供热系统循环流量超标，进而形成大流量小温差运行方式。

◆ 由于无效能量损失多，因此，供热系统的能效水平低。

设置楼前混水装置，它不仅能取得与各用户装置混水装置同样的节能效果；而且，还有助于克服热网运行中长期以来存在的上列问题。

采暖系统系实行竖向分区的高层建筑，采用楼前混水方式时，应充分考虑并采取可靠的措施，防止高区水静压力传递至低区的问题。

本宣贯材料的编写，参阅与摘引了不少企业，如意大利卡莱菲公司 Caleffi、德国曼瑞德公司-Menred、丹麦丹佛斯公司-Danfass 的内部技术资料，在此向他们表示诚挚的谢意。

参考文献

[1] 陆耀庆. 实用供热空调设计手册[M]. 北京：中国建筑工业出版社，2008.

[2] ASHRAE 2005 ASHRAE Handbook - Fundamentals Chapter 8[M/CD]. American Society of Heating，Refrigerating and Air - Conditioning Engineers，Inc，2005.

[3] 日本地板供暖工业协会编辑出版.《温水地板供暖系统设计施工手册》[M]（2000 年第三次修订版）.

专题五　热水采暖系统的水质要求及防腐设计

中国建筑西北设计研究院　陆耀庆

1　概述

　　热水采暖系统的水质，与采暖系统的热效率、使用寿命和安全运行等有着密切的关系；所以，欧洲及北美诸国，对采暖系统的水质问题普遍十分重视，很早就都制定了严格的标准和规定。由于实行了科学管理，因此，能源利用率高、环境保护好、设备和管网的寿命长，一般都在 30~50 年左右。

　　多年来在涉及采暖系统的水质和水处理时，我国暖通设计人员大都只能参考引用下列标准：

　　(1)《工业锅炉水质》GB/T 1576 - 2008：本标准除了悬浮物、总硬度、含油量指标之外，与供暖直接相关的水质要求是：炉外化学处理时，给水 pH（25℃）≥7、溶解氧≤0.1mg/L；锅水 pH（25℃）＝10~12，并规定额定功率＜4.2MW 的承压锅炉和常压热水锅炉应尽量除氧；额定功率≥4.2kW 的承压热水锅炉应除氧。

　　(2)《射频式物理场水处理设备技术条件》HC/T 3729 - 2004：密闭式水循环系统应符合下列水质要求：酸碱度 pH ＝7.5~9.5；总硬度（以 $CaCO_3$ 计）≤700mg/L；总碱度（以 $CaCO_3$ 计）≤500mg/L；铁细菌≤100 个/mL；含 Fe^{2+} ≤1.0mg/L。同时要求当系统中 Cl^{-1}、SO_4^{2-} 含量分别大于 100mg/L 或 $Cl^- + SO_4^{2-}$ ＞300mg/L 时，特别是系统材质为不锈钢、铜合金时，应控制其含量。

　　(3)《城市热力网设计规范》CJJ 34 - 2002：规定了以热电厂和区域锅炉房为热源的热水热力网，补给水水质应符合下列要求：悬浮物≤5mg/L；总硬度≤0.6mmol/L；溶解氧≤0.1mg/L；酸碱度 pH ＝7~12。

　　以上这些标准和规范，所涉及的实际上都是以热电厂和区域锅炉房为热源的一次热水热力网水质的要求。密闭式循环冷却水标准又不完全符合采暖系统水质的需要，《城市热力网设计规范》CJJ 34 - 2002 则仅仅对补充水的水质提出了要求，而对热网运行水质没有作出具体规定。因此，对采暖系统来说，由于缺乏针对性，所以仅能参考应用而已。

　　热水集中采暖系统包括与热源间连接的二次水采暖系统以及与锅炉房直连的采暖系统的水质、水处理，并涉及供热采暖系统包括锅炉和热交换设备、水泵、管道、阀门、散热器及热计量控制设备的防腐阻垢与防堵塞措施等，在这些方面基本上是一片空白。因此，长期以来实际上在热水采暖系统的水质、水处理和运行管理等方面，我国一直处于无序状态；没有标准、没有专门的监管部门、没有专管人员进行检测……这种现象的存在，不仅降低了供暖效率，而且，很大程度上阻碍了新型散热器、散热器恒温控制阀和机械式热表等先进节能设备在我国的推广应用。

　　为了改变这种不合理的现状，本次修编《严寒和寒冷地区居住建筑节能设计标准》JGJ 26 - 2010 时，我们根据北京市地方标准：《供热采暖系统水质及防腐技术规程》DBJ 01 - 619 - 2004 的要求与精神，增加了有关采暖系统水质及防腐方面的规定与要求，旨在于引起业界同仁的重视，在实践中认真贯彻执行，彻底改变长期以来我国供暖系统水质无人管理的不正常状态。

对采暖系统的水质实现有序化管理，积极推行和采取防腐措施，不仅可以提高供暖效率，延长供暖系统的使用寿命；而且有利于新型节能型散热器的推广，有利于热计量和城镇供热体制改革的实施，对于我国的建筑节能，建设节约型社会具有积极意义。

2 供暖系统水质的现状

2.1 水质情况

由于多年来热水集中采暖系统的水质、水处理和运行管理始终处于无序和落后的状态，因此，采暖系统的水质普遍较差。近年来，更有进一步恶化的趋势。

导致产生这种现象的原因，首先，是国家没有专门的监管机构及专职的监管人员。其次，是设计人员对采暖系统的水处理与防腐阻垢问题的重要性认识不足，重视不够。因此，对采暖系统未采取有效的防腐、阻垢措施。再次，是有些安装单位、监理人员和业主忽视了供暖系统冲洗工序的重要性，未能严格地执行有关规范与施工图设计说明中的下列规定："供暖系统安装竣工并经水压试验合格后，应对系统反复进行注水、排水，直至排出水中不含泥砂、铁屑等杂质，且水色不浑浊方为合格"。因此，有些工程管道系统中的杂质并没有彻底清除，以致设备的腐蚀、结垢甚至堵塞现象时有发生。

下面列举三种实际工程上发生过的现象：

图1所示，是从北京某五星级饭店热水采暖系统过滤器中倒出来的水及杂质。

图2所示，是某分户热计量示范项目安装了500多块机械式户用热量表，运行不到一个月，先后竟有200多块热表的流量计因被泥砂、焊渣或铁锈等堵塞而无法使用，需要拆卸返修；

图1 北京某五星级饭店热水采暖
系统过滤器中倒出的污物

不仅造成了大量繁琐的拆卸修理工作，而且，由于现场无法标定而影响使用精度。

图3所示，是某小区采暖散热器温控阀中沉积有砂石杂质的情况，造成阀芯无法正常工作，因此，很多用户抱怨温控阀不能关闭，不能调节。

图2 热表流量计中的杂质

图3 温控阀中沉积砂石杂质

2.2 调查结果

根据《供热采暖系统水质及防腐技术规程》编制组对国内热水采暖系统（80个点次）800个数据的采样分析化验结果看，我国热水采暖系统的水质和国外标准以及国内已有规定相比，存在很大的差距。例如：

pH值：北欧国家为9.5～10；我们测试结果为6.4～10.5，其中约40%采样点的pH值小于8.2，即低于德国工程师协会规定钢铁腐蚀的pH值下限。

循环水的溶解氧：北欧国家为<0.02mg/L；我们测试结果为最低0.11mg/L，最高5.3mg/L，比国外高250倍，比《工业锅炉水质》GB/T 1576-2008的规定0.1mg/L也高出50多倍。

循环水中的总铁量：北欧规定为<0.1mg/L；测试中发现有约30%的系统超标，个别最高达5.4mg/L。

循环水中的总铁量，是衡量系统中是否会造成腐蚀以及是否已经发生腐蚀的一个重要指标；总铁量高，说明在该热水采暖系统中的钢铁材质确实正在发生腐蚀。这一点恰好与发生钢制散热器腐蚀损坏的事实相吻合。

2.3 腐蚀现象

20世纪80年代，在"以钢代铁"方针的引导下，新型钢制散热器在我国曾得到了巨大的发展，生产企业如雨后春笋，大大小小全国有好几百个。但是，好景不长，有不少工程项目的钢制散热器，使用2～3年左右，就陆续出现腐蚀漏水问题，有的项目甚至安装使用不到一个供暖季就发生大量的腐蚀穿孔。在这种情况下，很多钢制散热器厂家被用户、消协、及报刊杂志点名曝光。而且，在业界产生了一种怀疑：钢制散热器适合在中国应用吗？

更为严重的是由于对采暖水质要求观念上的落后，很多人并不十分清楚采暖水质对确保系统正常供暖的重要关系。在这方面，有的专家甚至批评与责怪钢制散热器"没有内防腐"，认为进口的钢制散热器在中国"水土不服"；温控阀及热表等的"间隙太小"，"不符合我国国情"等等。

面临这样的情况，钢制散热器厂家似乎只有一种选择：研制"防腐型散热器"。因此，有些企业斥巨资研制开发各式各样的"防腐型散热器"，现在市场上"标榜具有可靠内防腐措施"的钢制与铝制散热器随处可见。而用于内防腐处理的涂料，从较原始的到最尖端的航天防腐技术：从喷塑、搪瓷开始，到有机的环氧类涂料，到无机涂料锌—铬涂层（达克罗），再到无机加有机的等等，应有尽有。

应该承认，使用非金属屏障例如涂层是一种防腐蚀的有效途径。但其前提是必须确保这种屏障100%无孔。显然，实践中这是很难做到的，而且，如何有效地检验内涂层的质量，也缺乏可行的方法。显然，涂层并不能成为解决金属腐蚀的万能良方。

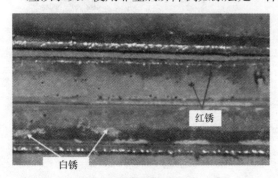

白锈

红锈

图4　达克罗涂层失效

钢铁研究总院曾对达克罗（Dacromet）涂层防腐型散热器的腐蚀进行了试验和解剖分析，图4所示是钢制散热器管状部分96h试验后的照片。由照片可见，内表面已生成红锈和白锈。红锈为钢基板腐蚀；白锈为锌腐蚀。表明达克罗内涂层因涂装不好失效。

另外，金属涂层由于工艺和成本等原因，不可能太厚，通常只有几个微米或十微米左右。在这种情况下，对散热器内壁的质量要求就更加严格，内壁带有焊渣的散热器实际上不适合这种涂层。

从考察中发现，在欧洲，似乎并没有企业在研制和生产"防腐型散热器"；而且，也没有见到进行研究"防腐型散热器"的信息。

2.4 耐腐蚀型散热器

由于防腐型钢制散热器防腐效果的不确定性，人们又把目光投向了耐腐蚀型散热器。近年来，以铜材（管）为水道，配以例铝材（型材、翼片等）制成的铜铝复合型散热器，以及耐腐蚀铝硅合金散热器等应运而生。

必须指出，铜铝复合型散热器有较好的耐腐蚀性，热效率也高，有许多优点。但是，并不是铝制散热器内衬了铜管，就可以万无一失了。

在英国标准《民用住宅热水集中采暖系统中水处理实施法规》BS 7593 中指出：电化学电动势不同的金属（或合金）之间的点接触产生的电解反应是供暖系统产生点腐蚀的主要原因之一。特别提到："例如，在和铜接触时，黄铜中的锌就离开黄铜管件，或者钢制散热器的铁就离散热器而去。"

紫铜耐碱性水腐蚀性能优于铝合金，但并不是就不会发生局部腐蚀。如果材质存在问题（内含较多杂质），或者当内衬铜管的变形不够均匀时，局部存在较大应力时，铜管腐蚀穿孔，导致散热器发生早期破损，产生泄漏也是可能的。

2.5 国外的概况

钢制散热器的应用，在瑞典、丹麦、芬兰以及德国、奥地利等欧洲国家，已有悠久的历史，并未见出现严重的腐蚀事故的报导，其供暖设备和管网的寿命普遍都在 30～50 年。事实上，有些距今已有 50 多年历史在二战前制造的钢制板型散热器，至今仍在正常使用。相比之下，与我们的最大差异，在于他们对区域供热的水质有着严格的标准，水处理方法有效，且对系统的运行进行科学的管理。这表明，只要实施正确的水处理和严格的运行管理，就可以保证热水集中采暖系统中的钢制散热器等供暖设备长期高效及可靠地运行。

为了克服民用建筑热水集中采暖水质、水处理和运行管理处于无序和落后的状态，提高采暖系统管道及设备的能源效率和使用寿命，并使其设计和运行管理与国际水平接轨，标准编制过程中，不仅对国内情况进行了大量的调研与分析。而且，查阅和参考了德国工程师协会 VDI 标准（指南）《在热水供暖装置中损害的预防措施－在热水供暖装置中的水腐蚀》VDI 2035 II：1998 （Prevention of damage in water heating installations-Water corrosion in water heating installations）、英国标准《民用住宅热水集中采暖系统中水处理实施法规》BS 7593：1992 （Code of practice for Treatment of water in domestic hot water central heating systems）、意大利标准《民用采暖设备用水处理》UNI 8065：1989 （Water treatment for heating plant）、丹麦区域供热协会 1999 年修订的补水和循环水水质主要指标推荐值 （Danish District Heating Association：Recommended values for feed water and circulating water，1999） 等大量国外的标准与规定。在此基础上，制定了水处理的各项指标，希望业内人士共同关心，严格执行。

3 采暖系统的水质要求及水处理

3.1 采暖系统的水质要求

集中供热是城镇的主要供热方式，而建筑物的采暖则主要为以热水为热媒的散热器供暖。随着集中供热的发展，城市热网和建筑采暖系统逐步形成了两个范畴。就建筑供暖系统而言，由于热源的不同，出现了一户一炉、一楼一炉、一区一炉及城市集中供热等四种系统。根据供热方式的不同，可归纳为：

（1）与锅炉直接连接的系统：简称锅炉直供系统，在这种系统中，热媒水通过锅炉及散热器实现循环。

（2）与热源间接连接的二次水采暖系统：也称换热器间接供热系统，它是应用换热器换热后的二次热媒水通过散热器与换热器实现循环，二次热媒水与锅炉不直接接触。换热器的热源侧与锅炉组成一次热媒水（或蒸汽）循环。

由于锅炉与换热器对热媒水水质的要求不同，所以应分别给出对水质的要求指标：

与热源间接连接的二次水采暖系统的水质要求，详见标准表 5.2.13-1 所示。

与锅炉房直接连接的采暖系统（无压热水锅除外）的水质要求，详见标准表 5.2.13-2 所示。

与无压（常压）热水锅炉连接的热水采暖系统，应设置热交换器，将锅炉热水（一次系统）与采暖系统（二次水系统）分开。二次水系统的水质，应满足标准表 5.2.13-1 的各项要求。

一次水系统的水处理和水质，应符合国家标准：《工业锅炉水质》GB/T 1576－2008 关于"常压热水锅炉"的规定，应符合标准表 5.2.13-3 的规定。

3.2 热水采暖系统水处理的目标

热水采暖系统水处理的目标，主要是：

（1）使系统的金属腐蚀减至最小；

（2）水质达到标准表 5.2.13-1 规定的要求；

（3）抑制水垢、污泥的生成及微生物的生长，防止堵塞供暖设备、管道、温控阀、热表等；

（4）不污染环境，特别是不污染地下水；

（5）处理方法简单，便于实施，费用较低。

3.3 水处理的方式

水处理的方式很多，表1列出了部分常用的方式，供设计选用。

热水采暖系统水处理的要求　　　　　　　　　　　　　　　　　　　　表 1

类　别	处理方式	处　理　要　求	备　　注
补　水	加防腐阻垢剂	当补水的 pH 值小于表 1 或表 2 的规定时，可投加防腐阻垢剂	当补水总硬度为 0.6～6mmoL/L，且日补水量＞10%系统水容量时，也应对补水投加防腐阻垢剂
	离子交换软化	当补水硬度＞6mmoL/L，可采用钠离子软化水处理装置，使总硬度≤0.6mmoL/L	离子交换软化的水处理方式可降低硬度，防止结垢
	石灰水软化处理	当补水硬度＞6mmoL/L、总碱度≥2.5mmoL/L 时，可采用石灰水软化处理	投加工业成品石灰的含量应≥85%。石灰水软化处理所需占地面积较大，操作劳动强度也大

类别	处理方式	处　理　要　求	备　　注
循环水	贮药罐 人工投药	当循环水的溶氧量＞0.1mg/L，或pH值小于表1或表2的规定时，可在回水总管上设置简易投药罐	运行过程中，根据pH值，人工间歇投加防腐阻垢剂或缓蚀剂
	旁通式自动加药装置	当循环水的溶氧量＞0.1mg/L，或pH值小于表1或表2的规定时，可在回水总管上设置旁通式自动加药装置	通过对pH值的监测实现自动进行加药，并控制其加药量。本方式的最大优点是准确、及时

3.4　热水采暖系统的水处理装置

热水采暖系统的水处理装置，标准中给出了人工加药与自动加药两种方式：

（1）人工加药装置：对热水暖系统加防腐阻垢剂，是一种简单而有效的水处理方式；它的特点是设备投资少，运行费用低。

防腐阻垢剂具有防腐、阻垢、除垢、除锈、育（保护）膜、防止人为失水、抑制细菌和藻类繁殖以及停炉保护等多种功能。使用固体防腐阻垢剂后，通常不用除氧就能有效地防腐。

固体防腐阻垢剂有以下三种功能：

◆ 由于除垢除锈，等于除去了电化学腐蚀的阴极，从而能有效地阻止电化学腐蚀；

◆ 它含有几种育膜剂，能在铁的表面生成一层黑亮的保育膜，可阻隔氧和二氧化碳的腐蚀；

◆ 它是碱性药剂，能迅速提高水的pH值。

加药装置与系统的连接，一般有下列两种方式：

1）对补水进行水处理：贮药罐人工加药装置的出口与补水泵的入口相连。

2）对循环水进行水处理：贮药罐人工加药装置的出口与循环水泵的入口和出口相连。

对于采用钢制散热器的供暖系统，实际运行时只要控制 $9 \leqslant pH \leqslant 12$（$pH \geqslant 10$ 时，铁处于钝化区中，腐蚀最小）就可以了。不过，运行中必须注意，一旦出现 $pH < 9$ 时，应迅速投药；否则会因为水中的碳酸盐析出而使水系统中形成沉淀物的堆积。另外，为了降低悬浮物的浓度，每天每组排污阀进行一次排污也是十分必要的。

（2）自动加药装置：它是一种根据pH值按比例自动进行加药的系统。

这种加药装置通常由pH仪、自动加药装置、袋式过滤器等组成，可以添加具有防止腐蚀和结垢的化学水处理剂，能自动控制pH值（保持 $pH = 9.8 \pm 0.2$）。

4　热水采暖系统的防腐设计

4.1　腐蚀机理

腐蚀是由化学反应或电化学反应引起的一种损坏过程，它能导致热水采暖系统中管道、管件、设备等的损坏。

热水采暖系统中金属腐蚀的主要原因，如表2所示。

序 号	腐蚀类型	腐 蚀 原 因 及 机 理
1	氧腐蚀	设计或安装存在问题,如补水箱或膨胀水箱偏小、补水管管径不合适、补水泵选型不当、过多的补水导致循环水含氧量过高;空气在接头处和通过没有阻氧层的塑料管渗入系统〔德国DIN 4726标准规定:阻氧塑料管的渗氧量应小于0.1g/(m·d);对于管径为20mm×2mm的管材,其内衬的最大渗氧量为0.02mg/(m·d)〕等
2	电化学腐 蚀	由电化学电动势不同的金属或合金之间接触产生的电化学反应引起。表3所示为不同金属相对于氢电极的标准电极电位序。金属或合金在该序列中的相对位置将影响其活性,因而影响其耐腐蚀性能。标准电极电位相对低的金属先腐蚀,例如钢制散热器和紫铜接触时,钢制散热器中的铁就易遭腐蚀
3	细菌腐蚀	由厌氧性细菌产生的酸性腐蚀:无论开式抑闭式系统,厌氧性细菌能够在沉淀物下面温度较低且没有氧的条件下生存繁殖。厌氧性细菌产生的酸性物质能加剧对黑色金属的腐蚀。硫酸盐还原细菌(sulphate reducing bacteria)甚至可在60℃的温度下和没有氧的条件下生存繁殖,将硫酸盐还原为硫化物,如硫化氢;导致铜制部件特别是黄铜部件的腐蚀
4.	氯根腐蚀	高活性的氯化物离子,可使黑色金属和有色金属发生点腐蚀,如不锈钢、铝和铜。氯化物的来源包括焊剂、维护不当的软化水设施、有余氯的自来水以及清洗剂
5	水处理药剂选用不当	选用不当的水处理剂,或使用不当引起的化学腐蚀

金属电极反应	标准电位(V)	金属电极反应	标准电位(V)
铜 Cu$\longrightarrow$Cu^{2+}+2e	+0.345	铁(钢)Fe$\longrightarrow$Fe^{2+}+2e	−0.440
氢 H$\longrightarrow$2H^{+}+2e	0	铬 Cr$\longrightarrow$Cr^{3+}+3e	−0.710
铁 Fe$\longrightarrow$Fe^{3+}+3e	−0.36	锌 Zn$\longrightarrow$Zn^{2+}+2e	−0.762
铅 Pb$\longrightarrow$Pb^{2+}+2e	−0.126	铝 Al$\longrightarrow$Al^{3+}+3e	−0.1670
锡 Sn$\longrightarrow$Sn^{2+}+2e	−0.136	镁 Mg$\longrightarrow$Mg^{2+}+2e	−2.340
镍 Ni$\longrightarrow$Ni^{2+}+2e	−0.250	—	—

4.2 水垢和污泥的形成

结垢是钙、镁等成垢盐类在系统换热表面上形成的粘合性沉积。水垢形成对系统的危害,主要是使锅炉、热交换器等的换热效率降低,产生垢下腐蚀等。

碳酸盐硬度在加热时形成不能溶解的碳酸钙(镁)、氢氧化镁析出。这个反应一般可能发生在系统最热的换热表面上;碳酸钙(镁)沉积在换热表面,就形成石灰质水垢。在其他部位,尤其是流速低的地方,则形成碳酸钙(镁)污泥。为了降低系统补水或循环水的硬度,施加阻垢剂或防腐阻垢剂进行水处理,也将产生一定数量的污泥。

腐蚀生成物,也会使流速较低处的污泥增加。

4.3 设备与管道的堵塞

设备与管道的堵塞,特别是散热器恒温控制阀、机械式热表、分支环路控制阀、水泵等的堵塞,几乎都是由于循环水中的悬浮物浓度过高或有较大直径的颗粒物无法通过设备内部的流道而造成的。

悬浮物重量浓度大，在系统中流速相对较低的地方，就会出现沉积（污泥）。严重时，可能出现局部堵塞。不过，这样的沉积性堵塞，一般不会发生在温控阀和热表处，因为在那里水的流速有加大趋势，所以，它们的堵塞物大都是无法通过的大颗粒物质。

4.4 防腐设计的要求

热水供暖系统的防腐设计，应符合表 4 的规定。

热水供暖系统的防腐设计   表 4

序号	项目	具 体 要 求	备 注
1	基本要求	◇ 热水采暖系统，应根据补水的水质情况、系统规模、与热源的连接方式、定压方式、设备及管道材质等按本表要求进行防腐设计。 ◇ 采用铝制（包括铸铝与铝合金）及其内防腐型散热器时，热水采暖系统不宜与热水锅炉直接连接。 ◇ 热水地面辐采暖系统的加热管，宜带阻氧层。 ◇ 散热器采暖系统与空调供热系统不应合在同一个热水系统里	非供暖季节供暖系统应充水保养。 热水地面辐射采暖系统与散热器采暖系统并联于同一热源系统时，应将它们作为一个热水采暖系统，进行防腐设计
2	设计说明	◇ 有条件时，应注明补水的水质资料。 ◇ 标明采暖系统的总水容量、定压方式、给出系统的最高、最低工作压力及补水泵的启停压力	采用隔膜式压力膨胀水罐定压时，宜绘制 P-t 曲线图
3	定压方式	◇ 采用高位膨胀水箱定压时，宜采用常压密闭水箱。 ◇ 采用钢制散热器时，应采用闭式系统。 ◇ 采用水泵定压方式时，宜应用变频泵。 ◇ 户用燃气（油）热水炉（器），应选用内置隔膜膨胀水罐的产品	宜采用隔膜式压力膨胀水罐定压（充注惰性气体）
4	补水量的控制	◇ 计算确定高位膨胀水箱和隔膜式压力膨胀水罐的有效容积时，应包括膨胀容积和调节容积。 ◇ 采用普通补水泵补水时，宜按补水量的 50%、100% 两档设置水泵；水泵应自动控制运行。 ◇ 热源设备的供回水管、采暖系统的分支回路、立管上，均应设置密闭性好的关断阀门；放气应采用带自闭功能的自动排气阀	系统的补水管上应设置水表
5	水处理设施	◇ 补水水质达不到表 1 或表 2 的规定时，应设补水水处理设施和/或循环水处理设施。 ◇ 循环水水质达不到表 1 或表 2 规定时，应设循环水水处理设施。 ◇ 补水水处理设备的小时处理水量，宜按系统总水容量的 2%～2.5% 设计；循环水水处理设备的小时处理水量宜按系统循环水量的 10% 设计。 ◇ 对于既有采用普通补水泵定压、用安全阀泄水卸压的供暖系统，宜增设隔膜式压力膨胀水罐定压，或改用变频泵补水定压，宜根据补水水质情况增设补水水处理设施。 ◇ 对于既有采用高位开式膨胀水箱定压或系统中含有不阻氧塑料管的供暖系统，宜根据补水水质、循环水水质情况增设补水水处理设施、旁通式循环水水处理设施	补水水质符合表 1 或表 2 的规定时，可不设补水水处理设施；但宜预留水处理设施的位置

序号	项目	具 体 要 求	备 注
6	预防电化学腐蚀	◇ 热水采暖系统的供暖设备、管道与热源设备的材质应尽量一致。在同一热水采暖系统中，少量的不同金属设备无法避免混装时，其接头处应做防腐绝缘处理。 ◇ 与热源间接连接的二次热水供暖系统中，采用铝制（包括铸铝、铝合金及内防腐型）散热器时，与钢管连接处应有可靠的防止电化学腐蚀措施	热水供暖系统有条件时宜与空调水系统分开设置，以避免不同金属设备混装引发电化学腐蚀
7	除污器过滤器的设置	◇ 循环水水处理设施的过滤：循环水旁通进水管上设滤径为 3mm 的过滤器或旁通式袋式等过滤器。 ◇ 建筑物热力入口的供水总管上，宜设两级过滤，初级为滤径 3mm；二级为滤径 0.65～0.75mm 的过滤器	采用户用热表的居住建筑，在热表前应再设置一道滤径为 0.65～0.75mm 的过滤器
8	金属腐蚀检查片的设置	新建民用建筑热水采暖系统及既有热水供暖系统改造时，宜在系统中预先设置金属腐蚀检查片，以便定期检查金属的腐蚀速率、评估被腐蚀状况，并及时采取相应的水处理补救措施	金属腐蚀检查片应使用与金属设备相同的材质，并宜设置于热源或便于监控的管道中

4.5 $P\text{-}t$ 曲线图

采暖系统采用隔膜式压力膨胀水罐定压时，应根据供水温度的变化绘制供暖系统的工作压力图表，通常称为 $P\text{-}t$ 曲线图。

为了建立检查用工作压力图表，需先计算选定隔膜式压力膨胀水罐的最低工作压力曲线和最高工作压力曲线，不同供水温度时的实际工作压力，应当运行在最低工作压力曲线与最高工作压力曲线之间。

最低工作压力 P_{min}（kPa）曲线，可按下式确定：

$$P_{min} = (P_0 + 100) \cdot \frac{V_n}{V_n - V_e} - 100 \qquad (1)$$

式中：P_0——膨胀水罐的充气压力，kPa；运行温度不超过 95℃ 时，一般采用采暖系统的静压；

$\quad V_n$——膨胀水罐的额定容积，L；

$\quad V_e$——水的膨胀容积，L。

水的膨胀容积 V_e（L），可按下式确定：

$$V_e = n \cdot \frac{V}{100} \qquad (2)$$

式中：V——采暖系统的水容量，L；

$\quad n$——水的膨胀率，%。

热水最高温度 t（℃）相对于 4℃ 时水的体积膨胀率如表 5 所示。

热水最高温度 t（℃）相对于 4℃ 时水的体积膨胀率　　　　　　表 5

t（℃）	40	50	60	70	75	80	85	90	95
n（%）	0.78	1.21	1.71	2.27	2.58	2.90	3.24	3.60	3.96

隔膜式压力膨胀水罐所吸纳的水容量 V_w（L）：

$$V_w = V_e + V_v \tag{3}$$

隔膜式压力膨胀水罐所需的最小容积 $V_{n.min}$（L）：

$$V_{n.min} = V_w \cdot \frac{P_e + 100}{P_e - P_0} \tag{4}$$

式中：V_v——补偿为维持压力上下限而可能发生的失水量，一般取系统水容量的 0.5%；

P_e——隔膜式压力膨胀水罐的排放压力，kPa。考虑到安全阀能够在达到最高工作压力之前开启，一般排放压力可比最高工作压力小 10%。

在最高供水温度条件下，最大工作压力等于排放压力时，隔膜式压力膨胀水罐能够吸纳的水容积 V_w（L）：

$$V_w = \left[1 - \frac{(P_0 + 100)}{(P_e + 100)} \right] \cdot V_n \tag{5}$$

最大工作压力 P_{max}（kPa）则为：

$$P_{max} = (P_0 + 100) \cdot \frac{V_n}{V_n - (V_e + V_v)} - 100 \tag{6}$$

【例】 热水采暖系统，要求压力保持在 750~800kPa，系统水容量 $V = 10000$L，设计供水温度 $t = 95℃$，系统静压为 300kPa，试确定隔膜式压力膨胀水罐的最小容积，并计算其最低工作压力曲线和最高工作压力曲线。

【解】

（1）由表 5 得体积膨胀率：$n = 3.96\%$，根据式（2）可求出水的膨胀体积为：

$$V_e = n \cdot \frac{V}{100} = 3.96 \times \frac{10000}{100} = 396(L)$$

（2）由式（3）可求出膨胀水罐所吸纳的水量为：

$$V_w = V_e + V_v = 396 + (0.5\% \times 10000) = 446(L)$$

（3）取排放压力 $P_e = 800 - 10\% \times 800 = 720$（kPa）。根据式（4）计算膨胀水罐的最小容积：

$$V_{n.min} = V_w \cdot \frac{P_e + 100}{P_e - P_0} = 446 \times \frac{720 + 100}{720 - 300} = 870.8(L)$$

（4）根据产品样本，可选择水罐容积为 1000L、充气压力为 300kPa、排放压力为 720kPa 的隔膜式压力膨胀水罐。

（5）根据式（1）、式（2）和表 5 等，可得出最低工作压力和供水温度的关系，见表 6。

最低工作压力和供水温度的关系　　　　　　　　表 6

温度 （℃）	水膨胀率 （%）	膨胀容积 （L）	最低工作压力 （kPa）
10	0	0	300
40	0.78	78	334
50	1.21	121	355
60	1.71	171	383
70	2.27	227	417
80	2.90	290	463
90	3.60	360	525
95	3.96	396	562

（6）根据式（5）可求出最高供水温度条件下，系统最大工作压力等于排放压力时，隔膜式压力膨胀水罐能吸纳的水体积：

$$V_w = \left[1 - \frac{(P_0 + 100)}{(P_e + 100)}\right] \cdot V_n = \left[1 - \frac{300 + 100}{720 + 100}\right] \times 1000 = 512(L)$$

（7）由式（3），可求出膨胀水罐的蓄水量为：

$$V_v = V_w - V_e = 512 - 396 = 116(L)$$

（8）将不同温度下的 V_w 值计算出来，根据式（6）求出最高工作压力，见表7。

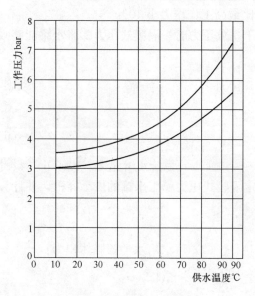

图5　检查用压力图表

（9）根据计算出的最低工作压力曲线数据（表6）和最高工作压力曲线数据（表7），可绘制出如图5所示的检查用工作压力图表。

最高工作压力与供水温度的关系　表7

温度 （℃）	水容积 （L）	最高工作压力 （kPa）
10	0＋116＝116	352
40	78＋116＝194	396
50	121＋116＝237	424
60	171＋116＝287	461
70	227＋116＝343	509
80	290＋116＝406	573
90	360＋116＝476	663
95	396＋116＝512	720

参考文献

［1］　北京市建筑设计研究院. DBJ 01－619－2004 供热采暖系统水质及防腐技术规程［S］. 北京：北京市标准化办公室，2004.

［2］　林乐耘，赵月红，崔大为. 钢制和铝制散热器的内防腐及其发展前景［J］. 现代供热. 2003，13：15－17.

［3］　牟灵泉，楚广明，牟萌，宋为民，吴辉敏. 供暖水质与散热器应用［C］. 2006 全国暖通空调制冷学术年会学术论文集，2006：197－200.

专题六 严寒和寒冷地区住宅小区采暖供热热源及管网节能

哈尔滨工业大学 方修睦

0 供热系统节能率

集中供热系统由热源、热网和热用户组成。热源的任务是生产热量。不同的燃料（如煤、天然气等），通过不同的燃烧设备，将燃料的化学能转换成热能。热源生产出的热量，通过热网送到各个用热单元。热源节能涉及选择高效锅炉、提高锅炉运行效率，减少辅机电耗等环节。

集中供热管网的任务是将热源产生的热量输送到热用户。管网节能涉及减少输送电耗，解决管网平衡，加强管网保温以及减少补水损失等环节。

建筑物是用热的终端设备，建筑物能耗的高低，直接影响到整个小区的燃料消耗。在供暖期室外平均温度条件下，为保持室内计算温度，单位建筑面积在一个供暖期内消耗的标煤量，称为供暖耗煤量指标 q_C。尽管在《严寒和寒冷地区居住建筑节能设计标准》JGJ 26-2010 中不再考核该项指标，但为了清楚了解清热源、热网及热用户之间的关系，本文分析中仍然要用到这个概念。式（1）及图1表示了热源、热网及热用户的关系。

$$q_C = 24Z \frac{q_H}{H_C \cdot \eta_1 \cdot \eta_2} \tag{1}$$

式中：q_C——供暖耗煤量指标，kg/m²；

   Z——供暖天数，d；

   q_H——建筑物耗热量指标，W/m²；

   H_C——标准煤热值，8.14×10^3 Wh/kg；

   η_1——室外管网输送效率，%；

   η_2——锅炉运行效率，%。

图1 建筑物耗热量指标与供暖耗煤量指标的关系

由图1可知，管网输送过程中，存在与保温有关的散热损失——保温效率；由于系统漏水造成的补水损失——输热效率；由于管网中各个用户冷热不均，为保证最低室内温度用户达到要求，而多消耗热量——平衡效率。因此室外管网输送效率 η_1 等于保温效率、输热效率和平衡效率的乘积。

$$\eta_1 = \eta_b \eta_s \eta_p \tag{2}$$

式中：η_b——保温效率，%；

   η_s——输热效率，%；

   η_p——平衡效率，%。

为了更清楚地说明室外管网输送效率中各组成之间的关系，可参见图2。这张图反映

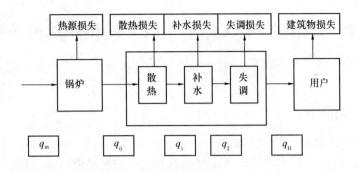

图 2 室外管网输送效率

注：图中 q_1 为不包括管网散热损失时，管网输送的热量；q_2 为不考虑管网散热损失和补水损失时，管网输送的热量。q_H 为维持建筑物室内舒适度所需要的热量。当不考虑管网散热损失，补水损失时，热源出口的热量 $q_0 = \eta_2 q_c H_c$，通过管网后到达建筑物入口时的热量为 $q_H = \eta_1 \eta_2 q_c H_c$。

了从锅炉热源侧到用户侧的全部热量损失。建筑节能就是降低这些热量输送或转化过程中的损失。而本文所提的提高供热系统供热效率的主要途径主要体现在：提高锅炉的运行效率，提高管网的保温效率，减少管网补水损失，消除管网的失调问题。前一项为锅炉房的热源侧节能措施，后面三项为供热管网的输配侧节能措施。

1 供热系统节能率

为了说明锅炉房的热源侧节能和供热管网的输配侧节能，这里，笔者首先分析供热系统总节能率情况，在后面的章节中再从热源侧和输配侧两方面分别论述。

实施新的节能设计标准前后，总的耗煤量指标分别为 q_c 及 $q_c'(\mathrm{kg/m^2})$，用上角标 $'$，$'$ 表示实施新标准后的参数，则下式成立：

$$q_c = 24Z\frac{q_H}{H_c \eta_2 \eta_1} \tag{3}$$

$$q_c' = 24Z\frac{q_H'}{H_c \eta_2' \eta_1'} \tag{4}$$

系统的实际节能率应大于或等于要求的节能率 ε，即有下式成立

$$\frac{q_H'}{q_H}\frac{\eta_1 \eta_2}{\eta_1' \eta_2'} \leqslant 1-\varepsilon \tag{5}$$

由此可以得到系统各个部分的节能率为

建筑物节能率 $\qquad\qquad \varepsilon_H = 1 - \dfrac{q_H'}{q_H} \tag{6}$

热网节能率 $\qquad\qquad \varepsilon_1 = 1 - \dfrac{\eta_1}{\eta_1'} \tag{7}$

锅炉节能率 $\qquad\qquad \varepsilon_2 = 1 - \dfrac{\eta_2}{\eta_2'} \tag{8}$

供热系统节能率 $\qquad\qquad \varepsilon_3 = 1 - \dfrac{\eta_1 \eta_2}{\eta_1' \eta_2'} \tag{9}$

综合节能率 $\qquad\qquad \varepsilon = 1 - \dfrac{q_H'}{q_H}\dfrac{\eta_1 \eta_2}{\eta_1' \eta_2'} \tag{10}$

能源利用率 $\qquad \varepsilon_c = \eta_1\eta_2$ (11)

能源利用率增量 $\qquad \Delta\varepsilon_c = \eta_1'\eta_2' - \eta_1\eta_2$ (12)

按节能标准规定，20 世纪 80 年代室外管网输送效率和锅炉运行效率分别为 $\eta_1 = 0.85$、$\eta_2 = 0.55$；采用新标准后室外管网输送效率和锅炉运行效率分别为，$\eta_1' = 0.92$、$\eta_2' = 0.7$，因此可以得到实施节能设计标准不同阶段系统的节能率指标，见表 1。

实施节能设计标准各阶段节能率指标　　　表 1

项　目	计算公式	20 世纪 80 年代	JGJ 26-86	JGJ 26-95	JGJ 26-2010
室外管网输送效率 η_1	—	0.85	0.9	0.9	0.92
锅炉运行效率 η_2	—	0.55	0.6	0.68	0.7
热网节能率 ε_1	$\varepsilon_1 = 1 - \dfrac{\eta_1}{\eta_1'}$		0.056	0.056	0.076
锅炉节能率 ε_2	$\varepsilon_2 = 1 - \dfrac{\eta_2}{\eta_2'}$		0.083	0.191	0.214
供热系统节能率 ε_3	$\varepsilon_3 = 1 - \dfrac{\eta_1\eta_2}{\eta_1'\eta_2'}$		0.134	0.236	0.274
能源利用率 ε_c	$\varepsilon_c = \eta_1\eta_2$	0.4675	0.54	0.612	0.644
能源利用率变化量 $\Delta\varepsilon_c$	$\Delta\varepsilon_c = \eta_1'\eta_2' - \eta_1\eta_2$		0.0725	0.1445	0.1765

上述数据分析表明：

➢ 1980～1981 年（20 世纪 80 年代初）供热系统能源利用率为仅为 46.75%。

➢ 实施新的节能设计标准（三步节能）后，热网节能率由二步节能阶段的 5.6% 提高到 7.6%，提高了 2%；锅炉节能率由二步节能阶段的 19.1% 提高到 21.4%，提高了 2.3%；供热系统节能率由二步节能阶段的 23.6%，提高到 27.4%，提高了 3.8%；能源利用率由二步节能阶段的 61.2%，提高到 64.4%，提高了 3.2%。

➢ 与 20 世纪 80 年代初相比，实施新的节能设计标准（三步节能）后，供热系统能源利用率提高了 17.65%。

2 锅炉房的热源侧节能

锅炉是能源转换设备，锅炉效率的高低直接影响到燃料消耗量，影响到供热企业的运行成本。提高锅炉的运行效率是降低热源煤耗的主要途径。而提高锅炉运行效率的前提是设计者为运行单位提供高效率锅炉。一般情况下，锅炉效率可分为设计效率、鉴定效率、测试效率和运行效率。

2.1 锅炉的三种效率

锅炉设计效率 η_{sj} 也称为铭牌效率、额定效率。它是锅炉设计者在进行锅炉产品设计时的估算效率。

$$\eta_{sj} = 100 - (q_2 + q_3 + q_4 + q_5 + q_6) \quad \% \tag{13}$$

式中：$q_2 \sim q_6$ 为各项热损失的百分比，分别为排烟热损失、化学不完全燃烧热损失、机械不完全燃烧热损失、炉体散热热损失和灰渣热损失；它们是设计者通过查有关资料或依据经验确定的。η_{sj} 是锅炉投产后，按设计工况运行时可能达到的、并应达到的效率。

锅炉鉴定效率是锅炉作为产品进行鉴定时所获得的效率，是对设计的验证。锅炉设计效率是按照设计工况进行测定的。测定的条件是：（1）锅炉在设计工况下，稳定运行 $1\sim2h$ 后进行测定。（2）运行工况要稳定，负荷波动范围控制在 10％ 以内。（3）测定应连续进行，每次以 4 h 为宜。

锅炉测试效率是对已用锅炉进行测试时获得的效率，通常是在需要了解目前锅炉效率现状时进行测定。锅炉测试效率是按照某种特定工况进行测定的。测定的条件是：（1）锅炉应在试验要求的工况下，稳定运行 $1\sim2h$ 后进行测定。（2）运行工况要稳定，负荷波动范围控制在 10％ 以内。（3）测定连续进行，每次以 4h 为宜。

上述三个效率是反映锅炉性能的一种指标，只能代表锅炉在这些工况下的性能水平，只能反映一个单位安装使用什么水平的锅炉。

锅炉运行效率是以长期计量、监测和记录数据为基础，在统计时期内全部瞬时效率的平均值。η_y 测定是一项长期的、连续的工作，η_y 是真正代表锅炉的使用实效，反映一个单位运行管理水平的重要指标，是人们习惯中所提到的效率。节能设计标准中规定的锅炉运行效率 η_y 是以整个采暖季作为统计时间的，故有时也称为年平均运行效率。《民用建筑节能设计标准》JGJ 26-95 中规定的锅炉运行效率 η_y 要从 1980 年的 55％，提高到 68％。在《严寒和寒冷地区居住建筑节能设计标准》JGJ 26-2010 中，由于不再考核耗煤量指标，所以在正文中，没有出现，但是分析中，是按照 70％ 考虑的。

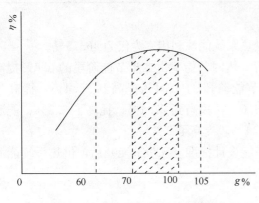

图 3　锅炉负荷率与锅炉效率关系

2.2　燃煤锅炉的运行

2.2.1　燃煤锅炉的高效率区

锅炉实际供热负荷 Q 与额定负荷 Q_e 之比，称为锅炉的负荷率 g。热水锅炉的效率 η 与锅炉运行时的负荷率关系具有如下特点（图3）：

➤ 锅炉存在一个高效率区，在这个区域内，锅炉效率较高。理论分析表明，一般情况下，70％≤g≤100％ 为锅炉的高效率区。

➤ 锅炉存在允许运行负荷区和不允许运行负荷区。在允许运行负荷区内，锅炉效率没有高效率区的效率高，但是比不允许运行负荷区的锅炉效率高。在不允许运行负荷区内，锅炉效率随负荷变化剧烈，燃料浪费严重。理论分析表明，一般情况下，60％≤g<70％、100％<g≤105％ 为锅炉的允许运行效率区；g<60％ 为锅炉的非允许运行负荷区。

2.2.2　燃煤锅炉的运行

以锅炉为热源的供热系统，常要随着室外温度的变化，合理地调整锅炉的供热量。燃煤锅炉大多为重型炉墙，锅炉启停过程，由于炉膛温度较低，燃料燃烧所需的空气量或不足或过剩，造成锅炉燃烧效率低，热损失很大。表2是哈工大对哈尔滨师范大学一台

$6t/h$ 往复炉排热水锅炉升炉过程的效率测定结果。这表明,间歇运行的锅炉,由升炉到达到稳定时,锅炉的效率损失约为 15.82％。

往复炉排热水锅炉的升炉效率实测值 表 2

时　　间	10：15～11：15	11：15～12：15	12：15～16：15
锅炉效率（％）	56.97	64.51	76.56

实验证明,燃煤热水锅炉,只有保持连续运行,才能保持高效率。如果频繁地启停锅炉,必然导致锅炉效率低下,煤耗增加。应该通过锅炉台数的合理组合,使每台锅炉在高效率区运行。在室外温度较低时,应保证锅炉连续运行在高效率区。

但在采暖初、末期,由于室外温度较高,需要供暖热量较少(图 4 中 A 点)。如果采用连续运行的方式,将使锅炉负荷率偏低,使锅炉处于不允许运行负荷区。较低的负荷率将导致锅炉效率偏低,燃料消耗量过大。因此,在室外温度高于某一值后,要提高运行锅炉的负荷率,只有将全天的供热量,集中在某一段时间内运行,也就是要采取间歇调节方式,才既提高了运行锅炉负荷率,又可减少启停炉造成的效率损失。

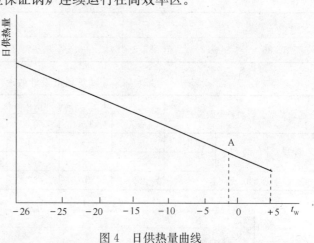

图 4　日供热量曲线

合理地组织锅炉的运行,就可以保证锅炉获得较高的运行效率。通过 1983～1984 年采暖季、1992～1993 年采暖季对哈尔滨两个不同小区的供热系统现场测试,锅炉的运行效率分别为 71.58％、71.83％。理论分析表明,目前我国锅炉的理论运行效率可以达到 73％。因此,综合考虑目前我国锅炉的设计制造水平及各个单位运行管理水平的差距,在现阶段将锅炉运行效率 η_2 提高到 70％是完全可以做到的。

2.3　锅炉的选择和最低设计效率确定

锅炉选择,锅炉房设计总容量要合适,不能过大或过小。锅炉容量配置过大,不但造成一次投资增加,还会造成设备利用率低,若调节不当,会降低锅炉的负荷率,导致锅炉运行效率降低。容量过小会造成锅炉超负荷运行,降低其运行效率且带来较严重的环境污染,因此在确定锅炉总容量及台数时,应综合考虑锅炉的特性、负荷特点及运行管理模式,按照新节能设计标准《严寒和寒冷地区居住建筑节能设计标准》JGJ 26 - 2010 中第 5.2.5 条确定锅炉房的总装机容量。

锅炉运行效率 η_2 要达到 70％,就要求在锅炉选型时,选择高效率锅炉,再加上合理的组织运行,才能使锅炉运行效率达到节能标准的要求。表 3 为目前国内企业的生产燃煤锅炉的设计效率。表 4 为国内燃油、燃气锅炉设计效率。理论分析表明,对第三阶段建筑节能来说,北方主要城市锅炉最低设计效率不应低于 73％～74％(图 5)。根据我国锅炉生产的现状和对锅炉设计效率的最低要求,第三阶段节能标准确定了表 5 所示的锅炉的最低设计效率。燃煤锅炉房设置的锅炉台数，宜采用2～3台，不应多于5台。

目前国内锅炉设计效率（％）　　　　　　　表3

燃料品种		锅炉容量（MW）				
		2.8	4.2	7.0	14.0	＞28.0
烟煤	Ⅱ	72～74	73～75	74～79	76～80	78～81.5
	Ⅲ	74	76	78	80	82

国内燃油、燃气锅炉设计效率（％）　　　　　　　表4

锅炉容量（MW）							
0.35	0.7	1.4	2.8	4.2	7.0	14.0	＞28.0
85.5～86	86～87	86～87.6	87.5～90.28	87～90.28	87～91.04	85.8～92.47	90.5～90.8

锅炉最低设计效率　　　　　　　表5

锅炉类型、燃料种类及发热值			在下列锅炉容量（MW）下的设计效率（％）						
			0.7	1.4	2.8	4.2	7.0	14.0	＞28.0
燃煤	烟煤	Ⅱ	—	—	73	74	78	79	80
		Ⅲ	—	—	74	76	78	80	82
燃油、燃气			86	87	87	88	89	90	90

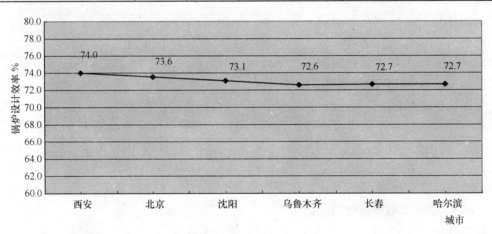

图5　各城市锅炉设计效率 η_e

3　供热管网的输配侧节能

集中供热管网的任务是将热源生产的热量输送到热用户，管网节能涉及到减少输送电耗，解决管网平衡，加强管道保温以及减少补水损失等环节。

3.1　供热管网的保温效率 η_b

按照标准附录G给出的经济保温层厚度，可以求出不同敷设方式下供管网的保温效率。

$$\eta_b = 1 - 2.4 \frac{q_s L N}{Q_0} 10^{-5} \tag{14}$$

式中：Q_0——管网输送的热量，MWh；

q_s——管网散热损失的热量，W/m；

L——管道长度，m；

N——采暖期天数，天。

为说明的供热管网保温效率，现以一个典型小区供热管网为例。计算时取值条件如下：

1）小区面积 48.9 万 m^2，管网总长度为 9870m，管径为 $DN50\sim DN300$。

2）能量价格 P_E 分别取 $20\sim 60$ 元/GJ。

3）绝热结构层单位造价 P_T，元/m^3，玻璃棉 1600 元/m^3，聚氨酯 2800 元/m^3。

4）直埋管道埋深 1.0m，地盖板上覆土深度为 0.6m。

5）假定热网设计水温为 95℃/70℃，热网采用质调节运行，不同地区的给水（回水）平均温度，依据该地区的质调节运行曲线确定。

6）材料的导热系数：

保温材料为玻璃棉管壳时　$\lambda_m = 0.024 + 0.00018 t_m$，W/(m·℃)；

保温材料为聚氨酯硬质泡沫保温管　$\lambda_m = 0.02 + 0.00014 t_m$，W/(m·℃)。

从表 6、表 7 计算结果可以看出，采用玻璃棉和聚氨酯作为保温材料，在采用保温层经济厚度时，无论是地沟敷设还是直埋敷设，η_b 是可以达到 98% 以上。考虑到施工等因素，将管网的保温效率 η_b 取为 98%。

不同能量价格下管网直埋时的保温效率（保温材料为玻璃棉）　　表6

| 城　市 | 玻　璃　棉 | | | | | |
| | 热费取 20 元/GJ | | 热费取 30 元/GJ | | 热费取 40 元/GJ | |
	直埋敷设时 保温效率	地沟敷设时 保温效率	直埋敷设时 保温效率	地沟敷设时 保温效率	直埋敷设时 保温效率	地沟敷设时 保温效率
海拉尔	0.985	0.998	0.987	0.998	0.99	0.998
哈尔滨	0.984	0.998	0.986	0.998	0.989	0.998
沈阳	0.984	0.998	0.985	0.998	0.988	0.998
兰州	0.985	0.998	0.987	0.998	0.988	0.998
北京	0.982	0.998	0.984	0.998	0.987	0.998

不同能量价格下管网采用地沟敷设时的保温效率（保温材料为聚氨酯）　　表7

| 城　市 | 聚　氨　酯 | | | | | |
| | 热费取 20 元/GJ | | 热费取 30 元/GJ | | 热费取 40 元/GJ | |
	直埋敷设时 保温效率	地沟敷设时 保温效率	直埋敷设时 保温效率	地沟敷设时 保温效率	直埋敷设时 保温效率	地沟敷设时 保温效率
海拉尔	0.985	0.998	0.987	0.998	0.989	0.998
哈尔滨	0.984	0.998	0.986	0.998	0.988	0.998
沈阳	0.984	0.998	0.985	0.998	0.988	0.998
兰州	0.985	0.998	0.987	0.998	0.987	0.998
北京	0.982	0.998	0.984	0.998	0.986	0.998

如果施工质量低劣或者管网维护管理不正确，将导致管道热损失增加。施工质量问题表现在：（1）实际选用的保温材料的导热系数大于设计的保温材料的导热系数；（2）实际的保温材料厚度小于设计的保温材料的厚度；（3）管道保护层质量差，使得保温层遭受外来损坏；（4）地沟或管道上部覆土过少，导致地面温度过高，积雪融化。维护管理问题表现在：（1）地下水或地面雨水渗入地沟，淹没管道，使管道长期浸在水中；（2）管道保温层受潮，使保温材料的导热系数增加；（3）损坏的保温层不及时修复；（4）阀门、补偿器等部件不保温。为了保证管网的保温效果，需要加强保温工程的施工管理及运行维护管理。

3.2 考虑系统补水的供热管网输热效率 η_s

系统的补水，由两部分组成，一部分是设备的正常漏水，另一部分为系统失水。如果供热系统中的阀门、水泵盘根、补偿器等，经常维修，且保证工作状态良好的话，网路系统的补水是很低的，哈尔滨师范大学、哈尔滨市嵩山小区以及伊春市热力公司等单位的运行实践证明，正常补水量可以控制在循环水量的 0.5% 以下 。系统失水产生的原因有两个，一个是系统发生事故，造成的失水，这一般发生的概率很小，可以忽略不计；另一个是用户放水，个别地区，这部分补水量占到系统循环水量的 10% 以上，给供热企业造成巨大的经济负担，大量补水导致煤耗增加，锅炉及管网结垢严重，加重锅炉及外网的腐蚀，同时对系统运行的安全性造成威胁。要减少这部分损失，只有加强管理，严肃处理私自安装放水设施的用户。辅助的方法，是采取水中加药或其他物质，通过改变系统中水的颜色或气味来降低失水。

将供热系统补水率控制在 0.5% 以下，则可按照公式（15）进行 η_s 的计算：

$$\eta_s = 1 - \frac{0.005 \times (t_p - t_a)}{t_g - t_h} \tag{15}$$

式中：t_p——在采暖期室外平均温度下，热水管网的供回水温度的平均值，℃；

t_a——补水温度，一般取 5℃；

t_g——在采暖期室外平均温度下，热水管网的供水温度，℃；

t_h——在采暖期室外平均温度下，热水管网的回水温度，℃。

当对应供回水温度为 95℃/70℃ 的热网时，根据式（15），可以得出不同城市的 η_s，进而求得对应的 η_p。

表 8 给出了不同 η_l 要求下典型城市 η_b，η_s，η_p 的组合情况。由表 8 可见，当 $\eta_l = 0.92$ 时，要求管网的平衡效率要达到 95% 以上。

典型城市 η_l 的分解　　　　　　　　　　　表 8

城　市	$\eta_l = 0.90$		$\eta_l = 0.91$		$\eta_l = 0.92$		$\eta_l = 0.93$	
	η_s (%)	η_p (%)	η_s (%)	η_p (%)	η_s (%)	η_p (%)	η_s (%)	η_p (%)
西安	98.18	93.54	98.18	94.58	98.18	95.62	98.18	96.66
北京	98.16	93.56	98.16	94.60	98.16	95.64	98.16	96.68
沈阳	98.07	93.64	98.07	94.68	98.07	95.73	98.07	96.77
乌鲁木齐	98.1	93.62	98.1	94.66	98.1	95.70	98.1	96.74
长春	98.08	93.63	98.08	94.67	98.08	95.72	98.08	96.76
哈尔滨	98.05	93.66	98.05	94.70	98.05	95.74	98.05	96.79

3.3 管网平衡节能

目前热网设计大多采用枝状管网，枝状网的特点是离热源远的热用户，阻力损失大，而离热源近的热用户，由热网提供的供回水压差远大于用户的阻力损失，导致热网产生剩余压头。目前热网设计时，设计者仅考虑给热用户预留资用压头（3~5m），很少考虑剩余压头的消除；而室内系统的设计者在近些系统设计时，仅考虑资用压头是否够用，不考虑用户剩余压头的消除。这种设计的后果，就会导致离热源近的热用户流量过大，室内温度过高，离热源远的热用户流量减少，室温过低。

为消除网路剩余压头，需要在热网的分支环路和热用户处，装设一些调节设备。常用的设备有：手动调节阀、平衡阀、自立式流量调节阀、自力式差压阀。具体系统平衡问题详见"供热系统及末端的供热温度控制"部分。除了利用阀门解决系统失调问题外，还可以采用多级循环泵技术解决系统失调问题。感兴趣读者可以参考"严寒和寒冷地区居住建筑第三阶段节能设计标准（JGJ 26-2010）与第二阶段节能设计标准（JGJ 26-95）的对比"部分。

参考文献

[1] 方修睦，赵立华，许文发. 供热系统节能指标探讨[J]. 暖通空调. 1998, 28(1): 11-14

三、相关标准之间的比较

专题一 严寒和寒冷地区居住建筑第三阶段节能设计标准（JGJ 26‐2010）与第二阶段节能设计标准（JGJ 26‐95）的对比

哈尔滨工业大学 · 方修睦

0 引言

建筑节能是一个世界性的大潮流，也是现代建筑技术发展的一个基本方向。我国从20世纪80年代初期开始推动建筑节能，已经从热心节能人士的呼吁、研讨变成今天的政府行为。我国的建筑节能先从严寒、寒冷地区居住建筑开始，先后实施了两步节能标准，如今开始实施第三步节能标准。本文从多个角度，对《严寒和寒冷地区居住建筑节能设计标准》JGJ 26‐2010与《民用建筑节能设计标准（采暖居住建筑部分）》JGJ 26‐95进行对比，试图说明新旧标准之间的差异性，供标准使用者参考。

1 我国北方地区居住建筑节能设计标准的节能目标

1986年原城乡建设环境保护部颁发了第一阶段居住建筑节能设计标准——《民用建筑节能设计标准（采暖居住建筑部分）》JGJ 26‐86，从1986年8月1日起执行。该标准要求将采暖能耗在1980～1981年当地通用住宅设计的基础上节能30%（图1）。通用住宅设计是指有4个单元的6层住宅楼，体形系数为0.3左右。根据对当时的供热系统的状况的研究，认定1980～1981年我国锅炉平均运行效率为0.55，管网的输送效率为0.85。第一阶段居住建筑节能设计标准是我国建筑节能起步阶段的标准，围护结构保温水平提高的幅度不大。按照第一阶段节能标准要求，在严寒地区的哈尔滨市嵩山小区，建立了我国第一个节能示范小区。但是由于种种原因，第一阶段节能标准，在我国的三北地区并未完全实施。仅有北京、天津、哈尔滨、西安、兰州、沈阳等城市建造了约3000万 m² 节能建筑。

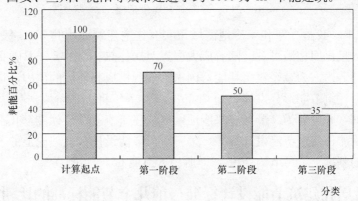

图1 不同阶段节能设计标准的节能目标

1995年对第一阶段节能设计标准进行了修订，原建设部颁发了第二阶段居住建筑节能设计标准——《民用建筑节能设计标准（采暖居住建筑部分）》JGJ 26‐95，并从1996年7月1日起执行。该标准要求在第一阶段节能标准的基础上再节能30%，即将采暖能耗从 1980～1981 年当地通用住宅设计的基础上节能 50％（图 2、图 3）。第二阶段节能标准颁布以来，各地加大了建筑节能力度，并开始全面实施建筑节能。

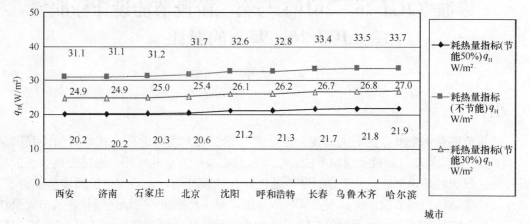

图 2　建筑物耗热量指标

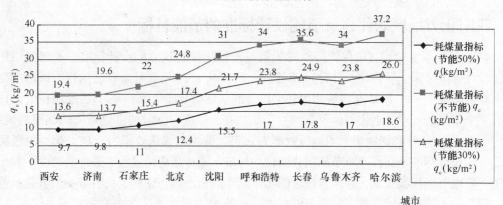

图 3　建筑物耗煤量指标

　　到 2007 年末，我国严寒和寒冷地区城市实有住宅建筑面积共 51.2 亿 m^2，且每年新增的住宅建筑数量仍旧相当可观。随着广大居民对居住热环境的要求日益提高，采暖和空调的使用越来越普遍。为减轻建筑耗能对国家的能源供应和环境的压力，进一步推进建筑节能工作，根据建筑节能形势发展的迫切需要，2007 年将第二阶段居住建筑节能设计标准进行全面修订，并更名为《严寒和寒冷地区居住建筑节能设计标准》JGJ 26–2010，即所说的第三阶段居住建筑节能设计标准。第三阶段节能设计标准理论上的节能目标，是在第二阶段节能的基础上，再节约 30％，即所说的节能 65％标准。

2　第三阶段居住建筑节能设计标准与前几个节能标准的比对

　　第三阶段居住建筑节能设计标准（简称新标准）与第二阶段居住建筑节能设计标准（简称旧标准）相比，有很大不同。

2.1　气候分区与室内热环境计算参数

　　我国地域广阔，从南到北、从东到西，各地气候条件差别非常大，太阳辐射量不一样，采暖与制冷的需求各有不同，因而，从建筑热工设计角度，将其划分为若干个气候区域。从 1960 年我国制定的《全国建筑气候分区初步区划》。首次提出将全国划分为 7 个气候区，到 1993 年颁布的《建筑气候区划标准》GB 50178‐93 和《民用建筑热工设计规范》GB 50176‐93。依据该规范，把全国划分为 5 个建筑热工设计分区，即严寒地区、寒冷地区、夏热冬冷地区、温和地区、夏热冬暖地区。第一阶段和第二阶段居住建筑节能设计标准的气候分区指标，一直沿用了这一分区方法。

新标准用采暖度日数（$HDD18$）结合空调度日数（$CCD26$）作为气候分区的指标。这与欧洲和北美大部分国家的建筑节能规范依据采暖度日数作为分区指标是一致的。新标准详细规定了严寒地区和寒冷地区的分区方式。从分区范围看，严寒 A 区的（$HDD18$）跨度大，是因为处于严寒 A 区的城市比较少，没必要再细分。严寒 C 区和 B 区分得比较细，这是由于严寒地区居住建筑的采暖能耗比较大，需要严格地控制；另外是由于处于严寒 C 区和 B 区的城市比较多（图 4）。

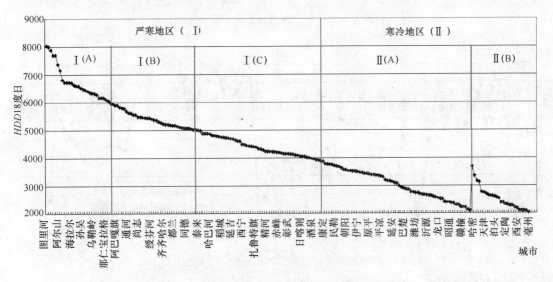

图 4　严寒和寒冷地区典型城市的采暖度日数

由于新旧标准采用的数据来源不同，统计方法不同，因此将两本标准的气象数据相比较，给出的数据有所差别。总的来看，新节能标准是根据近 10 年的气象资料重新进行统计的，属于气候显著变暖时段。新标准的采暖期天数比旧标准明显减少（图 5），新标准的采暖度日数比旧标准有所增加，新标准的采暖期平均温度比旧标准有所提高（图 6）。以哈尔滨为例，采暖期天数新标准为 167 天，旧标准为 176 天，减少了 9 天；采暖度日数新标准为 5032 度日，旧标准为 4298 度日，增加了 734 度日；采暖期平均温度新标准为 −8.5℃，旧标准为 −10℃，提高了 1.5℃。节能标准给出的气象数据仅用于能耗计算，与各地实际的采暖天数无关。

室内热环境计算参数在旧标准中，将冬季采暖室内计算温度取为 16℃，冬季采暖计算换气次数取为 $0.5h^{-1}$。鉴于实际采暖建筑的室内平均温度约为 17.5～17.7℃，目前各地的供热条例中均要求将室温控制在 18℃，且其基本达到了热舒适的水平，因此新标准将冬季采暖室内计算温度取为 18 ℃。

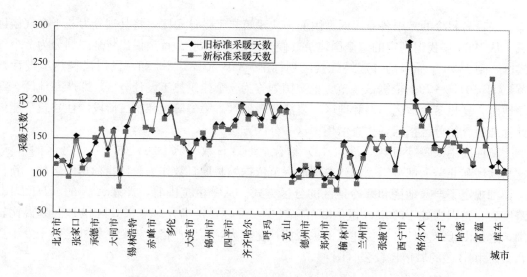

图 5 严寒和寒冷地区典型城市的采暖期天数比较

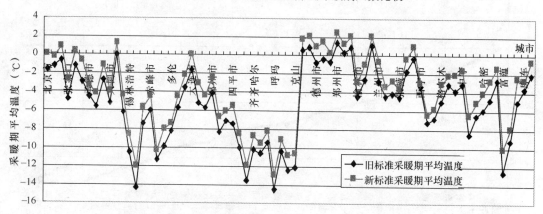

图 6 严寒和寒冷地区典型城市采暖期平均温度比较

在通风换气方面,新标准换气次数指标没有变化。这主要考虑,通风换气次数取为 0.5 次/h,约相当于在人均建筑面积为 32m²、净高 2.55m 时,如果换气体积按建筑体积的 0.6 倍($V=0.6V_0$)计算,相当于 24.5m³/(h·人)。

室内计算温度提高后,新、旧标准之间的建筑物耗热量指标的转换公式如下:

$$q'_{H1} = (q_{H1} + 3.8) \frac{t'_i - t_e}{t_i - t_e} - 3.8 \tag{1}$$

式中:t_i、t_e——分别为室内计算温度及采暖期室外平均温度,℃;

q_{H1}——按 80～81 年的通用建筑设计计算的建筑物耗热量指标,W/m²;

t'_i——新标准的室内计算温度,℃;

q'_{H1}——换算后的建筑物耗热量指标,W/m²。

2.2 建筑节能指标及其分配

在旧标准中给出两个节能指标:建筑物耗热量指标 q_H 以及供暖耗煤量指标 q_c。旧标准的对于建筑物节能的判定是通过对按照规定性指标进行节能设计的上述两项指标来判定是否为节能建筑。由于采暖耗煤量指标 q_c 的计算是通过建筑物耗热量指标来推算出来的,实际上并没有真正控制住系统节能与否的问题。从而可能会出现仅将围护结构热工性能满足节能标准要求的建筑被误判的现象。同时由于旧标准对建筑类型没有区分，也会出现中高层和小高层居住建筑容易达到节能标准要求，而低层居住建筑难于达到节能标准要求的状况。

新标准的节能设计标准与前两部节能设计标准有较大的不同，除在室内计算温度和锅炉运行效率和管网输送效率提高外，还考虑到可操作层面，在新标准中取消了采暖耗煤量指标。这主要是因为设计标准并没有真正控制采暖系统运行环节的节能。同时为解决旧标准中高层和小高层居住建筑容易达到节能标准要求，而低层居住建筑难于达到节能标准要求的状况，将建筑物耗热量指标按建筑类型进行细化，分别按照≤3层建筑、（4～8）层的建筑、（9～13）层的建筑和≥14层建筑给出建筑物耗热量指标。

图7为部分城市的建筑物耗热量指标，图中不节能（16）表示按照室内计算温度为16℃时的建筑物耗热量指标，不节能（18）表示按照室内计算温度为18℃时的建筑物耗热量指标。

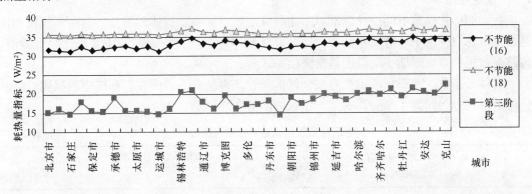

图 7　建筑物耗热量指标

根据计算出的各城市建筑物耗热量指标，可以求得各城市的节能率，图8为部分城市的节能率曲线。旧标准所确定的节能指标，是用各地采用统一的节能比例的做法来确定的。我国采暖范围较广，气候差异较大，各地节能建筑的节能潜力不同，经济发达程度也不同。如果仍采用统一节能比例的做法，则严寒地区现有的围护结构保温技术将不能支撑新的要求，同时付出的成本过高，回收期过长，不利于节能的推进。为此新标准不再采取各地统一的节

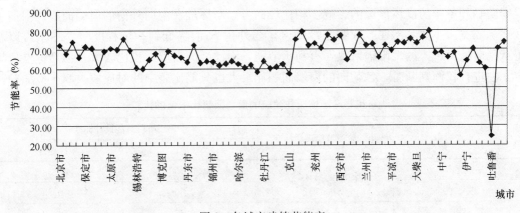

图 8　各城市建筑节能率

能比例的做法，而采取同一气候子区，采用相同的围护结构限值的做法。这样各地的节能比例虽然不同，但是通过对 71 个城市的分析，全国平均节能率为 66.3%。由图 8 可知，节能率最高的为玉树（79.65%），节能率最低的为吐鲁番（24.53%）。对哈尔滨来说，第三阶段节能率为 62%，其中建筑物节能 46%，供热系统节能 27.4%（表 1）。

哈尔滨市三阶段节能指标分解 表 1

项　　目	不节能	第一阶段节能	第二阶段节能	第三阶段节能
管网输送效率	0.85	0.9	0.9	0.92
锅炉平均运行效率	.0.55	0.6	0.68	0.7
建筑节能率	—	0.2	0.35	0.46
供热系统节能率	—	0.134	0.236	0.274
综合节能率	—	0.30	0.50	0.62

2.3　规定性指标

我国的居住建筑节能设计标准，采用的规定性指标主要有体形系数、窗墙面积比和传热系数。在旧标准中，对严寒和寒冷地区建筑物体形系数、分朝向窗墙面积比给出限值；传热系数是根据采暖期平均温度给出限值的。

对体形系数，在旧标准中没有按气候区和建筑类型分类，而在新标准中根据建筑层数将体形系数分为四类，每一类的体形系数的限值有所区别（表 2）。

居住建筑的体形系数限值比较 表 2

	第二阶段节能设计标准	第三阶段节能设计标准			
		≤3 层	(4~8) 层	(9~13) 层	≥14 层
严寒地区	0.3 及 0.3 以下	≤0.50	≤0.30	≤0.28	≤0.25
寒冷地区		≤0.52	≤0.33	≤0.30	≤0.26

经测算，新标准适当地将严寒地区低层建筑的体形系数放大到 0.50 左右，将大量建造的 6（4~8）层建筑的体形系数控制在 0.30 左右，这样即有利于控制居住建筑的总体能耗，又给建筑师一定的创作空间。

对窗墙面积比，两本标准都是强制性条文，都按照不同朝向，提出了窗墙面积比的指标。北向取值较小，主要是考虑居室设在北向时的采光需要。东、西向的取值，主要考虑夏季防晒和冬季防冷风渗透的影响。相比较而言，新标准在南向外窗的窗墙面积比限值上又适当放宽，主要考虑在严寒和寒冷地区，当外窗 K 值降低到一定程度时，冬季可以获得从南向外窗进入的太阳辐射热，有利于节能，因此南向窗墙面积比较大。但新标准也规定，在进行权衡判断时，各朝向的窗墙面积比最大也只能比表中的对应值大 0.1（表 3）。

严寒和寒冷地区居住建筑的窗墙面积比限值的比较 表 3

	第二阶段节能设计标准	第三阶段节能设计标准	
		严寒地区	寒冷地区
北	≤0.25	≤0.25	≤0.30
东、西	≤0.30	≤0.30	≤0.35
南	≤0.35	≤0.45	≤0.50

对围护结构传热系数，为了使建筑物适应各地不同的气候条件，满足节能要求，两本标准均按气候区，分别提出了建筑围护结构的传热系数限值以及外窗玻璃遮阳系数的限值。

理论分析表明，在 370mm 砖墙上，增加不同厚度保温层时的节能量是不同的，当保温层为第 1cm 时，每年可节约 2.15kg/m² 标煤；保温层为第 8cm 时，每年节约标煤量仅为第 1cm 时节煤量的 12%；保温层为第 10cm 时，每年节约标煤量仅为第 1cm 时节煤量的 8%。

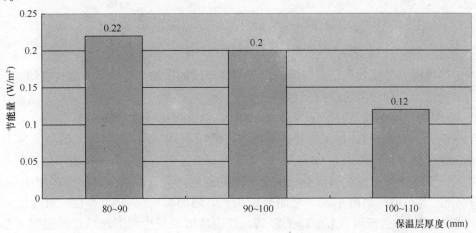

图 9 及图 10 为对哈尔滨市一栋住宅楼的建筑物耗热量指标的分析结果，分析表明：在其他条件不变的情况下，墙体保温层厚度由 80mm 变到 90mm，建筑物耗热量指标降低 0.22W/m²；保温层厚度由 90mm 变到 100mm，建筑物耗热量指标降低 0.20W/m²；保温层厚度由 100mm 变到 110mm，建筑物耗热量指标降低 0.12W/m²。这表明，当保温层增

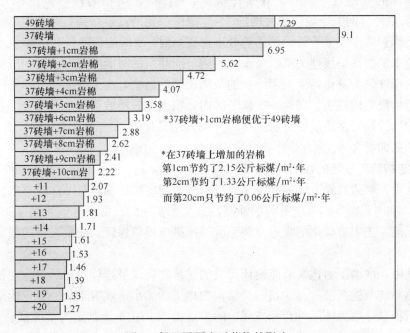

图 9　保温层厚度对节能的影响

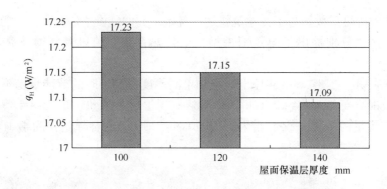

图 10　屋面保温层厚度对耗热量指标的影响

加到一定厚度时，节能效果已不明显。由于墙体厚度的增加，将导致节能投资增加，因此墙体的节能潜力受到经济的制约。

图 10 表明，屋面保温层厚度为 100mm 时，建筑物耗热量指标为 17.23W/m²；屋面保温层厚度为 120mm 时，建筑物耗热量指标降低 0.08W/m²；屋面保温层厚度为 140mm 时，建筑物耗热量指标降低 0.06W/m²。降低的幅度虽然不大，但这是由于屋面耗热量占总能耗的比重不大所致。如果仅分析屋面的能耗变化，会看到当保温层厚度由 100mm 增加到 140mm 时，节能率由 57.3% 增加到 67.1%，增加 9.8%。也就是说，每增加 10mm，可多节能 2.45%。由于屋面节能施工容易，且造价增加较少，因此增加保温程度是可行的节能措施。

考虑到我国严寒地区，在第二步节能时围护结构保温层厚度已经达到（6~10）cm 厚，再单纯靠通过加厚保温层厚度，获得的节能收益已经很小的实际情况。新标准通过提高采暖管网输送热效率和提高锅炉运行效率的途径来减轻对围护结构的压力。理论分析表明，达到同样的节能效果，锅炉效率每增加 1%，则建筑物的耗热量指标可降低要求 1.5% 左右，室外管网输送热效率每增加 1%，则建筑物的耗热量指标可降低要求 1.0% 左右，并且当锅炉效率和室外管网输送热效率都提高时，总的能耗降低和锅炉效率和室外管网输送热效率的提高呈线性关系。考虑到各地节能建筑的节能潜力和我国的围护结构保温技术的成熟程度，为避免各地采用统一的节能比例的做法，而采取同一气候子区，采用相同的围护结构限值的做法。在每一气候子区内，根据建筑层数将体形系数分为若干类，每一类的围护结构热工性能限值有所区别。分类方法与体形系数时分类相同，为简单起见，将第三类和第四类合并。

2.4　围护结构热工性能的权衡判断

旧标准中，对建筑物节能的判定是通过对按照规定性指标进行节能设计的建筑物的耗热量指标 q_H 和与采暖空调系统有关的强制性条文来实施的。由于这些强制性条文的实施，从而将原标准实施中被弱化的暖通空调系统节能措施得以保证，使所设计的建筑物成为节能建筑。

新标准中，取消了与建筑节能设计无关的建筑物耗煤量指标，建筑节能包括围护结构节能和供热系统节能两部分。建筑围护结构物热工性能小于或等于某一规定的限值，只能判定为建筑物总体热工性能符合标准规定的节能要求，并不能判定为节能居住建筑设计。只有关于供热（空调）系统的节能要求均得到满足，才可以判定为节能居住建筑设计。

关于建筑物耗热量指标的计算方法，新标准仍然沿用稳态计算方法，但在许多细节方面进行较大的修改。主要修改的是关于折合到单位建筑面积上单位时间内通过建筑围护结构的传热量的计算。新标准将通过建筑围护结构的传热量分成5部分，即折合到单位建筑面积上单位时间内通过墙的传热量 q_{Hq}、折合到单位建筑面积上单位时间内通过屋顶的传热量 q_{Hw}、折合到单位建筑面积上单位时间内通过地面的传热量 q_{Hd}、折合到单位建筑面积上单位时间内通过门、窗的传热量 q_{Hmc} 和折合到单位建筑面积上单位时间内非采暖封闭阳台的传热量 q_{Hy}，并给出了各个部分传热量的计算方法。

新标准给出的外墙传热量的计算式仍然采用外墙平均传热系数来计算。新标准改变了旧标准采取的用面积加权平均的方法来计算外墙平均传热系数的做法，而采用在单元墙体的主断面传热系数 K 的基础上加上附加传热系数 ΔK 的方法来计算平均传热系数。并参照国际标准，引进结构性热桥对墙体、屋面传热的影响用线传热系数 ψ 用来描述，其计算方法见相关条文释义。

由于地面的传热是一个很复杂的非稳态传热过程，而且具有很强的二维或三维（墙角部分）特性。旧标准给出的周边地面及非周边地面传热系数的限值，这实际上是一个当量传热系数，没有给出地面传热系数的计算方法或与构造相关的传热系数的数值，无法简单地通过地面的材料层构造计算确定。大家计算时只是取地面传热系数等于地面传热系数的限值，这虽然计算简单，但没有真正解决降低地面传热系数的问题。新标准基于二维非稳态传热计算结果，给出了与地面构造相关的当量传热系数供设计人员选用。由于多层、中高层、高层住宅，地面传热只占整个外围护结构传热的一小部分，因此如果实际的地面构造与给出的地面构造不同，可以选用某一个相接近构造的当量传热系数。低层建筑地面传热占整个外围护结构传热的比重大一些，如果实际的地面构造与给出的地面构造不同，应重新计算。

对于外窗（门）传热量的计算，旧标准是采用引进太阳辐射修正系数来来修正外门、窗的传热系数的方法计算传热量的。目前玻璃的种类很多，特别是透过玻璃的太阳辐射得热不一定与玻璃的传热系数密切相关，因此用传热系数乘以一个系数来修正太阳辐射得热的影响误差比较大。新标准将外窗、外门的传热分成两部分来计算，前一部分是室内外温差引起的传热，后一部分是透过外窗、外门的透明部分进入室内的太阳辐射得热，无透明部分的外门太阳辐射修正系数 C_{mc} 取 0。为简便起见，凸窗的上下、左右边窗可以忽略太阳辐射的影响，对边板不再考虑太阳辐射的修正，仅计算温差传热。

对透明外门窗的综合遮阳系数＝3mm 普通玻璃的太阳辐射透过率×污垢遮挡系数×外遮阳的遮阳系数×玻璃的遮阳系数×（1－窗框比），其中外遮阳的遮阳系数按附录 E 确定。同时新标准中还增加了通过非采暖封闭阳台传热量的计算，计算方法与透明外门窗相类似。

2.5 锅炉运行效率和管网的输送效率

锅炉是能源转换设备，锅炉转换效率的高低直接影响到燃料消耗量，影响到供热企业的运行成本。锅炉产生的热量需要通过热网送到热用户，实际上早在 20 世纪 90 年代我国有些单位锅炉房的锅炉运行效率就已经超过了 73%。新标准在分析锅炉设计效率时，将运行效率取为 70%。近些年我国锅炉设计制造水平有了很大的提高，锅炉房的设备配置也发生了很大的变化，已经为运行单位的管理水平的提高提供了基本条件，只要选择设计效率较高的锅炉，合理组织锅炉的运行，就可以使运行效率达到70％。新标准制定时，通过我国供暖负荷的变化规律及锅炉的特性分析，提出了锅炉设计效率达到70％时设计者所选用的锅炉的最低设计效率。与旧标准相比，新标准的最低设计效率也有一定程度的提高（表4）。

锅炉的最低设计效率的比较（％）　　　　表4

不同标准	锅炉类型、燃料种类及发热值		在下列锅炉容量（MW）下的设计效率（％）						
			0.7	1.4	2.8	4.2	7.0	14.0	＞28.0
旧标准	烟煤	Ⅱ	—	—	72	73	74	76	78
		Ⅲ	—	—	74	76	78	80	82
新标准	燃煤烟煤	Ⅱ	—	—	73	74	78	79	80
		Ⅲ	—	—	74	76	78	80	82
	燃油、燃气		86	87	87	88	89	90	90

热水管网的输送效率是反映上述各个部分效率的综合指标。提高管网的输送效率，应从减少以下三方面入手：（1）管网向外散热造成散热损失；（2）管网上附件及设备漏水和用户放水而导致的补水耗热损失；（3）通过管网送到各热用户的热量由于网路失调而导致的各处室温不等造成的多余热损失。通过对多个供热小区的分析表明，采用新标准给出的保温层厚度，无论是地沟敷设还是直埋敷设，管网的保温效率是可以达到99％以上的。考虑到施工等因素，分析中将管网的保温效率取为98％。系统的补水，由两部分组成，一部分是设备的正常漏水，另一部分为系统失水。如果供暖系统中的阀门、水泵盘根、补偿器等，经常维修，且保证工作状态良好的话，测试结果证明，正常补水量可以控制在循环水量的0.5％。通过对北方6个代表城市的分析表明，正常补水耗热损失占输送热量的比例小于2％；各城市的供暖系统平衡效率达到95.3％～96％时，则管网的输送效率可以达到93％。考虑各地技术及管理上的差异，所以在计算锅炉房的总装机容量时，将室外管网的输送效率取为92％。

2.6 管网水力平衡

目前供热企业大多采用枝状管网，枝状网的特点是离热源远的热用户，阻力损失大，而对离热源近的热用户，热网提供的供回水压差远大于用户的阻力损失，热网存在的这部分剩余压头会导致热网出现失调，即离热源近的热用户流量过大，室内温度过高，离热源远的热用户流量减少，室温过低。国内的企业解决失调问题时不是设置必要的平衡阀、自力式流量控制器，而是采取更换大功率水泵或增加水泵台数的方法，来提高系统循环水量。大流量运行方式不能从根本上消除供热系统的热力失调问题，各个用户之间流量分配不均问题依然存在。流量增加，导致电机功耗增加。这种做法是不可取的。

旧标准为了解决管网失调问题，要求设计中应对采暖供热系统进行水力平衡计算，确保各环路水量符合设计要求。离热源较近的热用户的剩余压头，是靠设在用户入口处的阀门（如调节阀、平衡阀、流量调节控制阀）来消除的。旧标准要求在室外各环路及建筑物入口处采暖供水管（或回水管）路上要安装平衡阀或其他水力平衡元件，并进行水力平衡调试。在新标准中，则要求室外管网进行严格的水力平衡计算。当室外管网通过阀门节流来进行阻力平衡时，各并联环路之间的压力损失差值不应大于15％。当达不到上述要求时，新标准规定应在热力站和建筑物热力入口处设置静态水力平衡阀。

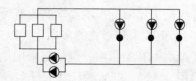

另外，值得一提的是，近些年来为解决水力失调问题，在一些既有热网改造工程中也开始应用多级循环泵系统（多级泵、分布式水泵）（图16）。二级循环泵系统总的循环动力由热源循环水泵及用户入口处设置的用户循环泵（用户加压泵）来提供。热源循环水泵的扬程可以选得很低，使得系统中出现供水压力等于回水压力的零压差点。此时，热源的循环水泵的扬程＝热源损失＋热源至零压差点的热网供回水管阻力损失，用户处用户循环泵的扬程＝零压差点至用户的热网供回水阻力损失＋用户阻力损失。零压差点与热源之间的管路设计，与常规系统相同，系统平衡可采取水力平衡阀来解决。

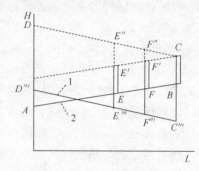

图 11　二级循环泵系统
1—供水压力线；2—回水压力线；
B—C—用户损失

图 11 所示的二级循环泵系统由于不存在阀门的节流损失，因此系统的输送电耗可以降低 10%～35% 左右。节能率随着干线各管段的比摩阻（或管长）的增加而增加；随着干线各管段的比摩阻（或管长）的减少而减少。比摩阻（或干线管长）较大（较长）的既有管网，节能率较大。节能率随着支线各管段的比摩阻（或管长）的增加而增加；随着支线各管段的比摩阻（或管长）的减少而减少。新建管网减小至零压差点之后支线比摩阻，有利于减低系统总电耗。一般情况下，可以将干线比摩阻与支线比摩阻取相同数值。

2.7　耗电输热比（EHR）

耗电输热比（EHR）是在采暖室内外计算温度下，全日理论水泵输送耗电量与全日系统供热量比值。规定耗电输热比（EHR）是为防止水泵选型过大超出合理的范围。在旧标准中，提出热水采暖供热系统的一、二次水的动力消耗应予以控制。新标准仍采用这一评价指标，并根据实际情况对相关的参数进行了调整：

1）目前的国产电机在效率上已经有了较大的提高，根据国家标准《中小型三相异步电动机能效限定值及节能评价值》GB 18613－2006 的规定，7.5kW 以上的节能电机产品的效率都在 89% 以上。但是，考虑到供热规模的大小对所配置水泵的容量（即由此引起的效率）会产生一定的影响，从目前的水泵和电机来看，当 $\Delta t=20℃$ 时，针对 2000kW 以下的热负荷所配置的采暖循环水泵通常不超过 7.5kW，水泵和电机的效率都会有所下降的情况，新标准将旧标准的固定计算系数 0.0056 改为一个与热负荷有关的计算系数 A 表示。这样一方面对于较大规模的供热系统，提高了对电机的效率要求；另一方面，对于较小规模的供热系统，也更符合实际情况，便于操作和执行。

2）考虑到采暖系统实行计量和分户供热后，水系统内增加了相应的一些阀件，其系统实际阻力比原来的规定会偏大，因此将原来的 14 改为了 20.4。

3）公式中在不同的管道长度下选取的 $\alpha\Sigma L$ 值不连续，在执行过程中容易产生的一些困难，也不完全符合编制的思路（管道较长时，允许 EHR 值加大）。因此，新标准将 α 值的选取或计算方式变成了一个连续线段，有利于条文的执行。按照新标准规定的 $\alpha\Sigma L$

值计算结果比旧标准的要求略为有所提高。

4）由于采暖形式的多样化，以规定某个供回水温差来确定 EHR 值可能对某些采暖形式产生不利的影响。例如当采用地板辐射供暖时，通常的设计温差为 10℃，这时如果还采用 20℃ 或 25℃ 来计算 EHR，显然是不容易达到标准规定的。因此，新标准采用了"相对法"，即同样的系统的评价标准一致，所以对温差的选择不做规定，而是"按照设计要求选取"。

2.8 热计量

从 20 世纪 80 年代开始，我国就开始探索采暖热计量问题，经过几十年的不懈努力，我国的热计量工作已经逐步从探索阶段走入大规模的工程应用。第二阶段节能设计标准编制时，热计量已经由理论探讨进入工程试点。正是基于对于热计量问题的前瞻性以及对于热计量器具的担心，在第二阶段节能设计标准中，仅要求在进行室内采暖系统设计时，设计人员应考虑按户热表计量和分室控制温度的可能性。并没有做更具体的规定。

近 10 年热计量技术发展较快，热计量产品种类增加、质量得到提高，人们对热计量问题的认识逐步深化，开始探索适合于我国国情的热计量技术。新标准吸收了这些年我国在热计量方面的研究成果和各地热计量的实践经验，对热计量问题做了新的规定。

按照热量进行收费，热力公司与热量生产企业（如热电厂）之间、比较大的用热单位与热力公司之间很早就进行了热量的买卖。供热企业买到热量后，按照面积对下面的热用户进行收费，此种收费模式称为一级分摊模式，以前各地实行的收费方法就属于一级分摊模式。如果热计量表具装到建筑物热力入口，建筑物内的用户按照面积进行交费，此种收费模式称为二级分摊模式，此模式对于那些热计量改造收益较小的既有建筑来说，可以采用此种模式。如果将热计量表具装到每户，此种收费模式称为三级分摊模式。一个国家采用何种分摊模式，往往与该国的建筑节能力度、经济基础、新建建筑的数量以及旧建筑状况（数量、使用年限、采暖系统的现状等）有关，经济发达国家也往往三种分摊模式并存，我国将在相当一段时间内，三种分摊模式并存。

2.8.1 热源（热力站）计量仪表的设置

在一个供热区域内，新旧建筑往往共存，可能几种分摊模式共存于同一个供热小区。为了强化热源的节能管理或者热量贸易，新标准规定在锅炉房和热力站的总管上，要设置计量总供热量的热量表（热量计量装置）。

2.8.2 建筑物计量仪表的设置

无论是二级分摊还是三级分摊，都需要在建筑物处确立一个用热与供热双方直接进行热量贸易结算和间接进行热量贸易结算的分界点。新标准根据我国以公寓类住宅为主的特点，规定集中采暖系统中建筑物的热力入口处，必须设置楼前热量表，作为该建筑物采暖耗热量的热量结算点。

由于现有供热系统与建筑物的连接形式五花八门，有时无法在一栋建筑物的热力入口处设置一块热量表，此时对于建筑用途相同、建设年代相近、建筑形式、平面、构造等相同或相似、建筑物耗热量指标相近、户间热费分摊方式一致的小区（组团），也可以若干栋建筑，统一安装一块热量表（图 12）。

2.8.3 建筑物内热用户的热量计量

计量到户，有利于调动热用户节能的积极性。因此新标准规定，集中采暖（集中空调）系统，必须设置住户分户热计量（分户热分摊）的装置或设施。依据建筑物入口处计量的供给建筑物总热量，对建筑物内住户消耗的热量进行分摊的方法很多（详见相关条文释义），设计者可以根据建筑物及系统特点选择不同的用户分摊方法。无论采用何种方法，都要从采暖收费制度改革的目标出发，看其是否做到了公平。无论是哪一种分摊方法，所要遵循的分摊的原则都是：同一栋建筑物内的用户，如果采暖面积相同，在相同的时间内，相同的温度应缴纳相同的热费。

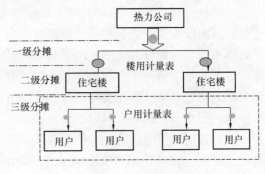

图12 三级分摊模式

2.8.4 室内系统的设置

热量计量仅能对热的"量"进行度量，从计量的角度看，它要求计量的结果准确，公平、合理。度量的手段与采用依据何种计量原理制造的计量仪表有关。不同的系统形式，可以选用不同的计量仪表。节能是用户依据自己的经济条件和国家的能源政策，对热的"质"进行的控制。从节能的角度看，它要求向用户提供一个在居住单元内便于调节的系统，以便于用户根据自己的情况对室温进行控制。要对热的"质"进行控制。新标准对室内的采暖系统的制式没有做限制。双管系统调节时，室内系统的流量发生变化，有利于降低管网输送能耗，因此宜采用双管系统，散热器应设置恒温阀。如采用单管系统，应在每组散热器的进出水支管之间设置跨越管，散热器采用低阻力两通或三通调节阀。

2.9 区域锅炉及热力站的控制与监测

我国绝大多数锅炉房及热力站仍处于手工操件阶段，缺少全面的参数测量手段，无法对运行工况进行系统的分析判断；系统工况失调难以消除，造成用户冷热不均；供热参数未能在最佳工况下运行，供热量与需热量不匹配；故障发生时，不能及时诊断报警，影响可靠运行；数据不全，难以量化管理。锅炉房采用计算机自动监测与控制不仅可以提高系统的安全性，确保系统能够正常运行，恰好弥补了上述不足。

旧标准对锅炉房及热力站的自动控制及数据监测没有提出要求。近些年锅炉房及热力站计算机数据采集及控制技术的应用的大量增加，新标准对于区域供热锅炉房设计采用自动检测与控制的运行方式时，提出了五项要求。这些要求是确保安全、实现高效、节能与经济运行的必要条件。

新标准对于未采用计算机进行自动监测与控制的锅炉房和换热站，提出了明确的节能要求。要求这些锅炉房和热力站，要设置供热量控制装置，以便锅炉房或热力站可以随室外空气温度的变化调整供热参数，以保持锅炉房的供热量与建筑物的需热量基本一致，实现按需供热；目前国内的供热量控制装置功能很多，可实时显示室内、室外温度、供水温度、回水温度及电动阀开度等运行参数；可根据室外温度变化，对供热负荷进行预报及对供热设备（如锅炉、换热器、水泵等）进行优化调度和调节，合理地匹配供水流量和供回水温度，节省水泵电耗；还具有分时控温功能，对不同需求的热用户进行控制，在保证使用功能的前提下，节约热量；并支持多种通讯方式（如 TCP/IP 网络、RS232/RS485、无线传输、电话线通信及电力线载波通信等），以便于集中联网控制。

图 13 采用供热量控制装置的热力站原理图。一级热网的高温水通过水-水热交换器转换成二级热网所需要的低温水。二级网热用户 5 可根据自己需求调节散热器的散热量，热用户的热力入口设置自力式压差控制阀 9。变频器 8 根据最不利热用户热力入口的供回水压差传感器的差压信号 7 控制循环水泵的转速，调节供给热用户的流量，降低输送电耗。供热量控制装置 3 根据室外温度调节设在一级网上的电动调节阀 13，控制二级网的供水温或二级网的回水温度或二级网的供回水平均温度或二级网的供回水温差，使其满足热用户的要求。一级网所供的热量，由热量表 5 计量。自力式压差控制阀 2 用于保证换热器一次网侧压差恒定。变频器 14 根据循环水泵吸入口处的压力信号控制补给设备 10 的转速，调整补入系统的补水量；补入系统的水量由流量计 11 计量。

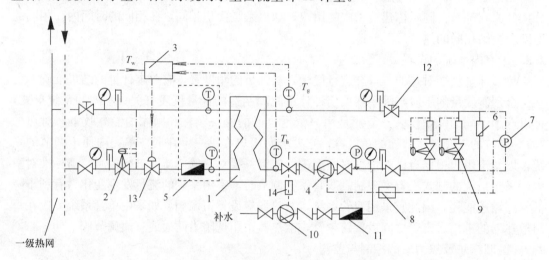

图 13　采用供热量控制装置的热力站原理图

1—水-水热交换器；2、9—自力式压差控制阀；3—供热量控制器；4—二级网循环水泵；5—热量表；6—热用户；7—差压传感器；8、14—变频器；10—补水泵；11—补水流量计；12—手动调节阀；13—电动调节阀

2.10　通风和空气调节系统

严寒地区空调度日数较少，但随着人们生活水平的提高，寒冷地区居住建筑中空调使用量大幅度增加，严寒地区空调也有相当数量的地区在夏季使用空调。因此严寒和寒冷地区的通风、空调系统节能问题需要做些规定。在旧标准中，没有对通风和空调系统的节能问题提出要求。新标准专门设立了一节。针对严寒、寒冷地区气候特点，对通风和空气调节系统节能问题提出了具体要求。

在我国多数地区，住宅进行自然通风是解决能耗和改善室内热舒适的有效手段，在过渡季室外气温低于 26℃高于 18℃时，由于住宅室内发热量小，这段时间完全可以通过自然通风来消除热负荷，改善室内热舒适状况。即使是室外气温高于 26℃，但只要低于 30 ～31℃时，人在自然通风的条件下仍然会感觉到舒适。由于当室外空气温湿度较低时自然通风可以在不消耗不可再生能源的情况下降低室内温度，达到人体热舒适，即使室外空气温湿度超过舒适区，需消耗能源进行降温降湿处理，也可以利用自然通风输送处理后的新风，而省去风机能耗，且无噪声。因此新标准提出通风和空气调节系统设计应结合建筑设计，首先确定全年各季节的自然通风措施，并应作好室内气流组织，提高自然通风效率，减少机械通风和空调的使用时间。针对目前存在的许多建筑设置的机械通风或空气调节系统，破坏了建筑的自然通风性能的状况，新标准强调设置的机械通风或空气调节系统不应妨碍建筑的自然通风。

现在许多居住建筑选择设计集中空调、采暖系统方式。空调、采暖系统方式可以采取多种方式，如集中方式或者分散方式。无论何种方式，应根据当地能源、环保等因素，通过技术经济分析来确定。同时，新标准建议用户购买能效比高的产品，建议采用国家标准《房间空气调节器能效限定值及能源效率等级》GB 12021.3 - 2004 和《转速可控型房间空气调节器能效限定值及能源效率等级》GB 21455 - 2008 中规定的第 2 级指标。《多联式空调（热泵）机组限定值及能源效率等级》GB 21454 - 2008 中规定的第 3 级。

参考文献

[1] 陈莉，方修琦，李帅. 气候变暖对中国严寒地区和寒冷地区南界及采暖能耗的影响[J]. 科学通报，2007，52(10)：1195 - 1198.

[2] 李鹏，方修睦、张鹏. 多级循环泵供热系统节能分析[J]. 煤气与热力，2008，26(10)：15 - 18.

[3] 王红霞，石兆玉，李德英. 分布式变频供热输配系统的应用研究[J]. 区域供热，2005，(1)：22 - 25.

[4] 张鹏. 单热源枝状管网变频多级泵系统理论分析[D]. 哈尔滨工业大学硕士论文，2007.

[5] 付祥钊. 夏热冬冷地区建筑节能技术[M]. 北京：中国建筑工业出版社，2002.

[6] 中华人民共和国城乡建设环境保护部. JGJ 26 - 86 民用建筑节能设计标准(采暖居住建筑部分)[S]. 北京：中国建筑工业出版社，1986.

[7] 中国建筑科学研究院. JGJ 26 - 95 民用建筑节能设计标准(采暖居住建筑部分)[S]. 北京：中国建筑工业出版社，1996.

专题二 围护结构热工性能和采暖空调设备能效限值 与美国相关标准的比较

中国建筑科学研究院 郎四维 周辉

为了了解《严寒和寒冷地区居住建筑节能设计标准》JGJ 26-2010 和《夏热冬冷地区居住建筑节能设计标准》JGJ 134-2010 标准中，围护结构热工性能限值和采暖空调设备能效限值与国外相关标准规定值的差距，选择了气候条件与我国相仿的美国相关标准进行比较。

美国建筑节能标准分为两个层次，从国家来层面来说，称之为"国家模式规范（National Model Code)"，与建筑节能相关的国家模式规范有：（1）国际节能规范 IECC 2000 (International Energy Conservation Code 2000)，适用于低层（三层与三层以下）住宅建筑，由国际规范委员会（International Codes Council）颁布；（2）ASHRAE/IESNA Standard 90.1《Energy Standard for Buildings Except Low-Rise Residential Buildings》（建筑节能标准除低层住宅外），适用于商业建筑和多层（四层及以上）住宅建筑，由美国采暖制冷空调工程师学会（ASHRAE）颁布；从州层面来说，各州可以依据"国家模式规范"的原则，编制确定本州建筑节能规范，也可直接应用"国家模式规范"。

结合我国情况，居住建筑以多层及高层为主，所以选择 ASHRAE/IESNA Standard 90.1 进行比较，ASHRAE/IESNA Standard 90.1 每三年修订一次，这里以 90.1-2007 作为比较依据。该标准的内容包括：前言；1. 用途；2. 应用范围；3. 定义、术语与缩写词；4. 行政管理与强制规定；5. 建筑围护结构；6. 采暖、通风和空调；7. 生活热水；8. 动力；9. 照明；10. 其他设备；11. 能量成本预算法（参考建筑能量耗费计算法）；12. 参照标准；附录 A：围护结构的传热系数、导热系数、周边区热损失系数；附录 B：围护结构的热工性能限值；附录 C：5.6 章建筑围护结构参数权衡选择法；附录 D：气象资料；附录 E：资料参考材料；附录 F：补充性材料；附录 G：性能评估法。这里，我们仅比较围护结构热工性能和采暖空调冷热源能效部分的内容。

1 围护结构热工参数限值比较

1.1 建筑气候分区的比较

《建筑节能标准。除低层住宅外》ASHRAE 90.1-2007 中依据度日数和度冷数将美国划分为八个气候区，并分别列出八张围护结构热工性能限值表。我国则在原有的五大气候区基础上，根据正在编制的《建筑节能标准用典型气象年》标准，划分为 11 个气候小区（严寒地区划分为 3 个区，寒冷地区 2 个区，夏热冬冷地区 3 个区，夏热冬暖地区 1 个区，温和地区 2 个区）。图 1、图 2 是目前中国与美国在节能设计标准中提出的建筑气候分区比对，以及按 HDD18、CDD26 划分中国与美国城市的气候区属分布情况。

1.2 建筑围护结构热工性能的比较

在全面修订的《严寒和寒冷地区居住建筑节能设计标准》JGJ 26-2010 中，根据气候小区列出了五张围护结构热工性能参数限值表（对于寒冷（B）区，还列出一张外窗综合

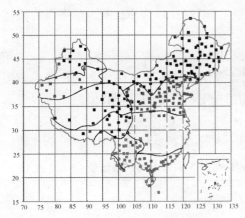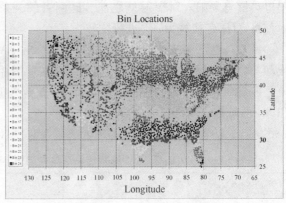

图1 中美标准建筑气候分区比较

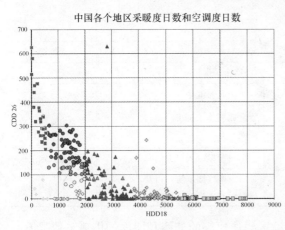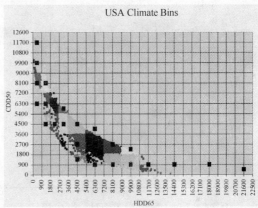

图2 各城市采暖度日数、空调度日数的分布情况比较

（注：美国度日数中为华氏度）

遮阳系数限值表）；在局部修订的《夏热冬冷地区居住建筑节能设计标准》JGJ 134-2010中，则仍然列出适用于全区的一张围护结构各部分的传热系数和热惰性指标限值和一张外窗传热系数和综合遮阳系数限值表。

这里，将《严寒和寒冷地区居住建筑节能设计标准》JGJ 26-2010 和《夏热冬冷地区居住建筑节能设计标准》JGJ 134-2010 的围护结构热工性能限值美国标准中气候条件相近地区规定的限值相比较，选择了三个城市作为比较对象，严寒地区以哈尔滨为例（严寒B区），寒冷地区选择北京（寒冷B区），夏热冬冷地区则选上海进行比较。根据哈尔滨，北京，上海地区的气候特征，分别选择《建筑节能标准-除低层住宅外》ASHRAE 90.1-2007 中表 5.5-7，表 5.5-5 和表 5.5-3 的规定值进行比较。要说明的是我国标准中窗户遮挡太阳辐射热的能力采用遮阳系数 SC（shading coefficient）来表示，遮阳系数 SC 的定义为："在给定条件下，太阳辐射透过窗玻璃所形成的室内得热量，与相同条件下的标准窗所形成的太阳辐射得热量之比"。而美国标准应用太阳得热因子 SHGC（solar heat gain coefficient）来表示，它的定义为："the ratio of the solar heat gain entering the space through the fenestration area to the incident solar radiation"，即，通过窗户进入室内的太阳得热量与太阳入射辐射量之比。此两者的关系为：$SC = 1.15 \times SHGC$，在下面的描述中，将$SHGC$换算为SC进行比较。

另外，在《建筑节能标准-除低层住宅外》ASHRAE 90.1-2007年版之前，2004年版和2001年版等，对于外窗的规定，是按照窗墙比分档确定不同窗墙比下的传热系数限值，但是2007版开始，在规定窗墙比小于40%的前提下，以窗的类型和用途作为规定K和SC的依据。

表1~表3分别为严寒（B）区限值、寒冷（B）区限值和夏热冬冷地区限值的比较。

严寒(B)区：围护结构传热系数 K 限值[W/(m²·K)]，遮阳系数 SC 比较　　　表1

哈尔滨严寒 （B）区	外墙 K	屋面 K	外窗		
			窗墙比	K	SC （由 SHGC 换算）
中国 JGJ 26-2010 （4~8层）	0.45	0.30	≤0.2	2.5	无规定
			0.20~0.30	2.2	无规定
			0.30~0.40	1.9	无规定
			0.40~0.50	1.7	无规定
美国 ASHRAE 90.1-2007 （表 5.5-7）	0.40 （重质墙）	0.27 （无阁楼）	0~0.40		
			非金属窗框	1.99	无规定
			金属窗框（玻璃幕墙，铺面）	2.27	无规定
			金属窗框（入口大门）	4.54	无规定
			金属窗框（固定窗，可开启窗，非入口的玻璃门）	2.56	无规定

从表1可以看出，我国标准在规定严寒地区居住建筑的外墙和屋面的传热系数限值上与美国标准还有一点差距。

寒冷(B)区：围护结构传热系数 K 限值[W/(m²·K)]，遮阳系数 SC 比较　　　表2

北京 寒冷（B）区	外墙 K	屋面 K	外窗		
			窗墙比	K	SC （由 $SHGC$ 换算）
中国 JGJ 26-2010 （4~8层）	0.60	0.45	≤0.2	3.1	东西/南北：—/—
			0.20~0.30	2.8	东西/南北：—/—
			0.30~0.40	2.5	东西/南北：0.45/—
			0.40~0.50	2.0	东西/南北：0.35/—
美国-2007 ASHRAE 90.1 （表 5.5-5）	0.45 （重质墙）	0.27 （无阁楼）	0~0.40		
			非金属窗框	1.99	所有方向：0.46
			金属窗框（玻璃幕墙，铺面）	2.56	所有方向：0.46
			金属窗框（入口大门）	4.54	所有方向：0.46
			金属窗框（固定窗，可开启窗，非入口的玻璃门）	3.12	所有方向：0.46

从表 2 可以看出，我国标准在规定寒冷地区居住建筑的外墙和屋面的传热系数限值上与美国标准有较大的差距。在遮阳系数的规定上，同样，美国标准更严一些。

上海 夏热冬冷地区		外墙 K	屋面 K	外　窗		
				窗墙比	K	外窗综合遮阳系数 SC_w （东、西向/南向）
中国 JGJ 134-2010	体形系数 ≤0.40	1.0~1.5	0.8~1.0	0~0.20	4.7	—/—
				0.20~0.30	4.0	—/—
				0.30~0.40	3.2	夏季≤0.40/夏季≤0.45
				0.40~0.45	2.8	夏季≤0.35 夏季≤0.40
				0.45~0.60	2.5	东、西、南向设置外遮阳 夏季≤0.25；冬季≥0.60
	体形系数 ＞0.40	0.8~1.0	0.5~0.6	0~0.20	4.0	—/—
				0.20~0.30	3.2	—/—
				0.30~0.40	2.8	夏季≤0.40/夏季≤0.45
				0.40~0.45	2.5	夏季≤0.35/夏季≤0.40
				0.45~0.60	2.3	东、西、南向设置外遮阳 夏季≤0.25；冬季≥0.60
美国 ASHRAE 90.1-2007 （表5.5-3）		0.59 （重质墙）	0.27 （无阁楼）	0%~40.0%		
				非金属窗框	3.69	所有方向：0.29
				金属窗框（玻璃幕墙，铺面）	3.41	所有方向：0.29
				金属窗框（入口大门）	5.11	所有方向：0.29
				金属窗框（固定窗，可开启窗，但非入口门）	3.69	所有方向：0.29

由表 3 得知，我国标准在规定夏热冬冷地区居住建筑的外墙和屋面的传热系数限值上与美国标准有较大的差距。在遮阳系数的规定上，同样，美国标准更严一些。

同时对于围护结构热工性能的保证，除上述 K、SC（或 $SHGC$）的强制性要求，两本标准还提出许多具体规定和强制性要求。

标准对保温材料、保温材料的安装，与安装表面固定的连接方式，置于凹处隐蔽的设备的保温要求，屋顶的保温要求，保温材料的保护等内容都有十分详细的规定。都要求对其他建筑围护结构部位必须密封、填塞或应用密封条，例如《建筑节能标准-除低层住宅外》ASHRAE 90.1 标准第 5.2 节和《严寒和寒冷地区居住建筑节能设计标准》JGJ 26-2010 的第 4.2.8～第 4.2.11 条中，都明确提出局部热桥的保温处理方式。

标准也都将窗户的性能列入强制性条文，例如在《建筑节能标准-除低层住宅外》ASHRAE 90.1 标准中 5.5.2 一节规定，门窗传热系数应按照 NFRC 100 标准检测，太阳得热系数应按照 NFRC 200 标准检测，门窗的空气渗透率应按照 NFRC 400 检测，这些强制性参数必须在国家认可、委派的授权试验室进行认证后，NFRC 才能给制造商在产品贴上鉴定过的性能指标标签，列入标准规范中。

通过上面的比较，可以看出两国节能设计标准在性能要求上的有一定差别。另外，笔者认为还有以下不同之处：

➤ 尽管中美两国标准对围护结构传热系数的限值都要求的是平均传热系数，例如对于外墙都要求的是包含外墙主体和热桥部位的平均传热系数，但中美两国标准在对这些数据的要求来源不同。在我国 JGJ 26 - 2010 和 JGJ 134 - 2010 标准中给出平均传热系数的通用计算方法，没有给出针对具体构造类型的具体数值。但在 ASHRAE 90.1 标准中没有直接给出平均传热系数计算方法，只提出围护结构应设置连续保温。将热工的计算任务交给保温材料厂家，由厂家针对所给出的不同材料构造类型提供具体热工数据。换句话说，ASHRAE 90.1 标准在一定程度上兼顾了标准图集的功能。

➤ 在中国标准中，外墙、屋面等非透明围护结构热工性能限值是按建筑体型系数（楼层数）变化来确定的，尽可能考虑不同类型建筑的保温隔热要求。例如在 JGJ 26 - 2010 标准中，非透明围护结构热工性能限值按层数分为四类，而在美国标准中没有分得这么细。究其原因，笔者认为，两国在居住建筑的建筑形式和单体建筑规模存在很大差异，美国人的住宅大多为独栋或联排的 HOUSE，而在中国多为 4～8 层的多层住宅，且这些年来在大城市中新建的小高层和高层住宅居多。因此，这种建筑形式上的差异将导致建筑节能设计标准对热工性能参数限值的确定原则不可能完全相同。

➤ 在美国标准中，围护结构热工性能是与所选用的构造类型直接相关的，对外墙、屋面等非透明围护结构热工性能限值要求既给出了传热系数 U-factor，同时也给出最小热阻 Min. R-Value 的限值要求。在附录 A 中明确给出了美国目前市场上可以采用的建筑保温材料和围护结构构件，这一部分是由美国材料测试协会（ASTM）、美国建筑制造商协会（AAMA）认定的材料构造，并经过联邦或州的能源委员会（如加州能源委员会 CEC）批准的合规软件进行计算的数值。而在中国标准体系中，节能设计标准只管到设计参数，材料、构造的性能参数是由相关的产品标准或外保温的工程设计标准、标准图集来确认。

➤ 在美国标准中，对建筑气密性的要求比中国标准要严格。中国标准只提出门窗的气密性作出强制性要求，而在 ASHRAE 90.1 标准中除第 5.5.2 节门窗的气密性提出强制性要求外，在第 5.5.3 节中还规定，为使得建筑空气渗透最小，应保证：a. 外窗、门与框的周围接缝部位；b. 墙与地面基础、建筑转角墙、墙与结构楼板搭接部位、女儿墙檐口部位、屋面板拼接部位；c. 管道穿过屋面、外墙和楼板部位；d. 穿越隔气层的接缝处；e. 所有围护结构的穿孔处等的密闭和连接。

2　冷热源机组能效规定值比较

采暖和空调的能耗在民用建筑中占很大比例，而采暖和空调设备的能效比在很大程度上影响全年采暖空调的能耗，因此，两本标准对于冷、热源的最低能效作了规定。

严寒和寒冷地区在进行建筑设计时一般都包括采暖系统或设备的设计，因此，在 JGJ 26 - 2010 中，规定了集中采暖系统热源（比如锅炉）的最低热效率值，以及室外管网输送系统应该达到一定效率的条文，这些条文属于强制性条文。由于严寒和寒冷地区以采暖负荷为主，所以，尽管该地区，特别是寒冷地区当前空调的应用也相当普遍，但是究竟空调能耗比例不大，所以标准中对于围护结构热工性能参数限值的规定，只以降低采暖能耗为计算依据。

夏热冬冷地区空调是生活的必需品。对于居住建筑往往由用户自行购置空调采暖设备，所以，在居住建筑节能设计标准中对于分散式应用的空调采暖设备能效值的规定，不规定为强制性条文，只是鼓励和推荐用户应用能效高的空调（热泵）机组。但是，无论严寒和寒冷地区，和夏热冬冷地区，如果采用集中方式对于居住建筑住户进行空调（采暖），那么标准对于采用的冷（热）源的能效值做了强制性的规定。

近年来，我国国家质量监督检验检疫总局和国家标准化管理委员会联合发布和实施了若干与建筑内应用的冷热源设备有关的能效限定值及能源效率等级标准，这使得建筑节能设计标准可以有依据来规定这些设备（机组）在建筑中应用时的能效限值。本文涉及的这类能效限定值及能源效率等级标准有：《冷水机组能效限定值及能源效率等级》GB 19577－2004，《单元式空气调节机能效限定值及能源效率等级》GB 19576－2004，《房间空气调节器能效限定值及能效等级》GB 12021.3－2010和《转速可控型房间空气调节器能效限定值及能源效率等级》GB 21455－2008。

在ASHRAE 90.1－2007的第6章"采暖、通风和空调"中，共有10张表格规定冷热源的能效值，它们是：表6.8.1A；电驱动的单元式空调机组和冷凝机组——最低效率规定值；表6.8.1B，电驱动的单元式空调（热泵）机组——最低效率规定值；表6.8.1C，冷水机组——最低效率规定值；表6.8.1D，电驱动的整体式末端空调器、末端热泵、整体式立式空调器、整体式立式热泵、房间空调器，房间空调器（热泵）——最低效率规定值；表6.8.1E，采暖炉、采暖炉和空调机组的组合、采暖炉管道机，单元式加热器；表6.8.1F，燃气和燃油锅炉——最低效率规定值；表6.8.1G，散热设备的性能规定值；表6.8.1H，小于528kW的离心式冷水机组的最低效率规定值；表6.8.1I，大于等于528kW，小于1055kW离心式冷水机组的最低效率规定值；表6.2.1J，大于等于1055kW离心式冷水机组的最低效率规定值。

这里，将JGJ 26－2010和JGJ 134－2010中涉及的、较常用的冷水机组能效限值，单元式空调机能效限值，采暖热源设备的能效限值和房间空调器能效限值和ASHRAE 90.1－2007中规定值作一比较或对照。

2.1 冷水机组能效比较

表4为我国《冷水机组能效限定值及能源效率等级》GB 19577－2004中所列出的能源效率等级指标。

《冷水机组能效限定值及能源效率等级》GB 19577－2004　　　　　表4

类型	额定制冷量（CC）kW	能效等级（COP，W/W）				
		1	2	3	4	5
风冷式或蒸发冷却式	CC≤50	3.20	3.00	2.80	2.60	2.40
	50<CC	3.40	3.20	3.00	2.80	2.60
水冷式	CC≤528	5.00	4.70	4.40	4.10	3.80
	528<CC≤1163	5.50	5.10	4.70	4.30	4.00
	1163<CC	6.10	5.60	5.10	4.60	4.20

在 JGJ 26－2010 和 JGJ 134－2010 中，规定凡是采用集中空调（采暖）的建筑，所应用的机组必须符合现行的《公共建筑节能设计标准》GB 50189－2005 中，对冷水机组的能效最低要求（表5），制订《公共建筑节能设计标准》GB 50189－2005 时考虑了我国产品现有与发展水平，鼓励国产机组尽快提高技术水平，同时，从科学合理的角度出发，考虑到不同压缩方式的技术特点，分别作了不同规定。冷水机组活塞/涡旋式采用《冷水机组能效限定值及能源效率限值》GB 19577－2004 中第 5 级，水冷离心式采用第 3 级，螺杆机则采用第 4 级。

GB 50189－2005 中表 5.4.5 冷水（热泵）机组制冷性能系数 表5

类型		额定制冷量（kW）	性能系数（W/W）
水冷	活塞式/涡旋式	＜528	3.8（第5级）
		528～1163	4.0（第5级）
		＞1163	4.2（第5级）
	螺杆式	＜528	4.10（第4级）
		528～1163	4.30（第4级）
		＞1163	4.60（第4级）
	离心式	＜528	4.40（第3级）
		528～1163	4.70（第3级）
		＞1163	5.10（第3级）
风冷或蒸发冷却	活塞式/涡旋式	≤50	2.40（第5级）
		＞50	2.60（第5级）
	螺杆式	≤50	2.60（第4级）
		＞50	2.80（第4级）

美国标准 ASHRAE 90.1－2007 表 6.8.1C 规定了冷水机组最低能效值（Water Chilling Packages-Minimum Efficiency Requirements），下面，将 ASHRAE 90.1－2007 表 6.8.1C 中规定的冷水机组最低能效值与我国《公共建筑节能设计标准》GB 50189－2005 中表5.4.5 中规定的能效限值进行比较（反映在两本居住建筑节能标准中采用集中空调采暖方式时，对于冷热源能效规定值等同采用《公共建筑节能设计标准》GB 50189－2005）；同时，还与《冷水机组能效限定值及能源效率等级》GB 19577－2004 中最低要求的第5级和节能评价值（第2级）进行比较。

要说明的是，美国标准中能效值容许有 5% 负偏差，在比较时，先将该值进行修正（乘以 0.95）后再进行比较。表6 为与《公共建筑节能设计标准》GB 50189－2005 能效限定值的比较，表7 和表8 分别为与《冷水机组能效限定值及能源效率等级》GB 19577－2004 中能效等级第5级和第2级能效值的比较。

美国《建筑节能标准－除低层住宅外》 ASHRAE 90.1-2007				中国《公共建筑节能设计标准》 GB 50189-2005			中国与美国标准差距（%）
类　型		制冷量（kW）	能效限值 COP	修正后 COP	类　型	制冷量（kW）	性能系数限值 COP	
水冷	活塞式	全范围	4.20	3.99	水冷	<528	3.80（第5级）	-5.0
			4.20	3.99		528～1163	4.00（第5级）	0.2
			4.20	3.99		≥1163	4.20（第5级）	5.0
	涡旋式	<528	4.45	4.23	涡旋式	<528	3.80（第5级）	-11.3
		528～1055	4.90	4.66		528～1163	4.00（第5级）	-16.5
		≥1055	5.50	5.23		≥1163	4.20（第5级）	-24.5
	螺杆式	<528	4.45	4.23	螺杆式	<528	4.10（第4级）	-3.2
		528～1055	4.90	4.66		528～1163	4.30（第4级）	-8.4
		≥1055	5.50	5.27		≥1163	4.60（第4级）	-14.6
	离心式	<528	5.00	4.75	离心式	<528	4.40（第3级）	-8.0
		528～1055	5.55	5.27		528～1163	4.70（第3级）	-12.1
		≥1055	6.10	5.80		≥1163	5.10（第3级）	-13.7
风冷，带冷凝机组		全范围	2.80	2.66	风冷或蒸发冷却	活塞式/涡旋式 ≤50	2.40（第5级）	-10.8
			2.80	2.66		>50	2.60（第5级）	-2.3
			2.80	2.66		螺杆式 ≤50	2.60（第4级）	-2.3
			2.80	2.66		>50	2.80（第4级）	5.0

美国《建筑节能标准－除低层住宅外》 ASHRAE 90.1-2007				中国《冷水机组能效限定值及能源效率等级》 GB 19577-2004（第5级）			中国与美国标准差距（%）
类　型		制冷量（kW）	能效限值 COP	修正后 COP	类　型	制冷量（kW）	能效限值 COP（第5级）	
水冷	活塞式	全范围	4.20	3.99	活塞式	<528	3.80	-5.0
			4.20	3.99		528～1055	4.00	0.2
			4.20	3.99		≥1055	4.20	5.0
	涡旋式/螺杆式	<528	4.45	4.23	水冷	涡旋式/螺杆式	<528	3.80	-11.3
		528～1055	4.90	4.66		528～1163	4.00	-16.5
		≥1055	5.50	5.23		≥1163	4.20	-24.5
	离心式	<528	5.00	4.75	离心式	<528	3.80	-25.0
		528～1055	5.55	5.27		528～1163	4.00	-31.8
		≥1055	6.10	5.80		≥1163	4.20	-38.1
风冷，带冷凝机组		全范围	2.80	2.66	风冷或蒸发冷却	≤50	2.40	-10.8
			2.80	2.66		>50	2.60	-2.3

美国《建筑节能标准－除低层住宅外》ASHRAE 90.1‐2007				中国《冷水机组能效限定值及能源效率等级》GB 19577‐2004(第2级)			中国与美国标准差距(%)
类 型		制冷量(kW)	能效限值COP	修正后COP	类 型	制冷量(kW)	节能评价值COP(第2级)
水冷	活塞式	全范围	4.20	3.99	水冷	<528	4.70	15.1
			4.20	3.99		528～1055	5.10	21.8
			4.20	3.99		≥1055	5.60	28.8
	涡旋式/螺杆式	<528	4.45	4.23		涡旋式/螺杆式	<528	4.70	10.0
		528～1055	4.90	4.66		528～1163	5.10	8.6
		≥1055	5.50	5.23		≥1163	5.60	6.6
	离心式	<528	5.00	4.75		离心式	<528	4.70	−1.1
		528～1055	5.55	5.27			528～1163	5.10	−3.3
		≥1055	6.10	5.80			≥1163	5.60	−3.6
风冷，带冷凝机组		全范围	2.80	2.66	风冷或蒸发冷却	≤50	3.00	11.3
			2.80	2.66		>50	3.20	16.9

为了方便对比，将表6～表8中常用的水冷螺杆式机组，水冷离心式机组的能效值比较于图3。

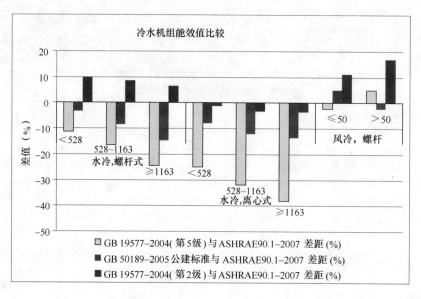

图3　中美标准冷水机组能效限值比较

由表和图中可以看出，现行《公共建筑节能设计标准》GB 50189‐2005 对于水冷冷水机组的能效限定值与美国 ASHRAE 90.1‐2007 表 6.8.1C 规定的水冷冷水机组最低能效值比较，中国节能设计标准规定值的能效普遍低于美国标准，最高可以相差 14.6%。将美国 ASHRAE 90.1‐2007 标准与中国水冷冷水机组能效第5级相比，差距更大，最高可以相差 38%。但是与与中国水冷冷水机组能效第2级（节能评价值）相比，大部分类型机组的能效高于美国标准，仅仅水冷式离心机组的能效还有 3‰ 的差距。中国在建筑设计标准中规定的制冷量小于 50kW 的风冷螺杆式冷水机组能效高于美国标准规定值，大于 50kW 的机组则略低于美国标准；与中国《冷水机组能效限定值及能源效率等级》GB 19577－2004 中最低第 5 级相比，除了小出力机组能效略低于美国标准外，其余出力及第 2 级能效均高于美国标准，最高达 17‰。

要特别指出的是，美国 ASHRAE 90.1－2007 表 6.8.1C 规定的冷水机组最低能效值 *COP* 的同时，还规定了冷水机组最低"综合部分负荷性能系数" *IPLV* 值（integrated part-loadvalue），尽管在中国《公共建筑节能设计标准》GB 50189－2005 中也有条文规定水冷式螺杆和离心机组的最低 *IPLV* 值，但是，并非强制性条文。另外，ASHRAE 90.1－2007 还列出三张表，即：表 6.8.1H（小于 528kW 的离心式冷水机组的最低效率规定值）、表 6.8.1I（大于等于 528kW，小于 1055kW 离心式冷水机组的最低效率规定值）和表 6.2.1J（大于等于 1055kW 离心式冷水机组的最低效率规定值）。在这些表中，除了规定机组额定工况下的 *COP* 值和 *IPLV* 值外，列表规定了不同冷凝器流率下，不同冷冻水出水温度，和不同冷凝器进水温度时，需要达到的 *COP* 值和 *NPLV* 值（非标准工况下部分负荷性能系数）。

2.2 单元式空气调节机能效比较

表 9 为我国《单元式空气调节机能效限定值及能源效率等级》GB 19576－2004 的能源效率等级指标。

能源效率等级指标 表 9

类　　型		能效等级（*EER*，W/W）				
		1	2	3	4	5
风冷式	不接风管	3.20	3.00	2.80	2.60	2.40
	接风管	2.90	2.70	2.50	2.30	2.10
水冷式	不接风管	3.60	3.40	3.20	3.00	2.80
	接风管	3.30	3.10	2.90	2.70	2.50

在 JGJ 26－2010 和 JGJ 134－2010 中，规定凡是采用集中空调（采暖）的建筑，所应用的机组必须符合现行的《公共建筑节能设计标准》GB 50189－2005 中，对单元空调机的能效最低要求（采用《单元式空气调节机能效限定值及能源效率等级》GB 19576－2004 中第 4 级）（表 9 和表 10）。

单元式机组能效比 表 10

类　　型		能效比（W/W）
风冷式	不接风管	2.60（第 4 级）
	接风管	2.30（第 4 级）
水冷式	不接风管	3.00（第 4 级）
	接风管	2.70（第 4 级）

同样的方法，将《公共建筑节能设计标准》GB 50189－2005 中对于单元式空气调节机能效限定值，《单元式空气调节机能效限定值及能源效率等级》GB 19576－2004 中第 5 级和第 2 级规定值与美国标准 ASHRAE 90.1－2007 表 6.8.1A 规定的电驱动单元式空调机组和冷凝机组能效最低值相比，列于表 11～表 13。要说明的是 ASHRAE 90.1－2007 表 6.8.1A 规定单元式空调机组，而单元式空调（热泵）机组最低能效值则在表 6.8.1B 规定。我国目前只规定制冷工况时的能效比，所以，这里以表 6.8.1A 规定值进行比较，不过，对于相同制冷量的机组来说，单冷型机组规定值（表 6.8.1A）要比热泵型机组规定值（表 6.8.1B）稍高一点。同样，对于美国标准的能效值进行 5％负偏差修正后再行比较。

单元式空调机组能效限值比较（1） 表 11

类 型	美国《建筑节能标准－除低层住宅外》ASHRAE 90.1－2007			中国《公共建筑节能设计标准》GB 50189－2005		中国与美国标准差距（%）
	制冷量（kW）	能效限值（COP）	修正后（COP）	制冷量（kW）	能效限值 EER	
风冷（制冷模式）	≥19，＜40	COP：3.28	3.12	≥7.1（不接风管）	2.60	−19.85
	≥40，＜70	COP：3.22	3.06		2.60	−17.65
	≥70，＜223	COP：2.93	2.78		2.60	−7.06
	≥223	COP：2.84	2.70		2.60	−3.77
水冷和蒸发冷却（制冷模式）	＜19	COP：3.35	3.18	≥7.1（不接风管）	3.00	−6.08
	≥19，＜40	COP：3.37	3.20		3.00	−6.72
	≥40，＜70	COP：3.22	3.06		3.00	−1.97
	≥70	COP：2.70	2.57		3.00	14.50

单元式空调机组能效限值比较（2） 表 12

类 型	美国《建筑节能标准－除低层住宅外》ASHRAE 90.1－2007			中国《单元式空气调节机能效限定值及能源效率等级》GB 19576－2004（第 5 级）		中国与美国标准差距（%）
	制冷量（kW）	能效限值（COP）	修正后（COP）	制冷量（kW）	能效限值 EER	
风冷（制冷模式）	≥19，＜40	COP：3.28	3.12	≥7.1（不接风管）	2.40	−29.83
	≥40，＜70	COP：3.22	3.06		2.40	−27.46
	≥70，＜223	COP：2.93	2.78		2.40	−15.98
	≥223	COP：2.84	2.70		2.40	−12.42
水冷和蒸发冷却（制冷模式）	＜19	COP：3.35	3.18	≥7.1（不接风管）	2.80	−13.66
	≥19，＜40	COP：3.37	3.20		2.80	−14.34
	≥40，＜70	COP：3.22	3.06		2.80	−9.25
	≥70	COP：2.70	2.57		2.80	8.39

类　型	美国《建筑节能标准－除低层住宅外》ASHRAE 90.1－2007			中国《单元式空气调节机能效限定值及能源效率等级》GB 19576－2004（第 2 级）		中国与美国标准差距（%）
	制冷量（kW）	能效限值（COP）	修正后（COP）	制冷量（kW）	能效限值 EER	
风冷（制冷模式）	≥19，<40	COP：3.28	3.12	≥7.1（不接风管）	3.00	−3.72
	≥40，<70	COP：3.22	3.06		3.00	−1.93
	≥70，<223	COP：2.93	2.78		3.00	7.78
	≥223	COP：2.84	2.70		3.00	11.19
水冷和蒸发冷却（制冷模式）	<19	COP：3.35	3.18	≥7.1（不接风管）	3.40	6.83
	≥19，<40	COP：3.37	3.20		3.40	6.20
	≥40，<70	COP：3.22	3.06		3.40	11.15
	≥70	COP：2.70	2.57		3.40	32.55

同样，将表 11～表 13 中美标准间风冷与水冷单元式空调机能效规定值的差距表示于图 4。

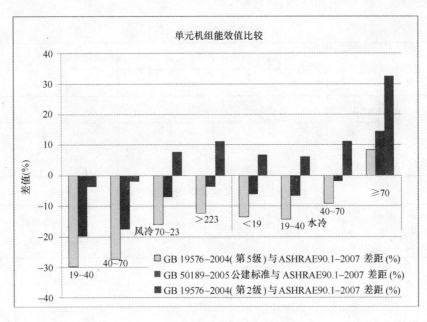

图 4　中美单元机能效限值比较

由表和图中可以看出，现行《公共建筑节能设计标准》GB 50189－2005 对于单元式空气调节机的能效限定值与美国 ASHRAE 90.1－2007 表 6.8.1A 规定的单元机最低能效值比较，中国节能设计标准规定值的能效比基本上都低于美国标准，风冷机组的差距更大。将中国单元式空气调节机能效等级中第 5 级与美国 ASHRAE 90.1－2007 标准相比，比公共建筑节能设计标准规定值更低，最多的可达 30%。但是与第 2 级（节能评价值）相比，能效基本上高于美国标准，大致高 8%～11%。

另外，要特别指出的是，美国标准 ASHRAE 90.1－2007 表 6.8.1B 除了规定的单元机能效最低值（Electrically Operated Unitaryand Applied Heat Pumps-Minimum Efficiency Requirements）外，对于制冷量大于 70kW 的机组，还规定了最低 IPLV 值，而中国在单元机方面还没有提出 IPLV 值的规定；美国标准对于制冷量小于 19kW 的机组（包括制冷量小于 8.8kW 的过墙式空调机），最低能效是用"季节性能系数"SCOP 来规定，中国《公共建筑节能设计标准》GB 50189‑2005 还没有 SCOP 值的规定。不过，我国已在 2008 年 9 月 1 日实施的《转速可控型房间空气调节器能效限定值及能源效率等级》GB 21455‑2008 中，已经规定以"制冷季节能源消耗效率（SEER）"来表示。

2.3 采暖热源能效比较

我国采暖方式与美国不同，严寒和寒冷地区以集中热水采暖方式供暖为主，因此锅炉效率是主要因素之一。在《严寒和寒冷地区居住建筑节能设计标准》JGJ 26‑2010 中，规定了集中采暖热水锅炉的最低热效率（表 14，即该标准表 5.2.4）；对于夏热冬冷地区，随着生活水平提高，居住建筑正在逐步开始进行采暖，目前一般的方式有热泵型空调器，以及热水器和采暖炉进行采暖，在《夏热冬冷地区居住建筑节能设计标准》JGJ 134‑2010 中，规定了当设计采用户式燃气采暖热水炉作为采暖热源时，其热效率应达到国家标准《家用燃气快速热水器和燃气采暖热水炉能效限定值及能效等级》GB 20665‑2006 中的第 2 级（表 15，即该标准表 6‑1）。

锅炉的最低设计效率（%）　　　　　　　表 14

锅炉类型、燃料种类及发热值		在下列锅炉容量（MW）下的设计效率（%）						
		0.7	1.4	2.8	4.2	7.0	14.0	＞28.0
燃煤	烟煤 Ⅱ	—	—	73	74	78	79	80
	烟煤 Ⅲ	—	—	74	76	78	80	82
燃油、燃气		86	87	87	88	89	90	90

热水器和采暖炉能效等级　　　　　　　表 15

类　型		热 负 荷	最低热效率值（%） 能效等级第 2 级
热水器		额定热负荷	88
		≤50%额定热负荷	84
采暖炉 （单采暖）		额定热负荷	88
		≤50%额定热负荷	84
热采暖炉 （两用型）	供暖	额定热负荷	88
		≤50%额定热负荷	84
	热水	额定热负荷	88
		≤50%额定热负荷	84

美国家庭（单栋建筑）采暖方式，一般热源设备为暖风炉，由风管向室内送风。在

ASHRAE 90.1-2007 的表 6.8.1E "采暖炉、采暖炉和空调机组的组合、采暖炉管道机、单元式加热器"中列出了燃气和燃油的、带风管及不带风管的暖风炉的最低效率要求，这里仅列出燃气和燃油暖风炉的最低效率规定（不带风管），见表 16。

表 16

燃气和燃油暖风炉的最低效率规定

设备类型	规格（输入量）	额定工况	最低效率	试验依据
燃气暖风炉	<66kW	最大出力时	78%$AFUE$ 或 80%E_t	DOE10CFR Part430 或 ANSIZ21.47
	≥66kW		80%E_C	ANSIZ21.47
燃油暖风炉	<66kW	最大出力时	78%$AFUE$ 或 80%E_t	DOE10CFR Part430 或 UL727
	≥66kW		81%E_t	UL727

注：1 $AFUE$ 为全年燃料利用效率，即全年输出能量与输入能量之比；E_t 为热效率；E_C 为燃烧效率；

2 本表数据引自 ASHRAE 90.1-2007 表 6.8.1E。

由于采暖方式不同，热源类别也不同，难以进行实质性比较，这里只是作一介绍，了解一下美国标准规定的内容。但是，可以看出，我国只规定了额定工况下的热效率，而美国标准则规定了全年燃料利用效率（相当于全年运行平均效率）、热效率和燃烧效率。

2.4 房间空气调节器能效

房间空调器因体积小、价格便宜、性能可靠、操作灵活等诸多优点而被我国家庭广泛采用。虽然房间空调器功率比较小，但其数量众多，能耗总量也非常大。目前，中国已经是房间空调器生产和消费的大国。

中国定义电驱动的、制冷量在 14kW 以下的空调器称为"房间空调器"，至今已经颁布实施了两本有关房间空调器的能效等级标准，它们是：《房间空气调节器能效限定值及能效等级》GB 12021.3-2010（分级表见表 17），和《转速可控型房间空气调节器能效限定值及能源效率等级》GB 21455-2008（分级表见表 18）。在《转速可控型房间空气调节器能效限定值及能源效率等级》GB 21455-2008 中，与美国《建筑节能标准—除低层住宅外》ASHRAE 90.1-2007 表 6.8.1A 一样，制冷量小于 19kW 机组（包括过墙式空调机），采用季节能效的概念进行能效分级。

在《严寒和寒冷地区居住建筑节能设计标准》JGJ 26-2010 和《夏热冬冷地区居住建筑节能设计标准》JGJ 134-2010 中，都以非强制性条文规定了"当采用分散式房间空调器进行空调和（或）采暖时，宜选择符合国家标准《房间空气调节器能效限定值及能效等级》GB 12021.3-2010 和《转速可控型房间空气调节器能效限定值及能源效率等级》GB 21455-2008 中规定的节能型产品（即能效等级 2 级）"。

表 17

空调器能源效率等级指标

类 型	额定制冷量 CC（W）	能 效 等 级		
		3	2	1
整体式		2.90	3.10	3.30
分体式	CC≤4500	3.20	3.40	3.60
	4500<CC≤7100	3.10	3.30	3.50
	7100<CC≤14000	3.00	3.20	3.40

类　型	额定制冷量 CC(W)	能源效率等级				
		5	4	3	2	1
分体式	CC≤4500	3.00	3.40	3.90	4.50	5.20
	4500＜CC≤7100	2.90	3.20	3.60	4.10	4.70
	7100＜CC≤14000	2.80	3.00	3.30	3.70	4.20

2003 年，我国家用空调器企业产品的能效比平均水平在 2.5～3.3 之间，中小企业产品的实测平均值只在 2.2～2.5 之间，远低于发达国家水平。日本 2004 年生效的新能源法，规定制冷量小于 2500W 的分体式空调器的能效比应达到 5.27 以上；2500～3200W 的分体式空调器的能效比应达到 4.90 以上；3200～4000W 的分体式空调的能效比应达到 3.65 以上。

我国 2010 年 6 月 1 日实施的《房间空气调节器能效限定值及能效等级》GB 12021.3 -2010，能效值有较大幅度的提高。

欧盟国家空调器的标准将能效比从 2.2～3.2 共划分为 7 个等级。

美国居住建筑较少应用房间空调器进行空调（采暖）。在标准《建筑节能标准—除低层住宅外》ASHRAE 90.1 - 2007 表 6.8.1D 中，规定了电驱动的整体式末端空调器、末端热泵、整体式立式空调器、整体式立式热泵、房间空调器，房间空调器（热泵）——最低效率规定值，表 19 显示了在表 6.8.1D 中摘出的房间空调器的能效限值（机组输入为 1.8kW 至 5.9kW）。我国定义电驱动的、制冷量在 14kW 以下的空调器称为"房间空调器"，就制冷量而言，美国表 6.8.1A "电驱动的单元式空调机组和冷凝机组——最低效率规定值"中制冷量小于 19kW 的风冷空调器和过墙式空调机都属于该制冷量范围内，表 20 则列出制冷量小于 19kW 的风冷空调器（包括过墙式空调机）的能效限值。

房间空调器最低能效值（部分）　　表 19

设备类型	规格（输入量）	最低能效	试验依据
房间空调器， 带有百叶窗	＜1.8kW	2.84*COP*	ANSI/AHAM RAC-1
	≥1.8kW，＜2.3kW	2.84*COP*	
	≥2.3kW，＜4.1kW	2.87*COP*	
	≥4.1kW，＜5.9kW	2.84*COP*	
	≥5.9kW	2.49*COP*	
房间空调器， 不带有百叶窗	＜2.3kW	2.64*COP*	
	≥2.3kW，＜5.9kW	2.49*COP*	
	≥5.9kW	2.49*COP*	

电驱动单元式空调机组最低能效值（部分）　　表 20

类型	制冷量（kW）	加热器类型	最低能效	试验依据
风冷， 空调机组	＜19	所有形式	分体：*SCOP*：3.81 整体：*SCOP*：3.81	ARI210/240
风冷， 过墙式机组	≤8.8	所有形式	分体：*SCOP*：3.52 整体：*SCOP*：3.52	

美国房间空调器一般为整体机，可以看出，其规定的能效值（表 19）接近我国《房间空气调节器能效限定值及能效等级》GB 12021.3 - 2010 中最低一级（第 3 级）要求。对于与我国房间空调器制冷量（14kW 以下）相当的美国单元式空调机组相比，美国规定的最低季节能效要求大致相当于我国转速可控型房间空气调节器能效的第 3 级。因此，可以认为，我国建筑节能设计标准中规定的房间空调器能效限值（第 2 级）均高于美国 ASHRAE 90.1 - 2007 中的规定值。

参考文献

[1] ANSI/ASHRAE 90.1：2007 Energy Standard for Buildings except Low-Rise Residential Buildings [S]. American Society of Heating, Refrigerating and Air-Conditioning Engineers, Inc，2007.

[2] 中国标准化研究院 . GB 19577 - 2004《冷水机组能效限定值及能源效率等级》[S]. 北京：中国标准出版社，2004.

[3] 中国建筑科学研究院，中国建筑业协会建筑节能专业委员会 . GB 50189 - 2005 公共建筑节能设计标准[S]. 北京：中国建筑工业出版社，2005.

[4] 中国标准化研究院 . GB 19576 - 2004《单元式空气调节机能效限定值及能源效率等级》[S]. 北京：中国标准出版社，2004.

[5] 中国标准化研究院 . GB 20665 - 2006《家用燃气快速热水器和燃气采暖热水炉能效限定值及能效等级》[S]. 北京：中国标准出版社，2006.

[6] 中国标准化研究院 . GB 12021.3 - 2010《房间空气调节器能效限定值及能源效率等级》[S]. 北京：中国标准出版社，2010.

第四篇　相关法律、法规和政策

一、法律

- 《中华人民共和国节约能源法》
- 《中华人民共和国可再生能源法》
- 《中华人民共和国建筑法》
- 《中华人民共和国标准化法》
- 《中华人民共和国清洁生产促进法》
- 《中华人民共和国循环经济促进法》

《中华人民共和国节约能源法》

【实施日期】 1997 年 11 月 1 日第八届全国人民代表大会常务委员会第二十八次会议通过，2007 年 10 月 28 日第十届全国人民代表大会常务委员会第三十次会议修订，自 2008 年 4 月 1 日起施行。

【适用范围】 第二条 本法所称能源，是指煤炭、石油、天然气、生物质能和电力、热力以及其他直接或者通过加工、转换而取得有用能的各种资源。

第三条 本法所称节约能源（以下简称节能），是指加强用能管理，采取技术上可行、经济上合理以及环境和社会可以承受的措施，从能源生产到消费的各个环节，降低消耗、减少损失和污染物排放、制止浪费，有效、合理地利用能源。

【相关条款】 第四条 节约资源是我国的基本国策。国家实施节约与开发并举、把节约放在首位的能源发展战略。

第七条 国家实行有利于节能和环境保护的产业政策，限制发展高耗能、高污染行业，发展节能环保型产业。

国务院和省、自治区、直辖市人民政府应当加强节能工作，合理调整产业结构、企业结构、产品结构和能源消费结构，推动企业降低单位产值能耗和单位产品能耗，淘汰落后的生产能力，改进能源的开发、加工、转换、输送、储存和供应，提高能源利用效率。

国家鼓励、支持开发和利用新能源、可再生能源。

第八条 国家鼓励、支持节能科学技术的研究、开发、示范和推广，促进节能技术创新与进步。

国家开展节能宣传和教育，将节能知识纳入国民教育和培训体系，普及节能科学知识，增强全民的节能意识，提倡节约型的消费方式。

第九条 任何单位和个人都应当依法履行节能义务，有权检举浪费能源的行为。

新闻媒体应当宣传节能法律、法规和政策，发挥舆论监督作用。

第十条 国务院管理节能工作的部门主管全国的节能监督管理工作。国务院有关部门在各自的职责范围内负责节能监督管理工作，并接受国务院管理节能工作的部门的指导。

县级以上地方各级人民政府管理节能工作的部门负责本行政区域内的节能监督管理工作。县级以上地方各级人民政府有关部门在各自的职责范围内负责节能监督管理工作，并接受同级管理节能工作的部门的指导。

第十一条　国务院和县级以上地方各级人民政府应当加强对节能工作的领导，部署、协调、监督、检查、推动节能工作。

第十二条　县级以上人民政府管理节能工作的部门和有关部门应当在各自的职责范围内，加强对节能法律、法规和节能标准执行情况的监督检查，依法查处违法用能行为。

履行节能监督管理职责不得向监督管理对象收取费用。

第十三条　国务院标准化主管部门和国务院有关部门依法组织制定并适时修订有关节能的国家标准、行业标准，建立健全节能标准体系。

国务院标准化主管部门会同国务院管理节能工作的部门和国务院有关部门制定强制性的用能产品、设备能源效率标准和生产过程中耗能高的产品的单位产品能耗限额标准。

国家鼓励企业制定严于国家标准、行业标准的企业节能标准。

省、自治区、直辖市制定严于强制性国家标准、行业标准的地方节能标准，由省、自治区、直辖市人民政府报经国务院批准；本法另有规定的除外。

第十四条　建筑节能的国家标准、行业标准由国务院建设主管部门组织制定，并依照法定程序发布。

省、自治区、直辖市人民政府建设主管部门可以根据本地实际情况，制定严于国家标准或者行业标准的地方建筑节能标准，并报国务院标准化主管部门和国务院建设主管部门备案。

第十五条　国家实行固定资产投资项目节能评估和审查制度。不符合强制性节能标准的项目，依法负责项目审批或者核准的机关不得批准或者核准建设；建设单位不得开工建设；已经建成的，不得投入生产、使用。具体办法由国务院管理节能工作的部门会同国务院有关部门制定。

第十六条　国家对落后的耗能过高的用能产品、设备和生产工艺实行淘汰制度。淘汰的用能产品、设备、生产工艺的目录和实施办法，由国务院管理节能工作的部门会同国务院有关部门制定并公布。

生产过程中耗能高的产品的生产单位，应当执行单位产品能耗限额标准。对超过单位产品能耗限额标准用能的生产单位，由管理节能工作的部门按照国务院规定的权限责令限期治理。

对高耗能的特种设备，按照国务院的规定实行节能审查和监管。

第十七条　禁止生产、进口、销售国家明令淘汰或者不符合强制性能源效率标准的用能产品、设备；禁止使用国家明令淘汰的用能设备、生产工艺。

第二十一条　县级以上各级人民政府统计部门应当会同同级有关部门，建立健全能源统计制度，完善能源统计指标体系，改进和规范能源统计方法，确保能源统计数据真实、完整。

国务院统计部门会同国务院管理节能工作的部门，定期向社会公布各省、自治区、直辖市以及主要耗能行业的能源消费和节能情况等信息。

第二十三条 国家鼓励行业协会在行业节能规划、节能标准的制定和实施、节能技术推广、能源消费统计、节能宣传培训和信息咨询等方面发挥作用。

第二十四条 用能单位应当按照合理用能的原则，加强节能管理，制定并实施节能计划和节能技术措施，降低能源消耗。

第二十九条 国务院和省、自治区、直辖市人民政府推进能源资源优化开发利用和合理配置，推进有利于节能的行业结构调整，优化用能结构和企业布局。

第三十条 国务院管理节能工作的部门会同国务院有关部门制定电力、钢铁、有色金属、建材、石油加工、化工、煤炭等主要耗能行业的节能技术政策，推动企业节能技术改造。

第三十一条 国家鼓励工业企业采用高效、节能的电动机、锅炉、窑炉、风机、泵类等设备，采用热电联产、余热余压利用、洁净煤以及先进的用能监测和控制等技术。

第三十四条 国务院建设主管部门负责全国建筑节能的监督管理工作。

县级以上地方各级人民政府建设主管部门负责本行政区域内建筑节能的监督管理工作。

县级以上地方各级人民政府建设主管部门会同同级管理节能工作的部门编制本行政区域内的建筑节能规划。建筑节能规划应当包括既有建筑节能改造计划。

第三十五条 建筑工程的建设、设计、施工和监理单位应当遵守建筑节能标准。

不符合建筑节能标准的建筑工程，建设主管部门不得批准开工建设；已经开工建设的，应当责令停止施工、限期改正；已经建成的，不得销售或者使用。

建设主管部门应当加强对在建建筑工程执行建筑节能标准情况的监督检查。

第三十六条 房地产开发企业在销售房屋时，应当向购买人明示所售房屋的节能措施、保温工程保修期等信息，在房屋买卖合同、质量保证书和使用说明书中载明，并对其真实性、准确性负责。

第三十七条 使用空调采暖、制冷的公共建筑应当实行室内温度控制制度。具体办法由国务院建设主管部门制定。

第三十八条 国家采取措施，对实行集中供热的建筑分步骤实行供热分户计量、按照用热量收费的制度。新建建筑或者对既有建筑进行节能改造，应当按照规定安装用热计量装置、室内温度调控装置和供热系统调控装置。具体办法由国务院建设主管部门会同国务院有关部门制定。

第三十九条 县级以上地方各级人民政府有关部门应当加强城市节约用电管理，严格控制公用设施和大型建筑物装饰性景观照明的能耗。

第四十条 国家鼓励在新建建筑和既有建筑节能改造中使用新型墙体材料等节能建筑材料和节能设备，安装和使用太阳能等可再生能源利用系统。

第四十二条 国务院及其有关部门指导、促进各种交通运输方式协调发展和有效衔接，优化交通运输结构，建设节能型综合交通运输体系。

第四十三条 县级以上地方各级人民政府应当优先发展公共交通，加大对公共交通的投入，完善公共交通服务体系，鼓励利用公共交通工具出行；鼓励使用非机动交通工具出行。

第四十四条 国务院有关交通运输主管部门应当加强交通运输组织管理，引导道路、水路、航空运输企业提高运输组织化程度和集约化水平，提高能源利用效率。

第四十五条　国家鼓励开发、生产、使用节能环保型汽车、摩托车、铁路机车车辆、船舶和其他交通运输工具，实行老旧交通运输工具的报废、更新制度。

国家鼓励开发和推广应用交通运输工具使用的清洁燃料、石油替代燃料。

第四十六条　国务院有关部门制定交通运输营运车船的燃料消耗量限值标准；不符合标准的，不得用于营运。

国务院有关交通运输主管部门应当加强对交通运输营运车船燃料消耗检测的监督管理。

第四十九条　公共机构应当制定年度节能目标和实施方案，加强能源消费计量和监测管理，向本级人民政府管理机关事务工作的机构报送上年度的能源消费状况报告。

国务院和县级以上地方各级人民政府管理机关事务工作的机构会同同级有关部门按照管理权限，制定本级公共机构的能源消耗定额，财政部门根据该定额制定能源消耗支出标准。

第五十条　公共机构应当加强本单位用能系统管理，保证用能系统的运行符合国家相关标准。

公共机构应当按照规定进行能源审计，并根据能源审计结果采取提高能源利用效率的措施。

第五十一条　公共机构采购用能产品、设备，应当优先采购列入节能产品、设备政府采购名录中的产品、设备。禁止采购国家明令淘汰的用能产品、设备。

节能产品、设备政府采购名录由省级以上人民政府的政府采购监督管理部门会同同级有关部分制定并公布。

第五十二条　国家加强对重点用能单位的节能管理。

下列用能单位为重点用能单位：

(一)年综合能源消费总量一万吨标准煤以上的用能单位；

(二)国务院有关部门或者省、自治区、直辖市人民政府管理节能工作的部门指定的年综合能源消费总量五千吨以上不满一万吨标准煤的用能单位。

重点用能单位节能管理办法，由国务院管理节能工作的部门会同国务院有关部门制定。

第五十三条　重点用能单位应当每年向管理节能工作的部门报送上年度的能源利用状况报告。能源利用状况包括能源消费情况、能源利用效率、节能目标完成情况和节能效益分析、节能措施等内容。

第五十四条　管理节能工作的部门应当对重点用能单位报送的能源利用状况报告进行审查。对节能管理制度不健全、节能措施不落实、能源利用效率低的重点用能单位，管理节能工作的部门应当开展现场调查，组织实施用能设备能源效率检测，责令实施能源审计，并提出书面整改要求，限期整改。

第五十六条　国务院管理节能工作的部门会同国务院科技主管部门发布节能技术政策大纲，指导节能技术研究、开发和推广应用。

第五十七条　县级以上各级人民政府应当把节能技术研究开发作为政府科技投入的重点领域，支持科研单位和企业开展节能技术应用研究，制定节能标准，开发节能共性和关键技术，促进节能技术创新与成果转化。

第六十九条 生产、进口、销售国家明令淘汰的用能产品、设备的，使用伪造的节能产品认证标志或者冒用节能产品认证标志的，依照《中华人民共和国产品质量法》的规定处罚。

第七十条 生产、进口、销售不符合强制性能源效率标准的用能产品、设备的，由产品质量监督部门责令停止生产、进口、销售，没收违法生产、进口、销售的用能产品、设备和违法所得，并处违法所得一倍以上五倍以下罚款；情节严重的，由工商行政管理部门吊销营业执照。

第七十九条 建设单位违反建筑节能标准的，由建设主管部门责令改正，处二十万元以上五十万元以下罚款。

设计单位、施工单位、监理单位违反建筑节能标准的，由建设主管部门责令改正，处十万元以上五十万元以下罚款；情节严重的，由颁发资质证书的部门降低资质等级或者吊销资质证书；造成损失的，依法承担赔偿责任。

第八十条 房地产开发企业违反本法规定，在销售房屋时未向购买人明示所售房屋的节能措施、保温工程保修期等信息的，由建设主管部门责令限期改正，逾期不改正的，处三万元以上五万元以下罚款；对以上信息作虚假宣传的，由建设主管部门责令改正，处五万元以上二十万元以下罚款。

《中华人民共和国可再生能源法》

【实施日期】 2005 年 2 月 28 日第十届全国人民代表大会常务委员会第十四次会议通过，自 2006 年 1 月 1 日起施行。

【适用范围】 **第二条** 本法所称可再生能源，是指风能、太阳能、水能、生物质能、地热能、海洋能等非化石能源。

水力发电对本法的适用，由国务院能源主管部门规定，报国务院批准。

通过低效率炉灶直接燃烧方式利用秸秆、薪柴、粪便等，不适用本法。

第三条 本法适用于中华人民共和国领域和管辖的其他海域。

【相关条款】 **第五条** 国务院能源主管部门对全国可再生能源的开发利用实施统一管理。国务院有关部门在各自的职责范围内负责有关的可再生能源开发利用管理工作。

县级以上地方人民政府管理能源工作的部门负责本行政区域内可再生能源开发利用的管理工作。县级以上地方人民政府有关部门在各自的职责范围内负责有关的可再生能源开发利用管理工作。

第六条 国务院能源主管部门负责组织和协调全国可再生能源资源的调查，并会同国务院有关部门组织制定资源调查的技术规范。

国务院有关部门在各自的职责范围内负责相关可再生能源资源的调查，调查结果报国务院能源主管部门汇总。

可再生能源资源的调查结果应当公布；但是，国家规定需要保密的内容除外。

第十条 国务院能源主管部门根据全国可再生能源开发利用规划，制定、公布可再生能源产业发展指导目录。

第十一条 国务院标准化行政主管部门应当制定、公布国家可再生能源电力的并网技术标准和其他需要在全国范围内统一技术要求的有关可再生能源技术和产品的国家标准。

对前款规定的国家标准中未作规定的技术要求，国务院有关部门可以制定相关的行业标准，并报国务院标准化行政主管部门备案。

第十二条 国家将可再生能源开发利用的科学技术研究和产业化发展列为科技发展与高技术产业发展的优先领域，纳入国家科技发展规划和高技术产业发展规划，并安排资金支持可再生能源开发利用的科学技术研究、应用示范和产业化发展，促进可再生能源开发利用的技术进步，降低可再生能源产品的生产成本，提高产品质量。

国务院教育行政部门应当将可再生能源知识和技术纳入普通教育、职业教育课程。

第十三条 国家鼓励和支持可再生能源并网发电。

建设可再生能源并网发电项目，应当依照法律和国务院的规定取得行政许可或者报送备案。

建设应当取得行政许可的可再生能源并网发电项目，有多人申请同一项目许可的，应当依法通过招标确定被许可人。

第十六条 国家鼓励清洁、高效地开发利用生物质燃料，鼓励发展能源作物。

利用生物质资源生产的燃气和热力，符合城市燃气管网、热力管网的入网技术标准的，经营燃气管网、热力管网的企业应当接收其入网。

国家鼓励生产和利用生物液体燃料。石油销售企业应当按照国务院能源主管部门或者省级人民政府的规定，将符合国家标准的生物液体燃料纳入其燃料销售体系。

第十七条 国家鼓励单位和个人安装和使用太阳能热水系统、太阳能供热采暖和制冷系统、太阳能光伏发电系统等太阳能利用系统。

国务院建设行政主管部门会同国务院有关部门制定太阳能利用系统与建筑结合的技术经济政策和技术规范。

房地产开发企业应当根据前款规定的技术规范，在建筑物的设计和施工中，为太阳能利用提供必备条件。

对已建成的建筑物，住户可以在不影响其质量与安全的前提下安装符合技术规范和产品标准的太阳能利用系统；但是，当事人另有约定的除外。

第十八条 国家鼓励和支持农村地区的可再生能源开发利用。

县级以上地方人民政府管理能源工作的部门会同有关部门，根据当地经济社会发展、生态保护和卫生综合治理需要等实际情况，制定农村地区可再生能源发展规划，因地制宜地推广应用沼气等生物质资源转化、户用太阳能、小型风能、小型水能等技术。

县级以上人民政府应当对农村地区的可再生能源利用项目提供财政支持。

第二十四条 国家财政设立可再生能源发展专项资金，用于支持以下活动：

（一）可再生能源开发利用的科学技术研究、标准制定和示范工程；

（二）农村、牧区生活用能的可再生能源利用项目；

（三）偏远地区和海岛可再生能源独立电力系统建设；

（四）可再生能源的资源勘查、评价和相关信息系统建设；

（五）促进可再生能源开发利用设备的本地化生产。

第三十条 违反本法第十六条第二款规定，经营燃气管网、热力管网的企业不准许符合入网技术标准的燃气、热力入网，造成燃气、热力生产企业经济损失的，应当承担赔偿责任，并由省级人民政府管理能源工作的部门责令限期改正；拒不改正的，处以燃气、热力生产企业经济损失额一倍以下的罚款。

第三十一条 违反本法第十六条第三款规定，石油销售企业未按照规定将符合国家标准的生物液体燃料纳入其燃料销售体系，造成生物液体燃料生产企业经济损失的，应当承担赔偿责任，并由国务院能源主管部门或者省级人民政府管理能源工作的部门责令限期改正；拒不改正的，处以生物液体燃料生产企业经济损失额一倍以下的罚款。

第三十二条 本法中下列用语的含义：

（一）生物质能，是指利用自然界的植物、粪便以及城乡有机废物转化成的能源。

（二）可再生能源独立电力系统，是指不与电网连接的单独运行的可再生能源电力系统。

（三）能源作物，是指经专门种植，用以提供能源原料的草本和木本植物。

（四）生物液体燃料，是指利用生物质资源生产的甲醇、乙醇和生物柴油等液体燃料。

《中华人民共和国建筑法》

【实施日期】 1997 年 11 月 1 日第八届全国人民代表大会常务委员会第二十八次会议通过，自 1998 年 3 月 1 日起施行。

【适用范围】 **第二条** 在中华人民共和国境内从事建筑活动，实施对建筑活动的监督管理，应当遵守本法。

本法所称建筑活动，是指各类房屋建筑及其附属设施的建造和与其配套的线路、管道、设备的安装活动。

第八十一条 本法关于施工许可、建筑施工企业资质审查和建筑工程发包、承包、禁止转包，以及建筑工程监理、建筑工程安全和质量管理的规定，适用于其他专业建筑工程的建筑活动，具体办法由国务院规定。

【相关条款】 **第三条** 建筑活动应当确保建筑工程质量和安全，符合国家的建筑工程安全标准。

第四条 国家扶持建筑业的发展，支持建筑科学技术研究，提高房屋建筑设计水平，鼓励节约能源和保护环境，提倡采用先进技术、先进设备、先进工艺、新型建筑材料和现代管理方式。

第六条 国务院建设行政主管部门对全国的建筑活动实施统一监督管理。

第十三条 从事建筑活动的建筑施工企业、勘察单位、设计单位和工程监理单位，按照其拥有的注册资本、专业技术人员、技术装备和已完成的建筑工程业绩等资质条件，划分为不同的资质等级，经资质审查合格，取得相应等级的资质证书后，方可在其资质等级许可的范围内从事建筑活动。

第三十二条 建筑工程监理应当依照法律、行政法规及有关的技术标准、设计文件和建筑工程承包合同，对承包单位在施工质量、建设工期和建设资金使用等方面，代表建设单位实施监督。

工程监理人员认为工程施工不符合工程设计要求、施工技术标准和合同约定的，有权要求建筑施工企业改正。

工程监理人员发现工程设计不符合建筑工程质量标准或者合同约定的质量要求的，应当报告建设单位要求设计单位改正。

第三十六条 建筑工程安全生产管理必须坚持安全第一、预防为主的方针，建立健全安全生产的责任制度和群防群治制度。

第三十七条 建筑工程设计应当符合按照国家规定制定的建筑安全规程和技术规范，保证工程的安全性能。

第三十八条 建筑施工企业在编制施工组织设计时，应当根据建筑工程的特点制定相应的安全技术措施；对专业性较强的工程项目，应当编制专项安全施工组织设计，并采取安全技术措施。

第三十九条 建筑施工企业应当在施工现场采取维护安全、防范危险、预防火灾等措施；有条件的，应当对施工现场实行封闭管理。施工现场对毗邻的建筑物、构筑物和特殊作业环境可能造成损害的，建筑施工企业应当采取安全防护措施。

第四十一条　建筑施工企业应当遵守有关环境保护和安全生产的法律、法规的规定。采取控制和处理施工现场的各种粉尘、废气、废水、固体废物以及噪声、振动对环境的污染和危害的措施。

第四十七条　建筑施工企业和作业人员在施工过程中，应当遵守有关安全生产的法律、法规和建筑行业安全规章、规程，不得违章指挥或者违章作业。作业人员有权对影响人身健康的作业程序和作业条件提出改进意见，有权获得安全生产所需的防护用品。作业人员对危及生命安全和人身健康的行为有权提出批评、检举和控告。

第四十九条　涉及建筑主体和承重结构变动的装修工程，建设单位应当在施工前委托原设计单位或者具有相应资质条件的设计单位提出设计方案；没有设计方案的，不得施工。

第五十二条　建筑工程勘察、设计、施工的质量必须符合国家有关建筑工程安全标准的要求，具体管理办法由国务院规定。

有关建筑工程安全的国家标准不能适应确保建筑安全的要求时，应当及时修订。

第五十四条　建设单位不得以任何理由，要求建筑设计单位或者建筑施工企业在工程设计或者施工作业中，违反法律、行政法规和建筑工程质量、安全标准，降低工程质量。

建筑设计单位和建筑施工企业对建设单位违反前款规定提出的降低工程质量的要求，应当予以拒绝。

第五十六条　建筑工程的勘察、设计单位必须对其勘察、设计的质量负责。勘察、设计文件应当符合有关法律、行政法规的规定和建筑工程质量、安全标准、建筑工程勘察、设计技术规范以及合同的约定。设计文件选用的建筑材料、建筑构配件和设备，应当注明其规格、型号、性能等技术指标，其质量要求必须符合国家规定的标准。

第五十八条　建筑施工企业对工程的施工质量负责。

建筑施工企业必须按照工程设计图纸和施工技术标准施工，不得偷工减料。工程设计的修改由原设计单位负责，建筑施工企业不得擅自修改工程设计。

第五十九条　建筑施工企业必须按照工程设计要求、施工技术标准和合同的约定，对建筑材料、建筑构配件和设备进行检验，不合格的不得使用。

第六十条　建筑物在合理使用寿命内，必须确保地基基础工程和主体结构的质量。

建筑工程竣工时，屋顶、墙面不得留有渗漏、开裂等质量缺陷；对已发现的质量缺陷，建筑施工企业应当修复。

第六十一条　支付竣工验收的建筑工程，必须符合规定的建筑工程质量标准，有完整的工程技术经济资料和经签署的工程保修书，并具备国家规定的其他竣工条件。

建筑工程竣工经验收合格后，方可交付使用；未经验收或者验收不合格的，不得交付使用。

第六十九条　工程监理单位与建设单位或者建筑施工企业串通，弄虚作假、降低工程质量的，责令改正，处以罚款，降低资质等级或者吊销资质证书；有违法所得的，予以没收；造成损失的，承担连带赔偿责任；构成犯罪的，依法追究刑事责任。

工程监理单位转让监理业务的，责令改正，没收违法所得，可以责令停业整顿，降低资质等级；情节严重的，吊销资质证书。

第七十二条　建设单位违反本法规定，要求建筑设计单位或者建筑施工企业违反建筑工程质量、安全标准，降低工程质量的，责令改正，可以处以罚款；构成犯罪的，依法追究刑事责任。

第七十三条　建筑设计单位不按照建筑工程质量、安全标准进行设计的，责令改正，处以罚款；造成工程质量事故的，责令停业整顿，降低资质等级或者吊销资质证书，没收违法所得，并处罚款；造成损失的，承担赔偿责任；构成犯罪的，依法追究刑事责任。

第七十四条　建筑施工企业在施工中偷工减料的，使用不合格的建筑材料、建筑构配件和设备的，或者有其他不按照工程设计图纸或者施工技术标准施工的行为的，责令改正，处以罚款；情节严重的，责令停业整顿，降低资质等级或者吊销资质证书；造成建筑工程质量不符合规定的质量标准的，负责返工、修理，并赔偿因此造成的损失；构成犯罪的，依法追究刑事责任。

第七十九条　负责颁发建筑工程施工许可证的部门及其工作人员对不符合施工条件的建筑工程颁发施工许可证的，负责工程质量监督检查或者竣工验收的部门及其工作人员对不合格的建筑工程出具质量合格文件或者按合格工程验收的，由上级机关责令改正，对责任人员给予行政处分；构成犯罪的，依法追究刑事责任；造成损失的，由该部门承担相应的赔偿责任。

《中华人民共和国标准化法》

【实施日期】 1988 年 12 月 29 日第七届全国人民代表大会常务委员会第五次会议通过，自 1989 年 4 月 1 日起施行。

【相关条款】 第一条 为了发展社会主义商品经济，促进技术进步，改进产品质量，提高社会经济效益，维护国家和人民的利益，使标准化工作适应社会主义现代化建设和发展对外经济关系的需要，制定本法。

第二条 对下列需要统一的技术要求，应当制定标准：

（一）工业产品的品种、规格、质量、等级或者安全、卫生要求。

（二）工业产品的设计、生产、检验、包装、储存、运输、使用的方法或者生产、储存、运输过程中的安全、卫生要求。

（三）有关环境保护的各项技术要求和检验方法。

（四）建设工程的设计、施工方法和安全要求。

（五）有关工业生产、工程建设和环境保护的技术术语、符号、代号和制图方法。

重要农产品和其他需要制定标准的项目，由国务院规定。

第三条 标准化工作的任务是制定标准、组织实施标准和对标准的实施进行监督。

标准化工作应当纳入国民经济和社会发展计划。

第四条 国家鼓励积极采用国际标准。

第五条 国务院标准化行政主管部门统一管理全国标准化工作。国务院有关行政主管部门分工管理本部门、本行业的标准化工作。

省、自治区、直辖市标准化行政主管部门统一管理本行政区域的标准化工作。省、自治区、直辖市政府有关行政主管部门分工管理本行政区域内本部门、本行业的标准化工作。

市、县标准化行政主管部门和有关行政主管部门，按照省、自治区、直辖市政府规定的各自的职责，管理本行政区域内的标准化工作。

第六条 对需要在全国范围内统一的技术要求，应当制定国家标准。国家标准由国务院标准化行政主管部门制定。对没有国家标准而又需要在全国某个行业范围内统一的技术要求，可以制定行业标准。行业标准由国务院有关行政主管部门制定，并报国务院标准化行政主管部门备案，在公布国家标准之后，该项行业标准即行废止。对没有国家标准和行业标准而又需要在省、自治区、直辖市范围内统一的工业产品的安全、卫生要求，可以制定地方标准。地方标准由省、自治区、直辖市标准化行政主管部门制定，并报国务院标准化行政主管部门和国务院有关行政主管部门备案，在公布国家标准或者行业标准之后，该项地方标准即行废止。

企业生产的产品没有国家标准和行业标准的，应当制定企业标准，作为组织生产的依据。企业的产品标准须报当地政府标准化行政主管部门和有关行政主管部门备案。已有国家标准或者行业标准的，国家鼓励企业制定严于国家标准或者行业标准的企业标准，在企业内部适用。

法律对标准的制定另有规定的，依照法律的规定执行。

第七条　国家标准、行业标准分为强制性标准和推荐性标准。保障人体健康，人身、财产安全的标准和法律、行政法规规定强制执行的标准是强制性标准，其他标准是推荐性标准。

省、自治区、直辖市标准化行政主管部门制定的工业产品的安全、卫生要求的地方标准，在本行政区域内是强制性标准。

第八条　制定标准应当有利于保障安全和人民的身体健康，保护消费者的利益，保护环境。

第九条　制定标准应当有利于合理利用国家资源，推广科学技术成果，提高经济效益，并符合使用要求，有利于产品的通用互换，做到技术上先进，经济上合理。

第十条　制定标准应当做到有关标准的协调配套。

第十一条　制定标准应当有利于促进对外经济技术合作和对外贸易。

第十二条　制定标准应当发挥行业协会、科学研究机构和学术团体的作用。

制定标准的部门应当组织由专家组成的标准化技术委员会，负责标准的草拟，参加标准草案的审查工作。

第十三条　标准实施后，制定标准的部门应当根据科学技术的发展和经济建设的需要适时进行复审，以确认现行标准继续有效或者予以修订、废止。

第十四条　强制性标准，必须执行。不符合强制性标准的产品，禁止生产、销售和进口。推荐性标准，国家鼓励企业自愿采用。

第十五条　企业对有国家标准或者行业标准的产品，可以向国务院标准化行政主管部门或者国务院标准化行政主管部门授权的部门申请产品质量认证。认证合格的，由认证部门授予认证证书，准许在产品或者其包装上使用规定的认证标志。

已经取得认证证书的产品不符合国家标准或者行业标准的，以及产品未经认证或者认证不合格的，不得使用认证标志出厂销售。

第十六条　出口产品的技术要求，依照合同的约定执行。

第十七条　企业研制新产品、改进产品，进行技术改造，应当符合标准化要求。

第十八条　县级以上政府标准化行政主管部门负责对标准的实施进行监督检查。

第十九条　县级以上政府标准化行政主管部门，可以根据需要设置检验机构，或者授权其他单位的检验机构，对产品是否符合标准进行检验。法律、行政法规对检验机构另有规定的，依照法律、行政法规的规定执行。

处理有关产品是否符合标准的争议，以前款规定的检验机构的检验数据为准。

第二十条　生产、销售、进口不符合强制性标准的产品的，由法律、行政法规规定的行政主管部门依法处理，法律、行政法规未作规定的，由工商行政管理部门没收产品和违法所得，并处罚款；造成严重后果构成犯罪的，对直接责任人员依法追究刑事责任。

第二十一条　已经授予认证证书的产品不符合国家标准或者行业标准而使用认证标志出厂销售的，由标准化行政主管部门责令停止销售，并处罚款；情节严重的，由认证部门撤销其认证证书。

第二十二条　产品未经认证或者认证不合格而擅自使用认证标志出厂销售的，由标准化行政主管部门责令停止销售，并处罚款。

第二十三条　当事人对没收产品、没收违法所得和罚款的处罚不服的，可以在接到处罚通知之日起十五日内，向作出处罚决定的机关的上一级机关申请复议；对复议决定不服的，可以在接到复议决定之日起十五日内，向人民法院起诉。当事人也可以在接到处罚通知之日起十五日内，直接向人民法院起诉。当事人逾期不申请复议或者不向人民法院起诉又不履行处罚决定的，由作出处罚决定的机关申请人民法院强制执行。

第二十四条　标准化工作的监督、检验、管理人员违法失职、徇私舞弊的，给予行政处分；构成犯罪的，依法追究刑事责任。

第二十五条　本法实施条例由国务院制定。

第二十六条　本法自 1989 年 4 月 1 日起施行。

《中华人民共和国清洁生产促进法》

【实施日期】 2002 年 6 月 29 日第九届全国人民代表大会常务委员会第二十八次会议通过，自 2003 年 1 月 1 日起施行。

【适用范围】 第二条 本法所称清洁生产，是指不断采取改进设计、使用清洁的能源和原料、采用先进的工艺技术与设备、改善管理、综合利用等措施，从源头削减污染，提高资源利用效率，减少或者避免生产、服务和产品使用过程中污染物的产生和排放，以减轻或者消除对人类健康和环境的危害。

第三条 在中华人民共和国领域内，从事生产和服务活动的单位以及从事相关管理活动的部门依照本法规定，组织、实施清洁生产。

【相关条款】 第四条 国家鼓励和促进清洁生产。国务院和县级以上地方人民政府，应当将清洁生产纳入国民经济和社会发展计划以及环境保护、资源利用、产业发展、区域开发等规划。

第五条 国务院经济贸易行政主管部门负责组织、协调全国的清洁生产促进工作。国务院环境保护、计划、科学技术、农业、建设、水利和质量技术监督等行政主管部门，按照各自的职责，负责有关的清洁生产促进工作。

第七条 国务院应当制定有利于实施清洁生产的财政税收政策。

国务院及其有关行政主管部门和省、自治区、直辖市人民政府，应当制定有利于实施清洁生产的产业政策、技术开发和推广政策。

第八条 县级以上人民政府经济贸易行政主管部门，应当会同环境保护、计划、科学技术、农业、建设、水利等有关行政主管部门制定清洁生产的推行规划。

第十一条 国务院经济贸易行政主管部门会同国务院有关行政主管部门定期发布清洁生产技术、工艺、设备和产品导向目录。

国务院和省、自治区、直辖市人民政府的经济贸易行政主管部门和环境保护、农业、建设等有关行政主管部门组织编制有关行业或者地区的清洁生产指南和技术手册，指导实施清洁生产。

第十三条 国务院有关行政主管部门可以根据需要批准设立节能、节水、废物再生利用等环境与资源保护方面的产品标志，并按照国家规定制定相应标准。

第十六条 各级人民政府应当优先采购节能、节水、废物再生利用等有利于环境与资源保护的产品。

各级人民政府应当通过宣传、教育等措施，鼓励公众购买和使用节能、节水、废物再生利用等有利于环境与资源保护的产品。

第十八条 新建、改建和扩建项目应当进行环境影响评价，对原料使用、资源消耗、资源综合利用以及污染物产生与处置等进行分析论证，优先采用资源利用率高以及污染物产生量少的清洁生产技术、工艺和设备。

第十九条 企业在进行技术改造过程中，应当采取以下清洁生产措施：

（一）采用无毒、无害或者低毒、低害的原料，替代毒性大、危害严重的原料；

（二）采用资源利用率高、污染物产生量少的工艺和设备，替代资源利用率低、污染物产生量多的工艺和设备；

（三）对生产过程中产生的废物、废水和余热等进行综合利用或者循环使用；

（四）采用能够达到国家或者地方规定的污染物排放标准和污染物排放总量控制指标的污染防治技术。

第二十一条 生产大型机电设备、机动运输工具以及国务院经济贸易行政主管部门指定的其他产品的企业，应当按照国务院标准化行政主管部门或者其授权机构制定的技术规范，在产品的主体构件上注明材料成分的标准牌号。

第二十三条 餐饮、娱乐、宾馆等服务性企业，应当采用节能、节水和其他有利于环境保护的技术和设备，减少使用或者不使用浪费资源、污染环境的消费品。

第二十四条 建筑工程应当采用节能、节水等有利于环境与资源保护的建筑设计方案、建筑和装修材料、建筑构配件及设备。

建筑和装修材料必须符合国家标准。禁止生产、销售和使用有毒、有害物质超过国家标准的建筑和装修材料。

第二十五条 矿产资源的勘查、开采，应当采用有利于合理利用资源、保护环境和防止污染的勘查、开采方法和工艺技术，提高资源利用水平。

第三十八条 违反本法第二十四条第二款规定，生产、销售有毒、有害物质超过国家标准的建筑和装修材料的，依照产品质量法和有关民事、刑事法律的规定，追究行政、民事、刑事法律责任。

《中华人民共和国循环经济促进法》

【实施日期】《中华人民共和国循环经济促进法》已由中华人民共和国第十一届全国人民代表大会常务委员会第四次会议于 2008 年 8 月 29 日通过，现予公布，自 2009 年 1 月 1 日起施行。

【适用范围】 **第一条** 为了促进循环经济发展，提高资源利用效率，保护和改善环境，实现可持续发展，制定本法。

第二条 本法所称循环经济，是指在生产、流通和消费等过程中进行的减量化、再利用、资源化活动的总称。

本法所称减量化，是指在生产、流通和消费等过程中减少资源消耗和废物产生。

本法所称再利用，是指将废物直接作为产品或者经修复、翻新、再制造后继续作为产品使用，或者将废物的全部或者部分作为其他产品的部件予以使用。

本法所称资源化，是指将废物直接作为原料进行利用或者对废物进行再生利用。

【相关条款】 **第四条** 发展循环经济应当在技术可行、经济合理和有利于节约资源、保护环境的前提下，按照减量化优先的原则实施。

在废物再利用和资源化过程中，应当保障生产安全，保证产品质量符合国家规定的标准，并防止产生再次污染。

第十三条 县级以上地方人民政府应当依据上级人民政府下达的本行政区域主要污染物排放、建设用地和用水总量控制指标，规划和调整本行政区域的产业结构，促进循环经济发展。

新建、改建、扩建建设项目，必须符合本行政区域主要污染物排放、建设用地和用水总量控制指标的要求。

第十六条 国家对钢铁、有色金属、煤炭、电力、石油加工、化工、建材、建筑、造纸、印染等行业年综合能源消费量、用水量超过国家规定总量的重点企业，实行能耗、水耗的重点监督管理制度。

重点能源消费单位的节能监督管理，依照《中华人民共和国节约能源法》的规定执行。

重点用水单位的监督管理办法，由国务院循环经济发展综合管理部门会同国务院有关部门规定。

第十七条 国家建立健全循环经济统计制度，加强资源消耗、综合利用和废物产生的统计管理，并将主要统计指标定期向社会公布。

国务院标准化主管部门会同国务院循环经济发展综合管理和环境保护等有关主管部门建立健全循环经济标准体系，制定和完善节能、节水、节材和废物再利用、资源化等标准。

国家建立健全能源效率标识等产品资源消耗标识制度。

第十九条 从事工艺、设备、产品及包装物设计，应当按照减少资源消耗和废物产生的要求，优先选择采用易回收、易拆解、易降解、无毒无害或者低毒低害的材料和设计方案，并应当符合有关国家标准的强制性要求。

对在拆解和处置过程中可能造成环境污染的电器电子等产品，不得设计使用国家禁止使用的有毒有害物质。禁止在电器电子等产品中使用的有毒有害物质名录，由国务院循环经济发展综合管理部门会同国务院环境保护等有关主管部门制定。

设计产品包装物应当执行产品包装标准，防止过度包装造成资源浪费和环境污染。

第二十条 工业企业应当采用先进或者适用的节水技术、工艺和设备，制定并实施节水计划，加强节水管理，对生产用水进行全过程控制。

工业企业应当加强用水计量管理，配备和使用合格的用水计量器具，建立水耗统计和用水状况分析制度。

新建、改建、扩建建设项目，应当配套建设节水设施。节水设施应当与主体工程同时设计、同时施工、同时投产使用。

国家鼓励和支持沿海地区进行海水淡化和海水直接利用，节约淡水资源。

第二十三条 建筑设计、建设、施工等单位应当按照国家有关规定和标准，对其设计、建设、施工的建筑物及构筑物采用节能、节水、节地、节材的技术工艺和小型、轻型、再生产品。有条件的地区，应当充分利用太阳能、地热能、风能等可再生能源。

国家鼓励利用无毒无害的固体废物生产建筑材料，鼓励使用散装水泥，推广使用预拌混凝土和预拌砂浆。

禁止损毁耕地烧砖。在国务院或者省、自治区、直辖市人民政府规定的期限和区域内，禁止生产、销售和使用黏土砖。

第二十五条 国家机关及使用财政性资金的其他组织应当厉行节约、杜绝浪费，带头使用节能、节水、节地、节材和有利于保护环境的产品、设备和设施，节约使用办公用品。国务院和县级以上地方人民政府管理机关事务工作的机构会同本级人民政府有关部门制定本级国家机关等机构的用能、用水定额指标，财政部门根据该定额指标制定支出标准。

城市人民政府和建筑物的所有者或者使用者，应当采取措施，加强建筑物维护管理，延长建筑物使用寿命。对符合城市规划和工程建设标准，在合理使用寿命内的建筑物，除为了公共利益的需要外，城市人民政府不得决定拆除。

二、行政法规

- ■《公共机构节能条例》
- ■《民用建筑节能条例》
- ■《建设工程勘察设计管理条例》
- ■《建设工程质量管理条例》
- ■《标准化法实施条例》

《公共机构节能条例》

【实施日期】《公共机构节能条例》已经 2008 年 7 月 23 日国务院第 18 次常务会议通过，现予公布，自 2008 年 10 月 1 日起施行。

【适用范围】 第一条 为了推动公共机构节能，提高公共机构能源利用效率，发挥公共机构在全社会节能中的表率作用，根据《中华人民共和国节约能源法》，制定本条例。

第二条 本条例所称公共机构，是指全部或者部分使用财政性资金的国家机关、事业单位和团体组织。

【相关条款】 第二十条 公共机构新建建筑和既有建筑维修改造应当严格执行国家有关建筑节能设计、施工、调试、竣工验收等方面的规定和标准，国务院和县级以上地方人民政府建设主管部门对执行国家有关规定和标准的情况应当加强监督检查。

国务院和县级以上地方各级人民政府负责审批或者核准固定资产投资项目的部门，应当严格控制公共机构建设项目的建设规模和标准，统筹兼顾节能投资和效益，对建设项目进行节能评估和审查；未通过节能评估和审查的项目，不得批准或者核准建设。

第二十一条 国务院和县级以上地方各级人民政府管理机关事务工作的机构会同有关部门制定本级公共机构既有建筑节能改造计划，并组织实施。

第二十二条 公共机构应当按照规定进行能源审计，对本单位用能系统、设备的运行及使用能源情况进行技术和经济性评价，根据审计结果采取提高能源利用效率的措施。具体办法由国务院管理节能工作的部门会同国务院有关部门制定。

第二十三条 能源审计的内容包括：

（一）查阅建筑物竣工验收资料和用能系统、设备台账资料，检查节能设计标准的执行情况；

（二）核对电、气、煤、油、市政热力等能源消耗计量记录和财务账单，评估分类与分项的总能耗、人均能耗和单位建筑面积能耗；

（三）检查用能系统、设备的运行状况，审查节能管理制度执行情况；

（四）检查前一次能源审计合理使用能源建议的落实情况；

（五）查找存在节能潜力的用能环节或者部位，提出合理使用能源的建议；

（六）审查年度节能计划、能源消耗定额执行情况，核实公共机构超过能源消耗定额使用能源的说明；

（七）审查能源计量器具的运行情况，检查能耗统计数据的真实性、准确性。

第三十条　公共机构应当严格执行国家有关空调室内温度控制的规定，充分利用自然通风，改进空调运行管理。

第三十一条　公共机构电梯系统应当实行智能化控制，合理设置电梯开启数量和时间，加强运行调节和维护保养。

第三十二条　公共机构办公建筑应当充分利用自然采光，使用高效节能照明灯具，优化照明系统设计，改进电路控制方式，推广应用智能调控装置，严格控制建筑物外部泛光照明以及外部装饰用照明。

第三十三条　公共机构应当对网络机房、食堂、开水间、锅炉房等部位的用能情况实行重点监测，采取有效措施降低能耗。

第三十九条　负责审批或者核准固定资产投资项目的部门对未通过节能评估和审查的公共机构建设项目予以批准或者核准的，对直接负责的主管人员和其他直接责任人员依法给予处分。

公共机构开工建设未通过节能评估和审查的建设项目的，由有关机关依法责令限期整改；对直接负责的主管人员和其他直接责任人员依法给予处分。

《民用建筑节能条例》

【实施日期】《民用建筑节能条例》已经 2008 年 7 月 23 日国务院第 18 次常务会议通过，现予公布，自 2008 年 10 月 1 日起施行。

【适用范围】 **第一条** 为了加强民用建筑节能管理，降低民用建筑使用过程中的能源消耗，提高能源利用效率，制定本条例。

第二条 本条例所称民用建筑节能，是指在保证民用建筑使用功能和室内热环境质量的前提下，降低其使用过程中能源消耗的活动。

本条例所称民用建筑，是指居住建筑、国家机关办公建筑和商业、服务业、教育、卫生等其他公共建筑。

【相关条款】 **第四条** 国家鼓励和扶持在新建建筑和既有建筑节能改造中采用太阳能、地热能等可再生能源。

在具备太阳能利用条件的地区，有关地方人民政府及其部门应当采取有效措施，鼓励和扶持单位、个人安装使用太阳能热水系统、照明系统、供热系统、采暖制冷系统等太阳能利用系统。

第六条 国务院建设主管部门应当在国家节能中长期专项规划指导下，编制全国民用建筑节能规划，并与相关规划相衔接。

县级以上地方人民政府建设主管部门应当组织编制本行政区域的民用建筑节能规划，报本级人民政府批准后实施。

第七条 国家建立健全民用建筑节能标准体系。国家民用建筑节能标准由国务院建设主管部门负责组织制定，并依照法定程序发布。

国家鼓励制定、采用优于国家民用建筑节能标准的地方民用建筑节能标准。

第八条 县级以上人民政府应当安排民用建筑节能资金，用于支持民用建筑节能的科学技术研究和标准制定、既有建筑围护结构和供热系统的节能改造、可再生能源的应用，以及民用建筑节能示范工程、节能项目的推广。

政府引导金融机构对既有建筑节能改造、可再生能源的应用，以及民用建筑节能示范工程等项目提供支持。

民用建筑节能项目依法享受税收优惠。

第九条 国家积极推进供热体制改革，完善供热价格形成机制，鼓励发展集中供热，逐步实行按照用热量收费制度。

第十一条 国家推广使用民用建筑节能的新技术、新工艺、新材料和新设备，限制使用或者禁止使用能源消耗高的技术、工艺、材料和设备。国务院节能工作主管部门、建设主管部门应当制定、公布并及时更新推广使用、限制使用、禁止使用目录。

国家限制进口或者禁止进口能源消耗高的技术、材料和设备。

建设单位、设计单位、施工单位不得在建筑活动中使用列入禁止使用目录的技术、工艺、材料和设备。

第十二条 编制城市详细规划、镇详细规划，应当按照民用建筑节能的要求，确定建筑的布局、形状和朝向。

城乡规划主管部门依法对民用建筑进行规划审查，应当就设计方案是否符合民用建筑节能强制性标准征求同级建设主管部门的意见；建设主管部门应当自收到征求意见材料之日起 10 日内提出意见。征求意见时间不计算在规划许可的期限内。

对不符合民用建筑节能强制性标准的，不得颁发建设工程规划许可证。

第十三条　施工图设计文件审查机构应当按照民用建筑节能强制性标准对施工图设计文件进行审查；经审查不符合民用建筑节能强制性标准的，县级以上地方人民政府建设主管部门不得颁发施工许可证。

第十四条　建设单位不得明示或者暗示设计单位、施工单位违反民用建筑节能强制性标准进行设计、施工，不得明示或者暗示施工单位使用不符合施工图设计文件要求的墙体材料、保温材料、门窗、采暖制冷系统和照明设备。

按照合同约定由建设单位采购墙体材料、保温材料、门窗、采暖制冷系统和照明设备的，建设单位应当保证其符合施工图设计文件要求。

第十五条　设计单位、施工单位、工程监理单位及其注册执业人员，应当按照民用建筑节能强制性标准进行设计、施工、监理。

第十六条　施工单位应当对进入施工现场的墙体材料、保温材料、门窗、采暖制冷系统和照明设备进行查验；不符合施工图设计文件要求的，不得使用。

工程监理单位发现施工单位不按照民用建筑节能强制性标准施工的，应当要求施工单位改正；施工单位拒不改正的，工程监理单位应当及时报告建设单位，并向有关主管部门报告。

墙体、屋面的保温工程施工时，监理工程师应当按照工程监理规范的要求，采取旁站、巡视和平行检验等形式实施监理。

未经监理工程师签字，墙体材料、保温材料、门窗、采暖制冷系统和照明设备不得在建筑上使用或者安装，施工单位不得进行下一道工序的施工。

第十七条　建设单位组织竣工验收，应当对民用建筑是否符合民用建筑节能强制性标准进行查验；对不符合民用建筑节能强制性标准的，不得出具竣工验收合格报告。

第十八条　实行集中供热的建筑应当安装供热系统调控装置、用热计量装置和室内温度调控装置；公共建筑还应当安装用电分项计量装置。居住建筑安装的用热计量装置应当满足分户计量的要求。

计量装置应当依法检定合格。

第十九条　建筑的公共走廊、楼梯等部位，应当安装、使用节能灯具和电气控制装置。

第二十条　对具备可再生能源利用条件的建筑，建设单位应当选择合适的可再生能源，用于采暖、制冷、照明和热水供应等；设计单位应当按照有关可再生能源利用的标准进行设计。

建设可再生能源利用设施，应当与建筑主体工程同步设计、同步施工、同步验收。

第二十一条　国家机关办公建筑和大型公共建筑的所有权人应当对建筑的能源利用效率进行测评和标识，并按照国家有关规定将测评结果予以公示，接受社会监督。

国家机关办公建筑应当安装、使用节能设备。

本条例所称大型公共建筑，是指单体建筑面积2万平方米以上的公共建筑。

第二十四条　既有建筑节能改造应当根据当地经济、社会发展水平和地理气候条件等实际情况，有计划、分步骤地实施分类改造。

本条例所称既有建筑节能改造，是指对不符合民用建筑节能强制性标准的既有建筑的围护结构、供热系统、采暖制冷系统、照明设备和热水供应设施等实施节能改造的活动。

第二十五条　县级以上地方人民政府建设主管部门应当对本行政区域内既有建筑的建设年代、结构形式、用能系统、能源消耗指标、寿命周期等组织调查统计和分析，制定既有建筑节能改造计划，明确节能改造的目标、范围和要求，报本级人民政府批准后组织实施。

中央国家机关既有建筑的节能改造，由有关管理机关事务工作的机构制定节能改造计划，并组织实施。

第二十六条　国家机关办公建筑、政府投资和以政府投资为主的公共建筑的节能改造，应当制定节能改造方案，经充分论证，并按照国家有关规定办理相关审批手续方可进行。

各级人民政府及其有关部门、单位不得违反国家有关规定和标准，以节能改造的名义对前款规定的既有建筑进行扩建、改建。

第二十七条　居住建筑和本条例第二十六条规定以外的其他公共建筑不符合民用建筑节能强制性标准的，在尊重建筑所有权人意愿的基础上，可以结合扩建、改建，逐步实施节能改造。

第二十八条　实施既有建筑节能改造，应当符合民用建筑节能强制性标准，优先采用遮阳、改善通风等低成本改造措施。

既有建筑围护结构的改造和供热系统的改造，应当同步进行。

第二十九条　对实行集中供热的建筑进行节能改造，应当安装供热系统调控装置和用热计量装置；对公共建筑进行节能改造，还应当安装室内温度调控装置和用电分项计量装置。

第三十三条　供热单位应当建立健全相关制度，加强对专业技术人员的教育和培训。

供热单位应当改进技术装备，实施计量管理，并对供热系统进行监测、维护，提高供热系统的效率，保证供热系统的运行符合民用建筑节能强制性标准。

第三十四条　县级以上地方人民政府建设主管部门应当对本行政区域内供热单位的能源消耗情况进行调查统计和分析，并制定供热单位能源消耗指标；对超过能源消耗指标的，应当要求供热单位制定相应的改进措施，并监督实施。

第三十五条　违反本条例规定，县级以上人民政府有关部门有下列行为之一的，对负有责任的主管人员和其他直接责任人员依法给予处分；构成犯罪的，依法追究刑事责任：

（一）对设计方案不符合民用建筑节能强制性标准的民用建筑项目颁发建设工程规划许可证的；

（二）对不符合民用建筑节能强制性标准的设计方案出具合格意见的；

（三）对施工图设计文件不符合民用建筑节能强制性标准的民用建筑项目颁发施工许可证的；

（四）不依法履行监督管理职责的其他行为。

第三十六条 违反本条例规定，各级人民政府及其有关部门、单位违反国家有关规定和标准，以节能改造的名义对既有建筑进行扩建、改建的，对负有责任的主管人员和其他直接责任人员，依法给予处分。

第三十七条 违反本条例规定，建设单位有下列行为之一的，由县级以上地方人民政府建设主管部门责令改正，处 20 万元以上 50 万元以下的罚款：

（一）明示或者暗示设计单位、施工单位违反民用建筑节能强制性标准进行设计、施工的；

（二）明示或者暗示施工单位使用不符合施工图设计文件要求的墙体材料、保温材料、门窗、采暖制冷系统和照明设备的；

（三）采购不符合施工图设计文件要求的墙体材料、保温材料、门窗、采暖制冷系统和照明设备的；

（四）使用列入禁止使用目录的技术、工艺、材料和设备的。

第三十八条 违反本条例规定，建设单位对不符合民用建筑节能强制性标准的民用建筑项目出具竣工验收合格报告的，由县级以上地方人民政府建设主管部门责令改正，处民用建筑项目合同价款 2％以上 4％以下的罚款；造成损失的，依法承担赔偿责任。

第三十九条 违反本条例规定，设计单位未按照民用建筑节能强制性标准进行设计，或者使用列入禁止使用目录的技术、工艺、材料和设备的，由县级以上地方人民政府建设主管部门责令改正，处 10 万元以上 30 万元以下的罚款；情节严重的，由颁发资质证书的部门责令停业整顿，降低资质等级或者吊销资质证书；造成损失的，依法承担赔偿责任。

第四十条 违反本条例规定，施工单位未按照民用建筑节能强制性标准进行施工的，由县级以上地方人民政府建设主管部门责令改正，处民用建筑项目合同价款 2％以上 4％以下的罚款；情节严重的，由颁发资质证书的部门责令停业整顿，降低资质等级或者吊销资质证书；造成损失的，依法承担赔偿责任。

第四十一条 违反本条例规定，施工单位有下列行为之一的，由县级以上地方人民政府建设主管部门责令改正，处 10 万元以上 20 万元以下的罚款；情节严重的，由颁发资质证书的部门责令停业整顿，降低资质等级或者吊销资质证书；造成损失的，依法承担赔偿责任：

（一）未对进入施工现场的墙体材料、保温材料、门窗、采暖制冷系统和照明设备进行查验的；

（二）使用不符合施工图设计文件要求的墙体材料、保温材料、门窗、采暖制冷系统和照明设备的；

（三）使用列入禁止使用目录的技术、工艺、材料和设备的。

第四十二条 违反本条例规定，工程监理单位有下列行为之一的，由县级以上地方人民政府建设主管部门责令限期改正；逾期未改正的，处 10 万元以上 30 万元以下的罚款；情节严重的，由颁发资质证书的部门责令停业整顿，降低资质等级或者吊销资质证书；造成损失的，依法承担赔偿责任：

（一）未按照民用建筑节能强制性标准实施监理的；

（二）墙体、屋面的保温工程施工时，未采取旁站、巡视和平行检验等形式实施监理的。

对不符合施工图设计文件要求的墙体材料、保温材料、门窗、采暖制冷系统和照明设备，按照符合施工图设计文件要求签字的，依照《建设工程质量管理条例》第六十七条的规定处罚。

《建设工程勘察设计管理条例》

【实施日期】 2000 年 9 月 20 日国务院第 31 次常务会议通过，第 293 号国务院令，2000 年 9 月 25 日公布，自公布之日起施行。

【适用范围】 **第二条** 从事建设工程勘察、设计活动，必须遵守本条例。本条例所称建设工程勘察，是指根据建设工程的要求，查明、分析、评价建设场地的地质地理环境特征和岩土工程条件，编制建设工程勘察文件的活动。本条例所称建设工程设计，是指根据建设工程的要求，对建设工程所需的技术、经济、资源、环境等条件进行综合分析、论证，编制建设工程设计文件的活动。

【相关条款】 **第三条** 建设工程勘察、设计应当与社会、经济发展水平相适应，做到经济效益、社会效益和环境效益相统一。

第四条 从事建设工程勘察、设计活动，应当坚持先勘察、后设计、再施工的原则。

第五条 县级以上人民政府建设行政主管部门和交通、水利等有关部门应当依照本条例的规定，加强对建设工程勘察、设计活动的监督管理。建设工程勘察、设计单位必须依法进行建设工程勘察、设计，严格执行工程建设强制性标准，并对建设工程勘察、设计的质量负责。

第六条 国家鼓励在建设工程勘察、设计活动中采用 先进技术、先进工艺、先进设备、新型材料和现代管理方法。

第七条 国家对从事建设工程勘察、设计活动的单位，实行资质管理制度。具体办法由国务院建设行政主管部门 商国务院有关部门制定。

第九条 国家对从事建设工程勘察、设计活动的专业 技术人员，实行执业资格注册管理制度。未经注册的建设工程勘察、设计人员，不得以注册执业人员的名义从事建设工程勘察、设计活动。

第十二条 建设工程勘察、设计发包依法实行招标发包或者直接发包。

第二十二条 建设工程勘察、设计的发包方与承包方，应当执行国家规定的建设工程勘察、设计程序。

第二十五条 编制建设工程勘察、设计文件，应当以下列规定为依据：

（一）项目批准文件；

（二）城市规划；

（三）工程建设强制性标准；

（四）国家规定的建设工程勘察、设计深度要求。

铁路、交通、水利等专业建设工程，还应当以专业规划的要求为依据。

第二十六条 编制建设工程勘察文件，应当真实、准确，满足建设工程规划、选址、设计、岩土治理和施工的需要。编制方案设计文件，应当满足编制初步设计文件和控制概算的需要。编制初步设计文件，应当满足编制施工招标文件、主要设备材料订货和编制施工图设计文件的需要。编制施工图设计文件，应当满足设备材料采购、非标准设备制作和施工的需要，并注明建设工程合理使用年限。

第二十七条　设计文件中选用的材料、构配件、设备，应当注明其规格、型号、性能等技术指标，其质量要求必须符合国家规定的标准。除有特殊要求的建筑材料、专用设备和工艺生产线等外，设计单位不得指定生产厂、供应商。

第二十八条　建设单位、施工单位、监理单位不得修改建设工程勘察、设计文件；确需修改建设工程勘察、设计文件的，应当由原建设工程勘察、设计单位修改。经原建设工程勘察、设计单位书面同意，建设单位也可以委托　其他具有相应资质的建设工程勘察、设计单位修改。修改单位对修改的勘察、设计文件承担相应责任。施工单位、监理单位发现建设工程勘察、设计文件不符合工程建设强制性标准、合同约定的质量要求的，应当报告建设单位，建设单位有权要求建设工程勘察、设计单位对建设工程勘察、设计文件进行补充、修改。建设工程勘察、设计文件内容需要作重大修改的，建设单位应当报经原审批机关批准后，方可修改。

第二十九条　建设工程勘察、设计文件中规定采用的新技术、新材料，可能影响建设工程质量和安全，又没有国家技术标准的，应当由国家认可的检测机构进行试验、论证，出具检测报告，并经国务院有关部门或者省、自治区、直辖市人民政府有关部门组织的建设工程技术专家委员会审定后，方可使用。

第三十三条　县级以上人民政府建设行政主管部门或者交通、水利等有关部门应当对施工图设计文件中涉及公共利益、公众安全、工程建设强制性标准的内容进行审查。施工图设计文件未经审查批准的，不得使用。

第三十九条　违反本条例规定，建设工程勘察、设计单位将所承揽的建设工程勘察、设计转包的，责令改正，没收违法所得，处合同约定的勘察费、设计费25％以上50％以下的罚款，可以责令停业整顿，降低资质等级；情节严重的，吊销资质证书。

第四十条　违反本条例规定，有下列行为之一的，依照《建设工程质量管理条例》第六十三条的规定给予处罚：

（一）勘察单位未按照工程建设强制性标准进行勘察的；

（二）设计单位未根据勘察成果文件进行工程设计的；

（三）设计单位指定建筑材料、建筑构配件的生产厂、供应商的；

（四）设计单位未按照工程建设强制性标准进行设计的。

《建设工程质量管理条例》

【实施日期】 2000 年 1 月 10 日国务院第 25 次常务会议通过，第 279 号国务院令，2000 年 1 月 30 日发布，自发布之日起施行。

【适用范围】 第二条 凡在中华人民共和国境内从事建设工程的新建、扩建、改建等有关活动及实施对建设工程质量监督管理的，必须遵守本条例。

本条例所称建设工程，是指土木工程、建筑工程、线路管道和设备安装工程及装修工程。

【相关条款】 第三条 建设单位、勘察单位、设计单位、施工单位、工程监理单价依法对建设工程质量负责。

第四条 县级以上人民政府建设行政主管部门和其他有关部门应当加强对建设工程质量的监督管理。

第五条 从事建设工程活动，必须严格执行基本建设程序，坚持先勘察、后设计、再施工的原则。

县级以上人民政府及其有关部门不得超越权限审批建设项目或者擅自简化基本建设程序。

第六条 国家鼓励采用先进的科学技术和管理方法，提高建设工程质量。

第七条 建设单位应当将工程发包给具有相应资质等级的单位。

建设单位不得将建设工程肢解发包。

第八条 建设单位应当依法对工程建设项目的勘察、设计、施工、监理以及与工程建设有关的重要设备、材料等的采购进行招标。

第九条 建设单位必须向有关的勘察、设计、施工、工程监理等单位提供与建设工程有关的原始资料。

原始资料必须真实、准确、齐全。

第十条 建设工程发包单位不得迫使承包方以低于成本的价格竞标，不得任意压缩合理工期。

建设单位不得明示或者暗示设计单位或者施工单位违反工程建设强制性标准，降低建设工程质量。

第十一条 建设单位应当将施工图设计文件报县级以上人民政府建设行政主管部门或者其他有关部门审查。施工图设计文件审查的具体办法，由国务院建设行政主管部门会同国务院其他有关部门制定。

施工图设计文件未经审查批准的，不得使用。

第十六条 建设单位收到建设工程竣工报告后，应当组织设计、施工、工程监理等有关单位进行竣工验收。

建设工程竣工验收应当具备下列条件：

（一）完成建设工程设计和合同约定的各项内容；

（二）有完整的技术档案和施工管理资料；

（三）有工程使用的主要建筑材料、建筑构配件和设备的进场试验报告；

（四）有勘察、设计、施工、工程监理等单位分别签署的质量合格文件；

（五）有施工单位签署的工程保修书。

建设工程经验收合格的，方可交付使用。

第十九条 勘察、设计单位必须按照工程建设强制性标准进行勘察、设计、并对其勘察、设计的质量负责。

注册建筑师、注册结构工程师等注册执业人员应当在设计文件上签字，对设计文件负责。

第二十一条 设计单位应当根据勘察成果文件进行建设工程设计。

设计文件应当符合国家规定的设计深度要求，注明工程合理使用年限。

第二十二条 设计单位在设计文件中选用的建筑材料、建筑构配件和设备，应当注明规格、型号、性能等技术指标，其质量要求必须符合国家规定的标准。

除有特殊要求的建筑材料、专用设备、工艺生产线等外，设计单位不得指定生产厂、供应商。

第二十四条 设计单位应当参与建设工程质量事故分析，并对因设计造成的质量事故，提出相应的技术处理方案。

第二十六条 施工单位对建设工程的施工质量负责。

施工单位应当建立质量责任制，确定工程项目的项目经理、技术负责人和施工管理负责人。

建设工程实行总承包的，总承包单位应当对全部建设工程质量负责；建设工程勘察、设计、施工、设备采购的一项或者多项实行总承包的，总承包单位应当对其承包的建设工程或者采购的设备的质量负责。

第二十八条 施工单位必须按照工程设计图纸和施工技术标准施工，不得擅自修改工程设计，不得偷工减料。

施工单位在施工过程中发现设计文件和图纸有差错的，应当及时提出意见和建议。

第二十九条 施工单位必须按照工程设计要求、施工技术标准和合同约定，对建筑材料、建筑构配件、设备和商品混凝土进行检验，检验应当有书面记录和专人签字；未经检验或者检验不合格的，不得使用。

第三十条 施工单位必须建立、健全施工质量的检验制度，严格工序管理，做好隐蔽工程的质量检查和记录。隐蔽工程在隐蔽前，施工单位应当通知建设单位和建设工程质量监督机构。

第三十一条 施工人员对涉及结构安全的试块、试件以及有关材料，应当在建设单位或者工程监理单位监督下现场取样，并送具有相应资质等级的质量检测单位进行检测。

第三十二条 施工单位对施工中出现质量问题的建设工程或者竣工验收不合格的建设工程，应当负责返修。

第三十六条 工程监理单位应当依照法律、法规以及有关技术标准、设计文件和建设工程承包合同，代表建设单位对施工质量实施监理，并对施工质量承担监理责任。

第三十七条 工程监理单位应当选派具备相应资格的总监理工程师和监理工程师进驻施工现场。

未经监理工程师签字，建筑材料、建筑构配件和设备不得在工程上使用或者安装，施工单位不得进行下一道工序的施工。未经总监理工程师签字，建设单位不拨付工程款，不进行竣工验收。

第三十八条 监理工程师应当按照工程监理规范的要求，采取旁站、巡视和平行检验等形式，对建设工程实施监理。

第三十九条 建设工程实行质量保修制度。

建设工程承包单位在向建设单位提交工程竣工验收报告时，应当向建设单位出具质量保修书。质量保修书中应当明确建设工程的保修范围、保修期限和保修责任等。

第四十条 在正常使用条件下，建设工程的最低保修期限为：

（一）基础设施工程、房屋建筑的地基基础工程和主体结构工程，为设计文件规定的该工程的合理使用年限；

（二）屋面防水工程、有防水要求的卫生间、房间和外墙面的防渗漏，为5年；

（三）供热与供冷系统，为2个采暖期、供冷期；

（四）电气管线、给排水管道、设备安装和装修工程，为2年。

其他项目的保修期限由发包方与承包方约定。

建设工程的保修期，自竣工验收合格之日起计算。

第四十二条 建设工程在超过合理使用年限后需要继续使用的，产权所有人应当委托具有相应资质等级的勘察、设计单位鉴定，并根据鉴定结果采取加固、维修等措施，重新界定使用期。

第四十三条 国家实行建设工程质量监督管理制度。

国务院建设行政主管部门对全国的建设工程质量实施统一监督管理。国务院铁路、交通、水利等有关部门按照国务院规定的职责分工，负责对全国的有关专业建设工程质量的监督管理。

县级以上地方人民政府建设行政主管部门对本行政区域内的建设工程质量实施监督管理。县级以上地方人民政府交通、水利等有关部门在各自的职责范围内，负责对本行政区域内的专业建设工程质量的监督管理。

第四十四条 国务院建设行政主管部门和国务院铁路、交通、水利等有关部门应当加强对有关建设工程质量的法律、法规和强制性标准执行情况的监督检查。

第四十七条 县级以上地方人民政府建设行政主管部门和其他有关部门应当加强对有关建设工程质量的法律、法规和强制性标准执行情况的监督检查。

第四十九条 建设单位应当自建设工程竣工验收合格之日起15日内，将建设工程竣工验收报告和规划、公安消防、环保等部门出具的认可文件或者准许使用文件报建设行政主管部门或者其他有关部门备案。

建设行政主管部门或者其他有关部门发现建设单位在竣工验收过程中有违反国家有关建设工程质量管理规定行为的，责令停止使用，重新组织竣工验收。

第五十六条 违反本条例规定，建设单位有下列行为之一的，责令改正，处20万元以上50万元以下的罚款：

（一）迫使承包方以低于成本的价格竞标的；

（二）任意压缩合理工期的；

（三）明示或者暗示设计单位或者施工单位违反工程建设强制性标准，降低工程质量的；

（四）施工图设计文件未经审查或者审查不合格，擅自施工的；

（五）建设项目必须实行工程监理而未实行工程监理的；

（六）未按照国家规定办理工程质量监督手续的；

（七）明示或者暗示施工单位使用不合格的建筑材料、建筑构配件和设备的；

（八）未按照国家规定将竣工验收报告、有关认可文件或者准许使用文件报送备案的。

第五十八条 违反本条例规定，建设单位有下列行为之一的，责令改正，处工程合同价款百分之二以上百分之四以下的罚款；造成损失的，依法承担赔偿责任：

（一）未组织竣工验收，擅自交付使用的；

（二）验收不合格，擅自交付使用的；

（三）对不合格的建设工程按照合格工程验收的。

第六十三条 违反本条例规定，有下列行为之一的，责令改正，处 10 万元以上 30 万元以下的罚款：

（一）勘察单位未按照工程建设强制性标准进行勘察的；

（二）设计单位未根据勘察成果文件进行工程设计的；

（三）设计单位指定建筑材料、建筑构配件的生产厂、供应商的；

（四）设计单位未按照工程建设强制性标准进行设计的。

有前款所列行为，造成工程质量事故的，责令停业整顿，降低资质等级，情节严重的，吊销资质证书；造成损失的，依法承担赔偿责任。

第六十四条 违反本条例规定，施工单位在施工中偷工减料的，使用不合格的建筑材料、建筑构配件和设备的，或者有不按照工程设计图纸或者施工技术标准施工的其他行为的，责令改正，处工程合同价款百分之二以上百分之四以下的罚款，造成建设工程质量不符合规定的质量标准的，负责返工、修理，并赔偿因此造成的损失；情节严重的，责令停业整顿，降低资质等级或者吊销资质证书。

第六十五条 违反本条例规定，施工单位未对建筑材料、建筑构配件、设备和商品混凝土进行检验，或者未对涉及结构安全的试块、试件以及有关材料取样检测的，责令改正，处 10 万元以上 20 万元以下的罚款；情节严重的，责令停业整顿，降低资质等级或者吊销资质证书，造成损失的，依法承担赔偿责任。

第七十四条 建设单位、设计单位、施工单位、工程监理单位违反国家规定，降低工程质量标准，造成重大安全事故，构成犯罪的，对直接责任人员依法追究刑事责任。

附：刑法有关条款：

第一百三十七条 建设单位、设计单位、施工单位、工程监理单位违反国家规定，降低工程质量标准，造成重大安全事故的，对直接责任人员处五年以下有期徒刑或者拘役，并处罚金；后果特别严重的，处五年以上十年以下有期徒刑，并处罚金。

《标准化法实施条例》

【**实施日期**】 1990 年 4 月 6 日国务院常务会议通过，第 53 号国务院令，1990 年 4 月 6 日发布自发布之日起施行。

【**相关条款**】 **第一条** 根据《中华人民共和国标准化法》（以下简称《标准化法》）的规定，制定本条例。

第二条 对下列需要统一的技术要求，应当制定标准：

（一）工业产品的品种、规格、质量、等级或者安全、卫生要求；

（二）工业产品的设计、生产、试验、检验、包装、储存、运输、使用的方法或者生产、储存、运输过程中的安全、卫生要求；

（三）有关环境保护的各项技术要求和检验方法；

（四）建设工程的勘察、设计、施工、验收的技术要求和方法；

（五）有关工业生产、工程建设和环境保护的技术术语、符号、代号、制图方法、互换配合要求；

（六）农业（含林业、牧业、渔业、下同）产品（含种子、种苗、种畜、种禽、下同）的品种、规格、质量、等级、检验、包装、储存、运输以及生产技术、管理技术的要求；

（七）信息、能源、资源、交通运输的技术要求。

第三条 国家有计划地发展标准化事业。标准化工作应当纳入各级国民经济和社会发展计划。

第四条 国家鼓励采用国际标准和国外先进标准，积极参与制定国际标准。

第五条 标准化工作的任务是制定标准、组织实施标准和对标准的实施进行监督。

第六条 国务院标准化行政主管部门统一管理全国标准化工作，履行下列职责：

（一）组织贯彻国家有关标准化工作的法律、法规、方针、政策；

（二）组织制定全国标准化工作规划、计划；

（三）组织制定国家标准；

（四）指导国务院有关行政主管部门和省、自治区、直辖市人民政府标准化行政主管部门的标准化工作，协调和处理有关标准化工作问题；

（五）组织实施标准；

（六）对标准的实施情况进行监督检查；

（七）统一管理全国的产品质量认证工作；

（八）统一负责对有关国际标准化组织业务联系。

第七条 国务院有关行政主管部门分工管理本部门、本行业的标准化工作，履行下列职责：

（一）贯彻国家标准化工作的法律、法规、方针、政策，并制定在本部门、本行业实施的具体办法；

（二）制定本部门、本行业的标准化工作规划、计划；

（三）承担国家下达的草拟国家标准的任务，组织制定行业标准；

（四）指导省、自治区、直辖市有关行政主管部门的标准化工作；

（五）组织本部门、本行业实施标准；

（六）对标准实施情况进行监督检查；

（七）经国务院标准化行政主管部门授权，分工管理本行业的产品质量认证工作。

第八条　省、自治区、直辖市人民政府标准化行政主管部门统一管理本行政区域的标准化工作，履行下列职责：

（一）贯彻国家标准化工作的法律、法规、方针、政策，并制定在本行政区域实施的具体办法；

（二）制定地方标准化工作规划、计划；

（三）组织制定地方标准；

（四）指导本行政区域有关行政主管部门的标准化工作，协调和处理有关标准化工作问题；

（五）在本行政区域组织实施标准；

（六）对标准实施情况进行监督检查。

第九条　省、自治区、直辖市有关行政主管部门分工管理本行政区域内本部门、本行业的标准化工作，履行下列职责：

（一）贯彻国家和本部门、本行业、本行政区域标准化工作的法律、法规、方针、政策，并制定实施的具体办法；

（二）制定本行政区域内本部门、本行业的标准化工作规划、计划；

（三）承担省、自治区、直辖市人民政府下达的草拟地方标准的任务；

（四）在本行政区域内组织本部门、本行业实施标准；

（五）对标准实施情况进行监督检查。

第十条　市、县标准化行政主管部门和有关行政主管部门的职责分工，由省、自治区、直辖市人民政府规定。

第十一条　对需要在全国范围内统一的下列技术要求，应当制定国家标准（含标准样品的制作）：

（一）互换配合、通用技术语言要求；

（二）保障人体健康和人身、财产安全的技术要求；

（三）基本原料、燃料、材料的技术要求；

（四）通用基础件的技术要求；

（五）通用的试验、检验方法；

（六）通用的管理技术要求；

（七）工程建设的重要技术要求；

（八）国家需要控制的其他重要产品的技术要求。

第十二条　国家标准由国务院标准化行政主管部门编制计划，组织草拟，统一审批、编号、发布。

工程建设、药品、食品卫生、兽药、环境保护的国家标准，分别由国务院工程建设主管部门、卫生主管部门、农业主管部门、环境保护主管部门组织草拟、审批；其编号、发布办法由国务院标准化行政主管部门会同国务院有关行政主管部门制定。

法律对国家标准的制定另有规定的，依照法律的规定执行。

第十三条　对没有国家标准而又需要在全国某个行业范围内统一的技术要求，可以制定行业标准（含标准样品的制作）。制定行业标准的项目由国务院有关行政主管部门确定。

第十四条　行业标准由国务院有关行政主管部门编制计划，组织草拟，统一审批、编号、发布，并报国务院标准化行政主管部门备案。

行业标准在相应的国家标准后，自行废止。

第十五条　对没有国家标准和行业标准而又需要在省、自治区、直辖市范围内统一的工业产品的安全、卫生要求，可以制定地方标准。制定地方标准的项目，由省、自治区、直辖市人民政府标准化行政主管部门确定。

第十六条　地方标准由省、自治区、直辖市人民政府标准化行政主管部门编制计划，组织草拟，统一审批、编号、发布、并报国务院标准化行政主管部门和国务院有关行政主管部门备案。

法律对地方标准的制定另有规定的，依照法律的规定执行。

地方标准在相应的国家标准或行业标准实施后，自行废止。

第十七条　企业生产的产品没有国家标准、行业标准和地方标准的，应当制定相应的企业标准，作为组织生产的依据。企业标准由企业组织制定（农业企业标准制定办法另定），并按省、自治区、直辖市人民政府的规定备案。

对已有国家标准、行业标准或者地方标准的，鼓励企业制定严于国家标准、行业标准或者地方标准要求的企业标准，在企业内部适用。

第十八条　国家标准、行业标准分为强制性标准和推荐性标准。

下列标准属于强制性标准：

（一）药品标准，食品卫生标准，兽药标准；

（二）产品及产品生产、储运和使用中的安全、卫生标准，劳动安全、卫生标准，运输安全标准；

（三）工程建设的质量、安全、卫生标准及国家需要控制的其他工程建设标准；

（四）环境保护的污染物排放标准和环境质量标准；

（五）重要的通用技术术语、符号、代号和制图方法；

（六）通用的试验、检验方法标准；

（七）互换配合标准；

（八）国家需要控制的重要产品质量标准。

国家需要控制的重要产品目录由国务院标准化行政主管部门会同国务院有关行政主管部门确定。

强制性标准以外的标准是推荐性标准。

省、自治区、直辖市人民政府标准化行政主管部门制定的工业产品的安全、卫生要求的地方标准，在本行政区域内是强制性标准。

第十九条　制定标准应当发挥行业协会、科学技术研究机构和学术团体的作用。

制定国家标准、行业标准和地方标准的部门应当组织由用户、生产单位、行业协会、科学技术研究机构、学术团体及有关部门的专家组成标准化技术委员会，负责标准草拟和参加标准草案的技术审查工作。未组成标准化技术委员会的，可以由标准化技术归口单位负责标准草拟和参加标准草案的技术审查工作。

制定企业标准应当充分听取使用单位、科学技术研究机构的意见。

第二十条 标准实施后，制定标准的部门应当根据科学技术的发展和经济建设的需要适时进行复审。标准复审周期一般不超过 5 年。

第二十一条 国家标准、行业标准和地方标准的代号、编号办法，由国务院标准化行政主管部门统一规定。

企业标准的代号、编号办法，由国务院标准化行政主管部门会同国务院有关行政主管部门规定。

第二十二条 标准的出版、发行办法，由制定标准的部门规定。

第二十三条 从事科研、生产、经营的单位和个人，必须严格执行强制性标准。不符合强制性标准的产品，禁止生产、销售和进口。

第二十四条 企业生产执行国家标准、行业标准、地方标准或企业标准，应当在产品或其说明书、包装物上标注所执行标准的代号、编号、名称。

第二十五条 出口产品的技术要求由合同对方约定。

出口产品在国内销售时，属于我国强制性标准管理范围的，必须符合强制性标准的要求。

第二十六条 企业研制新产品、改进产品、进行技术改造，应当符合标准化要求。

第二十七条 国务院标准化行政主管部门组织或授权国务院有关行政主管部门建立行业认证机构，进行产品质量认证工作。

第二十八条 国务院标准化行政主管部门统一负责全国标准实施的监督。国务院有关行政主管部门分工负责本部门、本行业的标准实施的监督。

省、自治区、直辖市标准化行政主管部门统一负责本行政区域内的标准实施的监督。省、自治区、直辖市人民政府有关行政主管部门分工负责本行政区域内本部门、本行业的标准实施的监督。

市、县标准化行政主管部门和有关行政主管部门，按照省、自治区、直辖市人民政府规定的各自的职责，负责本行政区域内的标准实施的监督。

第二十九条 县级以上人民政府标准化行政主管部门，可以根据需要设置检验机构，或者授权其他单位的检验机构，对产品是否符合标准进行检验和承担其他标准实施的监督检验任务。检验机构的设置应当合理布局，充分利用现有力量。

国家检验机构由国务院标准化行政主管部门会同国务院有关行政主管部门规划、审查。地方检验机构由省、自治区、直辖市人民政府标准化行政主管部门会同省级有关行政主管部门规划、审查。

处理有关产品是否符合标准的争议，以本条规定的检验机构的检验数据为准。

第三十条 国务院有关行政主管部门可以根据需要和国家有关规定设立检验机构，负责本行业、本部门的检验工作。

第三十一条 国家机关、社会团体、企业事业单位及全体公民均有权检举、揭发违反强制性标准的行为。

第三十二条 违反《标准化法》和本条例有关规定，有下列情形之一的，由标准化行政主管部门或有关行政主管部门在各自职权范围内责令限期改进，并可通报批评或给予责任者行政处分：

（一）企业未按规定制定标准作为组织生产依据的；

（二）企业未按规定要求将产品标准上报备案的；

（三）企业的产品未按规定附有标识或与其标识不符的；

（四）企业研制新产品、改进产品、进行技术改造，不符合标准化要求的；

（五）科研、设计、生产中违反有关强制性标准规定的。

第三十三条 生产不符合强制性标准的产品的，应当责令其停止生产，并没收产品，监督销毁或作必要技术处理；处以该批产品货值金额 20％～50％的罚款；对有关责任者处以 5000 元以下的罚款。

销售不符合强制性标准的商品的，应当责令其停止销售，并限期追回已售出的商品，监督销售或作必要技术处理；没收违法所得；处以该批商品货值金额 10％～20％的罚款；对有关责任者处以 5000 元以下的罚款。

进口不符合强制性标准的产品的，应当封存并没收该产品，监督销售或作必要技术处理；处以进口产品货值金额 20％～50％的罚款；对有关责任者给予行政处分，并可处以 5000 元以下罚款。

本条规定的责令停止生产、行政处分，由有关行政主管部门决定；其他行政处罚由标准化行政主管部门和工商行政管理部门依据职权决定。

第三十四条 生产、销售、进口不符合强制性标准的产品，造成严重后果，构成犯罪的，由司法机关依法追究直接责任人员的刑事责任。

第三十五条 获得认证证书的产品不符合认证标准而使用认证标志出厂销售的，由标准化行政主管部门责令其停止销售，并处以违法所得 2 倍以下的罚款；情节严重的，由认证部门撤销其认证证书。

第三十六条 产品未经认证或者认证不合格而擅自使用认证标志出厂销售的，由标准化行政主管部门责令其停止销售，并处以违法所得 3 倍以下的罚款，并对单位负责人处以 5000 元以下罚款。

第三十七条 当事人对没收产品、没收违法所得和罚款的处罚不服的，可以在接到处罚通知之日起 15 日内，向作出处罚决定的机关的上一级机关申请复议；对复议决定不服的，可以在接到复议决定之日起 15 日内，向人民法院起诉。当事人也可以在接到处罚通知之日起 15 日内，直接向人民法院起诉。当事人逾期不申请复议或者不向人民法院起诉又不履行处罚决定的，由作出处罚决定的机关申请人民法院强制执行。

第三十八条 本条例第三十二条至第三十六条规定的处罚不免除由此产生的对他人的损害赔偿责任。受到损害的有权要求责任人赔偿损失。赔偿责任和赔偿金额纠纷可以由有关行政主管部门处理，当事人也可以直接向人民法院起诉。

第三十九条 标准化工作的监督、检验、管理人员有下列行为之一的，由有关主管部门给予行政处分，构成犯罪的，由司法机关依法追究刑事责任：

（一）违反本条例规定的，工作失误，造成损失的；

（二）伪造、篡改检验数据的；

（三）徇私舞弊、滥用职权、索贿受贿的。

第四十条 罚没收入全部上缴财政。对单位的罚款，一律从其自有资金中支付，不得列入成本。对责任人的罚款，不得从公款中核销。

第四十一条 军用标准化管理条例，由国务院、中央军委另行制定。

第四十二条 工程建设标准化管理规定，由国务院工程建设主管部门依据《标准化法》和本条例的有关规定另行制定，报国务院批准后实施。

第四十三条 本条例由国家技术监督局负责解释。

三、部门规章

■《民用建筑节能管理规定》
■《实施工程建设强制性标准监督规定》
■《建设领域推广应用新技术管理规定》

《民用建筑节能管理规定》

【实施日期】 2005 年 10 月 28 日经第 76 次部常务会议讨论通过，第 143 号建设部令 2005 年 11 月 10 日发布，自 2006 年 1 月 1 日起施行。

【适用范围】 **第二条** 本规定所称民用建筑，是指居住建筑和公共建筑。

本规定所称民用建筑节能，是指民用建筑在规划、设计、建造和使用过程中，通过采用新型墙体材料，执行建筑节能标准，加强建筑物用能设备的运行管理，合理设计建筑围护结构的热工性能，提高采暖、制冷、照明、通风、给排水和通道系统的运行效率，以及利用可再生能源，在保证建筑物使用功能和室内热环境质量的前提下，降低建筑能源消耗，合理、有效地利用能源的活动。

【相关条款】 **第五条** 编制城乡规划应当充分考虑能源、资源的综合利用和节约，对城镇布局、功能区设置、建筑特征，基础设施配置的影响进行研究论证。

第六条 国务院建设行政主管部门根据建筑节能发展状况和技术先进、经济合理的原则，组织制定建筑节能相关标准，建立和完善建筑节能标准体系；省、自治区、直辖市人民政府建设行政主管部门应当严格执行国家民用建筑节能有关规定，可以制定严于国家民用建筑节能标准的地方标准或者实施细则。

第七条 鼓励民用建筑节能的科学研究和技术开发，推广应用节能型的建筑、结构、材料、用能设备和附属设施及相应的施工工艺、应用技术和管理技术，促进可再生能源的开发利用。

第八条 鼓励发展下列建筑节能技术和产品：

（一）新型节能墙体和屋面的保温、隔热技术与材料；

（二）节能门窗的保温隔热和密闭技术；

（三）集中供热和热、电、冷联产联供技术；

（四）供热采暖系统温度调控和分户热量计量技术与装置；

（五）太阳能、地热等可再生能源应用技术及设备；

（六）建筑照明节能技术与产品；

（七）空调制冷节能技术与产品；

（八）其他技术成熟、效果显著的节能技术和节能管理技术。

鼓励推广应用和淘汰的建筑节能部品及技术的目录，由国务院建设行政主管部门制定；省、自治区、直辖市建设行政主管部门可以结合该目录，制定适合本区域的鼓励推广应用和淘汰的建筑节能部品及技术的目录。

第十条 建筑工程施工过程中，县级以上地方人民政府建设行政主管部门应当加强对建筑物的围护结构（含墙体、屋面、门窗、玻璃幕墙等）、供热采暖和制冷系统、照明和通风等电器设备是否符合节能要求的监督检查。

第十一条 新建民用建筑应当严格执行建筑节能标准要求，民用建筑工程扩建和改建时，应当对原建筑进行节能改造。

既有建筑节能改造应当考虑建筑物的寿命周期，对改造的必要性、可行性以及投入收益比进行科学论证。节能改造要符合建筑节能标准要求，确保结构安全，优化建筑物使用功能。

寒冷地区和严寒地区既有建筑节能改造应当与供热系统节能改造同步进行。

第十二条 采用集中采暖制冷方式的新建民用建筑应当安设建筑物室内温度控制和用能计量设施，逐步实行基本冷热价和计量冷热价共同构成的两部制用能价格制度。

第十三条 供热单位、公共建筑所有权人或者其委托的物业管理单位应当制定相应的节能建筑运行管理制度，明确节能建筑运行状态各项性能指标、节能工作诸环节的岗位目标责任等事项。

第十四条 公共建筑的所有权人或者委托的物业管理单位应当建立用能档案，在供热或者制冷间歇期委托相关检测机构对用能设备和系统的性能进行综合检测评价，定期进行维护、维修、保养及更新置换，保证设备和系统的正常运行。

第十五条 供热单位、房屋产权单位或者其委托的物业管理等有关单位，应当记录并按有关规定上报能源消耗资料。

鼓励新建民用建筑和既有建筑实施建筑能效测评。

第十六条 从事建筑节能及相关管理活动的单位，应当对其从业人员进行建筑节能标准与技术等专业知识的培训。

建筑节能标准和节能技术应当作为注册城市规划师、注册建筑师、勘察设计注册工程师、注册监理工程师、注册建造师等继续教育的必修内容。

第十七条 建设单位应当按照建筑节能政策要求和建筑节能标准委托工程项目的设计。

建设单位不得以任何理由要求设计单位、施工单位擅自修改经审查合格的节能设计文件，降低建筑节能标准。

第十八条 房地产开发企业应当将所售商品住房的节能措施、围护结构保温隔热性能指标等基本信息在销售现场显著位置予以公示，并在《住宅使用说明书》中予以载明。

第十九条 设计单位应当依据建筑节能标准的要求进行设计，保证建筑节能设计质量。

施工图设计文件审查机构在进行审查时，应当审查节能设计的内容，在审查报告中单列节能审查章节；不符合建筑节能强制性标准的，施工图设计文件审查结论应当定为不合格。

第二十条 施工单位应当按照审查合格的设计文件和建筑节能施工标准的要求进行施

工，保证工程施工质量。

第二十一条　监理单位应当依照法律、法规以及建筑节能标准、节能设计文件、建设工程承包合同及监理合同对节能工程建设实施监理。

第二十四条　建设单位在竣工验收过程中，有违反建筑节能强制性标准行为的，按照《建设工程质量管理条例》的有关规定，重新组织竣工验收。

第二十五条　建设单位未按照建筑节能强制性标准委托设计，擅自修改节能设计文件，明示或暗示设计单位、施工单位违反建筑节能设计强制性标准，降低工程建设质量的，处 20 万元以上 50 万元以下的罚款。

第二十六条　设计单位未按照建筑节能强制性标准进行设计的，应当修改设计。未进行修改的，给予警告，处 10 万元以上 30 万元以下罚款；造成损失的，依法承担赔偿责任；两年内，累计三项工程未按照建筑节能强制性标准设计的，责令停业整顿，降低资质等级或者吊销资质证书。

第二十七条　对未按照节能设计进行施工的施工单位，责令改正；整改所发生的工程费用，由施工单位负责；可以给予警告，情节严重的，处工程合同价款 2％以上 4％以下的罚款；两年内，累计三项工程未按照符合节能标准要求的设计进行施工的，责令停业整顿，降低资质等级或者吊销资质证书。

《实施工程建设强制性标准监督规定》

【实施日期】 2000 年 8 月 21 日经第 27 次部常务会议通过，第 81 号建设部令，2000 年 8 月 25 日发布，自发布之日起施行。

【相关条款】 **第一条** 为加强工程建设强制性标准实施的监督工作，保证建设工程质量，保障人民的生命、财产安全，维护社会公共利益，根据《中华人民共和国标准化法》、《中华人民共和国标准化法实施条例》和《建设工程质量管理条例》，制定本规定。

第二条 在中华人民共和国境内从事新建、扩建、改建等工程建设活动，必须执行工程建设强制性标准。

第三条 本规定所称工程建设强制性标准是指直接涉及工程质量、安全、卫生及环境保护等方面的工程建设标准强制性条文。

国家工程建设标准强制性条文由国务院建设行政主管部门会同国务院有关行政主管部门确定。

第四条 国务院建设行政主管部门负责全国实施工程建设强制性标准的监督管理工作。

国务院有关行政主管部门按照国务院的职能分工负责实施工程建设强制性标准的监督管理工作。

县级以上地方人民政府建设行政主管部门负责本行政区域内实施工程建设强制性标准的监督管理工作。

第五条 工程建设中拟采用的新技术、新工艺、新材料，不符合现行强制性标准规定的，应当由拟采用单位提请建设单位组织专题技术论证，报批准标准的建设行政主管部门或者国务院有关主管部门审定。

工程建设中采用国际标准或者国外标准，现行强制性标准未作规定的，建设单位应当向国务院建设行政主管部门或者国务院有关行政主管部门备案。

第六条 建设项目规划审查机构应当对工程建设规划阶段执行强制性标准的情况实施监督。

施工图设计文件审查单位应当对工程建设勘察、设计阶段执行强制性标准的情况实施监督。

建筑安全监督管理机构应当对工程建设施工阶段执行施工安全强制性标准的情况实施监督。

工程质量监督机构应当对工程建设施工、监理、验收等阶段执行强制性标准的情况实施监督。

第七条 建设项目规划审查机关、施工图设计文件审查单位、建筑安全监督管理机构、工程质量监督机构的技术人员必须熟悉、掌握工程建设强制性标准。

第八条 工程建设标准批准部门应当定期对建设项目规划审查机关、施工图设计文件审查单位、建筑安全监督管理机构、工程质量监督机构实施强制性标准的监督进行检查，对监督不力的单位和个人，给予通报批评，建议有关部门处理。

第九条　工程建设标准批准部门应当对工程项目执行强制性标准情况进行监督检查。监督检查可以采取重点检查、抽查和专项检查的方式。

第十条　强制性标准监督检查的内容包括：

（一）有关工程技术人员是否熟悉、掌握强制性标准；

（二）工程项目的规划、勘察、设计、施工、验收等是否符合强制性标准的规定；

（三）工程项目采用的材料、设备是否符合强制性标准的规定；

（四）工程项目的安全、质量是否符合强制性标准的规定；

（五）工程中采用的导则、指南、手册、计算机软件的内容是否符合强制性标准的规定。

第十一条　工程建设标准批准部门应当将强制性标准监督检查结果在一定范围内公告。

第十二条　工程建设强制性标准的解释由工程建设标准批准部门负责。

有关标准具体技术内容的解释，工程建设标准批准部门可以委托该标准的编制管理单位负责。

第十三条　工程技术人员应当参加有关工程建设强制性标准的培训，并可以计入继续教育学时。

第十四条　建设行政主管部门或者有关行政主管部门在处理重大工程事故时，应当有工程建设标准方面的专家参加；工程事故报告应当包括是否符合工程建设强制性标准的意见。

第十五条　任何单位和个人对违反工程建设强制性标准的行为有权向建设行政主管部门或者有关部门检举、控告、投诉。

第十六条　建设单位有下列行为之一的，责令改正，并处以 20 万元以上 50 万元以下的罚款：

（一）明示或者暗示施工单位使用不合格的建筑材料、建筑构配件和设备的；

（二）明示或者暗示设计单位或者施工单位违反工程建设强制性标准，降低工程质量的。

第十七条　勘察、设计单位违反工程建设强制性标准进行勘察、设计的，责令改正，并处以 10 万元以上 30 万元以下的罚款。

有前款行为，造成工程质量事故的，责令停业整顿，降低资质等级；情节严重的，吊销资质证书；造成损失的，依法承担赔偿责任。

第十八条　施工单位违反工程建设强制性标准的，责令改正，处工程合同价款 2% 以上 4% 以下的罚款；造成建设工程质量不符合规定的质量标准的，负责返工、修理，并赔偿因此造成的损失；情节严重的，责令停业整顿，降低资质等级或者吊销资质证书。

第十九条　工程监理单位违反强制性标准规定，将不合格的建设工程以及建筑材料、建筑构配件和设备按照合格签字的，责令改正，处 50 万元以上 100 万元以下的罚款，降低资质等级或者吊销资质证书；有违法所得的，予以没收；造成损失的，承担连带赔偿责任。

第二十条　违反工程建设强制性标准造成工程质量、安全隐患或者工程事故的，按照《建设工程质量管理条例》有关规定，对事故责任单位和责任人进行处罚。

第二十一条　有关责令停业整顿、降低资质等级和吊销资质证书的行政处罚，由颁发资质证书的机关决定；其他行政处罚，由建设行政主管部门或者有关部门依照法定职权决定。

第二十二条　建设行政主管部门和有关行政主管部门工作人员，玩忽职守、滥用职权、徇私舞弊的，给予行政处分；构成犯罪的，依法追究刑事责任。

第二十三条　本规定由国务院建设行政主管部门负责解释。

第二十四条　本规定自发布之日起施行。

《建设领域推广应用新技术管理规定》

【实施日期】 2001 年 11 月 2 日建设部第 50 次常务会议审议通过，第 109 号建设部令，2001 年 11 月 2 日发布，自发布之日起施行。

【适用范围】 **第二条** 在建设领域推广应用新技术和限制、禁止使用落后技术的活动，适用本规定。

第三条 本规定所称的新技术，是指经过鉴定、评估的先进、成熟、适用的技术、材料、工艺、产品。

本规定所称限制、禁止使用的落后技术，是指已无法满足工程建设、城市建设、村镇建设等领域的使用要求，阻碍技术进步与行业发展，且已有替代技术，需要对其应用范围加以限制或者禁止使用的技术、材料、工艺和产品。

【相关条款】 **第四条** 推广应用新技术和限制、禁止使用落后技术应当遵循有利于可持续发展、有利于行业科技进步和科技成果产业化、有利于产业技术升级以及有利于提高经济效益、社会效益和环境效益的原则。

推广应用新技术应当遵循自愿、互利、公平、诚实信用原则，依法或者依照合同的约定，享受利益，承担风险。

第五条 国务院建设行政主管部门负责管理全国建设领域推广应用新技术和限制、禁止使用落后技术工作。

县级以上地方人民政府建设行政主管部门负责管理本行政区域内建设领域推广应用新技术和限制、禁止使用落后技术工作。

第六条 推广应用新技术和限制、禁止使用落后技术的发布采取以下方式：

（一）《建设部重点实施技术》（以下简称《重点实施技术》）。由国务院建设行政主管部门根据产业优化升级的要求，选择技术成熟可靠，使用范围广，对建设行业技术进步有显著促进作用，需重点组织技术推广的技术领域，定期发布。

《重点实施技术》主要发布需重点组织技术推广的技术领域名称。

（二）《推广应用新技术和限制、禁止使用落后技术公告》（以下简称《技术公告》）。根据《重点实施技术》确定的技术领域和行业发展的需要，由国务院建设行政主管部门和省、自治区、直辖市人民政府建设行政主管部门分别组织编制，定期发布。

《技术公告》主要发布推广应用和限制、禁止使用的技术类别、主要技术指标和适用范围。

限制和禁止使用落后技术的内容，涉及国家发布的工程建设强制性标准的，应由国务院建设行政主管部门发布。

（三）《科技成果推广项目》（以下简称《推广项目》）。根据《技术公告》推广应用新技术的要求，由国务院建设行政主管部门和省、自治区、直辖市人民政府建设行政主管部门分别组织专家评选具有良好推广应用前景的科技成果，定期发布。

《推广项目》主要发布科技成果名称、适用范围和技术依托单位。其中，产品类科技成果发布其生产技术或者应用技术。

第八条 发布《技术公告》的建设行政主管部门，对于限制或者禁止使用的落后技术，应当及时修订有关的标准、定额，组织修编相应的标准图和相关计算机软件等，对该类技术及相关工作实施规范化管理。

第九条 国务院建设行政主管部门和省、自治区、直辖市人民政府建设行政主管部门应当制定推广应用新技术的政策措施和规划，组织重点实施技术示范工程，制定相应的标准规范，建立新技术产业化基地，培育建设技术市场，促进新技术的推广应用。

第十条 国家鼓励使用《推广项目》中的新技术，保护和支持各种合法形式的新技术推广应用活动。

第十三条 城市规划、公用事业、工程勘察、工程设计、建筑施工、工程监理和房地产开发等单位，应当积极采用和支持应用发布的新技术，其应用新技术的业绩应当作为衡量企业技术进步的重要内容。

四、"十一五"规划

■《国民经济和社会发展第十一个五年规划纲要》
■《国家中长期科学和技术发展规划纲要(2006～2020年)》

《国民经济和社会发展第十一个五年规划纲要》

【发布】 2006年3月14日，全国人大十届四次会议审议通过
【相关内容】

第六篇　建设资源节约型、环境友好型社会

落实节约资源和保护环境基本国策，建设低投入、高产出，低消耗、少排放，能循环、可持续的国民经济体系和资源节约型、环境友好型社会。

第二十二章　发展循环经济

坚持开发节约并重、节约优先，按照减量化、再利用、资源化的原则，在资源开采、生产消耗、废物产生、消费等环节，逐步建立全社会的资源循环利用体系。

第一节　节　约　能　源

强化能源节约和高效利用的政策导向，加大节能力度。通过优化产业结构特别是降低高耗能产业比重，实现结构节能；通过开发推广节能技术，实现技术节能；通过加强能源生产、运输、消费各环节的制度建设和监管，实现管理节能。突出抓好钢铁、有色、煤炭、电力、化工、建材等行业和耗能大户的节能工作。加大汽车燃油经济性标准实施力度，加快淘汰老旧运输设备。制定替代液体燃料标准，积极发展石油替代产品。鼓励生产使用高效节能产品。

专栏10　节 能 重 点 工 程

低效燃煤工业祸炉（窑炉）改造➤采用循环流化床、粉煤燃烧等技术改造或替代现有中小燃煤锅炉（窑炉）。

区域热电联产➤发展采用热电联产和热电冷联产，将分散式供热小锅炉改造为集中供热。

余热余压利用➤在钢铁、建材等行业开展余热余压利用。

节约和替代石油➤在电力、交通运输等行业实施节油措施，发展煤炭液化、醇醚类燃料等石油替代产品。

电机系统节能➤在煤炭等行业进行电动机拖动风机、水泵系统优化改造。

能量系统优化➤在石化、钢铁等行业实施系统能量优化，使企业综合能耗达到或接近世界先进水平。

建筑节能➤严格执行建筑节能设计标准，推动既有建筑节能改造，推广新型墙体材料和节能产品等。

绿色照明➤在公用设施、宾馆、商厦、写字楼以及住宅中推广高效节电照明系统等。

政府机构节能➤政府机构建筑按照建筑节能标准进行改造，在政府机构推广使用节能产品等。

节能监测和技术服务体系建设➤更新监测设备，加强人员培训等。

第二节 节约用水

发展农业节水，推进雨水集蓄，建设节水灌溉饲草基地，提高水的利用效率，基本实现灌溉用水总量零增长。重点推进火电、冶金等高耗水行业节水技术改造。抓好城市节水工作，强制推广使用节水设备和器具，扩大再生水利用。加强公共建筑和住宅节水设施建设。积极开展海水淡化、海水直接利用和矿井水利用。

第三节 节约土地

落实保护耕地基本国策。管住总量、严控增量、盘活存量，控制农用地转为建设用地的规模。建立健全用地定额标准，推行多层标准厂房。开展农村土地整理，调整居民点布局，控制农村居民点占地，推进废弃土地复垦。控制城市大广场建设，发展节能省地型公共建筑和住宅。到2010年实现所有城市禁用实心黏土砖。

第四节 节约材料

推行产品生态设计，推广节约材料的技术工艺，鼓励采用小型、轻型和再生材料。提高建筑物质量，延长使用寿命，提倡简约实用的建筑装修。推进木材、金属材料、水泥等的节约代用。禁止过度包装。规范并减少一次性用品生产和使用。

第五节 加强资源综合利用

抓好煤炭、黑色和有色金属共伴生矿产资源综合利用。推进粉煤灰、煤矸石、冶金和化工废渣及尾矿等工业废物利用。推进秸秆、农膜、禽畜粪便等循环利用。建立生产者责任延伸制度，推进废纸、废旧金属、废旧轮胎和废弃电子产品等回收利用。加强生活垃圾和污泥资源化利用。

推动钢铁、有色、煤炭、电力、化工、建材、制糖等行业实施循环经济改造，形成一批循环经济示范企业。在重点行业、领域、产业园区和城市开展循环经济试点。发展黄河三角洲、三峡库区等高效生态经济。

专栏11 循环经济示范试点工程

　　重点行业➢建设济钢、宝钢、鞍本钢、攀钢、中铝、金川公司、江西铜业、鲁北化工等一批循环经济示范企业。

　　产业园区➢建设资源循环利用产业链及园区集中供热和废物处理中心，建设河北曹妃甸、青海柴达木等若干循环经济产业示范区。

　　再生资源回收利用➢建设湖南汨罗等再生资源回收利用市场和加工示范基地。

　　再生金属利用➢建设若干30万吨以上的再生铜、再生铝、再生铅示范企业。

　　废旧家电回收处理➢建设若干废旧家电回收利用示范基地。

　　再制造➢建设若干汽车发动机、变速箱、电机和轮胎翻新等再制造示范企业。

第六节　强化促进节约的政策措施

　　加快循环经济立法。实行单位能耗目标责任和考核制度。完善重点行业能耗和水耗准入标准、主要用能产品和建筑物能效标准、重点行业节能设计规范和取水定额标准。严格执行设计、施工、生产等技术标准和材料消耗核算制度。实行强制淘汰高耗能高耗水落后工艺、技术和设备的制度。推行强制性能效标识制度和节能产品认证制度。加强电力需求侧管理、政府节能采购、合同能源管理。实行有利于资源节约、综合利用和石油替代产品开发的财税、价格、投资政策。增强全社会的资源忧患意识和节约意识。

《国家中长期科学和技术发展规划纲要
（2006～2020 年）》

【发布】 2006 年 2 月 9 日国务院发布
【相关内容】
三、重点领域及其优先主题

我国科学和技术的发展，要在统筹安排、整体推进的基础上，对重点领域及其优先主题进行规划和布局，为解决经济社会发展中的紧迫问题提供全面有力支撑。

重点领域，是指在国民经济、社会发展和国防安全中重点发展、亟待科技提供支撑的产业和行业。优先主题，是指在重点领域中急需发展、任务明确、技术基础较好、近期能够突破的技术群。确定优先主题的原则：一是有利于突破瓶颈制约，提高经济持续发展能力。二是有利于掌握关键技术和共性技术，提高产业的核心竞争力。三是有利于解决重大公益性科技问题，提高公共服务能力。四是有利于发展军民两用技术，提高国家安全保障能力。

9. 城镇化与城市发展

我国已进入快速城镇化时期。实现城镇化和城市协调发展，对科技提出迫切需求。

发展思路：（1）以城镇区域科学规划为重点，促进城乡合理布局和科学发展。发展现代城镇区域规划关键技术及动态监控技术，实现城镇发展规划与区域经济规划的有机结合、与区域资源环境承载能力的相互协调。（2）以节能和节水为先导，发展资源节约型城市。突破城市综合节能和新能源合理开发利用技术，开发资源节约型、高耐久性绿色建材，提高城市资源和能源利用效率。（3）加强信息技术应用，提高城市综合管理水平。开发城市数字一体化管理技术，建立城市高效、多功能、一体化综合管理技术体系。（4）发展城市生态人居环境和绿色建筑。发展城市污水、垃圾等废弃物无害化处理和资源化利用技术，开发城市居住区和室内环境改善技术，显著提高城市人居环境质量。

优先主题：

（52）城镇区域规划与动态监测

重点研究开发各类区域城镇空间布局规划和系统设计技术，城镇区域基础设施和公共服务设施规划设计、一体化配置与共享技术，城镇区域规划与人口、资源、环境、经济发展互动模拟预测和动态监测等技术。

（53）城市功能提升与空间节约利用

重点研究开发城市综合交通、城市公交优先智能管理、市政基础设施、防灾减灾等综合功能提升技术，城市"热岛"效应形成机制与人工调控技术，土地勘测和资源节约利用技术，城市发展和空间形态变化模拟预测技术，城市地下空间开发利用技术等。

（54）建筑节能与绿色建筑

重点研究开发绿色建筑设计技术，建筑节能技术与设备，可再生能源装置与建筑一体化应用技术，精致建造和绿色建筑施工技术与装备，节能建材与绿色建材，建筑节能技术标准。

（55）城市生态居住环境质量保障

重点研究开发室内污染物监测与净化技术，发展城市环境生态调控技术，城市垃圾资源化利用技术，城市水循环利用技术与设备，城市与城镇群污染防控技术，居住区最小排放集成技术，生态居住区智能化管理技术。

（56）城市信息平台

重点研究开发城市网络化基础信息共享技术，城市基础数据获取与更新技术，城市多元数据整合与挖掘技术，城市多维建模与模拟技术，城市动态监测与应用关键技术，城市网络信息共享标准规范，城市应急和联动服务关键技术。

五、重要文件

■《国务院关于印发节能减排综合性工作方案的通知》
■《国务院关于加强节能工作的决定》
■《国务院关于做好建设节约型社会近期重点工作的通知》
■《国务院办公厅关于进一步推进墙体材料革新和推广节能建筑的通知》
■《国务院关于进一步加大工作力度确保实现"十一五"节能减排目标的通知》

《国务院关于印发节能减排综合性工作方案的通知》

【**实施日期**】 2007 年 5 月 23 日，国务院以国发［2007］15 号文印发。

【**主要目的**】 当前，实现节能减排目标面临的形势十分严峻。去年以来，全国上下加强了节能减排工作，国务院发布了加强节能工作的决定，制定了促进节能减排的一系列政策措施，各地区、各部门相继做出了工作部署，节能减排工作取得了积极进展。但是，去年全国没有实现年初确定的节能降耗和污染减排的目标，加大了"十一五"后四年节能减排工作的难度。更为严峻的是，今年一季度，工业特别是高耗能、高污染行业增长过快，占全国工业能耗和二氧化硫排放近 70％的电力、钢铁、有色、建材、石油加工、化工等六大行业增长 20.6％，同比加快 6.6 个百分点。与此同时，各方面工作仍存在认识不到位、责任不明确、措施不配套、政策不完善、投入不落实、协调不得力等问题。这种状况如不及时扭转，不仅今年节能减排工作难以取得明显进展，"十一五"节能减排的总体目标也将难以实现。

我国经济快速增长，各项建设取得巨大成就，但也付出了巨大的资源和环境代价，经济发展与资源环境的矛盾日趋尖锐，群众对环境污染问题反应强烈。这种状况与经济结构不合理、增长方式粗放直接相关。不加快调整经济结构、转变增长方式，资源支撑不住，环境容纳不下，社会承受不起，经济发展难以为继。只有坚持节约发展、清洁发展、安全发展，才能实现经济又好又快发展。同时，温室气体排放引起全球气候变暖，备受国际社会广泛关注。进一步加强节能减排工作，也是应对全球气候变化的迫切需要，是我们应该承担的责任。

各地区、各部门要充分认识节能减排的重要性和紧迫性，真正把思想和行动统一到中央关于节能减排的决策和部署上来。要把节能减排任务完成情况作为检验科学发展观是否落实的重要标准，作为检验经济发展是否"好"的重要标准，正确处理经济增长速度与节能减排的关系，真正把节能减排作为硬任务，使经济增长建立在节约能源资源和保护环境的基础上。要采取果断措施，集中力量，迎难而上，扎扎实实地开展工作，力争通过今明两年的努力，实现节能减排任务完成进度与"十一五"规划实施进度保持同步，为实现

"十一五"节能减排目标打下坚实基础。

【相关内容】

一、进一步明确实现节能减排的目标任务和总体要求

（一）主要目标。到 2010 年，万元国内生产总值能耗由 2005 年的 1.22 吨标准煤下降到 1 吨标准煤以下，降低 20%左右；单位工业增加值用水量降低 30%。"十一五"期间，主要污染物排放总量减少 10%，到 2010 年，二氧化硫排放量由 2005 年的 2549 万吨减少到 2295 万吨，化学需氧量（COD）由 1414 万吨减少到 1273 万吨；全国设市城市污水处理率不低于 70%，工业固体废物综合利用率达到 60%以上。

（二）总体要求。以邓小平理论和"三个代表"重要思想为指导，全面贯彻落实科学发展观，加快建设资源节约型、环境友好型社会，把节能减排作为调整经济结构、转变增长方式的突破口和重要抓手，作为宏观调控的重要目标，综合运用经济、法律和必要的行政手段，控制增量、调整存量，依靠科技、加大投入，健全法制、完善政策，落实责任、强化监管，加强宣传、提高意识，突出重点、强力推进，动员全社会力量，扎实做好节能降耗和污染减排工作，确保实现节能减排约束性指标，推动经济社会又好又快发展。

二、控制增量，调整和优化结构

（三）控制高耗能、高污染行业过快增长。严格控制新建高耗能、高污染项目。严把土地、信贷两个闸门，提高节能环保市场准入门槛。抓紧建立新开工项目管理的部门联动机制和项目审批问责制，严格执行项目开工建设"六项必要条件"（必须符合产业政策和市场准入标准、项目审批核准或备案程序、用地预审、环境影响评价审批、节能评估审查以及信贷、安全和城市规划等规定和要求）。实行新开工项目报告和公开制度。建立高耗能、高污染行业新上项目与地方节能减排指标完成进度挂钩、与淘汰落后产能相结合的机制。落实限制高耗能、高污染产品出口的各项政策。继续运用调整出口退税、加征出口关税、削减出口配额、将部分产品列入加工贸易禁止类目录等措施，控制高耗能、高污染产品出口。加大差别电价实施力度，提高高耗能、高污染产品差别电价标准。组织对高耗能、高污染行业节能减排工作专项检查，清理和纠正各地在电价、地价、税费等方面对高耗能、高污染行业的优惠政策。

（四）加快淘汰落后生产能力。加大淘汰电力、钢铁、建材、电解铝、铁合金、电石、焦炭、煤炭、平板玻璃等行业落后产能的力度。"十一五"期间实现节能 1.18 亿吨标准煤，减排二氧化硫 240 万吨；今年实现节能 3150 万吨标准煤，减排二氧化硫 40 万吨。加大造纸、酒精、味精、柠檬酸等行业落后生产能力淘汰力度，"十一五"期间实现减排化学需氧量（COD）138 万吨，今年实现减排 COD62 万吨（详见附表）。制订淘汰落后产能分地区、分年度的具体工作方案，并认真组织实施。对不按期淘汰的企业，地方各级人民政府要依法予以关停，有关部门依法吊销生产许可证和排污许可证并予以公布，电力供应企业依法停止供电。对没有完成淘汰落后产能任务的地区，严格控制国家安排投资的项目，实行项目"区域限批"。国务院有关部门每年向社会公告淘汰落后产能的企业名单和各地执行情况。建立落后产能退出机制，有条件的地方要安排资金支持淘汰落后产能，中央财政通过增加转移支付，对经济欠发达地区给予适当补助和奖励。

（六）积极推进能源结构调整。大力发展可再生能源，抓紧制订出台可再生能源中长期规划，推进风能、太阳能、地热能、水电、沼气、生物质能利用以及可再生能源与建筑一体化的科研、开发和建设，加强资源调查评价。稳步发展替代能源，制订发展替代能源中长期规划，组织实施生物燃料乙醇及车用乙醇汽油发展专项规划，启动非粮生物燃料乙醇试点项目。实施生物化工、生物质能固体成型燃料等一批具有突破性带动作用的示范项目。抓紧开展生物柴油基础性研究和前期准备工作。推进煤炭直接和间接液化、煤基醇醚和烯烃代油大型台套示范工程和技术储备。大力推进煤炭洗选加工等清洁高效利用。

三、加大投入，全面实施重点工程

（八）加快实施十大重点节能工程。着力抓好十大重点节能工程，"十一五"期间形成2.4亿吨标准煤的节能能力。今年形成5000万吨标准煤节能能力，重点是：实施钢铁、有色、石油石化、化工、建材等重点耗能行业余热余压利用、节约和替代石油、电机系统节能、能量系统优化，以及工业锅炉（窑炉）改造项目共745个；加快核准建设和改造采暖供热为主的热电联产和工业热电联产机组1630万千瓦；组织实施低能耗、绿色建筑示范项目30个，推动北方采暖区既有居住建筑供热计量及节能改造1.5亿平方米，开展大型公共建筑节能运行管理与改造示范，启动200个可再生能源在建筑中规模化应用示范推广项目；推广高效照明产品5000万支，中央国家机关率先更换节能灯。

四、创新模式，加快发展循环经济

（十二）深化循环经济试点。认真总结循环经济第一批试点经验，启动第二批试点，支持一批重点项目建设。深入推进浙江、青岛等地废旧家电回收处理试点。继续推进汽车零部件和机械设备再制造试点。推动重点矿山和矿业城市资源节约和循环利用。组织编制钢铁、有色、煤炭、电力、化工、建材、制糖等重点行业循环经济推进计划。加快制订循环经济评价指标体系。

（十三）实施水资源节约利用。加快实施重点行业节水改造及矿井水利用重点项目。"十一五"期间实现重点行业节水31亿立方米，新增海水淡化能力90万立方米/日，新增矿井水利用量26亿立方米；今年实现重点行业节水10亿立方米，新增海水淡化能力7万立方米/日，新增矿井水利用量5亿立方米。在城市强制推广使用节水器具。

（十四）推进资源综合利用。落实《"十一五"资源综合利用指导意见》，推进共伴生矿产资源综合开发利用和煤层气、煤矸石、大宗工业废弃物、秸秆等农业废弃物综合利用。"十一五"期间建设煤矸石综合利用电厂2000万千瓦，今年开工建设500万千瓦。推进再生资源回收体系建设试点。加强资源综合利用认定。推动新型墙体材料和利废建材产业化示范。修订发布新型墙体材料目录和专项基金管理办法。推进第二批城市禁止使用实心黏土砖，确保2008年底前256个城市完成"禁实"目标。

（十五）促进垃圾资源化利用。县级以上城市（含县城）要建立健全垃圾收集系统，全面推进城市生活垃圾分类体系建设，充分回收垃圾中的废旧资源，鼓励垃圾焚烧发电和供热、填埋气体发电，积极推进城乡垃圾无害化处理，实现垃圾减量化、资源化和无害化。

（十六）全面推进清洁生产。组织编制《工业清洁生产审核指南编制通则》，制订和发布重点行业清洁生产标准和评价指标体系。加大实施清洁生产审核力度。合理使用农药、肥料，减少农村面源污染。

五、依靠科技，加快技术开发和推广

（十七）加快节能减排技术研发。在国家重点基础研究发展计划、国家科技支撑计划和国家高技术发展计划等科技专项计划中，安排一批节能减排重大技术项目，攻克一批节能减排关键和共性技术。加快节能减排技术支撑平台建设，组建一批国家工程实验室和国家重点实验室。优化节能减排技术创新与转化的政策环境，加强资源环境高技术领域创新团队和研发基地建设，推动建立以企业为主体、产学研相结合的节能减排技术创新与成果转化体系。

（十八）加快节能减排技术产业化示范和推广。实施一批节能减排重点行业共性、关键技术及重大技术装备产业化示范项目和循环经济高技术产业化重大专项。落实节能、节水技术政策大纲，在钢铁、有色、煤炭、电力、石油石化、化工、建材、纺织、造纸、建筑等重点行业，推广一批潜力大、应用面广的重大节能减排技术。加强节电、节油农业机械和农产品加工设备及农业节水、节肥、节药技术推广。鼓励企业加大节能减排技术改造和技术创新投入，增强自主创新能力。

（十九）加快建立节能技术服务体系。制订出台《关于加快发展节能服务产业的指导意见》，促进节能服务产业发展。培育节能服务市场，加快推行合同能源管理，重点支持专业化节能服务公司为企业以及党政机关办公楼、公共设施和学校实施节能改造提供诊断、设计、融资、改造、运行管理一条龙服务。

（二十）推进环保产业健康发展。制订出台《加快环保产业发展的意见》，积极推进环境服务产业发展，研究提出推进污染治理市场化的政策措施，鼓励排污单位委托专业化公司承担污染治理或设施运营。

（二十一）加强国际交流合作。广泛开展节能减排国际科技合作，与有关国际组织和国家建立节能环保合作机制，积极引进国外先进节能环保技术和管理经验，不断拓宽节能环保国际合作的领域和范围。

六、强化责任，加强节能减排管理

（二十三）建立和完善节能减排指标体系、监测体系和考核体系。对全部耗能单位和污染源进行调查摸底。建立健全涵盖全社会的能源生产、流通、消费、区域间流入流出及利用效率的统计指标体系和调查体系，实施全国和地区单位GDP能耗指标季度核算制度。建立并完善年耗能万吨标准煤以上企业能耗统计数据网上直报系统。加强能源统计巡查，对能源统计数据进行监测。制订并实施主要污染物排放统计和监测办法，改进统计方法，完善统计和监测制度。建立并完善污染物排放数据网上直报系统和减排措施调度制度，对国家监控重点污染源实施联网在线自动监控，构建污染物排放三级立体监测体系，向社会公告重点监控企业年度污染物排放数据。继续做好单位GDP能耗、主要污染物排放量和工业增加值用水量指标公报工作。

（二十四）建立健全项目节能评估审查和环境影响评价制度。加快建立项目节能评估和审查制度，组织编制《固定资产投资项目节能评估和审查指南》，加强对地方开展"能评"，工作的指导和监督。把总量指标作为环评审批的前置性条件。上收部分高耗能、高污染行业环评审批权限。对超过总量指标、重点项目未达到目标责任要求的地区，暂停环评审批新增污染物排放的建设项目。强化环评审批向上级备案制度和向社会公布制度。加强"三同时"管理，严把项目验收关。对建设项目未经验收擅自投运、久拖不验、超期试生产等违法行为，严格依法进行处罚。

（二十六）加强节能环保发电调度和电力需求侧管理。制定并尽快实施有利于节能减排的发电调度办法，优先安排清洁、高效机组和资源综合利用发电，限制能耗高、污染重的低效机组发电。今年上半年启动试点，取得成效后向全国推广，力争节能 2000 万吨标准煤，"十一五"期间形成 6000 万吨标准煤的节能能力。研究推行发电权交易，逐年削减小火电机组发电上网小时数，实行按边际成本上网竞价。抓紧制定电力需求侧管理办法，规范有序用电，开展能效电厂试点，研究制定配套政策，建立长效机制。

（二十七）严格建筑节能管理。大力推广节能省地环保型建筑。强化新建建筑执行能耗限额标准全过程监督管理，实施建筑能效专项测评，对达不到标准的建筑，不得办理开工和竣工验收备案手续，不准销售使用；从 2008 年起，所有新建商品房销售时在买卖合同等文件中要载明耗能量、节能措施等信息。建立并完善大型公共建筑节能运行监管体系。深化供热体制改革，实行供热计量收费。今年着力抓好新建建筑施工阶段执行能耗限额标准的监管工作，北方地区地级以上城市完成采暖费补贴"暗补"变"明补"改革，在 25 个示范省市建立大型公共建筑能耗统计、能源审计、能效公示、能耗定额制度，实现节能 1250 万吨标准煤。

（二十九）加大实施能效标识和节能节水产品认证管理力度。加快实施强制性能效标识制度，扩大能效标识应用范围，今年发布《实行能效标识产品目录（第三批）》。加强对能效标识的监督管理，强化社会监督、举报和投诉处理机制，开展专项市场监督检查和抽查，严厉查处违法违规行为。推动节能、节水和环境标志产品认证，规范认证行为，扩展认证范围，在家用电器、照明等产品领域建立有效的国际协调互认制度。

（三十一）健全法律法规。加快完善节能减排法律法规体系，提高处罚标准，切实解决"违法成本低、守法成本高"的问题。积极推动节约能源法、循环经济法、水污染防治法、大气污染防治法等法律的制定及修订工作。加快民用建筑节能、废旧家用电器回收处理管理、固定资产投资项目节能评估和审查管理、环保设施运营监督管理、排污许可、畜禽养殖污染防治、城市排水和污水管理、电网调度管理等方面行政法规的制定及修订工作。抓紧完成节能监察管理、重点用能单位节能管理、节约用电管理、二氧化硫排污交易管理等方面行政规章的制定及修订工作。积极开展节约用水、废旧轮胎回收利用、包装物回收利用和汽车零部件再制造等方面立法准备工作。

（三十二）完善节能和环保标准。研究制订高耗能产品能耗限额强制性国家标准，各地区抓紧研究制订本地区主要耗能产品和大型公共建筑能耗限额标准。今年要组织制订粗钢、水泥、烧碱、火电、铝等 22 项高耗能产品能耗限额强制性国家标准（包括高耗电产品电耗限额标准）以及轻型商用车等 5 项交通工具燃料消耗量限值标准，制（修）订 36 项节水、节材、废弃产品回收与再利用等标准。组织制（修）订电力变压器、静电复印机、变频空调、商用冰柜、家用电冰箱等终端用能产品（设备）能效标准。制订重点耗能企业节能标准体系编制通则，指导和规范企业节能工作。

《国务院关于加强节能工作的决定》

【实施日期】 2006 年 8 月 6 日，国务院以国发〔2006〕28 号文印发。

【主要目的】 我国人口众多，能源资源相对不足，人均拥有量远低于世界平均水平。由于我国正处在工业化和城镇化加快发展阶段，能源消耗强度较高，消费规模不断扩大，特别是高投入、高消耗、高污染的粗放型经济增长方式，加剧了能源供求矛盾和环境污染状况。能源问题已经成为制约经济和社会发展的重要因素，要从战略和全局的高度，充分认识做好能源工作的重要性，高度重视能源安全，实现能源的可持续发展。解决我国能源问题，根本出路是坚持开发与节约并举、节约优先的方针，大力推进节能降耗，提高能源利用效率。节能是缓解能源约束，减轻环境压力，保障经济安全，实现全面建设小康社会目标和可持续发展的必然选择，体现了科学发展观的本质要求，是一项长期的战略任务，必须摆在更加突出的战略位置。

近几年，由于经济增长方式转变滞后、高耗能行业增长过快，单位国内生产总值能耗上升，特别是今年上半年，能源消耗增长仍然快于经济增长，节能工作面临更大压力，形势十分严峻。各地区、各部门要充分认识加强节能工作的紧迫性，增强忧患意识和危机意识，增强历史责任感和使命感。要把节能工作作为当前的一项紧迫任务，列入各级政府重要议事日程，切实下大力气，采取强有力措施，确保实现"十一五"能源节约的目标，促进国民经济又快又好地发展。

【相关内容】

二、用科学发展观统领节能工作

（三）指导思想。以邓小平理论和"三个代表"重要思想为指导，全面贯彻科学发展观，落实节约资源基本国策，以提高能源利用效率为核心，以转变经济增长方式、调整经济结构、加快技术进步为根本，强化全社会的节能意识，建立严格的管理制度，实行有效的激励政策，充分发挥市场配置资源的基础性作用，调动市场主体节能的自觉性，加快构建节约型的生产方式和消费模式，以能源的高效利用促进经济社会可持续发展。

（四）基本原则。坚持节能与发展相互促进，节能是为了更好地发展，实现科学发展必须节能；坚持开发与节约并举，节能优先，效率为本；坚持把节能作为转变经济增长方式的主攻方向，从根本上改变高耗能、高污染的粗放型经济增长方式；坚持发挥市场机制作用与实施政府宏观调控相结合，努力营造有利于节能的体制环境、政策环境和市场环境；坚持源头控制与存量挖潜、依法管理与政策激励、突出重点与全面推进相结合。

（五）主要目标。到"十一五"期末，万元国内生产总值（按 2005 年价格计算）能耗下降到 0.98 吨标准煤，比"十五"期末降低 20% 左右，平均年节能率为 4.4%。重点行业主要产品单位能耗总体达到或接近本世纪初国际先进水平。初步建立起与社会主义市场经济体制相适应的比较完善的节能法规和标准体系、政策保障体系、技术支撑体系、监督管理体系，形成市场主体自觉节能的机制。

三、加快构建节能型产业体系

（六）大力调整产业结构。各地区和有关部门要认真落实《国务院关于发布实施〈促进产业结构调整暂行规定〉的决定》（国发〔2005〕40号）要求，推动产业结构优化升级，促进经济增长由主要依靠工业带动和数量扩张带动，向三次产业协同带动和优化升级带动转变，立足节约能源推动发展。合理规划产业和地区布局，避免由于决策失误造成能源浪费。

（七）推动服务业加快发展。充分发挥服务业能耗低、污染少的优势，努力提高服务业在国民经济中的比重。要以专业化分工和提高社会效率为重点，积极发展生产服务业；以满足人们需求和方便群众生活为中心，提升生活服务业。大中城市要优先发展服务业，有条件的大中城市要逐步形成以服务经济为主的产业结构。

（八）积极调整工业结构。严格控制新开工高耗能项目，把能耗标准作为项目核准和备案的强制性门槛，遏制高耗能行业过快增长。对企业搬迁改造严格能耗准入管理。加快淘汰落后生产能力、工艺、技术和设备，不按期淘汰的企业，地方各级人民政府及有关部门要依法责令其停产或予以关闭，依法吊销排污许可证和停止供电，属实行生产许可证管理的，依法吊销生产许可证。积极推进企业联合重组，提高产业集中度和规模效益。

（九）优化用能结构。大力发展高效清洁能源。逐步减少原煤直接使用，提高煤炭用于发电的比重，发展煤炭气化和液化，提高转换效率。引导企业和居民合理用电。大力发展风能、太阳能、生物质能、地热能、水能等可再生能源和替代能源。

四、着力抓好重点领域节能

（十）强化工业节能。突出抓好钢铁、有色金属、煤炭、电力、石油石化、化工、建材等重点耗能行业和年耗能1万吨标准煤以上企业的节能工作，组织实施千家企业节能行动，推动企业积极调整产品结构，加快节能技术改造，降低能源消耗。

（十一）推进建筑节能。大力发展节能省地型建筑，推动新建住宅和公共建筑严格实施节能50%的设计标准，直辖市及有条件的地区要率先实施节能65%的标准。推动既有建筑的节能改造。大力发展新型墙体材料。

（十二）加强交通运输节能。积极推进节能型综合交通运输体系建设，加快发展铁路和内河运输，优先发展公共交通和轨道交通，加快淘汰老旧铁路机车、汽车、船舶，鼓励发展节能环保型交通工具，开发和推广车用代用燃料和清洁燃料汽车。

（十三）引导商业和民用节能。在公用设施、宾馆商厦、写字楼、居民住宅中推广采用高效节能办公设备、家用电器、照明产品等。

（十四）抓好农村节能。加快淘汰和更新高耗能落后农业机械和渔船装备，加快农业提水排灌机电设施更新改造，大力发展农村户用沼气和大中型畜禽养殖场沼气工程，推广省柴节煤灶，因地制宜发展小水电、风能、太阳能以及农作物秸秆气化集中供气系统。

（十五）推动政府机构节能。各级政府部门和领导干部要从自身做起、厉行节约，在节能工作中发挥表率作用。重点抓好政府机构建筑物和采暖、空调、照明系统节能改造以及办公设备节能，采取措施大力推动政府节能采购，稳步推进公务车改革。

五、大力推进节能技术进步

（十六）加快先进节能技术、产品研发和推广应用。各级人民政府要把节能作为政府科技投入、推进高技术产业化的重点领域，支持科研单位和企业开发高效节能工艺、技术和产品，优先支持拥有自主知识产权的节能共性和关键技术示范，增强自主创新能力，解决技术瓶颈。采取多种方式加快高效节能产品的推广应用。有条件的地方可对达到超前性国家能效标准、经过认证的节能产品给予适当的财政支持，引导消费者使用。落实产品质量国家免检制度，鼓励高效节能产品生产企业做大做强。有关部门要制定和发布节能技术政策，组织行业共性技术的推广。

（十七）全面实施重点节能工程。有关部门和地方人民政府及有关单位要认真组织落实"十一五"规划纲要提出的燃煤工业锅炉（窑炉）改造、区域热电联产、余热余压利用、节约和替代石油、电机系统节能、能量系统优化、建筑节能、绿色照明、政府机构节能以及节能监测和技术服务体系建设等十大重点节能工程。发展改革委要督促各地区、各有关部门和有关单位抓紧落实相关政策措施，确保工程配套资金到位，同时要会同有关部门切实做好重点工程、重大项目实施情况的监督检查。

（十八）培育节能服务体系。有关部门要抓紧研究制定加快节能服务体系建设的指导意见，促进各级各类节能技术服务机构转换机制、创新模式、拓宽领域，增强服务能力，提高服务水平。加快推行合同能源管理，推进企业节能技术改造。

（十九）加强国际交流与合作。积极引进国外先进节能技术和管理经验，广泛开展与国际组织、金融机构及有关国家和地区在节能领域的合作。

六、加大节能监督管理力度

（二十）健全节能法律法规和标准体系。抓紧做好修订《中华人民共和国节约能源法》的有关工作，进一步严格节能管理制度，明确节能执法主体，强化政策激励，加大惩戒力度。研究制订有关节能的配套法规。加快组织制定和完善主要耗能行业能耗准入标准、节能设计规范，制定和完善主要工业耗能设备、机动车、建筑、家用电器、照明产品等能效标准以及公共建筑用能设备运行标准。各地区要研究制定本地区主要耗能产品和大型公共建筑单位能耗限额。

（二十一）加强规划指导。各地区、各有关部门要根据"十一五"规划纲要，把实现能耗降低的约束性目标作为本地区、本部门"十一五"规划和有关专项规划的重要内容，明确目标、任务和政策措施，认真制定和实施本地区和行业的节能规划。

（二十二）建立节能目标责任制和评价考核体系。发展改革委要将"十一五"规划纲要确定的单位国内生产总值能耗降低目标分解落实到各省、自治区、直辖市，省级人民政府要将目标逐级分解落实到各市、县以及重点耗能企业，实行严格的目标责任制。统计局、发展改革委等部门每年要定期公布各地区能源消耗情况；省级人民政府要建立本地区能耗公报制度。要将能耗指标纳入各地经济社会发展综合评价和年度考核体系，作为地方各级人民政府领导班子和领导干部任期内贯彻落实科学发展观的重要考核内容，作为国有大中型企业负责人经营业绩的重要考核内容，实行节能工作问责制。发展改革委要会同有关部门抓紧制定实施办法。

（二十三）建立固定资产投资项目节能评估和审查制度。有关部门和地方人民政府要对固定资产投资项目（含新建、改建、扩建项目）进行节能评估和审查。对未进行节能审查或未能通过节能审查的项目一律不得审批、核准，从源头杜绝能源的浪费。对擅自批准项目建设的，要依法依规追究直接责任人的责任。发展改革委要会同有关部门制定固定资产投资项目节能评估和审查的具体办法。

（二十四）强化重点耗能企业节能管理。重点耗能企业要建立严格的节能管理制度和有效的激励机制，进一步调动广大职工节能降耗的积极性。要强化基础工作，配备专职人员，将节能降耗的目标和责任落实到车间、班组和个人，并加强监督检查。有关部门和地方各级人民政府要加强对重点耗能企业节能情况的跟踪、指导和监督，定期公布重点企业能源利用状况。其中，对实施千家企业节能行动的高耗能企业，发展改革委要与各相关省级人民政府和有关中央企业签订节能目标责任书，强化节能目标责任和考核。

（二十五）完善能效标识和节能产品认证制度。加快实施强制性能效标识制度，扩大能效标识在家用电器、电动机、汽车和建筑上的应用，不断提高能效标识的社会认知度，引导社会消费行为，促进企业加快高效节能产品的研发。推动自愿性节能产品认证，规范认证行为，扩展认证范围，推动建立国际协调互认。

（二十六）加强电力需求侧和电力调度管理。充分发挥电力需求侧管理的综合优势，优化城市、企业用电方案，推广应用高效节能技术，推进能效电厂建设，提高电能使用效率。改进发电调度规则，优先安排清洁能源发电，对燃煤火电机组进行优化调度，限制能耗高、污染重的低效机组发电，实现电力节能、环保和经济调度。

（二十七）控制室内空调温度。所有公共建筑内的单位，包括国家机关、社会团体、企事业组织和个体工商户，除特定用途外，夏季室内空调温度设置不低于26摄氏度，冬季室内空调温度设置不高于20摄氏度。有关部门要据此修订完善公共建筑室内温度有关标准，并加强监督检查。

（二十八）加大节能监督检查力度。有关部门和地方各级人民政府要加大节能工作的监督检查力度，重点检查高耗能企业及公共设施的用能情况、固定资产投资项目节能评估和审查情况、禁止淘汰设备异地再用情况，以及产品能效标准和标识、建筑节能设计标准、行业设计规范执行等情况。达不到建筑节能标准的建筑物不准开工建设和销售。严禁生产、销售和使用国家明令淘汰的高耗能产品。要严厉打击报废机动车和船舶等违法交易活动。节能主管部门和质量技术监督部门要加大监督检查和处罚力度，对违法行为要公开曝光。

七、建立健全节能保障机制

（三十四）实行节能奖励制度。各地区、各部门对在节能管理、节能科学技术研究和推广工作中做出显著成绩的单位及个人要给予表彰和奖励。能源生产经营单位和用能单位要制定科学合理的节能奖励办法，结合本单位的实际情况，对节能工作中作出贡献的集体、个人给予表彰和奖励，节能奖励计入工资总额。

八、加强节能管理队伍建设和基础工作

（三十五）加强节能管理队伍建设。各级人民政府要加强节能管理队伍建设，充实节能管理力量，完善节能监督体系，强化对本行政区域内节能工作的监督管理和日常监察（监测）工作，依法开展节能执法和监察（监测）。在整合现有相关机构的基础上，组建国家节能中心，开展政策研究、固定资产投资项目节能评估、技术推广、宣传培训、信息咨询、国际交流与合作等工作。

（三十六）加强能源统计和计量管理。各级人民政府要为统计部门依法行使节能统计调查、统计执法和数据发布等提供必要的工作保障。各级统计部门要切实加强能源统计，充实必要的人员，完善统计制度，改进统计方法，建立能够反映各地区能耗水平、节能目标责任和评价考核制度的节能统计体系。要强化对单位国内（地区）生产总值能耗指标的审核，确保统计数据准确、及时。各级质量技术监督部门要督促企业合理配备能源计量器具，加强能源计量管理。

《国务院关于做好建设节约型社会
近期重点工作的通知》

【实施日期】 2005 年 6 月 27 日，国务院以国发〔2005〕21 号文印发。

【主要目的】 改革开放以来，特别是中央提出加快两个根本性转变以来，我国推进经济增长方式转变取得了积极进展，资源节约与综合利用取得一定成效。但总体上看，粗放型的经济增长方式尚未得到根本转变，与国际先进水平相比，仍存在资源消耗高、浪费大、环境污染严重等问题，随着经济的快速增长和人口的不断增加，我国淡水、土地、能源、矿产等资源不足的矛盾更加突出，环境压力日益增大。"十一五"是我国全面建设小康社会、加快推进社会主义现代化的关键时期，必须统筹协调经济社会发展与人口、资源、环境的关系，进一步转变经济增长方式，加快建设节约型社会，在生产、建设、流通、消费各领域节约资源，提高资源利用效率，减少损失浪费，以尽可能少的资源消耗，创造尽可能大的经济社会效益。

【相关内容】

建设节约型社会的指导思想是，以邓小平理论和"三个代表"重要思想为指导，认真贯彻党的十六大和十六届三中、四中全会精神，树立和落实以人为本、全面协调可持续的科学发展观，坚持资源开发与节约并重，把节约放在首位的方针，紧紧围绕实现经济增长方式的根本性转变，以提高资源利用效率为核心，以节能、节水、节材、节地、资源综合利用和发展循环经济为重点，加快结构调整，推进技术进步，加强法制建设，完善政策措施，强化节约意识，尽快建立健全促进节约型社会建设的体制和机制，逐步形成节约型的增长方式和消费模式，以资源的高效和循环利用，促进经济社会可持续发展。为此，现就做好今明两年建设节约型社会重点工作通知如下：

一、加快建设节约型社会的重点工作

（一）大力推进能源节约

1. 落实《节能中长期专项规划》提出的十大重点节能工程。研究提出《十大重点节能工程实施方案》，明确主要目标、重点内容、保障措施、实施主体，以及分年度实施计划、国家支持的重点。2005 年启动节约和替代石油、热电联产、余热利用、建筑节能、政府机构节能、绿色照明、节能监测和技术服务体系建设等 7 项工程。

2. 抓好重点耗能行业和企业节能。突出抓好钢铁、有色、煤炭、电力、石油石化、化工、建材等重点耗能行业和年耗能万吨标准煤以上企业节能，国家重点抓好 1000 家高耗能企业，提出节能降耗目标和措施，加强跟踪和指导。

3. 推进交通运输和农业机械节能。加快淘汰老旧汽车、船舶和落后农业机械。加快发展电气化铁路，实现以电代油。研究提出优先发展公共交通系统的具体措施。开发和推广清洁燃料汽车、节能农业机械。推动《乘用车燃料消耗量限值》国家标准的实施，从源头控制高耗油汽车的发展。按照国务院批准实施的试点工作方案，稳步推进车用乙醇汽油推广工作。

4. 推动新建住宅和公共建筑节能。抓紧出台《关于新建居住建筑严格执行节能设计标准的通知》。贯彻实施《关于发展节能省地型住宅和公共建筑的指导意见》和《公共建筑节能设计标准》，新建建筑严格实施节能 50％ 的设计标准，推动北京、天津等少数大城市率先实施节能 65％ 的标准。深化北方地区供热体制改革，推动既有建筑节能改造。开展建筑节能关键技术和可再生能源建筑工程应用技术研发、集成和城市级工程示范，启动低能耗、超低能耗和绿色建筑示范工程。

5. 引导商业和民用节能。推行空调、冰箱等产品强制性产品能效标识管理，扩大节能产品认证，促进高效节能产品的研发和推广，加快淘汰落后产品。在公用设施、宾馆商厦、居民住宅中推广采用高效节电照明产品。严格执行公共建筑夏季空调室内温度最低标准，在全社会倡导夏季用电高峰期间室内空调温度提高 1～2 度。在农村大力发展户用沼气和大中型畜禽养殖场沼气工程，推广省柴节煤灶。

6. 开发利用可再生能源。推进大型水电、风电基地建设；在西部电网未覆盖地区发展小水电和太阳能发电，在东部沿海地区和有居民的海岛大力推进海洋可再生能源开发利用；在农村地区推广风能、太阳能利用。组织生物质能资源调查及生物质能技术示范和推广；研究制定可再生能源配额、价格管理等配套规章和实施措施。大力推进能源林基地建设和开发利用。

7. 强化电力需求侧管理。落实电力需求侧管理及迎峰度夏工作的部署，加强以节电和提高用电效率为核心的需求侧管理，完善配套法规，制定有效的激励政策，推广典型经验，指导各地加大推行力度。

8. 加快节能技术服务体系建设。推行合同能源管理和节能投资担保机制，为企业实施节能改造提供诊断、设计、融资、改造、运行、管理一条龙服务。

（二）深入开展节约用水

1. 推动节水型社会建设。认真研究提出关于开展节水型社会建设的指导性文件，适时召开全国节水型社会建设工作会议。继续开展全国节水型社会建设试点工作，重点抓好南水北调东中线受水区和宁夏节水型社会建设示范区建设。研究提出水资源宏观分配指标和微观取水定额指标，推进国家水权制度建设。

2. 推进城市节水工作。积极开展节水产品研发，加大节水设备和器具的推广力度，指导各地加快供水管网改造，降低管网漏失率。推动公共建筑、生活小区、住宅节水和中水回用设施建设。推进污水处理及再生利用，加快城市供水和污水处理市场的改革。

3. 推进农业节水。继续推进农业节水灌溉，推广农业节水灌溉设备应用，大力推进大中型灌区节水改造，积极开展农业末级渠系节水改造试点。在丘陵、山区和干旱地区积极开展雨水积蓄利用，支持农村水窖建设，推广旱作农业技术，发展旱作节水农业，扩大节水作物品种和种植面积。开展农村、集镇生态卫生旱厕试点。

4. 推进节水技术改造和海水利用。推进高耗水行业节水技术改造、矿井水资源化利用。推进沿海缺水城市海水淡化和海水直接利用。

5. 加强地下水资源管理。严格控制超采、滥采地下水。防治水污染，缓解水质性缺水。

（三）积极推进原材料节约

1. 加强重点行业原材料消耗管理。严格设计规范、生产规程、施工工艺等技术标准和材料消耗核算制度，推行产品生态设计和使用再生材料，减少损失浪费，提高原材料利用率。

2. 延长材料使用寿命和节约木材。鼓励生产高强度和耐腐蚀金属材料，提高材料强度和使用寿命。加强木材节约代用，抓紧研究提出《关于加快推进木材节约和代用工作的意见》。

3. 研究实施节约包装材料的政策措施。重点研究禁止过度包装的政策措施，2005年针对社会反映强烈的月饼等过度包装和搭售问题，从市场价格入手出台规范性意见。落实发展散装水泥的政策措施，从使用环节入手，进一步加大散装水泥推广力度。

（四）强化节约和集约利用土地

1. 实行严格的土地保护制度。修订和完善建设用地定额指标，完善土地使用市场准入制度。推进土地复垦。

2. 开展农村集体建设用地整理试点。指导村镇按集约利用土地原则做好规划和建设，促进农村建设用地的节约集约利用。启动"沃土工程"，加强耕地质量建设，提高耕地集约利用水平。

3. 研究提出节约集约用地的政策措施。重点研究提出城市建设节约利用和集约利用土地的政策措施，以及交通基础设施建设集约利用土地的意见。

4. 进一步限制毁田烧砖。认真实施《国务院办公厅关于进一步推进墙体材料革新和推广节能建筑的通知》（国办发〔2005〕33号），推动第二批城市禁止使用实心黏土砖。有关部门要适时联合召开"全国推进墙体材料革新和推广节能建筑工作电视电话会议"。

（五）加强资源综合利用

1. 推进废物综合利用。要以煤矿瓦斯利用为重点，推进共伴生矿产资源的综合开发利用。以粉煤灰、煤矸石、尾矿和冶金、化工废渣及有机废水综合利用为重点，推进工业废物综合利用。

2. 做好再生资源回收利用工作。以再生金属、废旧轮胎、废旧家电及电子产品回收利用为重点，推进再生资源回收利用。推进生活垃圾和污泥资源化利用。

3. 开展秸秆综合利用，推行农资节约。推广机械化秸秆还田技术以及秸秆气化、固化成型、发电、养畜技术。研究提出农户秸秆综合利用补偿政策，开展秸秆和粪便还田的农田保育示范工程。推广节肥、节药技术，提高化肥、农药利用率。鼓励并推广农膜回收利用。

二、加快节约资源的体制机制和法制建设

（一）加强规划指导和推进产业结构调整。把加快建设节约型社会作为编制国民经济和社会发展"十一五"规划及各类专项规划、区域规划和城市发展规划的重要指导原则。编制《节水型社会建设"十一五"规划》、《海水利用专项规划》、《全国节水灌溉规划》、《全国旱作节水农业发展规划》、《资源综合利用规划》、《可再生能源中长期发展规划》、《农村沼气工程建设规划》、《保护性耕作示范工程建设规划》。加快出台《产业结构调整暂行规定》和《产业结构调整指导目录》，明确鼓励类、限制类和淘汰类产业项目，促进有利于资源节约的产业项目发展，淘汰技术水平低、消耗大、污染严重的产业。

（二）健全节约资源的法律法规。抓紧制定和修订促进资源有效利用的法律法规。配合全国人大财经委研究提出《中华人民共和国节约能源法》修订建议，重点研究建立严格的节能管理制度、明确激励政策、规范执法主体、加大惩戒力度等。配合全国人大环资委研究提出《中华人民共和国循环经济促进法》。修订《取水许可制度实施办法》，起草《节约用水管理条例》。抓紧出台废旧家电回收处理管理条例，完善回收体系，建立生产者责任制。加强石油节约、建筑节能、墙体材料革新、包装物和废旧轮胎回收等资源节约与综合利用法律法规建设，做好相关立法工作。

（三）完善资源节约标准。编制《2005～2007年资源节约与综合利用标准发展计划》。制定风机、水泵、变压器、电动机等工业用能产品和家用电器、办公设备强制性能效标准，完善主要耗能行业节能设计规范。研究制定《轻型商用车燃料消耗量限值标准》。制定《绿色建筑技术导则》、《绿色建筑评价标准》、《建筑节能工程施工验收规范》。修订节水型城市考核标准和雨水利用标准，完善重点用水行业取水定额标准。加大农业节水灌溉设备国家标准的制修订和实施力度。制定和实施新的土地使用标准，建立土地集约利用评价和考核标准，完善村镇规划标准。研究提出重要矿产资源开发和综合利用行业标准，制定《矿山企业尾矿利用技术规范》。

（六）推进节约资源科学技术进步。国家科技计划继续加大对节约资源和循环经济关键技术的攻关力度，组织开发和示范有重大推广意义的共伴生矿产资源综合利用技术、节约和替代技术、能量梯级利用技术、废物综合利用技术、循环经济发展中延长产业链和相关产业链接技术、雨洪收集和苦咸水综合利用技术、高效节水灌溉技术和旱作节水农业技术、可回收利用材料和回收拆解技术、流程工业能源综合利用技术、重大机电产品节能降耗技术、绿色再制造技术以及可再生能源开发利用技术等，努力取得关键技术的重大突破。在中央预算内投资（含国债项目资金）中继续支持一批资源节约和循环经济重大项目，包括重大技术示范项目、重大资源节约技术开发和产业化项目等。贯彻实施《中国节水技术政策大纲》，修订《中国节能技术政策大纲》，编制重点行业发展循环经济先进适用技术目录。加大新技术、新产品、新材料推广应用力度。

（七）建立资源节约监督管理制度。建立高耗能、高耗水落后工艺、技术和设备强制淘汰制度。完善重点耗能产品和新建建筑市场准入制度，对达不到最低能效标准的产品，禁止生产、进口和销售；对公共建筑和民用建筑达不到建筑节能设计规范要求的，不准施工、验收备案、销售和使用；对矿山尾矿中资源品位严重超标的，要采取强制回收措施。在2004年有关部门联合开展资源节约专项检查的基础上，组织各地节能监察（监测）中心对年耗能万吨标准煤以上重点企业开展节能监督检查。对北方采暖地区、夏热冬冷和夏热冬暖地区建筑节能标准执行情况分别组织一次规模较大的专项检查。针对2005年3月1日起施行的强制性能效标识管理和7月1日起施行的《乘用车燃料消耗量限值》国家标准，组织全国性的国家监督抽查活动。继续开展禁止使用实心黏土砖专项检查。对检查中发现的各种浪费资源的做法和行为，要严肃查处。研究建立循环经济评价指标体系及相关统计制度。加强和完善能源、水资源以及节能、节水统计工作。

三、加强对资源节约工作的领导和协调

（一）切实加强组织领导。发展改革委、教育部、科技部、财政部、国土资源部、建设部、铁道部、交通部、水利部、农业部、商务部、国资委、税务总局、质检总局、环保总局、统计局、林业局、法制办、国管局、电监会、海洋局等有关部门要根据确定的建设节约型社会近期重点工作，按照职责分工，尽快制定具体政策措施，积极做好资源节约工作。为了加强各有关部门间的协调配合，由发展改革委负责做好组织协调，牵头建立由有关部门参加的部门协调机制,加强指导、协调和监督检查。组织实施资源节约的主要工作在地方,地方各级人民政府特别是省级人民政府要对本地区资源节约工作负责,切实加强对这项工作的组织领导,并建立相应协调机制,明确相关部门的责任和分工,大力推进资源节约工作。各地区、各部门在推进建设节约型社会工作中,要注重发挥人民团体和行业协会的作用。

(二)政府机构要带头节约。各级政府部门要从自身做起,带头厉行节约,在推动建设节约型社会中发挥表率作用。要制定《推动政府机构节能的实施意见》,建立政府机构能耗统计体系,明确能耗、水耗定额,重点抓好政府建筑物和采暖、空调、照明系统节能改造以及公务车节能。落实《节能产品政府采购实施意见》,推行政府机构节能采购,优先采购节能(节水)产品和节约办公用品,降低费用支出。各级政府在认真做好机关节约工作的同时,更要抓好全社会的节约工作。为此,要抓紧建立科学的政府绩效评估体系,进一步健全干部考核机制,将资源节约责任和实际效果纳入各级政府目标责任制和干部考核体系中。

(三)组织开展创建节约型社会活动。要研究制定《创建节约型社会实施方案》,在"十一五"期间创建一批节约型城市、节约型政府机构、节约型企业、节约型社区,发挥示范作用,并探索出一条符合我国国情的资源节约的路子。要及时总结和推广节约型社会建设中的经验和典型。在冶金、有色、煤炭、电力、化工、建材、造纸、酿造等重点行业,在矿产资源综合利用、生物质能综合利用、废旧家电、废旧轮胎、废纸回收利用、绿色再制造等重点领域和产业园区及城市组织开展循环经济试点。通过试点探索发展循环经济的有效模式,确定发展循环经济的重大技术领域和重大项目领域,完善再生资源回收利用体系,提出按循环经济发展理念规划、建设、改造产业园区和建设节约型城市的思路。

《国务院办公厅关于进一步推进墙体材料革新和推广节能建筑的通知》

【实施日期】 2005 年 9 月 10 日，国务院办公厅以国办发〔2005〕33 号文印发。

【主要目的】 自（国发〔1992〕66 号）下发以来，在各地区和有关部门的共同推进下，我国墙体材料革新和推广节能建筑工作取得了积极进展，新型墙体材料应用范围进一步扩大，技术水平明显提高，节能建筑竣工面积不断增加。但是，全国以黏土砖和非节能建筑为主的格局尚未得到根本改变，毁田烧砖、破坏耕地的现象屡禁不止，特别是近年来城乡建设的快速发展，对建材产品的需求量急剧增加，一些地区实心黏土砖生产呈增长态势。为巩固取得的成果，进一步推进墙体材料革新和推广节能建筑，有效保护耕地和节约能源，经国务院同意，现就有关问题通知如下。

【相关内容】

一、提高思想认识，增强工作紧迫性

（一）推进墙体材料革新和推广节能建筑是保护耕地和节约能源的迫切需要。我国耕地面积仅占国土面积 10%强，不到世界平均水平的一半。我国房屋建筑材料中 70%是墙体材料，其中黏土砖据主导地位，生产黏土砖每年耗用黏土资源达 10 多亿立方米，约相当于毁田 50 万亩，同时，我国每年生产黏土砖消耗 7000 多万吨标准煤。如果实心黏土砖产量继续增长，不仅增加墙体材料的生产能耗，而且导致新建建筑的采暖和空调能耗大幅度增加，将严重加剧能源供需矛盾。

（二）推进墙体材料革新和推广节能建筑是改善建筑功能、提高资源利用效率和保护环境的重要措施。采用优质新型墙体材料建造房屋，建筑功能将得到有效改善，舒适度显著上升、可以提高建筑的质量和居住条件、满足经济社会发展和人民生活水平提高的需要，另一方面，我国每年产生各类工业固体废物 1 亿多吨，累计堆存量已达几十亿吨，不仅占用了大量土地，其中所含的有害物质严重污染着周围的土壤、水体和大气环境。加快发展以煤矸石、粉煤灰、建筑渣土、冶金和化工废渣等固体废物为原料的新型墙体材料，是提高资源利用率、改善环境、促进循环经济发展的重要途径。

二、明确工作要求，落实任务目标

（三）逐步禁止生产和使用实心黏土砖。已限期禁止生产、使用实心黏土砖（包括瓦，下同）的 170 个城市，要向逐步淘汰黏土制品推进，并向郊区城镇延伸。其他城市要按照国家的统一部署，分期分批禁止或限制生产、使用实心黏土砖，并逐步向小城镇和农村延伸。其中，经济发达地区城市和人均耕地面积低于 0.8 亩的城市，要逐步禁止生产和使用实心黏土砖；黏土资源较为丰富的西部地区，要推广发展黏土空心制品，限制生产和使用实心黏土砖；在新型墙体材料基本能够满足工程建设需要的地区，要禁止生产黏土砖。力争到 2006 年底，使全国实心黏土砖年产量减少 800 亿块。到 2010 年底，所有城市禁止使用实心黏土砖，全国实心黏土砖年产量控制在 4000 亿块以下。

（四）积极推广新型墙体材料。各地区和有关部门要积极推广使用新型墙体材料，凡财政拨款或补贴的行政机关办公用房、公共建筑、经济适用房、示范建筑小区和国家投资的生产性项目等，都要执行节能设计标准，选用和采购新型墙体材料。新建建筑要向强制执行国家已颁布的建筑节能设计标准推进，逐步提高新型墙体材料的生产和应用比例，增加节能建筑面积。力争到 2006 年，新建建筑严格执行建筑节能设计标准，有条件的城市率先执行节能率 65％的地方标准。到 2010 年，新型墙体材料产量占墙体材料总量的比重达到 55％以上，建筑应用比例达到 65％以上；严寒、寒冷地区应执行节能率 65％的标准。

三、制定法规标准，强化监督管理

（五）制定和完善有关法规。要加快研究制定建筑节能管理及推进墙体材料革新的有关法规，依法加强对新型墙体材料生产、流通和应用的监督管理。各省、自治区、直辖市人民政府要结合当地具体情况，制定并完善相关法规的实施细则，依法推进墙体材料革新和建筑节能。

（六）加强标准体系建设与监管。要制定和完善新型墙体材料产品、工程应用和节能建筑的技术标准，进一步提高新型墙体材料产品标准水平；加快研究新型复合墙体材料应用标准，完善节能建筑设计、施工、验收的标准化体系。要将禁止使用实心黏土砖、应用新型墙体材料、执行建筑节能设计标准等要求纳入立项、设计、施工图设计文件审查以及竣工验收备案等各个环节，促进新材料、新技术、新工艺的应用。强化新型墙体材料标准实施和应用技术培训，确保产品及工程质量。对涉及人身健康的墙体材料，要逐步纳入强制性产品认证范畴，不经认证不得销售使用。

（七）继续加强对黏土砖生产用地的监督管理。要依照《中华人民共和国土地管理法》等有关法律法规的规定和土地利用总体规划的要求，严格控制黏土砖生产企业取土范围和规模，严禁占用耕地建窑或擅自在耕地上取土。要禁止向新建、改建、扩建实心黏土砖生产项目供地，限制向空心黏土制品生产项目供地。对违反规定的，不予办理用地和采矿登记手续，停止发放土地使用证，并依法予以查处。

（八）严格对墙体材料生产企业的监管。要加大监督检查力度，对禁止生产和使用实心黏土砖地区的企业，仍然继续生产和使用实心黏土砖的，以及无照生产经营、销售使用国家明令淘汰产品的行为，要坚决依法严肃处理。要加强对墙体材料生产企业的环境监督执法，依法处罚污染环境的违法违规行为。要依据有关国家标准或行业标准，严格监督墙体材料生产企业的销售行为，禁止质量未达标的墙体材料产品出厂销售。

四、完善政策机制，加快技术进步

（十一）大力推进技术进步。有关部门要根据社会发展和技术进步要求，适时发布和调整鼓励、限制、淘汰的墙体材料生产技术、工艺、设备及产品目录。地方各级人民政府和有关部门要支持新型墙体材料及节能建筑技术的开发和应用示范，组织引进、消化、吸收国外先进技术，研究、开发科技含量高、利废效果好、节能效果显著、拥有自主知识产权的优质新型墙体材料生产技术与装备，提高墙体材料革新和节能建筑的技术水平。积极推动绿色建筑、低能耗或超低能耗建筑的研究、开发和试点，建设优质新型墙体材料示范生产线和节能建筑样板，推广新型建设结构体系，拓宽新型墙体材料的应用范围。

《国务院关于进一步加大工作力度
确保实现"十一五"节能减排目标的通知》

国发〔2010〕12号

各省、自治区、直辖市人民政府，国务院各部委、各直属机构：

2006年以来，各地区、各部门认真贯彻落实科学发展观，把节能减排作为调整经济结构、转变发展方式的重要抓手，加大资金投入，强化责任考核，完善政策机制，加强综合协调，节能减排工作取得重要进展。全国单位国内生产总值能耗累计下降14.38%，化学需氧量排放总量下降9.66%，二氧化硫排放总量下降13.14%。但要实现"十一五"单位国内生产总值能耗降低20%左右的目标，任务还相当艰巨。为进一步加大工作力度，确保实现"十一五"节能减排目标，现就有关事项通知如下：

一、增强做好节能减排工作的紧迫感和责任感。"十一五"节能减排指标是具有法律约束力的指标，是政府向全国人民作出的庄严承诺，是衡量落实科学发展观、加快调整产业结构、转变发展方式成效的重要标志，事关经济社会可持续发展，事关人民群众切身利益，事关我国的国际形象。当前，节能减排形势十分严峻，特别是2009年第三季度以来，高耗能、高排放行业快速增长，一些被淘汰的落后产能死灰复燃，能源需求大幅增加，能耗强度、二氧化硫排放量下降速度放缓甚至由降转升，化学需氧量排放总量下降趋势明显减缓。为应对全球气候变化，我国政府承诺到2020年单位国内生产总值二氧化碳排放要比2005年下降40%～45%，节能提高能效的贡献率要达到85%以上，这也给节能减排工作带来巨大挑战。各地区、各部门要充分认识加强节能减排工作的重要性和紧迫性，切实增强使命感和责任感，下更大决心，花更大气力，果断采取强有力、见效快的政策措施，打好节能减排攻坚战，确保实现"十一五"节能减排目标。

二、强化节能减排目标责任。组织开展对省级政府2009年节能减排目标完成情况和措施落实情况及"十一五"目标完成进度的评价考核，考核结果向社会公告，落实奖惩措施，加大问责力度。及时发布2009年全国和各地区单位国内生产总值能耗、主要污染物排放量指标公报，以及2010年上半年全国单位国内生产总值能耗、主要污染物排放量指标公报。各地区要按照节能减排目标责任制的要求，一级抓一级，层层抓落实，组织开展本地区节能减排目标责任评价考核工作，对未完成目标的地区进行责任追究。到"十一五"末，要对节能减排目标完成情况算总账，实行严格的问责制，对未完成任务的地区、企业集团和行政不作为的部门，都要追究主要领导责任，根据情节给予相应处分。各地区"十二五"节能目标任务的确定要以2005年为基数。各省级政府要在5月底前，将本地区2010年节能减排目标和实施方案报国务院。

三、加大淘汰落后产能力度。2010年关停小火电机组1000万千瓦，淘汰落后炼铁产能2500万吨、炼钢600万吨、水泥5000万吨、电解铝33万吨、平板玻璃600万重箱、造纸53万吨。各省级政府要抓紧制定本地区今年淘汰落后产能任务，将任务分解到市、县和有关企业，并于5月20日前报国务院有关部门。有关部门要在5月底前下达各地区淘汰落后产能任务，公布淘汰落后产能企业名单，确保落后产能在第三季度前全部关停。加强淘汰落后产能核查，对未按期完成淘汰落后产能任务的地区，严格控制国家安排的投资项目，实行项目"区域限批"，暂停对该地区项目的环评、供地、核准和审批。对未按规定期限淘汰落后产能的企业，依法吊销排污许可证、生产许可证、安全生产许可证，投资管理部门不予审批和核准新的投资项目，国土资源管理部门不予批准新增用地，有关部门依法停止落后产能生产的供电供水。

四、严控高耗能、高排放行业过快增长。严格控制"两高"和产能过剩行业新上项目。各级投资主管部门要进一步加强项目审核管理，今年内不再审批、核准、备案"两高"和产能过剩行业扩大产能项目。未通过环评、节能审查和土地预审的项目，一律不准开工建设。对违规在建项目，有关部门要责令停止建设，金融机构一律不得发放贷款。对违规建成的项目，要责令停止生产，金融机构一律不得发放流动资金贷款，有关部门要停止供电供水。落实限制"两高"产品出口的各项政策，控制"两高"产品出口。

五、加快实施节能减排重点工程。安排中央预算内投资333亿元、中央财政资金500亿元，重点支持十大重点节能工程建设、循环经济发展、淘汰落后产能、城镇污水垃圾处理、重点流域水污染治理，以及节能环保能力建设等，形成年节能能力8000万吨标准煤，新增城镇污水日处理能力1500万吨、垃圾日处理能力6万吨。各地区要将节能减排指标落实到具体项目，节能减排专项资金要向能直接形成节能减排能力的项目倾斜，尽早下达资金，尽快形成节能减排能力。有关部门要在6月中旬前出台加快推行合同能源管理，促进节能服务产业发展的相关配套政策，对节能服务公司为企业实施节能改造给予支持。

六、切实加强用能管理。要加强对各地区综合能源消费量、高耗能行业用电量、高耗能产品产量等情况的跟踪监测，对能源消费和高耗能产业增长过快的地区，合理控制能源供应，切实改变敞开口子供应能源、无节制使用能源的现象。大力推进节能发电调度，加强电力需求侧管理，制定和实施有序用电方案，在保证合理用电需求的同时，要压缩高耗能、高排放企业用电。对能源消耗超过已有国家和地方单位产品能耗（电耗）限额标准的，实行惩罚性价格政策，具体由省级政府有关部门提出意见。省级节能主管部门组织各级节能监察机构于今年6月底前对重点用能单位上一年度和今年上半年主要产品能源消耗情况进行专项能源监察审计，提出超能耗（电耗）限额标准的企业和产品名单，实行惩罚性电价，对超过限额标准一倍以上的，比照淘汰类电价加价标准执行。加强城市照明管理，严格控制公用设施和大型建筑物装饰性景观照明能耗。

七、强化重点耗能单位节能管理。突出抓好千家企业节能行动，公告考核结果，强化目标责任，加强用能管理，提高用能水平，确保形成2000万吨标准煤的年节能能力。省级节能主管部门要加强对年耗能5000吨标准煤以上重点用能单位的节能监管，落实能源利用状况报告制度，推进能效水平对标活动，开展节能管理师和能源管理体系试点。已经完成"十一五"节能任务的用能单位，要继续狠抓节能不放松，为完成本地区节能任务多做贡献；尚未完成任务的用能单位，要采取有力措施，确保完成"十一五"节能任务。中央和地方国有企业都要发挥表率作用，加大节能投入，加强管理，对完不成节能减排目标和存在严重浪费能源资源的，在经营业绩考核中实行降级降分处理，并与企业负责人绩效薪酬紧密挂钩。

八、推动重点领域节能减排。加强电力、钢铁、有色、石油石化、化工、建材等重点行业节能减排管理，加大用先进适用技术改造传统产业的力度。加强新建建筑节能监管，到 2010 年底，全国城镇新建建筑执行节能强制性标准的比例达到 95％以上，完成北方采暖地区居住建筑供热计量及节能改造 5000 万平方米，确保完成"十一五"期间 1.5 亿平方米的改造任务。夏季空调温度设置不低于 26 摄氏度。加强车辆用油定额考核，严格执行车辆燃料消耗量限值标准，对客车实载率低于 70％的线路不得投放新的运力。推行公路甩挂运输，加快铁路电气化建设和运输装备改造升级，优化民航航路航线。开展节约型公共机构示范单位建设活动，2010 年公共机构能源消耗指标要在去年基础上降低 5％。加强流通服务业节能减排工作。加大汽车、家电以旧换新力度。抓好"三河三湖"、松花江等重点流域水污染治理。做好重金属污染治理工作。抓好农村环境综合整治。支持军队加快实施节能减排技术改造。

九、大力推广节能技术和产品。发布国家重点节能技术推广目录（第三批）。继续实施"节能产品惠民工程"，在加大高效节能空调推广的基础上，全面推广节能汽车、节能电机等产品，继续做好新能源汽车示范推广，5 月底前有关部门要出台具体的实施细则。推广节能灯 1.5 亿只以上，东中部地区和有条件的西部地区城市道路照明、公共场所、公共机构全部淘汰低效照明产品。扩大能效标识实施范围，发布第七批能效标识产品目录。落实政府优先和强制采购节能产品制度，完善节能产品政府采购清单动态管理。

十、完善节能减排经济政策。深化能源价格改革，调整天然气价格，推行居民用电阶梯价格，落实煤层气、天然气发电上网电价和脱硫电价政策，出台鼓励余热余压发电上网和价格政策。对电解铝、铁合金、钢铁、电石、烧碱、水泥、黄磷、锌冶炼等高耗能行业中属于产业结构调整指导目录限制类、淘汰类范围的，严格执行差别电价政策。各地可在国家规定基础上，按照规定程序加大差别电价实施力度，大幅提高差别电价加价标准。加大污水处理费征收力度，改革垃圾处理费收费方式。积极落实国家支持节能减排的所得税、增值税等优惠政策，适时推进资源税改革。尽快出台排污权有偿使用和交易指导意见。深化生态补偿试点，完善生态补偿机制。开展环境污染责任保险。金融机构要加大对节能减排项目的信贷支持。

十一、加快完善法规标准。尽快出台固定资产投资项目节能评估和审查管理办法，抓紧完成城镇排水与污水处理条例的审查修改，做好大气污染防治法（修订）、节约用水条例、生态补偿条例的研究起草工作。研究制定重点用能单位节能管理办法、能源计量监督管理办法、节能产品认证管理办法、主要污染物排放许可证管理办法等。完善单位产品能耗限额标准、用能产品能效标准、建筑能耗标准等。

十二、加大监督检查力度。在今年第三季度，国务院组成工作组，对部分地区贯彻落实本通知精神情况进行检查。各级政府要组织开展节能减排专项督察，严肃查处违规乱上"两高"项目、淘汰落后产能进展滞后、减排设施不正常运行及严重污染环境等问题，彻底清理对高耗能企业和产能过剩行业电价优惠政策，发现一起，查处一起，对重点案件要挂牌督办，对有关责任人要严肃追究责任。要组织节能监察机构对重点用能单位开展拉网式排查，严肃查处使用国家明令淘汰的用能设备或生产工艺、单位产品能耗超限额标准用能等问题，情节严重的，依法责令停业整顿或者关闭。开展酒店、商场、办公楼等公共场所空调温度以及城市景观过度照明检查。继续深入开展整治违法排污企业保障群众健康环保专项行动。发挥职工监督作用，加强职工节能减排义务监督员队伍建设。

十三、深入开展节能减排全民行动。加强能源资源和生态环境国情宣传教育，进一步增强全民资源忧患意识、节约意识和环保意识。组织开展好 2010 年全国节能宣传周、世界环境日等活动。在企业、机关、学校、社区、军营等开展广泛深入的"节能减排全民行动"，普及节能环保知识和方法，推介节能新技术、新产品，倡导绿色消费、适度消费理念，加快形成有利于节约资源和保护环境的消费模式。新闻媒体要加大节能减排宣传力度，在重要栏目、重要时段、重要版面跟踪报道各地区落实本通知要求采取的行动，宣传先进经验，曝光反面典型，充分发挥舆论宣传和监督作用。

十四、实施节能减排预警调控。要做好节能减排形势分析和预警预测。各地区要在 6 月底前制订相关预警调控方案，在第三季度组织开展"十一五"节能减排目标完成情况预考核；对完成目标有困难的地区，要及时启动预警调控方案。

各地区、各部门要把节能减排放在更加突出的位置，切实加强组织领导。地方各级人民政府对本行政区域节能减排负总责，政府主要领导是第一责任人。发展改革委要加强节能减排综合协调，指导推动节能降耗工作，环境保护部要做好减排的协调推动工作，统计局要加强能源监测和统计。有关部门在各自的职责范围内做好节能减排工作，加强对各地区贯彻落实本通知精神的督促检查，确保实现"十一五"节能减排目标。

国务院
二〇一〇年五月四日

附录 1 《严寒和寒冷地区居住建筑节能设计标准》JGJ 26 - 2010 条文部分

中华人民共和国行业标准
严寒和寒冷地区居住建筑节能设计标准
Design standard for energy efficiency of residential
buildings in severe cold and cold zones

JGJ 26 - 2010

批准部门：中华人民共和国住房和城乡建设部

施行日期：2 0 1 0 年 8 月 1 日

中华人民共和国住房和城乡建设部
公　　告

第 522 号

关于发布行业标准《严寒和寒冷地区
居住建筑节能设计标准》的公告

现批准《严寒和寒冷地区居住建筑节能设计标准》为行业标准，编号为 JGJ 26 - 2010，自 2010 年 8 月 1 日起实施。其中，第 4.1.3、4.1.4、4.2.2、4.2.6、5.1.1、5.1.6、5.2.4、5.2.9、5.2.13、5.2.19、5.2.20、5.3.3、5.4.3、5.4.8 条为强制性条文，必须严格执行。原《民用建筑节能设计标准（采暖居住建筑部分）》JGJ 26 - 95 同时废止。

本标准由我部标准定额研究所组织中国建筑工业出版社出版发行。

中华人民共和国住房和城乡建设部

2010 年 3 月 18 日

前　言

根据原建设部《关于印发〈2005 年度工程建设国家标准制订、修订计划〉的通知》（建标函［2005］84 号）的要求，标准编制组经广泛调查研究，认真总结实践经验，参考有关国际标准和国外先进标准，并在广泛征求意见的基础上，对《民用建筑节能设计标准（采暖居住建筑部分）》JGJ 26 - 95 进行了修订，并更名为《严寒和寒冷地区居住建筑节能设计标准》。

本标准的主要技术内容是：总则，术语和符号，严寒和寒冷地区气候子区与室内热环境计算参数，建筑与围护结构热工设计，采暖、通风和空气调节节能设计等。

本标准修订的主要技术内容是：根据建筑节能的需要，确定了标准的适用范围和新的节能目标；采用度日数作为气候子区的分区指标，确定了建筑围护结构规定性指标的限值要求，并注意与原有标准的衔接；提出了针对不同保温构造的热桥影响的新评价指标，明确了使用适应供热体制改革需求的供热节能措施；鼓励使用可再生能源。

本标准中以黑体字标志的条文为强制性条文，必须严格执行。

本标准由住房与城乡建设部负责管理和对强制性条文的解释，由中国建筑科学研究院负责具体技术内容的解释。执行过程中如有意见或建议，请寄送中国建筑科学研究院（地址：北京市北三环东路 30 号，邮政编码 100013）。

本 标 准 主 编 单 位：中国建筑科学研究院

本 标 准 参 编 单 位：中国建筑业协会建筑节能专业委员会

哈尔滨工业大学

中国建筑西北设计研究院

中国建筑设计研究院

中国建筑东北设计研究院有限责任公司

吉林省建筑设计院有限责任公司

北京市建筑设计研究院

西安建筑科技大学

哈尔滨天硕建材工业有限公司

北京振利高新技术有限公司

BASF（中国）有限公司

欧文斯科宁（中国）投资有限公司

中国南玻集团股份有限公司

秦皇岛耀华玻璃股份有限公司

乐意涂料（上海）有限公司

本标准主要起草人员：林海燕　郎四维　涂逢祥　方修睦

陆耀庆　潘云钢　金丽娜　吴雪岭

卜一秋　闫增峰　周　辉　董　宏

朱清宇　康玉范　林燕成　王　稚

许武毅　李西平　邓　威

本标准主要审查人员：吴德绳　许文发　徐金泉　杨善勤

李娥飞　屈兆焕　陶乐然　栾景阳

刘振河

目　次

Contents

1 总　　则

1.0.1 为贯彻国家有关节约能源、保护环境的法律、法规和政策，改善严寒和寒冷地区居住建筑热环境，提高采暖的能源利用效率，制定本标准。

1.0.2 本标准适用于严寒和寒冷地区新建、改建和扩建居住建筑的节能设计。

1.0.3 严寒和寒冷地区居住建筑必须采取节能设计，在保证室内热环境质量的前提下，建筑热工和暖通设计应将采暖能耗控制在规定的范围内。

1.0.4 严寒和寒冷地区居住建筑的节能设计，除应符合本标准的规定外，尚应符合国家现行有关标准的规定。

2　术语和符号

2.1　术　　语

2.1.1 采暖度日数　heating degree day based on 18℃

一年中，当某天室外日平均温度低于18℃时，将该日平均温度与18℃的差值乘以1d，并将此乘积累加，得到一年的采暖度日数。

2.1.2 空调度日数　cooling degree day based on 26℃

一年中，当某天室外日平均温度高于26℃时，将该日平均温度与26℃的差值乘以1d，并将此乘积累加，得到一年的空调度日数。

2.1.3 计算采暖期天数　heating period for calculation

采用滑动平均法计算出的累年日平均温度低于或等于5℃的天数。计算采暖期天数仅供建筑节能设计计算时使用，与当地法定的采暖天数不一定相等。

2.1.4 计算采暖期室外平均温度　mean outdoor temperature during heating period

计算采暖期室外日平均温度的算术平均值。

2.1.5 建筑体形系数　shape factor

建筑物与室外大气接触的外表面积与其所包围的体积的比值。外表面积中，不包括地面和不采暖楼梯间内墙及户门的面积。

2.1.6 建筑物耗热量指标　index of heat loss of building

在计算采暖期室外平均温度条件下，为保持室内设计计算温度，单位建筑面积在单位时间内消耗的需由室内采暖设备供给的热量。

2.1.7 围护结构传热系数　heat transfer coefficient of building envelope

在稳态条件下，围护结构两侧空气温差为1℃，在单位时间内通过单位面积围护结构的传热量。

2.1.8 外墙平均传热系数　mean heat transfer coefficient of external wall

考虑了墙上存在的热桥影响后得到的外墙传热系数。

2.1.9 围护结构传热系数的修正系数 modification coefficient of building envelope

考虑太阳辐射对围护结构传热的影响而引进的修正系数。

2.1.10 窗墙面积比 window to wall ratio

窗户洞口面积与房间立面单元面积（即建筑层高与开间定位线围成的面积）之比。

2.1.11 锅炉运行效率 efficiency of boiler

采暖期内锅炉实际运行工况下的效率。

2.1.12 室外管网热输送效率 efficiency of network

管网输出总热量与输入管网的总热量的比值。

2.1.13 耗电输热比 ratio of electricity consumption to transferied heat quantity

在采暖室内外计算温度下，全日理论水泵输送耗电量与全日系统供热量比值。

2.2 符　号

2.2.1 气象参数

$HDD18$——采暖度日数，单位：℃·d；

$CDD26$——空调度日数，单位：℃·d；

Z——计算采暖期天数，单位：d；

t_e——计算采暖期室外平均温度，单位：℃。

2.2.2 建筑物

S——建筑体形系数，单位：1/m；

q_H——建筑物耗热量指标，单位：W/m^2；

K——围护结构传热系数，单位：$W/(m^2 \cdot K)$；

K_m——外墙平均传热系数，单位：$W/(m^2 \cdot K)$；

ε_i——围护结构传热系数的修正系数，无因次。

2.2.3 采暖系统

η_1——室外管网热输送效率，无因次；

η_2——锅炉运行效率，无因次；

EHR——耗电输热比，无因次。

3 严寒和寒冷地区气候子区与
室内热环境计算参数

3.0.1 依据不同的采暖度日数（$HDD18$）和空调度日数（$CDD26$）范围，可将严寒和寒冷地区进一步划分成为表3.0.1所示的5个气候子区。

3.0.2 室内热环境计算参数的选取应符合下列规定：

1 冬季采暖室内计算温度应取18℃；

2 冬季采暖计算换气次数应取 $0.5h^{-1}$。

表 3.0.1　严寒和寒冷地区居住建筑节能设计气候子区

气候子区		分区依据
严寒地区 （Ⅰ区）	严寒(A)区	6000≤HDD18
	严寒(B)区	5000≤HDD18＜6000
	严寒(C)区	3800≤HDD18＜5000
寒冷地区 （Ⅱ区）	寒冷(A)区	2000≤HDD18＜3800，CDD26≤90
	寒冷(B)区	2000≤HDD18＜3800，CDD26＞90

4　建筑与围护结构热工设计

4.1　一般规定

4.1.1　建筑群的总体布置，单体建筑的平面、立面设计和门窗的设置，应考虑冬季利用日照并避开冬季主导风向。

4.1.2　建筑物宜朝向南北或接近朝向南北。建筑物不宜设有三面外墙的房间，一个房间不宜在不同方向的墙面上设置两个或更多的窗。

4.1.3　严寒和寒冷地区居住建筑的体形系数不应大于表 4.1.3 规定的限值。当体形系数大于表 4.1.3 规定的限值时，必须按照本标准第 4.3 节的要求进行围护结构热工性能的权衡判断。

表 4.1.3　严寒和寒冷地区居住建筑的体形系数限值

	建　筑　层　数			
	≤3 层	(4～8)层	(9～13)层	≥14 层
严寒地区	0.50	0.30	0.28	0.25
寒冷地区	0.52	0.33	0.30	0.26

4.1.4　严寒和寒冷地区居住建筑的窗墙面积比不应大于表 4.1.4 规定的限值。当窗墙面积比大于表 4.1.4 规定的限值时，必须按照本标准第 4.3 节的要求进行围护结构热工性能的权衡判断，并且在进行权衡判断时，各朝向的窗墙面积比最大也只能比表 4.1.4 中的对应值大 0.1。

表 4.1.4　严寒和寒冷地区居住建筑的窗墙面积比限值

朝　　向	窗墙面积比	
	严寒地区	寒冷地区
北	0.25	0.30
东 、西	0.30	0.35
南	0.45	0.50

注：1　敞开式阳台的阳台门上部透明部分应计入窗户面积，下部不透明部分不应计入窗户面积。

　　2　表中的窗墙面积比应按开间计算。表中的"北"代表从北偏东小于 60°至北偏西小于 60°的范围；"东、西"代表从东或西偏北小于等于 30°至偏南小于 60°的范围；"南"代表从南偏东小于等于 30°至偏西小于等于 30°的范围。

4.1.5 楼梯间及外走廊与室外连接的开口处应设置窗或门，且该窗和门应能密闭。严寒（A）区和严寒（B）区的楼梯间宜采暖，设置采暖的楼梯间的外墙和外窗应采取保温措施。

4.2 围护结构热工设计

4.2.1 我国严寒和寒冷地区主要城市气候分区区属以及采暖度日数（*HDD*18）和空调度日数（*CDD*26）应按本标准附录 A 的规定确定。

4.2.2 根据建筑物所处城市的气候分区区属不同，建筑围护结构的传热系数不应大于表4.2.2-1～表 4.2.2-5 规定的限值，周边地面和地下室外墙的保温材料层热阻不应小于表4.2.2-1～表 4.2.2-5 规定的限值，寒冷(B)区外窗综合遮阳系数不应大于表 4.2.2-6 规定的限值。当建筑围护结构的热工性能参数不满足上述规定时，必须按照本标准第 4.3 节的规定进行围护结构热工性能的权衡判断。

表 4.2.2-1 严寒(A)区围护结构热工性能参数限值

围护结构部位		传热系数 K[W/(m²·K)]		
		≤3 层建筑	(4～8)层的建筑	≥9 层建筑
屋 面		0.20	0.25	0.25
外 墙		0.25	0.40	0.50
架空或外挑楼板		0.30	0.40	0.40
非采暖地下室顶板		0.35	0.45	0.45
分隔采暖与非采暖空间的隔墙		1.2	1.2	1.2
分隔采暖与非采暖空间的户门		1.5	1.5	1.5
阳台门下部门芯板		1.2	1.2	1.2
外窗	窗墙面积比≤0.2	2.0	2.5	2.5
	0.2＜窗墙面积比≤0.3	1.8	2.0	2.2
	0.3＜窗墙面积比≤0.4	1.6	1.8	2.0
	0.4＜窗墙面积比≤0.45	1.5	1.6	1.8
围护结构部位		保温材料层热阻 R[(m²·K)/W]		
周边地面		1.70	1.40	1.10
地下室外墙（与土壤接触的外墙）		1.80	1.50	1.20

表 4.2.2-2 严寒(B)区围护结构热工性能参数限值

围护结构部位	传热系数 K[W/(m²·K)]		
	≤3 层建筑	(4～8)层的建筑	≥9 层建筑
屋 面	0.25	0.30	0.30
外 墙	0.30	0.45	0.55
架空或外挑楼板	0.30	0.45	0.45
非采暖地下室顶板	0.35	0.50	0.50
分隔采暖与非采暖空间的隔墙	1.2	1.2	1.2

续表 4.2.2-2

围护结构部位		传热系数 $K[W/(m^2 \cdot K)]$		
		≤3 层建筑	(4～8)层的建筑	≥9 层建筑
分隔采暖与非采暖空间的户门		1.5	1.5	1.5
阳台门下部门芯板		1.2	1.2	1.2
外窗	窗墙面积比≤0.2	2.0	2.5	2.5
	0.2＜窗墙面积比≤0.3	1.8	2.2	2.2
	0.3＜窗墙面积比≤0.4	1.6	1.9	2.0
	0.4＜窗墙面积比≤0.45	1.5	1.7	1.8
围护结构部位		保温材料层热阻 $R[(m^2 \cdot K)/W]$		
周边地面		1.40	1.10	0.83
地下室外墙(与土壤接触的外墙)		1.50	1.20	0.91

表 4.2.2-3　严寒(C)区围护结构热工性能参数限值

围护结构部位		传热系数 $K[W/(m^2 \cdot K)]$		
		≤3 层建筑	(4～8)层的建筑	≥9 层建筑
屋　面		0.30	0.40	0.40
外　墙		0.35	0.50	0.60
架空或外挑楼板		0.35	0.50	0.50
非采暖地下室顶板		0.50	0.60	0.60
分隔采暖与非采暖空间的隔墙		1.5	1.5	1.5
分隔采暖与非采暖空间的户门		1.5	1.5	1.5
阳台门下部门芯板		1.2	1.2	1.2
外窗	窗墙面积比≤0.2	2.0	2.5	2.5
	0.2＜窗墙面积比≤0.3	1.8	2.2	2.2
	0.3＜窗墙面积比≤0.4	1.6	2.0	2.0
	0.4＜窗墙面积比≤0.45	1.5	1.8	1.8
围护结构部位		保温材料层热阻 $R[(m^2 \cdot K)/W]$		
周边地面		1.10	0.83	0.56
地下室外墙(与土壤接触的外墙)		1.20	0.91	0.61

表 4.2.2-4　寒冷(A)区围护结构热工性能参数限值

围护结构部位	传热系数 $K[W/(m^2 \cdot K)]$		
	≤3 层建筑	(4～8)层的建筑	≥9 层建筑
屋　面	0.35	0.45	0.45
外　墙	0.45	0.60	0.70
架空或外挑楼板	0.45	0.60	0.60

续表 4.2.2-4

围护结构部位		传热系数 K[W/(m²·K)]		
		≤3 层建筑	(4～8)层的建筑	≥9 层建筑
非采暖地下室顶板		0.50	0.65	0.65
分隔采暖与非采暖空间的隔墙		1.5	1.5	1.5
分隔采暖与非采暖空间的户门		2.0	2.0	2.0
阳台门下部门芯板		1.7	1.7	1.7
外窗	窗墙面积比≤0.2	2.8	3.1	3.1
	0.2<窗墙面积比≤0.3	2.5	2.8	2.8
	0.3<窗墙面积比≤0.4	2.0	2.5	2.5
	0.4<窗墙面积比≤0.5	1.8	2.0	2.3
围护结构部位		保温材料层热阻 R[(m²·K)/W]		
周边地面		0.83	0.56	—
地下室外墙(与土壤接触的外墙)		0.91	0.61	—

表 4.2.2-5　寒冷(B)区围护结构热工性能参数限值

围护结构部位		传热系数 K[W/(m²·K)]		
		≤3 层建筑	(4～8)层的建筑	≥9 层建筑
屋　面		0.35	0.45	0.45
外　墙		0.45	0.60	0.70
架空或外挑楼板		0.45	0.60	0.60
非采暖地下室顶板		0.50	0.65	0.65
分隔采暖与非采暖空间的隔墙		1.5	1.5	1.5
分隔采暖与非采暖空间的户门		2.0	2.0	2.0
阳台门下部门芯板		1.7	1.7	1.7
外窗	窗墙面积比≤0.2	2.8	3.1	3.1
	0.2<窗墙面积比≤0.3	2.5	2.8	2.8
	0.3<窗墙面积比≤0.4	2.0	2.5	2.5
	0.4<窗墙面积比≤0.5	1.8	2.0	2.3
围护结构部位		保温材料层热阻 R[(m²·K)/W]		
周边地面		0.83	0.56	—
地下室外墙(与土壤接触的外墙)		0.91	0.61	—

注：周边地面和地下室外墙的保温材料层不包括土壤和混凝土地面。

表 4.2.2-6　寒冷(B)区外窗综合遮阳系数限值

围护结构部位		遮阳系数 SC(东、西向/南、北向)		
		≤3 层建筑	(4～8)层的建筑	≥9 层建筑
外窗	窗墙面积比≤0.2	—/—	—/—	—/—
	0.2<窗墙面积比≤0.3	—/—	—/—	—/—
	0.3<窗墙面积比≤0.4	0.45/—	0.45/—	0.45/—
	0.4<窗墙面积比≤0.5	0.35/—	0.35/—	0.35/—

344

4.2.3 围护结构热工性能参数计算应符合下列规定：

1 外墙的传热系数系指考虑了热桥影响后计算得到的平均传热系数，平均传热系数应按本标准附录 B 的规定计算。

2 窗墙面积比应按建筑开间计算。

3 周边地面是指室内距外墙内表面 2m 以内的地面，周边地面的传热系数应按本标准附录 C 的规定计算。

4 窗的综合遮阳系数应按下式计算：

$$SC = SC_C \times SD = SC_B \times (1 - F_K/F_C) \times SD \tag{4.2.3}$$

式中：SC——窗的综合遮阳系数；

SC_C——窗本身的遮阳系数；

SC_B——玻璃的遮阳系数；

F_K——窗框的面积；

F_C——窗的面积，F_K/F_C 为窗框面积比，PVC 塑钢窗或木窗窗框面积比可取 0.30，铝合金窗窗框面积比可取 0.20；

SD——外遮阳的遮阳系数，应按本标准附录 D 的规定计算。

4.2.4 寒冷(B)区建筑的南向外窗(包括阳台的透明部分)宜设置水平遮阳或活动遮阳。东、西向的外窗宜设置活动遮阳。外遮阳的遮阳系数应按本标准附录 D 确定。当设置了展开或关闭后可以全部遮蔽窗户的活动式外遮阳时，应认定满足本标准第 4.2.2 条对外窗的遮阳系数的要求。

4.2.5 居住建筑不宜设置凸窗。严寒地区除南向外不应设置凸窗，寒冷地区北向的卧室、起居室不得设置凸窗。

当设置凸窗时，凸窗凸出（从外墙面至凸窗外表面）不应大于 400mm；凸窗的传热系数限值应比普通窗降低 15%，且其不透明的顶部、底部、侧面的传热系数应小于或等于外墙的传热系数。当计算窗墙面积比时，凸窗的窗面积和凸窗所占的墙面积应按窗洞口面积计算。

4.2.6 外窗及敞开式阳台门应具有良好的密闭性能。严寒地区外窗及敞开式阳台门的气密性等级不应低于国家标准《建筑外门窗气密、水密、抗风压性能分级及检测方法》GB/T 7106－2008 中规定的 6 级。寒冷地区 1～6 层的外窗及敞开式阳台门的气密性等级不应低于国家标准《建筑外门窗气密、水密、抗风压性能分级及检测方法》GB/T 7106－2008 中规定的 4 级，7 层及 7 层以上不应低于 6 级。

4.2.7 封闭式阳台的保温应符合下列规定：

1 阳台和直接连通的房间之间应设置隔墙和门、窗。

2 当阳台和直接连通的房间之间不设置隔墙和门、窗时，应将阳台作为所连通房间的一部分。阳台与室外空气接触的墙板、顶板、地板的传热系数必须符合本标准第 4.2.2 条的规定，阳台的窗墙面积比必须符合本标准第 4.1.4 条的规定。

3 当阳台和直接连通的房间之间设置隔墙和门、窗，且所设隔墙、门、窗的传热系数不大于本标准第 4.2.2 条表中所列限值，窗墙面积比不超过本标准表 4.1.4 的限值时，可不对阳台外表面作特殊热工要求。

4 当阳台和直接连通的房间之间设置隔墙和门、窗，且所设隔墙、门、窗的传热系数大于本标准第 4.2.2 条表中所列限值时，阳台与室外空气接触的墙板、顶板、地板的传热系数不应大于本标准第 4.2.2 条表中所列限值的 120%，严寒地区阳台窗的传热系数不应大于 2.5W/(m²·K)，寒冷地区阳台窗的传热系数不应大于 3.1W/(m²·K)，阳台外表面的窗墙面积比不应大于 60%，阳台和直接连通房间隔墙的窗墙面积比不应超过本标准表 4.1.4 的限值。当阳台的面宽小于直接连通房间的开间宽度时，可按房间的开间计算隔墙的窗墙面积比。

4.2.8 外窗（门）框与墙体之间的缝隙，应采用高效保温材料填堵，不得采用普通水泥砂浆补缝。

4.2.9 外窗（门）洞口室外部分的侧墙面应做保温处理，并应保证窗（门）洞口室内部分的侧墙面的内表面温度不低于室内空气设计温、湿度条件下的露点温度，减小附加热损失。

4.2.10 外墙与屋面的热桥部位均应进行保温处理，并应保证热桥部位的内表面温度不低于室内空气设计温、湿度条件下的露点温度，减小附加热损失。

4.2.11 变形缝应采取保温措施，并应保证变形缝两侧墙的内表面温度在室内空气设计温、湿度条件下不低于露点温度。

4.2.12 地下室外墙应根据地下室不同用途，采取合理的保温措施。

4.3 围护结构热工性能的权衡判断

4.3.1 建筑围护结构热工性能的权衡判断应以建筑物耗热量指标为判据。

4.3.2 计算得到的所设计居住建筑的建筑物耗热量指标应小于或等于本标准附录 A 中表 A.0.1-2 的限值。

4.3.3 所设计建筑的建筑物耗热量指标应按下式计算：

$$q_H = q_{HT} + q_{INF} - q_{IH} \tag{4.3.3}$$

式中：q_H——建筑物耗热量指标(W/m²)；

q_{HT}——折合到单位建筑面积上单位时间内通过建筑围护结构的传热量(W/m²)；

q_{INF}——折合到单位建筑面积上单位时间内建筑物空气渗透耗热量(W/m²)；

q_{IH}——折合到单位建筑面积上单位时间内建筑物内部得热量，取 3.8W/m²。

4.3.4 折合到单位建筑面积上单位时间内通过建筑围护结构的传热量应按下式计算：

$$q_{HT} = q_{Hq} + q_{Hw} + q_{Hd} + q_{Hmc} + q_{Hy} \tag{4.3.4}$$

式中：q_{Hq}——折合到单位建筑面积上单位时间内通过墙的传热量(W/m²)；

q_{Hw}——折合到单位建筑面积上单位时间内通过屋面的传热量(W/m²)；

q_{Hd}——折合到单位建筑面积上单位时间内通过地面的传热量(W/m²)；

q_{Hmc}——折合到单位建筑面积上单位时间内通过门、窗的传热量(W/m²)；

q_{Hy}——折合到单位建筑面积上单位时间内非采暖封闭阳台的传热量(W/m²)。

4.3.5 折合到单位建筑面积上单位时间内通过外墙的传热量应按下式计算：

$$q_{Hq} = \frac{\sum q_{Hqi}}{A_0} = \frac{\sum \varepsilon_{qi} K_{mqi} F_{qi}(t_n - t_e)}{A_0} \tag{4.3.5}$$

式中：q_{Hq}——折合到单位建筑面积上单位时间内通过外墙的传热量(W/m²)；

t_n——室内计算温度，取 18℃；当外墙内侧是楼梯间时，则取 12℃；

t_e——采暖期室外平均温度（℃），应根据本标准附录 A 中的表 A.0.1-1 确定；

ε_{qi}——外墙传热系数的修正系数，应根据本标准附录 E 中的表 E.0.2 确定；

K_{mqi}——外墙平均传热系数[W/(m²·K)]，应根据本标准附录 B 计算确定；

F_{qi}——外墙的面积(m²)，可根据本标准附录 F 的规定计算确定；

A_0——建筑面积(m²)，可根据本标准附录 F 的规定计算确定。

4.3.6 折合到单位建筑面积上单位时间内通过屋面的传热量应按下式计算：

$$q_{Hw} = \frac{\Sigma q_{Hwi}}{A_0} = \frac{\Sigma \varepsilon_{wi} K_{wi} F_{wi} (t_n - t_e)}{A_0} \tag{4.3.6}$$

式中：q_{Hw}——折合到单位建筑面积上单位时间内通过屋面的传热量(W/m²)；

ε_{wi}——屋面传热系数的修正系数，应根据本标准附录 E 中的表 E.0.2 确定；

K_{wi}——屋面传热系数[W/(m²·K)]；

F_{wi}——屋面的面积(m²)，可根据本标准附录 F 的规定计算确定。

4.3.7 折合到单位建筑面积上单位时间内通过地面的传热量应按下式计算：

$$q_{Hd} = \frac{\Sigma q_{Hdi}}{A_0} = \frac{\Sigma K_{di} F_{di} (t_n - t_e)}{A_0} \tag{4.3.7}$$

式中：q_{Hd}——折合到单位建筑面积上单位时间内通过地面的传热量(W/m²)；

K_{di}——地面的传热系数[W/(m²·K)]，应根据本标准附录 C 的规定计算确定；

F_{di}——地面的面积(m²)，应根据本标准附录 F 的规定计算确定。

4.3.8 折合到单位建筑面积上单位时间内通过外窗（门）的传热量应按下式计算：

$$q_{Hmc} = \frac{\Sigma q_{Hmci}}{A_0} = \frac{\Sigma \left[K_{mci} F_{mci} (t_n - t_e) - I_{tyi} C_{mci} F_{mci} \right]}{A_0} \tag{4.3.8-1}$$

$$C_{mci} = 0.87 \times 0.70 \times SC \tag{4.3.8-2}$$

式中：q_{Hmc}——折合到单位建筑面积上单位时间内通过外窗（门）的传热量(W/m²)；

K_{mci}——窗（门）的传热系数[W/(m²·K)]；

F_{mci}——窗（门）的面积(m²)；

I_{tyi}——窗（门）外表面采暖期平均太阳辐射热(W/m²)，应根据本标准附录 A 中的表 A.0.1-1 确定；

C_{mci}——窗（门）的太阳辐射修正系数；

SC——窗的综合遮阳系数，按本标准式(4.2.3)计算；

0.87——3mm 普通玻璃的太阳辐射透过率；

0.70——折减系数。

4.3.9 折合到单位建筑面积上单位时间内通过非采暖封闭阳台的传热量应按下式计算：

$$q_{Hy} = \frac{\Sigma q_{Hyi}}{A_0} = \frac{\Sigma \left[K_{qmci} F_{qmci} \zeta_i (t_n - t_e) - I_{tyi} C'_{mci} F_{mci} \right]}{A_0} \tag{4.3.9-1}$$

$$C'_{mci} = (0.87 \times SC_W) \times (0.87 \times 0.70 \times SC_N) \tag{4.3.9-2}$$

式中：q_{Hy}——折合到单位建筑面积上单位时间内通过非采暖封闭阳台的传热量（W/m²）；

K_{qmci}——分隔封闭阳台和室内的墙、窗（门）的平均传热系数［W/（m²·K）］；

F_{qmci}——分隔封闭阳台和室内的墙、窗（门）的面积（m²）；

ζ_i——阳台的温差修正系数，应根据本标准附录 E 中的表 E.0.4 确定；

I_{tyi}——封闭阳台外表面采暖期平均太阳辐射热（W/m²），应根据本标准附录 A 中的表 A.0.1-1 确定；

F_{mci}——分隔封闭阳台和室内的窗（门）的面积（m²）；

C'_{mci}——分隔封闭阳台和室内的窗（门）的太阳辐射修正系数；

SC_W——外侧窗的综合遮阳系数，按本标准式（4.2.3）计算；

SC_N——内侧窗的综合遮阳系数，按本标准式（4.2.3）计算。

4.3.10 折合到单位建筑面积上单位时间内建筑物空气换气耗热量应按下式计算：

$$q_{INF} = \frac{(t_n - t_e)(C_p \rho N V)}{A_0} \tag{4.3.10}$$

式中：q_{INF}——折合到单位建筑面积上单位时间内建筑物空气换气耗热量（W/m²）；

C_p——空气的比热容，取 0.28Wh/（kg·K）；

ρ——空气的密度（kg/m³），取采暖期室外平均温度 t_e 下的值；

N——换气次数，取 0.5h⁻¹；

V——换气体积（m³），可根据本标准附录 F 的规定计算确定。

5 采暖、通风和空气调节节能设计

5.1 一般规定

5.1.1 集中采暖和集中空气调节系统的施工图设计，必须对每一个房间进行热负荷和逐项逐时的冷负荷计算。

5.1.2 位于严寒和寒冷地区的居住建筑，应设置采暖设施；位于寒冷(B)区的居住建筑，还宜设置或预留设置空调设施的位置和条件。

5.1.3 居住建筑集中采暖、空调系统的热、冷源方式及设备的选择，应根据节能要求，考虑当地资源情况、环境保护、能源效率及用户对采暖运行费用可承受的能力等综合因素，经技术经济分析比较确定。

5.1.4 居住建筑集中供热热源形式的选择，应符合下列规定：

1 以热电厂和区域锅炉房为主要热源；在城市集中供热范围内时，应优先采用城市热网提供的热源。

2 技术经济合理情况下，宜采用冷、热、电联供系统。

3 集中锅炉房的供热规模应根据燃料确定，当采用燃气时，供热规模不宜过大，采用燃煤时供热规模不宜过小。

4 在工厂区附近时，应优先利用工业余热和废热。

5 有条件时应积极利用可再生能源。

5.1.5 居住建筑的集中采暖系统，应按热水连续采暖进行设计。居住区内的商业、文化及其他公共建筑的采暖形式，可根据其使用性质、供热要求经技术经济比较确定。公共建筑的采暖系统应与居住建筑分开，并应具备分别计量的条件。

5.1.6 除当地电力充足和供电政策支持，或者建筑所在地无法利用其他形式的能源外，严寒和寒冷地区的居住建筑内，不应设计直接电热采暖。

5.2 热源、热力站及热力网

5.2.1 当地没有热电联产、工业余热和废热可资利用的严寒、寒冷地区，应建设以集中锅炉房为热源的供热系统。

5.2.2 新建锅炉房时，应考虑与城市热网连接的可能性。锅炉房宜建在靠近热负荷密度大的地区，并应满足该地区环保部门对锅炉房的选址要求。

5.2.3 独立建设的燃煤集中锅炉房中，单台锅炉的容量不宜小于 7.0MW；对于规模较小的居住区，锅炉的单台容量可适当降低，但不宜小于 4.2MW。

5.2.4 锅炉的选型，应与当地长期供应的燃料种类相适应。锅炉的设计效率不应低于表 5.2.4 中规定的数值。

表 5.2.4　锅炉的最低设计效率（%）

锅炉类型、燃料种类及发热值			在下列锅炉容量(MW)下的设计效率(%)						
			0.7	1.4	2.8	4.2	7.0	14.0	>28.0
燃煤	烟煤	Ⅱ	—	—	73	74	78	79	80
		Ⅲ	—	—	74	76	78	80	82
燃油、燃气			86	87	87	88	89	90	90

5.2.5 锅炉房的总装机容量应按下式确定：

$$Q_B = \frac{Q_0}{\eta_1} \tag{5.2.5}$$

式中：Q_B——锅炉房的总装机容量（W）；

Q_0——锅炉负担的采暖设计热负荷（W）；

η_1——室外管网输送效率，可取 0.92。

5.2.6 燃煤锅炉房的锅炉台数，宜采用（2～3）台，不应多于 5 台。当在低于设计运行负荷条件下多台锅炉联合运行时，单台锅炉的运行负荷不应低于额定负荷的 60%。

5.2.7 燃气锅炉房的设计，应符合下列规定：

　1 锅炉房的供热半径应根据区域的情况、供热规模、供热方式及参数等条件来合理地确定。当受条件限制供热面积较大时，应经技术经济比较确定，采用分区设置热力站的间接供热系统。

　2 模块式组合锅炉房，宜以楼栋为单位设置；数量宜为(4～8)台，不应多于 10 台；每个锅炉房的供热量宜在 1.4MW 以下。当总供热面积较大，且不能以楼栋为单位设置时，锅炉房应分散设置。

　3 当燃气锅炉直接供热系统的锅炉的供、回水温度和流量限定值，与负荷侧在整个运行期对供、回水温度和流量的要求不一致时，应按热源侧和用户侧配置二次泵水系统。

5.2.8 锅炉房设计时应充分利用锅炉产生的各种余热，并应符合下列规定：

1 热媒供水温度不高于 60℃ 的低温供热系统，应设烟气余热回收装置。

2 散热器采暖系统宜设烟气余热回收装置。

3 有条件时，应选用冷凝式燃气锅炉；当选用普通锅炉时，应另设烟气余热回收装置。

5.2.9 锅炉房和热力站的总管上，应设置计量总供热量的热量表（热量计量装置）。集中采暖系统中建筑物的热力入口处，必须设置楼前热量表，作为该建筑物采暖耗热量的热量结算点。

5.2.10 在有条件采用集中供热或在楼内集中设置燃气热水机组（锅炉）的高层建筑中，不宜采用户式燃气供暖炉（热水器）作为采暖热源。当必须采用户式燃气炉作为热源时，应设置专用的进气及排烟通道，并应符合下列规定：

1 燃气炉自身必须配置有完善且可靠的自动安全保护装置。

2 应具有同时自动调节燃气量和燃烧空气量的功能，并应配置有室温控制器。

3 配套供应的循环水泵的工况参数，应与采暖系统的要求相匹配。

5.2.11 当系统的规模较大时，宜采用间接连接的一、二次水系统；热力站规模不宜大于 100000m²；一次水设计供水温度宜取 115℃～130℃，回水温度应取 50℃～80℃。

5.2.12 当采暖系统采用变流量水系统时，循环水泵宜采用变速调节方式；水泵台数宜采用 2 台（一用一备）。当系统较大时，可通过技术经济分析后合理增加台数。

5.2.13 室外管网应进行严格的水力平衡计算。当室外管网通过阀门截流来进行阻力平衡时，各并联环路之间的压力损失差值，不应大于 15%。当室外管网水力平衡计算达不到上述要求时，应在热力站和建筑物热力入口处设置静态水力平衡阀。

5.2.14 建筑物的每个热力入口，应设计安装水过滤器，并应根据室外管网的水力平衡要求和建筑物内供暖系统所采用的调节方式，决定是否还要设置自力式流量控制阀、自力式压差控制阀或其他装置。

5.2.15 水力平衡阀的设置和选择，应符合下列规定：

1 阀门两端的压差范围，应符合其产品标准的要求。

2 热力站出口总管上，不应串联设置自力式流量控制阀；当有多个分环路时，各分环路总管上可根据水力平衡的要求设置静态水力平衡阀。

3 定流量水系统的各热力入口，可按照本标准第 5.2.13、5.2.14 条的规定设置静态水力平衡阀，或自力式流量控制阀。

4 变流量水系统的各热力入口，应根据水力平衡的要求和系统总体控制设置的情况，设置压差控制阀，但不应设置自力式定流量阀。

5 当采用静态水力平衡阀时，应根据阀门流通能力及两端压差，选择确定平衡阀的直径与开度。

6 当采用自力式流量控制阀时，应根据设计流量进行选型。

7 当采用自力式压差控制阀时，应根据所需控制压差选择与管路同尺寸的阀门，同时应确保其流量不小于设计最大值。

8 当选择自力式流量控制阀、自力式压差控制阀、电动平衡两通阀或动态平衡电动调节阀时，应保持阀权度 $S=0.3\sim0.5$。

5.2.16 在选配供热系统的热水循环泵时，应计算循环水泵的耗电输热比（EHR），并应标注在施工图的设计说明中。循环水泵的耗电输热比应符合下式要求：

$$EHR = \frac{N}{Q \cdot \eta} \leqslant \frac{A \times (20.4 + a\Sigma L)}{\Delta t} \tag{5.2.16}$$

式中：EHR——循环水泵的耗电输热比；

N——水泵在设计工况点的轴功率（kW）；

Q——建筑供热负荷（kW）；

η——电机和传动部分的效率，应按表5.2.16选取；

Δt——设计供回水温度差（℃），应按照设计要求选取；

A——与热负荷有关的计算系数，应按表5.2.16选取；

ΣL——室外主干线（包括供回水管）总长度（m）；

a——与 ΣL 有关的计算系数，应按如下选取或计算：

当 $\Sigma L \leqslant 400$m 时，$a=0.0115$；

当 $400 < \Sigma L < 1000$m 时，$a=0.003833+3.067/\Sigma L$；

当 $\Sigma L \geqslant 1000$m 时，$a=0.0069$。

表 5.2.16 电机和传动部分的效率及循环水泵的耗电输热比计算系数

热负荷 Q(kW)		<2000	≥2000
电机和传动部分的效率 η	直联方式	0.87	0.89
	联轴器连接方式	0.85	0.87
计算系数 A		0.0062	0.0054

5.2.17 设计一、二次热水管网时，应采用经济合理的敷设方式。对于庭院管网和二次网，宜采用直埋管敷设。对于一次管网，当管径较大且地下水位不高时，或者采取了可靠的地沟防水措施时，可采用地沟敷设。

5.2.18 供热管道保温厚度不应小于本标准附录 G 的规定值，当选用其他保温材料或其导热系数与附录 G 的规定值差异较大时，最小保温厚度应按下式修正：

$$\delta'_{min} = \frac{\lambda'_m \cdot \delta_{min}}{\lambda_m} \tag{5.2.18}$$

式中：δ'_{min}——修正后的最小保温层厚度（mm）；

δ_{min}——本标准附录 G 规定的最小保温层厚度（mm）；

λ'_m——实际选用的保温材料在其平均使用温度下的导热系数 [W/（m·K）]；

λ_m——本标准附录 G 规定的保温材料在其平均使用温度下的导热系数 [W/（m·K）]。

5.2.19 当区域供热锅炉房设计采用自动监测与控制的运行方式时，应满足下列规定：

1 应通过计算机自动监测系统，全面、及时地了解锅炉的运行状况。

2 应随时测量室外的温度和整个热网的需求，按照预先设定的程序，通过调节投入燃料量实现锅炉供热量调节，满足整个热网的热量需求，保证供暖质量。

3 应通过锅炉系统热特性识别和工况优化分析程序，根据前几天的运行参数、室外温度，预测该时段的最佳工况。

　　4　应通过对锅炉运行参数的分析，作出及时判断。

　　5　应建立各种信息数据库，对运行过程中的各种信息数据进行分析，并应能够根据需要打印各类运行记录，储存历史数据。

　　6　锅炉房、热力站的动力用电、水泵用电和照明用电应分别计量。

5.2.20　对于未采用计算机进行自动监测与控制的锅炉房和换热站，应设置供热量控制装置。

5.3　采 暖 系 统

5.3.1　室内的采暖系统，应以热水为热媒。

5.3.2　室内的采暖系统的制式，宜采用双管系统。当采用单管系统时，应在每组散热器的进出水支管之间设置跨越管，散热器应采用低阻力两通或三通调节阀。

5.3.3　**集中采暖（集中空调）系统，必须设置住户分室（户）温度调节、控制装置及分户热计量（分户热分摊）的装置或设施。**

5.3.4　当室内采用散热器供暖时，每组散热器的进水支管上应安装散热器恒温控制阀。

5.3.5　散热器宜明装，散热器的外表面应刷非金属性涂料。

5.3.6　采用散热器集中采暖系统的供水温度（t）、供回水温差（Δt）与工作压力（P），宜符合下列规定：

　　1　当采用金属管道时，$t \leqslant 95℃$、$\Delta t \geqslant 25℃$。

　　2　当采用热塑性塑料管时，$t \leqslant 85℃$；$\Delta t \geqslant 25℃$，且工作压力不宜大于1.0MPa。

　　3　当采用铝塑复合管-非热熔连接时，$t \leqslant 90℃$、$\Delta t \geqslant 25℃$。

　　4　当采用铝塑复合管-热熔连接时，应按热塑性塑料管的条件应用。

　　5　当采用铝塑复合管时，系统的工作压力可按表5.3.6确定。

表5.3.6　不同工作温度时铝塑复合管的允许工作压力

管材类型	代　号	长期工作温度 （℃）	允许工作压力 （MPa）
搭接焊式	PAP	60	1.00
		75※	0.82
		82※	0.69
	XPAP	75	1.00
		82	0.86
对接焊式	PAP3，PAP4	60	1.00
	XPAP1，XPAP2	75	1.50
	XPAP1，XPAP2	95	1.25

　　注：※指采用中密度聚乙烯(乙烯与辛烯共聚物)材料生产的复合管。

5.3.7　对室内具有足够的无家具覆盖的地面可供布置加热管的居住建筑，宜采用低温地面辐射供暖方式进行采暖。低温地面辐射供暖系统户（楼）内的供水温度不应超过60℃，供回水温差宜等于或小于10℃；系统的工作压力不应大于0.8MPa。

5.3.8 采用低温地面辐射供暖的集中供热小区，锅炉或换热站不宜直接提供温度低于60℃的热媒。当外网提供的热媒温度高于60℃时，宜在各户的分集水器前设置混水泵，抽取室内回水混入供水，保持其温度不高于设定值，并加大户内循环水量；混水装置也可以设置在楼栋的采暖热力入口处。

5.3.9 当设计低温地面辐射供暖系统时，宜按主要房间划分供暖环路，并应配置室温自动调控装置。在每户分水器的进水管上，应设置水过滤器，并应按户设置热量分摊装置。

5.3.10 施工图设计时，应严格进行室内供暖管道的水力平衡计算，确保各并联环路间（不包括公共段）的压力损失差额不大于15％；在水力平衡计算时，要计算水冷却产生的附加压力，其值可取设计供、回水温度条件下附加压力值的2/3。

5.3.11 在寒冷地区，当冬季设计状态下的采暖空调设备能效比（COP）小于1.8时，不宜采用空气源热泵机组供热；当有集中热源或气源时，不宜采用空气源热泵。

5.4 通风和空气调节系统

5.4.1 通风和空气调节系统设计应结合建筑设计，首先确定全年各季节的自然通风措施，并应做好室内气流组织，提高自然通风效率，减少机械通风和空调的使用时间。当在大部分时间内自然通风不能满足降温要求时，宜设置机械通风或空气调节系统，设置的机械通风或空气调节系统不应妨碍建筑的自然通风。

5.4.2 当采用分散式房间空调器进行空调和（或）采暖时，宜选择符合国家标准《房间空气调节器能效限定值及能源效率等级》GB 12021.3 和《转速可控型房间空气调节器能效限定值及能源效率等级》GB 21455 中规定的节能型产品（即能效等级 2 级）。

5.4.3 当采用电机驱动压缩机的蒸气压缩循环冷水（热泵）机组或采用名义制冷量大于7100W 的电机驱动压缩机单元式空气调节机作为住宅小区或整栋楼的冷热源机组时，所选用机组的能效比（性能系数）不应低于现行国家标准《公共建筑节能设计标准》GB 50189 中的规定值；当设计采用多联式空调（热泵）机组作为户式集中空调（采暖）机组时，所选用机组的制冷综合性能系数不应低于国家标准《多联式空调（热泵）机组能效限定值及能源效率等级》GB 21454－2008 中规定的第 3 级。

5.4.4 安装分体式空气调节器（含风管机、多联机）时，室外机的安装位置必须符合下列规定：

1 应能通畅地向室外排放空气和自室外吸入空气。

2 在排出空气与吸入空气之间不应发生明显的气流短路。

3 可方便地对室外机的换热器进行清扫。

4 对周围环境不得造成热污染和噪声污染。

5.4.5 设有集中新风供应的居住建筑，当新风系统的送风量大于或等于 $3000\text{m}^3/\text{h}$ 时，应设置排风热回收装置。无集中新风供应的居住建筑，宜分户（或分室）设置带热回收功能的双向换气装置。

5.4.6 当采用风机盘管机组时，应配置风速开关，宜配置自动调节和控制冷、热量的温控器。

5.4.7 当采用全空气直接膨胀风管式空调机时，宜按房间设计配置风量调控装置。

5.4.8 当选择土壤源热泵系统、浅层地下水源热泵系统、地表水（淡水、海水）源热泵系统、污水水源热泵系统作为居住区或户用空调（热泵）机组的冷热源时，严禁破坏、污染地下资源。

5.4.9 空气调节系统的冷热水管的绝热厚度，应按现行国家标准《设备及管道绝热设计导则》GB/T 8175 中的经济厚度和防止表面凝露的保冷层厚度的方法计算。建筑物内空气调节系统冷热水管的经济绝热厚度可按表 5.4.9 的规定选用。

表 5.4.9 建筑物内空气调节系统冷热水管的经济绝热厚度

管道类型	绝热材料			
	离心玻璃棉		柔性泡沫橡塑	
	公称管径 (mm)	厚度 (mm)	公称管径 (mm)	厚度 (mm)
单冷管道 （管内介质温度 7℃～常温）	≤DN32	25	按防结露要求计算	
	DN40～DN100	30		
	≥DN125	35		
热或冷热合用管道 （管内介质温度 5℃～60℃）	≤DN40	35	≤DN50	25
	DN50～DN100	40	DN70～DN150	28
	DN125～DN250	45	≥DN200	32
	≥DN300	50		
热或冷热合用管道 （管内介质温度 0℃～95℃）	≤DN50	50	不适宜使用	
	DN70～DN150	60		
	≥DN200	70		

注：1 绝热材料的导热系数 λ 应按下列公式计算：
离心玻璃棉：$\lambda=(0.033+0.00023t_m)[W/(m \cdot K)]$
柔性泡沫橡塑：$\lambda=(0.03375+0.0001375t_m)[W/(m \cdot K)]$
其中 t_m——绝热层的平均温度（℃）。
2 单冷管道和柔性泡沫橡塑保冷的管道均应进行防结露要求验算。

5.4.10 空气调节风管绝热层的最小热阻应符合表 5.4.10 的规定。

表 5.4.10 空气调节风管绝热层的最小热阻

风管类型	最小热阻（m² · K/W）
一般空调风管	0.74
低温空调风管	1.08

附录 A 主要城市的气候区属、气象参数、耗热量指标

A.0.1 根据采暖度日数和空调度日数，可将严寒和寒冷地区细分为五个气候子区，其

中主要城市的建筑节能计算用气象参数和建筑物耗热量指标应按表 A.0.1-1 和表 A.0.1-2 的规定确定。

A.0.2 严寒地区的分区指标是 $HDD18{\geqslant}3800$，气候特征是冬季严寒，根据冬季严寒的不同程度，又可细分成严寒(A)、严寒(B)、严寒(C)三个子区：

    1 严寒(A)区的分区指标是 $6000{\leqslant}HDD18$，气候特征是冬季异常寒冷，夏季凉爽；

    2 严寒(B)区的分区指标是 $5000{\leqslant}HDD18<6000$，气候特征是冬季非常寒冷，夏季凉爽；

    3 严寒(C)区的分区指标是 $3800{\leqslant}HDD18<5000$，气候特征是冬季很寒冷，夏季凉爽。

A.0.3 寒冷地区的分区指标是 $2000{\leqslant}HDD18<3800$，$0<CDD26$，气候特征是冬季寒冷，根据夏季热的不同程度，又可细分成寒冷(A)、寒冷(B)两个子区：

    1 寒冷(A)区的分区指标是 $2000{\leqslant}HDD18<3800$，$0<CDD26{\leqslant}90$，气候特征是冬季寒冷，夏季凉爽；

    2 寒冷(B)区的分区指标是 $2000{\leqslant}HDD18<3800$，$90<CDD26$，气候特征是冬季寒冷，夏季热。

表 A.0.1-1　严寒和寒冷地区主要城市的建筑节能计算用气象参数

城 市	气候区属	气象站			$HDD18$ (℃·d)	$CDD26$ (℃·d)	计算采暖期						
		北纬度	东经度	海拔 (m)			天数 (d)	室外平均温度 (℃)	太阳总辐射平均强度(W/m²)				
									水平	南向	北向	东向	西向
直辖市													
北京	Ⅱ(B)	39.93	116.28	55	2699	94	114	0.1	102	120	33	59	59
天津	Ⅱ(B)	39.10	117.17	5	2743	92	118	−0.2	99	106	34	56	57
河北省													
石家庄	Ⅱ(B)	38.03	114.42	81	2388	147	97	0.9	95	102	33	54	54
围场	Ⅰ(C)	41.93	117.75	844	4602	3	172	−5.1	118	121	38	66	66
丰宁	Ⅰ(C)	41.22	116.63	661	4167	5	161	−4.2	120	126	39	67	67
承德	Ⅱ(A)	40.98	117.95	386	3783	20	150	−3.4	107	112	35	60	60
张家口	Ⅱ(A)	40.78	114.88	726	3637	24	145	−2.7	106	118	36	62	60
怀来	Ⅱ(A)	40.40	115.50	538	3388	32	143	−1.8	105	117	36	61	59
青龙	Ⅱ(A)	40.40	118.95	228	3532	23	146	−2.5	107	112	35	61	59
蔚县	Ⅰ(C)	39.83	114.57	910	3955	9	151	−3.9	110	115	36	62	61
唐山	Ⅱ(A)	39.67	118.15	29	2853	72	120	−0.6	100	108	34	58	56
乐亭	Ⅱ(A)	39.43	118.90	12	3080	37	124	−1.3	104	111	35	60	57
保定	Ⅱ(B)	38.85	115.57	19	2564	129	108	0.4	94	102	32	55	52
沧州	Ⅱ(B)	38.33	116.83	11	2653	92	115	0.3	102	107	35	58	58
泊头	Ⅱ(B)	38.08	116.55	13	2593	126	119	0.4	101	106	34	58	56
邢台	Ⅱ(B)	37.07	114.50	78	2268	155	93	1.4	96	102	33	56	53

城　市	气候区属	气　象　站			HDD18（℃·d）	CDD26（℃·d）	计算采暖期						
		北纬度	东经度	海拔（m）			天数（d）	室外平均温度（℃）	太阳总辐射平均强度（W/m²）				
									水平	南向	北向	东向	西向
山西省													
太原	Ⅱ(A)	37.78	112.55	779	3160	11	127	−1.1	108	118	36	62	60
大同	Ⅰ(C)	40.10	113.33	1069	4120	8	158	−4.0	119	124	39	67	66
河曲	Ⅰ(C)	39.38	111.15	861	3913	18	150	−4.0	120	126	38	64	67
原平	Ⅱ(A)	38.75	112.70	838	3399	14	141	−1.7	108	118	36	61	61
离石	Ⅱ(A)	37.50	111.10	951	3424	16	140	−1.8	102	108	34	56	57
榆社	Ⅱ(A)	37.07	112.98	1042	3529	1	143	−1.7	111	118	37	62	62
介休	Ⅱ(A)	37.03	111.92	745	2978	24	121	−0.3	109	114	36	60	61
阳城	Ⅱ(A)	35.48	112.40	659	2698	21	112	0.7	104	109	34	57	57
运城	Ⅱ(B)	35.05	111.05	365	2267	185	84	1.3	91	97	30	50	49
内蒙古自治区													
呼和浩特	Ⅰ(C)	40.82	111.68	1065	4186	11	158	−4.4	116	122	37	65	64
图里河	Ⅰ(A)	50.45	121.70	733	8023	0	225	−14.38	105	101	33	58	57
海拉尔	Ⅰ(A)	49.22	119.75	611	6713	3	206	−12.0	77	82	27	47	46
博克图	Ⅰ(A)	48.77	121.92	739	6622	0	208	−10.3	75	81	26	46	44
新巴尔虎右旗	Ⅰ(A)	48.67	116.82	556	6157	13	195	−10.6	83	90	29	51	49
阿尔山	Ⅰ(A)	47.17	119.93	997	7364	0	218	−12.1	119	103	37	68	67
东乌珠穆沁旗	Ⅰ(B)	45.52	116.97	840	5940	11	189	−10.1	104	106	34	59	58
那仁宝拉格	Ⅰ(A)	44.62	114.15	1183	6153	4	200	−9.9	108	112	35	62	60
西乌珠穆沁旗	Ⅰ(B)	44.58	117.60	997	5812	4	198	−8.4	102	107	34	59	57
扎鲁特旗	Ⅰ(C)	44.57	120.90	266	4398	32	164	−5.6	105	112	36	63	60
阿巴嘎旗	Ⅰ(B)	44.02	114.95	1128	5892	7	188	−9.9	109	111	36	62	61
巴林左旗	Ⅰ(C)	43.98	119.40	485	4704	10	167	−6.4	110	116	37	65	62
锡林浩特	Ⅰ(B)	43.95	116.12	1004	5545	12	186	−8.6	107	109	35	61	60
二连浩特	Ⅰ(B)	43.65	112.00	966	5131	36	176	−8.0	113	112	39	64	63
林西	Ⅰ(C)	43.60	118.07	800	4858	7	174	−6.3	118	124	39	69	65
通辽	Ⅰ(C)	43.60	122.27	180	4376	22	164	−5.7	105	111	35	62	60
满都拉	Ⅰ(C)	42.53	110.13	1223	4746	20	175	−5.8	133	139	43	73	76
朱日和	Ⅰ(C)	42.40	112.90	1152	4810	16	174	−6.1	122	125	39	71	68
赤峰	Ⅰ(C)	42.27	118.97	572	4196	20	161	−4.5	116	123	38	66	64

城市	气候区属	气象站			HDD18 (℃·d)	CDD26 (℃·d)	计算采暖期						
		北纬度	东经度	海拔 (m)			天数 (d)	室外平均温度 (℃)	太阳总辐射平均强度(W/m²)				
									水平	南向	北向	东向	西向
多伦	Ⅰ(B)	42.18	116.47	1247	5466	0	186	−7.4	121	123	39	69	67
额济纳旗	Ⅰ(C)	41.95	101.07	941	3884	130	150	−4.3	128	140	42	75	71
化德	Ⅰ(B)	41.90	114.00	1484	5366	0	187	−6.8	124	125	40	71	68
达尔罕联合旗	Ⅰ(C)	41.70	110.43	1377	4969	5	176	−6.4	134	139	43	73	76
乌拉特后旗	Ⅰ(C)	41.57	108.52	1290	4675	10	173	−5.6	139	146	44	77	78
海力素	Ⅰ(C)	41.45	106.38	1510	4780	14	176	−5.8	136	140	43	76	75
集宁	Ⅰ(C)	41.03	113.07	1416	4873	0	177	−5.4	128	129	41	73	70
临河	Ⅱ(A)	40.77	107.40	1041	3777	30	151	−3.1	122	130	40	69	68
巴音毛道	Ⅰ(C)	40.75	104.50	1329	4208	30	158	−4.7	137	149	44	75	78
东胜	Ⅰ(C)	39.83	109.98	1459	4226	3	160	−3.8	128	133	41	70	73
吉兰太	Ⅱ(A)	39.78	105.75	1032	3746	68	150	−3.4	132	140	43	71	76
鄂托克旗	Ⅰ(C)	39.10	107.98	1381	4045	9	156	−3.6	130	136	42	70	73
辽宁省													
沈阳	Ⅰ(C)	41.77	123.43	43	3929	25	150	−4.5	94	97	32	54	53
彰武	Ⅰ(C)	42.42	122.53	84	4134	13	158	−4.9	104	109	35	60	59
清原	Ⅰ(C)	42.10	124.95	235	4598	8	165	−6.3	86	86	29	49	48
朝阳	Ⅱ(A)	41.55	120.45	176	3559	53	143	−3.1	96	103	35	56	55
本溪	Ⅰ(C)	41.32	123.78	185	4046	16	157	−4.4	90	91	30	52	50
锦州	Ⅱ(A)	41.13	121.12	70	3458	26	141	−2.5	91	100	32	55	52
宽甸	Ⅰ(C)	40.72	124.78	261	4095	4	158	−4.1	92	93	31	52	52
营口	Ⅱ(A)	40.67	122.20	4	3526	29	142	−2.9	89	95	31	51	51
丹东	Ⅱ(A)	40.05	124.33	14	3566	6	145	−2.2	91	100	32	51	55
大连	Ⅱ(A)	38.90	121.63	97	2924	16	125	0.1	104	108	35	57	60
吉林省													
长春	Ⅰ(C)	43.90	125.22	238	4642	12	165	−6.7	90	93	30	53	51
前郭尔罗斯	Ⅰ(C)	45.08	124.87	136	4800	17	165	−7.6	93	98	32	55	54
长岭	Ⅰ(C)	44.25	123.97	190	4718	15	165	−7.2	96	100	32	56	55
敦化	Ⅰ(B)	43.37	128.20	525	5221	1	183	−7.0	94	93	31	55	53
四平	Ⅰ(C)	43.18	124.33	167	4308	15	162	−5.5	94	97	32	55	53
桦甸	Ⅰ(B)	42.98	126.75	264	5007	4	168	−7.9	86	87	29	49	48
延吉	Ⅰ(C)	42.88	129.47	257	4687	5	166	−6.1	91	92	31	53	51

续表 A.0.1-1

城　市	气候区属	气　象　站			HDD18 (℃·d)	CDD26 (℃·d)	计算采暖期						
		北纬度	东经度	海拔(m)			天数(d)	室外平均温度(℃)	太阳总辐射平均强度(W/m²)				
									水平	南向	北向	东向	西向
临江	Ⅰ(C)	41.72	126.92	333	4736	4	165	−6.7	84	84	28	47	47
长白	Ⅰ(B)	41.35	128.17	775	5542	0	186	−7.8	96	92	31	54	53
集安	Ⅰ(C)	41.10	126.15	179	4142	9	159	−4.5	85	85	28	48	47
黑龙江省													
哈尔滨	Ⅰ(B)	45.75	126.77	143	5032	14	167	−8.5	83	86	28	49	48
漠河	Ⅰ(A)	52.13	122.52	433	7994	0	225	−14.7	100	91	33	57	58
呼玛	Ⅰ(A)	51.72	126.65	179	6805	4	202	−12.9	84	90	31	49	49
黑河	Ⅰ(A)	50.25	127.45	166	6310	4	193	−11.6	80	83	27	47	47
孙吴	Ⅰ(A)	49.43	127.35	235	6517	2	201	−11.5	69	74	24	40	41
嫩江	Ⅰ(A)	49.17	125.23	243	6352	5	193	−11.9	83	84	28	49	48
克山	Ⅰ(B)	48.05	125.88	237	5888	7	186	−10.6	83	85	28	49	48
伊春	Ⅰ(A)	47.72	128.90	232	6100	1	188	−10.8	77	78	27	46	45
海伦	Ⅰ(B)	47.43	126.97	240	5798	5	185	−10.3	82	84	28	49	48
齐齐哈尔	Ⅰ(B)	47.38	123.92	148	5259	23	177	−8.7	90	94	31	54	53
富锦	Ⅰ(B)	47.23	131.98	65	5594	6	184	−9.5	84	85	29	49	50
泰来	Ⅰ(B)	46.40	123.42	150	5005	26	168	−8.3	89	94	31	54	52
安达	Ⅰ(B)	46.38	125.32	150	5291	15	174	−9.1	90	93	30	53	52
宝清	Ⅰ(B)	46.32	132.18	83	5190	8	174	−8.2	86	90	29	49	50
通河	Ⅰ(B)	45.97	128.73	110	5675	3	185	−9.7	84	85	29	50	48
虎林	Ⅰ(B)	45.77	132.97	103	5351	2	177	−8.8	88	88	30	51	51
鸡西	Ⅰ(B)	45.28	130.95	281	5105	7	175	−7.7	91	92	31	53	53
尚志	Ⅰ(B)	45.22	127.97	191	5467	3	184	−8.8	90	90	30	53	52
牡丹江	Ⅰ(B)	44.57	129.60	242	5066	7	168	−8.2	93	97	32	56	54
绥芬河	Ⅰ(B)	44.38	131.15	568	5422	1	184	−7.6	94	94	32	56	54
江苏省													
赣榆	Ⅱ(A)	34.83	119.13	10	2226	83	87	2.1	93	100	32	52	51
徐州	Ⅱ(B)	34.28	117.15	42	2090	137	84	2.5	88	94	30	50	49
射阳	Ⅱ(B)	33.77	120.25	7	2083	92	83	3.0	95	102	32	52	52
安徽省													
亳州	Ⅱ(B)	33.88	115.77	42	2030	154	74	2.5	83	88	28	47	45
山东省													
济南	Ⅱ(B)	36.60	117.05	169	2211	160	92	1.8	97	104	33	56	53
长岛	Ⅱ(A)	37.93	120.72	40	2570	20	106	1.4	105	110	35	59	60

城 市	气候区属	气 象 站			HDD18 (℃·d)	CDD26 (℃·d)	计算采暖期						
		北纬度	东经度	海拔(m)			天数(d)	室外平均温度(℃)	太阳总辐射平均强度(W/m²)				
									水平	南向	北向	东向	西向
龙口	Ⅱ(A)	37.62	120.32	5	2551	60	108	1.1	104	108	35	57	59
惠民	Ⅱ(B)	37.50	117.53	12	2622	96	111	0.4	101	108	34	56	55
德州	Ⅱ(B)	37.43	116.32	22	2527	97	115	1.0	113	119	37	65	62
成山头	Ⅱ(A)	37.40	122.68	47	2672	2	115	2.0	109	116	37	62	63
陵县	Ⅱ(B)	37.33	116.57	19	2613	103	111	0.5	102	110	34	58	57
潍坊	Ⅱ(A)	36.77	119.18	22	2735	63	117	0.3	106	111	35	58	57
海阳	Ⅱ(A)	36.77	121.17	41	2631	20	109	1.1	109	113	36	61	59
莘县	Ⅱ(A)	36.23	115.67	38	2521	90	104	0.8	98	105	33	54	54
沂源	Ⅱ(A)	36.18	118.15	302	2660	45	116	0.7	102	106	34	56	56
青岛	Ⅱ(A)	36.07	120.33	77	2401	22	99	2.1	118	114	37	65	63
兖州	Ⅱ(B)	35.57	116.85	53	2390	97	103	1.5	101	107	33	56	55
日照	Ⅱ(A)	35.43	119.53	37	2361	39	98	2.1	125	119	41	70	66
菏泽	Ⅱ(A)	35.25	115.43	51	2396	89	111	2.0	104	107	34	58	57
费县	Ⅱ(A)	35.25	117.95	120	2296	83	94	1.7	103	108	34	57	58
定陶	Ⅱ(B)	35.07	115.57	49	2319	107	93	1.5	100	106	33	56	55
临沂	Ⅱ(A)	35.05	118.35	86	2375	70	100	1.7	102	104	33	56	56
河南省													
安阳	Ⅱ(B)	36.05	114.40	64	2309	131	93	1.3	99	105	33	57	54
孟津	Ⅱ(A)	34.82	112.43	333	2221	89	92	2.3	97	102	32	54	52
郑州	Ⅱ(B)	34.72	113.65	111	2106	125	88	2.5	99	106	33	56	56
卢氏	Ⅱ(A)	34.05	111.03	570	2516	30	103	1.5	99	104	32	53	53
西华	Ⅱ(B)	33.78	114.52	53	2096	110	77	2.4	93	97	31	53	50
四川省													
若尔盖	Ⅰ(B)	33.58	102.97	3441	5972	0	227	−2.9	161	142	47	83	82
松潘	Ⅰ(C)	32.65	103.57	2852	4218	0	156	−0.1	136	132	41	71	70
色达	Ⅰ(A)	32.28	100.33	3896	6274	0	228	−3.8	166	154	53	97	94
马尔康	Ⅱ(A)	31.90	102.23	2666	3390	0	115	1.3	137	139	43	72	73
德格	Ⅰ(C)	31.80	98.57	3185	4088	0	156	0.8	125	119	37	64	63
甘孜	Ⅰ(C)	31.62	100.00	3394	4414	0	173	−0.2	162	163	52	93	93
康定	Ⅰ(C)	30.05	101.97	2617	3873	0	141	0.6	119	117	37	61	62
理塘	Ⅰ(B)	30.00	100.27	3950	5173	0	188	−1.2	167	154	50	86	90
巴塘	Ⅱ(A)	30.00	99.10	2589	2100	0	50	3.8	149	156	49	79	81
稻城	Ⅰ(C)	29.05	100.30	3729	4762	0	177	−0.7	173	175	60	104	109

续表 A.0.1-1

城 市	气候区属	气 象 站			HDD18(℃·d)	CDD26(℃·d)	计算采暖期						
		北纬度	东经度	海拔(m)			天数(d)	室外平均温度(℃)	太阳总辐射平均强度(W/m²)				
									水平	南向	北向	东向	西向
贵州省													
毕节	Ⅱ(A)	27.30	105.23	1511	2125	0	70	3.7	102	101	33	54	54
威宁	Ⅱ(A)	26.87	104.28	2236	2636	0	75	3.0	109	108	34	57	57
云南省													
德钦	Ⅰ(C)	28.45	98.88	3320	4266	0	171	0.9	143	126	41	73	72
昭通	Ⅱ(A)	27.33	103.75	1950	2394	0	73	3.1	135	136	42	69	74
西藏自治区													
拉萨	Ⅱ(A)	29.67	91.13	3650	3425	0	126	1.6	148	147	46	80	79
狮泉河	Ⅰ(A)	32.50	80.08	4280	6048	0	224	−5.0	209	191	62	118	114
改则	Ⅰ(A)	32.30	84.05	4420	6577	0	232	−5.7	255	148	74	136	130
索县	Ⅰ(B)	31.88	93.78	4024	5775	0	215	−3.1	182	141	52	96	93
那曲	Ⅰ(A)	31.48	92.07	4508	6722	0	242	−4.8	147	127	43	80	75
丁青	Ⅰ(B)	31.42	95.60	3874	5197	0	194	−1.8	152	132	45	81	78
班戈	Ⅰ(A)	31.37	90.02	4701	6699	0	245	−4.2	183	152	53	97	94
昌都	Ⅱ(A)	31.15	97.17	3307	3764	0	140	0.6	120	115	37	64	64
申扎	Ⅰ(A)	30.95	88.63	4670	6402	0	231	−4.1	189	158	55	101	98
林芝	Ⅱ(A)	29.57	94.47	3001	3191	0	100	2.2	170	169	51	94	90
日喀则	Ⅰ(C)	29.25	88.88	3837	4047	0	157	0.3	168	153	51	91	87
隆子	Ⅰ(C)	28.42	92.47	3861	4473	0	173	−0.3	161	139	47	86	81
帕里	Ⅰ(A)	27.73	89.08	4300	6435	0	242	−3.1	178	141	50	94	89
陕西省													
西安	Ⅱ(B)	34.30	108.93	398	2178	153	82	2.1	87	91	29	48	47
榆林	Ⅱ(A)	38.23	109.70	1157	3672	19	143	−2.9	108	118	36	61	59
延安	Ⅱ(A)	36.60	109.50	959	3127	15	127	−0.9	103	111	34	55	57
宝鸡	Ⅱ(A)	34.35	107.13	610	2301	86	91	2.1	93	97	31	51	50
甘肃省													
兰州	Ⅱ(A)	36.05	103.88	1518	3094	10	126	−0.6	116	125	38	64	64
敦煌	Ⅱ(A)	40.15	94.68	1140	3518	25	139	−2.8	121	140	40	67	70
酒泉	Ⅰ(C)	39.77	98.48	1478	3971	3	152	−3.4	135	146	43	77	74
张掖	Ⅰ(C)	38.93	100.43	1483	4001	0	155	−3.6	136	146	43	75	75
民勤	Ⅱ(A)	38.63	103.08	1367	3715	12	150	−2.6	135	143	43	73	75
乌鞘岭	Ⅰ(A)	37.20	102.87	3044	6329	0	245	−4.0	157	139	47	84	81

城 市	气候区属	气 象 站			HDD18 (℃·d)	CDD26 (℃·d)	计算采暖期						
		北纬度	东经度	海拔(m)			天数(d)	室外平均温度(℃)	太阳总辐射平均强度(W/m²)				
									水平	南向	北向	东向	西向
西峰镇	Ⅱ(A)	35.73	107.63	1423	3364	1	141	−0.3	106	111	35	59	57
平凉	Ⅱ(A)	35.55	106.67	1348	3334	1	139	−0.3	107	112	35	57	58
合作	Ⅰ(B)	35.00	102.90	2910	5432	0	192	−3.4	144	139	44	75	77
岷县	Ⅰ(C)	34.72	104.88	2315	4409	0	170	−1.5	134	132	41	73	70
天水	Ⅱ(A)	34.58	105.75	1143	2729	10	110	1.0	98	99	33	54	53
成县	Ⅱ(A)	33.75	105.75	1128	2215	13	94	3.6	145	154	45	81	79
青海省													
西宁	Ⅰ(C)	36.62	101.77	2296	4478	0	161	−3.0	138	140	43	77	75
冷湖	Ⅰ(B)	38.83	93.38	2771	5395	0	193	−5.6	145	154	45	80	81
大柴旦	Ⅰ(B)	37.85	95.37	3174	5616	0	196	−5.8	148	155	46	82	83
德令哈	Ⅰ(C)	37.37	97.37	2982	4874	0	186	−3.7	144	142	44	78	79
刚察	Ⅰ(A)	37.33	100.13	3302	6471	0	226	−5.2	161	149	48	87	84
格尔木	Ⅰ(C)	36.42	94.90	2809	4436	0	170	−3.1	157	162	49	88	87
都兰	Ⅰ(B)	36.30	98.10	3192	5161	0	191	−3.6	154	152	47	84	82
同德	Ⅰ(B)	35.27	100.65	3290	5066	0	218	−5.5	161	160	49	88	85
玛多	Ⅰ(A)	34.92	98.22	4273	7683	0	277	−6.4	180	162	53	96	94
河南	Ⅰ(A)	34.73	101.60	3501	6591	0	246	−4.5	168	155	50	89	88
托托河	Ⅰ(A)	34.22	92.43	4535	7878	0	276	−7.2	178	156	52	98	93
曲麻莱	Ⅰ(A)	34.13	95.78	4176	7148	0	256	−5.8	175	156	52	94	92
达日	Ⅰ(A)	33.75	99.65	3968	6721	0	251	−4.5	170	148	49	88	89
玉树	Ⅰ(B)	33.02	97.02	3682	5154	0	191	−2.2	162	149	48	84	86
杂多	Ⅰ(A)	32.90	95.30	4068	6153	0	229	−3.8	155	132	45	83	80
宁夏回族自治区													
银川	Ⅱ(A)	38.47	106.20	1112	3472	11	140	−2.1	117	124	40	64	67
盐池	Ⅱ(A)	37.80	107.38	1356	3700	10	149	−2.3	130	134	42	70	73
中宁	Ⅱ(A)	37.48	105.68	1193	3349	22	137	−1.6	119	127	41	67	66
新疆维吾尔自治区													
乌鲁木齐	Ⅰ(C)	43.80	87.65	935	4329	36	149	−6.5	101	113	34	59	58
哈巴河	Ⅰ(C)	48.05	86.35	534	4867	10	172	−6.9	105	116	35	60	62
阿勒泰	Ⅰ(B)	47.73	88.08	737	5081	11	174	−7.9	109	123	36	63	64
富蕴	Ⅰ(B)	46.98	89.52	827	5458	22	174	−10.1	118	135	39	67	70
和布克赛尔	Ⅰ(B)	46.78	85.72	1294	5066	1	186	−5.6	119	131	39	69	68
塔城	Ⅰ(C)	46.73	83.00	535	4143	20	148	−5.1	90	111	32	52	54

续表 A.0.1-1

城市	气候区属	气象站			HDD18 (℃·d)	CDD26 (℃·d)	计算采暖期					
		北纬度	东经度	海拔(m)			天数(d)	室外平均温度(℃)	太阳总辐射平均强度(W/m²)				
									水平	南向	北向	东向	西向
克拉玛依	Ⅰ(C)	45.60	84.85	450	4234	196	144	−7.9	95	116	33	56	57
北塔山	Ⅰ(B)	45.37	90.53	1651	5434	2	192	−6.2	113	123	37	65	64
精河	Ⅰ(C)	44.62	82.90	321	4236	70	148	−6.9	98	108	34	58	57
奇台	Ⅰ(C)	44.02	89.57	794	4989	10	161	−9.2	120	136	39	68	68
伊宁	Ⅱ(A)	43.95	81.33	664	3501	9	137	−2.8	97	117	34	55	57
吐鲁番	Ⅱ(B)	42.93	89.20	37	2758	579	234	−2.5	102	121	35	58	60
哈密	Ⅱ(B)	42.82	93.52	739	3682	104	143	−4.1	120	136	40	68	69
巴伦台	Ⅰ(C)	42.67	86.33	1739	3992	0	146	−3.2	90	101	32	52	52
库尔勒	Ⅱ(B)	41.75	86.13	933	3115	123	121	−2.5	127	138	41	71	73
库车	Ⅱ(A)	41.72	82.95	1100	3162	42	109	−2.7	127	138	41	71	72
阿合奇	Ⅰ(C)	40.93	78.45	1986	4118	0	109	−3.6	131	144	42	72	73
铁干里克	Ⅱ(B)	40.63	87.70	847	3353	133	128	−3.5	125	148	41	69	72
阿拉尔	Ⅱ(A)	40.50	81.05	1013	3296	22	129	−3.0	125	148	41	69	71
巴楚	Ⅱ(A)	39.80	78.57	1117	2892	77	115	−2.1	133	155	43	72	75
喀什	Ⅱ(A)	39.47	75.98	1291	2767	46	121	−1.3	130	150	42	72	72
若羌	Ⅱ(B)	39.03	88.17	889	3149	152	122	−2.9	141	150	45	77	80
莎车	Ⅱ(A)	38.43	77.27	1232	2858	27	113	−1.5	134	152	43	73	76
安德河	Ⅱ(A)	37.93	83.65	1264	2673	60	129	−3.3	141	160	45	76	79
皮山	Ⅱ(A)	37.62	78.28	1376	2761	70	110	−1.3	134	150	43	73	74
和田	Ⅱ(A)	37.13	79.93	1375	2595	71	107	−0.6	128	142	42	70	72

注：表格中气候区属Ⅰ(A)为严寒(A)区、Ⅰ(B)为严寒(B)区、Ⅰ(C)为严寒(C)区；Ⅱ(A)为寒冷(A)区、Ⅱ(B)为寒冷(B)区。

表 A.0.1-2　严寒和寒冷地区主要城市的建筑物耗热量指标

城　市	气候区属	建筑物耗热量指标(W/m²)			
		≤3层	(4~8)层	(9~13)层	≥14层
直辖市					
北京	Ⅱ(B)	16.1	15.0	13.4	12.1
天津	Ⅱ(B)	17.1	16.0	14.3	12.7
河北省					
石家庄	Ⅱ(B)	15.7	14.6	13.1	11.6
围场	Ⅰ(C)	19.3	16.7	15.4	13.5
丰宁	Ⅰ(C)	17.8	15.4	14.2	12.4
承德	Ⅱ(A)	21.6	18.9	17.4	15.5

续表 A.0.1-2

城　市	气候区属	建筑物耗热量指标(W/m²)			
		≤3层	(4~8)层	(9~13)层	≥14层
张家口	Ⅱ(A)	20.2	17.7	16.2	14.5
怀来	Ⅱ(A)	18.9	16.5	15.1	13.5
青龙	Ⅱ(A)	20.1	17.6	16.2	14.4
蔚县	Ⅰ(C)	18.1	15.6	14.4	12.6
唐山	Ⅱ(A)	17.6	15.3	14.0	12.4
乐亭	Ⅱ(A)	18.4	16.1	14.7	13.1
保定	Ⅱ(B)	16.5	15.4	13.8	12.2
沧州	Ⅱ(B)	16.2	15.1	13.5	12.0
泊头	Ⅱ(B)	16.1	15.0	13.4	11.9
邢台	Ⅱ(B)	14.9	13.9	12.3	11.0
山西省					
太原	Ⅱ(A)	17.7	15.4	14.1	12.5
大同	Ⅰ(C)	17.6	15.2	14.0	12.2
河曲	Ⅰ(C)	17.6	15.2	14.0	12.3
原平	Ⅱ(A)	18.6	16.2	14.9	13.3
离石	Ⅱ(A)	19.4	17.0	15.6	13.8
榆社	Ⅱ(A)	18.6	16.2	14.8	13.2
介休	Ⅱ(A)	16.7	14.5	13.3	11.8
阳城	Ⅱ(A)	15.5	13.5	12.2	10.9
运城	Ⅱ(B)	15.5	14.4	12.9	11.4
内蒙古自治区					
呼和浩特	Ⅰ(C)	18.4	15.9	14.7	12.9
图里河	Ⅰ(A)	24.3	22.5	20.3	20.1
海拉尔	Ⅰ(A)	22.9	20.9	18.9	18.8
博克图	Ⅰ(A)	21.1	19.4	17.4	17.3
新巴尔虎右旗	Ⅰ(A)	20.9	19.3	17.3	17.2
阿尔山	Ⅰ(A)	21.5	20.1	18.0	17.7
东乌珠穆沁旗	Ⅰ(B)	23.6	20.8	19.0	17.6
那仁宝拉格	Ⅰ(A)	19.7	17.8	15.8	15.7
西乌珠穆沁旗	Ⅰ(B)	21.4	18.9	17.2	16.0
扎鲁特旗	Ⅰ(C)	20.6	17.7	16.4	14.4
阿巴嘎旗	Ⅰ(B)	23.1	20.4	18.6	17.2
巴林左旗	Ⅰ(C)	21.4	18.4	17.1	15.0
锡林浩特	Ⅰ(B)	21.6	19.1	17.4	16.1

城　　市	气候区属	建筑物耗热量指标(W/m²)			
		≤3层	(4～8)层	(9～13)层	≥14层
二连浩特	Ⅰ(B)	17.1	15.9	14.0	13.8
林西	Ⅰ(B)	20.8	17.9	16.6	14.6
通辽	Ⅰ(C)	20.8	17.8	16.5	14.5
满都拉	Ⅰ(C)	19.2	16.6	15.3	13.4
朱日和	Ⅰ(C)	20.5	17.6	16.3	14.3
赤峰	Ⅰ(C)	18.5	15.9	14.7	12.9
多伦	Ⅰ(B)	19.2	17.1	15.5	14.3
额济纳旗	Ⅰ(C)	17.2	14.9	13.7	12.0
化德	Ⅰ(B)	18.4	16.3	14.8	13.6
达尔罕联合旗	Ⅰ(C)	20.0	17.3	16.0	14.0
乌拉特后旗	Ⅰ(C)	18.5	16.1	14.8	13.0
海力素	Ⅰ(C)	19.1	16.6	15.3	13.4
集宁	Ⅰ(C)	19.3	16.6	15.4	13.4
临河	Ⅱ(A)	20.0	17.5	16.0	14.3
巴音毛道	Ⅰ(C)	17.1	14.9	13.7	12.0
东胜	Ⅰ(C)	16.8	14.5	13.4	11.7
吉兰太	Ⅱ(A)	19.8	17.3	15.8	14.2
鄂托克旗	Ⅰ(C)	16.4	14.2	13.1	11.4
辽宁省					
沈阳	Ⅰ(C)	20.1	17.2	15.9	13.9
彰武	Ⅰ(C)	19.9	17.1	15.8	13.9
清原	Ⅰ(C)	23.1	19.7	18.4	16.1
朝阳	Ⅱ(A)	21.7	18.9	17.4	15.5
本溪	Ⅰ(C)	20.2	17.3	16.0	14.0
锦州	Ⅱ(A)	21.0	18.3	16.9	15.0
宽甸	Ⅰ(C)	19.7	16.8	15.6	13.7
营口	Ⅱ(A)	21.8	19.1	17.6	15.6
丹东	Ⅱ(A)	20.6	18.0	16.6	14.7
大连	Ⅱ(A)	16.5	14.3	13.0	11.5
吉林省					
长春	Ⅰ(C)	23.3	19.9	18.6	16.3
前郭尔罗斯	Ⅰ(C)	24.2	20.7	19.4	17.0
长岭	Ⅰ(C)	23.5	20.1	18.8	16.5
敦化	Ⅰ(B)	20.6	18.0	16.5	15.2

城　市	气候区属	建筑物耗热量指标（W/m²）			
		≤3 层	(4～8)层	(9～13)层	≥14 层
四平	Ⅰ(C)	21.3	18.2	17.0	14.9
桦甸	Ⅰ(B)	22.1	19.3	17.7	16.3
延吉	Ⅰ(C)	22.5	19.2	17.9	15.7
临江	Ⅰ(C)	23.8	20.3	19.0	16.7
长白	Ⅰ(B)	21.5	18.9	17.2	15.9
集安	Ⅰ(C)	20.8	17.7	16.5	14.4
黑龙江省					
哈尔滨	Ⅰ(B)	22.9	20.0	18.3	16.9
漠河	Ⅰ(A)	25.2	23.1	20.9	20.6
呼玛	Ⅰ(A)	23.3	21.4	19.3	19.2
黑河	Ⅰ(A)	22.4	20.5	18.5	18.4
孙吴	Ⅰ(A)	22.8	20.8	18.8	18.7
嫩江	Ⅰ(A)	22.5	20.7	18.6	18.5
克山	Ⅰ(B)	25.6	22.4	20.6	19.0
伊春	Ⅰ(A)	21.7	19.9	17.9	17.7
海伦	Ⅰ(B)	25.2	22.0	20.2	18.7
齐齐哈尔	Ⅰ(B)	22.6	19.8	18.1	16.7
富锦	Ⅰ(B)	24.1	21.1	19.3	17.8
泰来	Ⅰ(B)	22.1	19.4	17.7	16.4
安达	Ⅰ(B)	23.2	20.4	18.6	17.2
宝清	Ⅰ(B)	22.2	19.5	17.8	16.5
通河	Ⅰ(B)	24.4	21.3	19.5	18.0
虎林	Ⅰ(B)	23.0	20.1	18.5	17.0
鸡西	Ⅰ(B)	21.4	18.8	17.1	15.8
尚志	Ⅰ(B)	23.0	20.1	18.4	17.0
牡丹江	Ⅰ(B)	21.9	19.2	17.5	16.2
绥芬河	Ⅰ(B)	21.2	18.6	17.0	15.6
江苏省					
赣榆	Ⅱ(A)	14.0	12.1	11.0	9.7
徐州	Ⅱ(B)	13.8	12.8	11.4	10.1
射阳	Ⅱ(B)	12.6	11.6	10.3	9.2
安徽省					
亳州	Ⅱ(B)	14.2	13.2	11.8	10.4

城　市	气候区属	建筑物耗热量指标（W/m²）			
		≤3层	(4～8)层	(9～13)层	≥14层
山东省					
济南	Ⅱ(B)	14.2	13.2	11.7	10.5
长岛	Ⅱ(A)	14.4	12.4	11.2	9.9
龙口	Ⅱ(A)	15.0	12.9	11.7	10.4
惠民	Ⅱ(B)	16.1	15.0	13.4	12.0
德州	Ⅱ(B)	14.4	13.4	11.9	10.7
成山头	Ⅱ(A)	13.1	11.3	10.1	9.0
陵县	Ⅱ(B)	15.9	14.8	13.2	11.8
海阳	Ⅱ(A)	14.7	12.7	11.5	10.2
潍坊	Ⅱ(A)	16.1	13.9	12.7	11.3
莘县	Ⅱ(A)	15.6	13.6	12.3	11.0
沂源	Ⅱ(A)	15.7	13.6	12.4	11.0
青岛	Ⅱ(A)	13.0	11.1	10.0	8.8
兖州	Ⅱ(B)	14.6	13.6	12.0	10.8
日照	Ⅱ(A)	12.7	10.8	9.7	8.5
费县	Ⅱ(A)	14.0	12.1	10.9	9.7
菏泽	Ⅱ(A)	13.7	11.8	10.7	9.5
定陶	Ⅱ(B)	14.7	13.6	12.1	10.8
临沂	Ⅱ(A)	14.2	12.3	11.1	9.8
河南省					
郑州	Ⅱ(B)	13.0	12.1	10.7	9.6
安阳	Ⅱ(B)	15.0	13.9	12.4	11.0
孟津	Ⅱ(A)	13.7	11.8	10.7	9.4
卢氏	Ⅱ(A)	14.7	12.7	11.5	10.2
西华	Ⅱ(B)	13.7	12.7	11.3	10.0
四川省					
若尔盖	Ⅰ(B)	12.4	11.2	9.9	9.1
松潘	Ⅰ(C)	11.9	10.3	9.3	8.0
色达	Ⅰ(A)	12.1	10.3	8.5	8.1
马尔康	Ⅱ(A)	12.7	10.9	9.7	8.8
德格	Ⅰ(C)	11.6	10.0	9.0	7.8
甘孜	Ⅰ(C)	10.1	8.9	7.9	6.6
康定	Ⅰ(C)	11.9	10.3	9.3	8.0
巴塘	Ⅱ(A)	7.8	6.6	5.5	5.1

城 市	气候区属	建筑物耗热量指标（W/m²）			
		≤3 层	(4～8)层	(9～13)层	≥14 层
理塘	Ⅰ(B)	9.6	8.9	7.7	7.0
稻城	Ⅰ(C)	9.9	8.7	7.7	6.3
贵州省					
毕节	Ⅱ(A)	11.5	9.8	8.8	7.7
威宁	Ⅱ(A)	12.0	10.3	9.2	8.2
云南省					
德钦	Ⅰ(C)	10.9	9.4	8.5	7.2
昭通	Ⅱ(A)	10.2	8.7	7.6	6.8
西藏自治区					
拉萨	Ⅱ(A)	11.7	10.0	8.9	7.9
狮泉河	Ⅰ(A)	11.8	10.1	8.2	7.8
改则	Ⅰ(A)	13.3	11.4	9.6	8.5
索县	Ⅰ(B)	12.4	11.2	9.9	8.9
那曲	Ⅰ(A)	13.7	12.3	10.5	10.3
丁青	Ⅰ(B)	11.7	10.5	9.2	8.4
班戈	Ⅰ(A)	12.5	10.7	8.9	8.6
昌都	Ⅱ(A)	15.2	13.1	11.9	10.5
申扎	Ⅰ(A)	12.0	10.4	8.6	8.2
林芝	Ⅱ(A)	9.4	8.0	6.9	6.2
日喀则	Ⅰ(C)	9.9	8.7	7.7	6.4
隆子	Ⅰ(C)	11.5	10.0	9.0	7.6
帕里	Ⅰ(A)	11.6	10.1	8.4	8.0
陕西省					
西安	Ⅱ(B)	14.7	13.6	12.2	10.7
榆林	Ⅱ(A)	20.5	17.9	16.5	14.7
延安	Ⅱ(A)	17.9	15.6	14.3	12.7
宝鸡	Ⅱ(A)	14.1	12.2	11.1	9.8
甘肃省					
兰州	Ⅱ(A)	16.5	14.4	13.1	11.7
敦煌	Ⅱ(A)	19.1	16.7	15.3	13.8
酒泉	Ⅰ(C)	15.7	13.6	12.5	10.9
张掖	Ⅰ(C)	15.8	13.8	12.6	11.0
民勤	Ⅱ(A)	18.4	16.1	14.7	13.2
乌鞘岭	Ⅰ(A)	12.6	11.1	9.3	9.1

续表 A.0.1-2

城 市	气候区属	建筑物耗热量指标(W/m²)			
		≤3层	(4～8)层	(9～13)层	≥14层
西峰镇	Ⅱ(A)	16.9	14.7	13.4	11.9
平凉	Ⅱ(A)	16.9	14.7	13.4	11.9
合作	Ⅰ(B)	13.3	12.0	10.7	9.9
岷县	Ⅰ(C)	13.8	12.0	10.9	9.4
天水	Ⅱ(A)	15.7	13.5	12.3	10.9
成县	Ⅱ(A)	8.3	7.1	6.0	5.5
青海省					
西宁	Ⅰ(C)	15.3	13.3	12.1	10.5
冷湖	Ⅰ(B)	15.2	13.8	12.3	11.4
大柴旦	Ⅰ(B)	15.3	13.9	12.4	11.5
德令哈	Ⅰ(C)	16.2	14.0	12.9	11.2
刚察	Ⅰ(A)	14.1	11.9	10.1	9.9
格尔木	Ⅰ(C)	14.0	12.3	11.2	9.7
都兰	Ⅰ(B)	12.8	11.6	10.3	9.5
同德	Ⅰ(B)	14.6	13.3	11.8	11.0
玛多	Ⅰ(A)	13.9	12.5	10.6	10.3
河南	Ⅰ(A)	13.1	11.0	9.2	9.0
托托河	Ⅰ(A)	15.4	13.4	11.4	11.1
曲麻菜	Ⅰ(A)	13.8	12.1	10.2	9.9
达日	Ⅰ(A)	13.2	11.2	9.4	9.1
玉树	Ⅰ(B)	11.2	10.2	8.9	8.2
杂多	Ⅰ(A)	12.7	11.1	9.4	9.1
宁夏回族自治区					
银川	Ⅱ(A)	18.8	16.4	15.0	13.4
盐池	Ⅱ(A)	18.6	16.2	14.8	13.2
中宁	Ⅱ(A)	17.8	15.5	14.2	12.6
新疆维吾尔自治区					
乌鲁木齐	Ⅰ(C)	21.8	18.7	17.4	15.4
哈巴河	Ⅰ(C)	22.2	19.1	17.8	15.6
阿勒泰	Ⅰ(B)	19.9	17.7	16.1	14.9
富蕴	Ⅰ(B)	21.9	19.5	17.8	16.6
和布克赛尔	Ⅰ(B)	16.6	14.9	13.4	12.4
塔城	Ⅰ(C)	20.2	17.4	16.1	14.3
克拉玛依	Ⅰ(C)	23.6	20.3	18.9	16.8

续表 A.0.1-2

城　市	气候区属	建筑物耗热量指标(W/m²)			
		≤3层	(4~8)层	(9~13)层	≥14层
北塔山	Ⅰ(B)	17.8	15.8	14.3	13.3
精河	Ⅰ(C)	22.7	19.4	18.1	15.9
奇台	Ⅰ(C)	24.1	20.9	19.4	17.2
伊宁	Ⅱ(A)	20.5	18.0	16.5	14.8
吐鲁番	Ⅱ(B)	19.9	18.6	16.8	15.0
哈密	Ⅱ(B)	21.3	20.0	18.0	16.2
巴伦台	Ⅰ(C)	18.1	15.5	14.3	12.6
库尔勒	Ⅱ(B)	18.6	17.5	15.6	14.1
库车	Ⅱ(A)	18.8	16.5	15.0	13.5
阿合奇	Ⅰ(C)	16.0	13.9	12.8	11.2
铁干里克	Ⅱ(B)	19.8	18.6	16.7	15.2
阿拉尔	Ⅱ(A)	18.9	16.6	15.1	13.7
巴楚	Ⅱ(A)	17.0	14.9	13.5	12.3
喀什	Ⅱ(A)	16.2	14.1	12.8	11.6
若羌	Ⅱ(B)	18.6	17.4	15.5	14.1
莎车	Ⅱ(A)	16.3	14.2	12.9	11.7
安德河	Ⅱ(A)	18.5	16.2	14.8	13.4
皮山	Ⅱ(A)	16.1	14.1	12.7	11.5
和田	Ⅱ(A)	15.5	13.5	12.2	11.0

注：表格中气候区属Ⅰ(A)为严寒(A)区、Ⅰ(B)为严寒(B)区、Ⅰ(C)为严寒(C)区；Ⅱ(A)为寒冷(A)区、Ⅱ(B)为寒冷(B)区。

附录 B　平均传热系数和热桥线传热系数计算

B.0.1 一个单元墙体的平均传热系数可按下式计算：

$$K_m = K + \frac{\Sigma \psi_j l_j}{A} \qquad (B.0.1)$$

式中：K_m——单元墙体的平均传热系数 [W/(m² · K)]；

K——单元墙体的主断面传热系数 [W/(m² · K)]；

ψ_j——单元墙体上的第 j 个结构性热桥的线传热系数 [W/(m · K)]；

l_j——单元墙体第 j 个结构性热桥的计算长度 (m)；

A——单元墙体的面积 (m²)。

B.0.2 在建筑外围护结构中，墙角、窗间墙、凸窗、阳台、屋顶、楼板、地板等处形成的热桥称为结构性热桥(图 B.0.2)。结构性热桥对墙体、屋面传热的影响可利用线传热系数 ψ 描述。

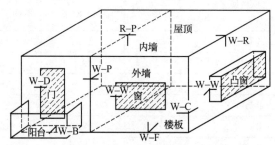

图 B.0.2 建筑外围护结构的结构性热桥示意图

W—D 外墙—门；W—B 外墙—阳台板；W—P 外墙—内墙；

W—W 外墙—窗；W—F 外墙—楼板；W—C 外墙角；

W—R 外墙—屋顶；R—P 屋顶—内墙

B.0.3 墙面典型的热桥(图 B.0.3)的平均传热系数 (K_m) 应按下式计算：

$$K_m = K + \frac{\psi_{W-P}H + \psi_{W-F}B + \psi_{W-C}H + \psi_{W-R}B + \psi_{W-W_L}h + \psi_{W-W_B}b + \psi_{W-W_R}h + \psi_{W-W_U}b}{A} \quad (B.0.3)$$

式中：ψ_{W-P}——外墙和内墙交接形成的热桥的线传热系数 $[W/(m \cdot K)]$；

ψ_{W-F}——外墙和楼板交接形成的热桥的线传热系数 $[W/(m \cdot K)]$；

ψ_{W-C}——外墙墙角形成的热桥的线传热系数 $[W/(m \cdot K)]$；

ψ_{W-R}——外墙和屋顶交接形成的热桥的线传热系数 $[W/(m \cdot K)]$；

ψ_{W-W_L}——外墙和左侧窗框交接形成的热桥的线传热系数 $[W/(m \cdot K)]$；

ψ_{W-W_B}——外墙和下边窗框交接形成的热桥的线传热系数 $[W/(m \cdot K)]$；

ψ_{W-W_R}——外墙和右侧窗框交接形成的热桥的线传热系数 $[W/(m \cdot K)]$；

ψ_{W-W_U}——外墙和上边窗框交接形成的热桥的线传热系数 $[W/(m \cdot K)]$。

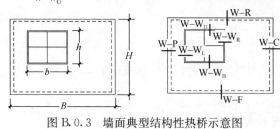

图 B.0.3 墙面典型结构性热桥示意图

B.0.4 热桥线传热系数应按下式计算：

$$\psi = \frac{Q^{2D} - KA(t_n - t_e)}{l(t_n - t_e)}$$

$$= \frac{Q^{2D}}{l(t_n - t_e)} - KC \quad (B.0.4)$$

式中：ψ ——热桥线传热系数 $[W/(m \cdot K)]$。

Q^{2D}——二维传热计算得出的流过一块包含热桥的墙体的热流(W)。该块墙体的构造沿着热桥的长度方向必须是均匀的，热流可以根据其横截面(对纵向热桥)或纵截面(对横向热桥)通过二维传热计算得到。

K——墙体主断面的传热系数 $[W/(m^2 \cdot K)]$。

A——计算 Q^{2D} 的那块矩形墙体的面积 (m^2)。

t_n——墙体室内侧的空气温度($℃$)。

t_e——墙体室外侧的空气温度($℃$)。

l——计算 Q^{2D} 的那块矩形的一条边的长度，热桥沿这个长度均匀分布。计算 ψ 时，l 宜取 1m。

C——计算 Q^{2D} 的那块矩形的另一条边的长度，即 $A=l \cdot C$，可取 $C \geqslant 1m$。

B.0.5 当计算通过包含热桥部位的墙体传热量(Q^{2D})时，墙面典型结构性热桥的截面示意见图 B.0.5。

B.0.6 当墙面上存在平行热桥且平行热桥之间的距离很小时，应一次同时计算平行热桥的线传热系数之和(图 B.0.6)。

"外墙-楼板"和"外墙-窗框"热桥线传热系数之和应按下式计算：

$$\psi_{W-F} + \psi_{W-W_U} = \frac{Q^{2D} - KA(t_n - t_e)}{l(t_n - t_e)}$$
$$= \frac{Q^{2D}}{l(t_n - t_e)} - KC$$

(B.0.6)

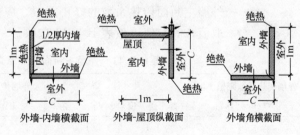

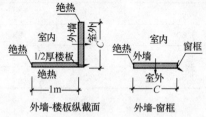

图 B.0.5 墙面典型结构性热桥截面示意图

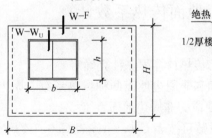

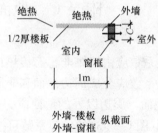

图 B.0.6 墙面平行热桥示意图

B.0.7 线传热系数 ψ 可利用本标准提供的二维稳态传热计算软件计算。

B.0.8 外保温墙体外墙和内墙交接形成的热桥的线传热系数 ψ_{W-P}、外墙和楼板交接形成的热桥的线传热系数 ψ_{W-F}、外墙墙角形成的热桥的线传热系数 ψ_{W-C} 可近似取 0。

B.0.9 建筑的某一面外墙(或全部外墙)的平均传热系数，可先计算各个不同单元墙的平均传热系数，然后再依据面积加权的原则，计算某一面外墙(或全部外墙)的平均传热系数。

当某一面外墙(或全部外墙)的主断面传热系数 K 均一致时，也可直接按本标准中式(B.0.1)计算某一面外墙(或全部外墙)的平均传热系数，这时式(B.0.1)中的 A 是某一面外墙(或全部外墙)的面积，式(B.0.1)中的 $\Sigma \psi l$ 是某一面外墙(或全部外墙)的面积全部结构性热桥的线传热系数和长度乘积之和。

B.0.10 单元屋顶的平均传热系数等于其主断面的传热系数。当屋顶出现明显的结构性热桥时，屋顶平均传热系数的计算方法与墙体平均传热系数的计算方法相同，也应按本标准中式(B.0.1)计算。

B.0.11 对于一般建筑,外墙外保温墙体的平均传热系数可按下式计算:

$$K_m = \varphi \cdot K \tag{B.0.11}$$

式中:K_m——外墙平均传热系数$[W/(m^2 \cdot K)]$。

K——外墙主断面传热系数$[W/(m^2 \cdot K)]$。

φ——外墙主断面传热系数的修正系数。应按墙体保温构造和传热系数综合考虑取值,其数值可按表 B.0.11 选取。

表 B.0.11　外墙主断面传热系数的修正系数 φ

外墙传热系数限值 K_m [W/(m²·K)]	外 保 温		外墙传热系数限值 K_m [W/(m²·K)]	外 保 温	
	普 通 窗	凸 窗		普 通 窗	凸 窗
0.70	1.1	1.2	0.45	1.2	1.3
0.65	1.1	1.2	0.40	1.2	1.3
0.60	1.1	1.3	0.35	1.3	1.4
0.55	1.2	1.3	0.30	1.3	1.4
0.50	1.2	1.3	0.25	1.4	1.5

附录C　地面传热系数计算

C.0.1 地面传热系数应由二维非稳态传热计算程序计算确定。

C.0.2 地面传热系数应分成周边地面和非周边地面两种传热系数,周边地面应为外墙内表面 2m 以内的地面,周边以外的地面应为非周边地面。

C.0.3 典型地面(图 C.0.3)的传热系数可按表 C.0.3-1～表 C.0.3-4 确定。

表 C.0.3-1　地面构造 1 中周边地面当量传热系数　$(K_d)[W/(m^2 \cdot K)]$

保温层 热阻 (m²·K)/W	西安 采暖期室外平均温度 2.1℃	北京 采暖期室外平均温度 0.1℃	长春 采暖期室外平均温度 −6.7℃	哈尔滨 采暖期室外平均温度 −8.5℃	海拉尔 采暖期室外平均温度 −12.0℃
3.00	0.05	0.06	0.08	0.08	0.08
2.75	0.05	0.07	0.09	0.08	0.09
2.50	0.06	0.07	0.10	0.09	0.11
2.25	0.08	0.07	0.11	0.10	0.11
2.00	0.09	0.08	0.12	0.11	0.12
1.75	0.10	0.09	0.14	0.13	0.14
1.50	0.11	0.11	0.15	0.14	0.15
1.25	0.12	0.12	0.16	0.15	0.17

保温层热阻 $(m^2 \cdot K)/W$	西安 采暖期室 外平均温度 2.1℃	北京 采暖期室 外平均温度 0.1℃	长春 采暖期室 外平均温度 −6.7℃	哈尔滨 采暖期室 外平均温度 −8.5℃	海拉尔 采暖期室 外平均温度 −12.0℃
1.00	0.14	0.14	0.19	0.17	0.20
0.75	0.17	0.17	0.22	0.20	0.22
0.50	0.20	0.20	0.26	0.24	0.26
0.25	0.27	0.26	0.32	0.29	0.31
0.00	0.34	0.38	0.38	0.40	0.41

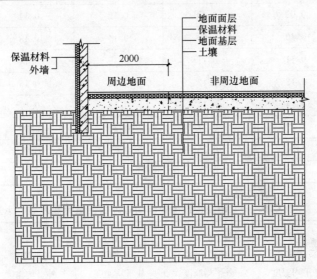

地面构造1

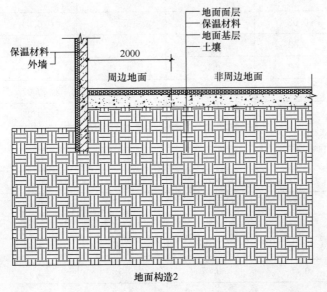

地面构造2

图 C.0.3 典型地面构造示意图

表 C.0.3-2　地面构造 2 中周边地面当量传热系数　$(K_d)[W/(m^2 \cdot K)]$

保温层热阻 $(m^2 \cdot K)/W$	西安采暖期室外平均温度 2.1℃	北京采暖期室外平均温度 0.1℃	长春采暖期室外平均温度 −6.7℃	哈尔滨采暖期室外平均温度 −8.5℃	海拉尔采暖期室外平均温度 −12.0℃
3.00	0.05	0.06	0.08	0.08	0.08
2.75	0.05	0.07	0.09	0.08	0.09
2.50	0.06	0.07	0.10	0.09	0.11
2.25	0.08	0.07	0.11	0.10	0.11
2.00	0.08	0.07	0.11	0.11	0.12
1.75	0.09	0.08	0.12	0.11	0.12
1.50	0.10	0.09	0.14	0.13	0.14
1.25	0.11	0.11	0.15	0.14	0.15
1.00	0.12	0.12	0.16	0.15	0.17
0.75	0.14	0.14	0.19	0.17	0.20
0.50	0.17	0.17	0.22	0.20	0.22
0.25	0.24	0.23	0.29	0.25	0.27
0.00	0.31	0.34	0.34	0.36	0.37

表 C.0.3-3　地面构造 1 中非周边地面当量传热系数　$(K_d)[W/(m^2 \cdot K)]$

保温层热阻 $(m^2 \cdot K)/W$	西安采暖期室外平均温度 2.1℃	北京采暖期室外平均温度 0.1℃	长春采暖期室外平均温度 −6.7℃	哈尔滨采暖期室外平均温度 −8.5℃	海拉尔采暖期室外平均温度 −12.0℃
3.00	0.02	0.03	0.08	0.06	0.07
2.75	0.02	0.03	0.08	0.06	0.07
2.50	0.03	0.03	0.09	0.06	0.08
2.25	0.03	0.04	0.09	0.07	0.07
2.00	0.03	0.04	0.10	0.07	0.08
1.75	0.03	0.04	0.10	0.07	0.08
1.50	0.03	0.04	0.11	0.07	0.09
1.25	0.04	0.05	0.11	0.08	0.09
1.00	0.04	0.05	0.12	0.08	0.10
0.75	0.04	0.06	0.13	0.09	0.10
0.50	0.05	0.06	0.14	0.09	0.11
0.25	0.06	0.07	0.15	0.10	0.11
0.00	0.08	0.10	0.17	0.19	0.21

表 C.0.3-4　地面构造 2 中非周边地面当量传热系数(K_d)　　[W/(m^2·K)]

保温层 热阻 (m^2·K)/W	西安 采暖期室 外平均温度 2.1℃	北京 采暖期室 外平均温度 0.1℃	长春 采暖期室 外平均温度 −6.7℃	哈尔滨 采暖期室 外平均温度 −8.5℃	海拉尔 采暖期室 外平均温度 −12.0℃
3.00	0.02	0.03	0.08	0.06	0.07
2.75	0.02	0.03	0.08	0.06	0.07
2.50	0.03	0.03	0.09	0.06	0.08
2.25	0.03	0.04	0.09	0.07	0.07
2.00	0.03	0.04	0.10	0.07	0.08
1.75	0.03	0.04	0.10	0.07	0.08
1.50	0.03	0.04	0.11	0.07	0.09
1.25	0.04	0.05	0.11	0.08	0.09
1.00	0.04	0.05	0.12	0.08	0.10
0.75	0.04	0.06	0.13	0.09	0.10
0.50	0.05	0.06	0.14	0.09	0.11
0.25	0.06	0.07	0.15	0.10	0.11
0.00	0.08	0.10	0.17	0.19	0.21

附录 D　外遮阳系数的简化计算

D.0.1　外遮阳系数应按下列公式计算：

$$SD = ax^2 + bx + 1 \tag{D.0.1-1}$$
$$x = A/B \tag{D.0.1-2}$$

式中：SD——外遮阳系数；

　　　x——外遮阳特征值，当 $x>1$ 时，取 $x=1$；

　　a、b——拟合系数，宜按表 D.0.1 选取；

　　A，B——外遮阳的构造定性尺寸，宜按图 D.0.1-1～图 D.0.1-5 确定。

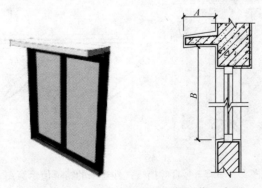

图 D.0.1-1　水平式外遮阳的特征值示意图

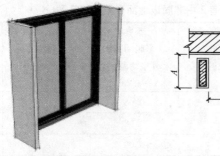
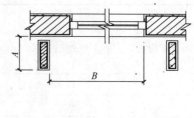

图 D. 0. 1-2　垂直式外遮阳的特征值示意图

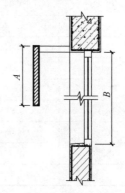

图 D. 0. 1-3　挡板式外遮阳的特征值示意图

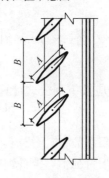

图 D. 0. 1-4　横百叶挡板式外遮阳的特征值示意图

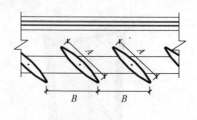

图 D. 0. 1-5　竖百叶挡板式外遮阳的特征值示意图

气候区	外遮阳基本类型		拟合系数	东	南	西	北
严寒地区	水平式 (图 D. 0. 1-1)		a	0.31	0.28	0.33	0.25
			b	−0.62	−0.71	−0.65	−0.48
	垂直式 (图 D. 0. 1-2)		a	0.42	0.31	0.47	0.42
			b	−0.83	−0.65	−0.90	−0.83
寒冷地区	水平式 (图 D. 0. 1-1)		a	0.34	0.65	0.35	0.26
			b	−0.78	−1.00	−0.81	−0.54
	垂直式 (图 D. 0. 1-2)		a	0.25	0.40	0.25	0.50
			b	−0.55	−0.76	0.54	−0.93
	挡板式 (图 D. 0. 1-3)		a	0.00	0.35	0.00	0.13
			b	−0.96	−1.00	−0.96	−0.93
	固定横百叶挡板式 (图 D. 0. 1-4)		a	0.45	0.54	0.48	0.34
			b	−1.20	−1.20	−1.20	−0.88
	固定竖百叶挡板式 (图 D. 0. 1-5)		a	0.00	0.19	0.22	0.57
			b	−0.70	−0.91	−0.72	−1.18
	活动横百叶挡板式 (图 D. 0. 1-4)	冬	a	0.21	0.04	0.19	0.20
			b	−0.65	−0.39	−0.61	−0.62
		夏	a	0.50	1.00	0.54	0.50
			b	−1.20	−1.70	−1.30	−1.20
	活动竖百叶挡板式 (图 D. 0. 1-5)	冬	a	0.40	0.09	0.38	0.20
			b	−0.99	−0.54	−0.95	−0.62
		夏	a	0.06	0.38	0.13	0.85
			b	−0.70	−1.10	−0.69	−1.49

注：拟合系数应按本标准第 4.2.2 条有关朝向的规定在本表中选取。

D. 0. 2　各种组合形式的外遮阳系数，可由参加组合的各种形式遮阳的外遮阳系数的乘积来确定，单一形式的外遮阳系数应按本标准式(D. 0. 1-1)、式(D. 0. 1-2)计算。

D. 0. 3　当外遮阳的遮阳板采用有透光能力的材料制作时，应按下式进行修正：

$$SD = 1-(1-SD^*)(1-\eta^*) \qquad (D.0.3)$$

式中：SD^*——外遮阳的遮阳板采用非透明材料制作时的外遮阳系数，应按本标准式(D. 0. 1-1)、式(D. 0. 1-2)计算；

η^*——遮阳板的透射比，宜按表 D. 0. 3 选取。

表 D. 0. 3　遮阳板的透射比

遮阳板使用的材料	规　格	η^*
织物面料、玻璃钢类板	—	0.40
玻璃、有机玻璃类板	深色：$0 < Se \leqslant 0.6$	0.60
	浅色：$0.6 < Se \leqslant 0.8$	0.80

续表 D.0.3

遮阳板使用的材料	规　格	η^*
金属穿孔板	穿孔率：$0<\varphi\leqslant0.2$	0.10
	穿孔率：$0.2<\varphi\leqslant0.4$	0.30
	穿孔率：$0.4<\varphi\leqslant0.6$	0.50
	穿孔率：$0.6<\varphi\leqslant0.8$	0.70
铝合金百叶板	—	0.20
木质百叶板	—	0.25
混凝土花格	—	0.50
木质花格	—	0.45

附录 E　围护结构传热系数的修正系数 ε 和封闭阳台温差修正系数 ζ

E.0.1　太阳辐射对外墙、屋面传热系数的影响可采用传热系数的修正系数 ε 计算。

E.0.2　外墙、屋面传热系数的修正系数 ε 可按表 E.0.2 确定。

表 E.0.2　外墙、屋面传热系数修正系数 ε

城　市	气候区属	外墙、屋面传热系数修正值				
		屋面	南墙	北墙	东墙	西墙
直辖市						
北　京	Ⅱ(B)	0.98	0.83	0.95	0.91	0.91
天　津	Ⅱ(B)	0.98	0.85	0.95	0.92	0.92
河北省						
石家庄	Ⅱ(B)	0.99	0.84	0.95	0.92	0.92
围　场	Ⅰ(C)	0.96	0.86	0.96	0.93	0.93
丰　宁	Ⅰ(C)	0.96	0.85	0.95	0.92	0.92
承　德	Ⅱ(A)	0.98	0.86	0.96	0.93	0.93
张家口	Ⅱ(A)	0.98	0.85	0.95	0.92	0.92
怀　来	Ⅱ(A)	0.98	0.85	0.95	0.92	0.92
青　龙	Ⅱ(A)	0.97	0.86	0.95	0.92	0.92
蔚　县	Ⅰ(C)	0.97	0.86	0.96	0.93	0.93
唐　山	Ⅱ(A)	0.98	0.85	0.95	0.92	0.92
乐　亭	Ⅱ(A)	0.98	0.85	0.95	0.92	0.92
保　定	Ⅱ(B)	0.99	0.85	0.95	0.92	0.92
沧　州	Ⅱ(B)	0.98	0.84	0.95	0.91	0.91
泊　头	Ⅱ(B)	0.98	0.84	0.95	0.91	0.92

城 市	气候区属	外墙、屋面传热系数修正值				
		屋面	南墙	北墙	东墙	西墙
邢 台	Ⅱ(B)	0.99	0.84	0.95	0.91	0.92
山西省						
太 原	Ⅱ(A)	0.97	0.84	0.95	0.91	0.92
大 同	Ⅰ(C)	0.96	0.85	0.95	0.92	0.92
河 曲	Ⅰ(C)	0.96	0.85	0.95	0.92	0.92
原 平	Ⅱ(A)	0.97	0.84	0.95	0.92	0.92
离 石	Ⅱ(A)	0.98	0.86	0.96	0.93	0.93
榆 社	Ⅱ(A)	0.97	0.84	0.95	0.92	0.92
介 休	Ⅱ(A)	0.97	0.84	0.95	0.91	0.91
阳 城	Ⅱ(A)	0.97	0.84	0.95	0.91	0.91
运 城	Ⅱ(B)	1.00	0.85	0.95	0.92	0.92
内蒙古自治区						
呼和浩特	Ⅰ(C)	0.97	0.86	0.96	0.92	0.93
图里河	Ⅰ(A)	0.99	0.92	0.97	0.95	0.95
海拉尔	Ⅰ(A)	1.00	0.93	0.98	0.96	0.96
博克图	Ⅰ(A)	1.00	0.93	0.98	0.96	0.96
新巴尔虎右旗	Ⅰ(A)	1.00	0.92	0.97	0.95	0.96
阿尔山	Ⅰ(A)	0.97	0.91	0.97	0.94	0.94
东乌珠穆沁旗	Ⅰ(B)	0.98	0.90	0.97	0.95	0.95
那仁宝拉格	Ⅰ(A)	0.98	0.89	0.97	0.94	0.94
西乌珠穆沁旗	Ⅰ(B)	0.99	0.89	0.97	0.94	0.94
扎鲁特旗	Ⅰ(C)	0.98	0.88	0.96	0.93	0.93
阿巴嘎旗	Ⅰ(B)	0.98	0.90	0.97	0.94	0.94
巴林左旗	Ⅰ(C)	0.97	0.88	0.96	0.93	0.93
锡林浩特	Ⅰ(B)	0.98	0.89	0.97	0.94	0.94
二连浩特	Ⅰ(A)	0.97	0.89	0.96	0.94	0.94
林 西	Ⅰ(C)	0.97	0.87	0.96	0.93	0.93
通 辽	Ⅰ(C)	0.98	0.88	0.96	0.93	0.93
满都拉	Ⅰ(C)	0.95	0.85	0.95	0.92	0.92
朱日和	Ⅰ(C)	0.96	0.86	0.96	0.92	0.92
赤 峰	Ⅰ(C)	0.97	0.86	0.96	0.92	0.93
多 伦	Ⅰ(B)	0.96	0.87	0.96	0.93	0.93
额济纳旗	Ⅰ(C)	0.95	0.84	0.95	0.91	0.92
化 德	Ⅰ(B)	0.96	0.87	0.96	0.93	0.93

续表 E.0.2

城市	气候区属	外墙、屋面传热系数修正值				
		屋面	南墙	北墙	东墙	西墙
达尔罕联合旗	Ⅰ(C)	0.95	0.85	0.95	0.92	0.92
乌拉特后旗	Ⅰ(C)	0.94	0.84	0.95	0.92	0.91
海力素	Ⅰ(C)	0.94	0.85	0.95	0.92	0.92
集 宁	Ⅰ(C)	0.95	0.86	0.95	0.92	0.92
临 河	Ⅱ(A)	0.95	0.84	0.95	0.92	0.92
巴音毛道	Ⅰ(C)	0.94	0.83	0.95	0.91	0.91
东 胜	Ⅰ(C)	0.95	0.84	0.95	0.92	0.91
吉兰太	Ⅱ(A)	0.94	0.83	0.95	0.91	0.91
鄂托克旗	Ⅰ(C)	0.95	0.84	0.95	0.91	0.91
辽宁省						
沈 阳	Ⅰ(C)	0.99	0.89	0.96	0.94	0.94
彰 武	Ⅰ(C)	0.98	0.88	0.96	0.93	0.93
清 原	Ⅰ(C)	1.00	0.91	0.97	0.95	0.95
朝 阳	Ⅱ(A)	0.99	0.87	0.96	0.93	0.93
本 溪	Ⅰ(C)	1.00	0.89	0.96	0.94	0.94
锦 州	Ⅱ(A)	1.00	0.87	0.96	0.93	0.93
宽 甸	Ⅰ(C)	1.00	0.89	0.96	0.94	0.94
营 口	Ⅱ(A)	1.00	0.88	0.96	0.94	0.94
丹 东	Ⅱ(A)	1.00	0.87	0.96	0.93	0.93
大 连	Ⅱ(A)	0.98	0.84	0.95	0.92	0.91
吉林省						
长 春	Ⅰ(C)	1.00	0.90	0.97	0.94	0.95
前郭尔罗斯	Ⅰ(C)	1.00	0.90	0.97	0.94	0.95
长 岭	Ⅰ(C)	0.99	0.90	0.97	0.94	0.94
敦 化	Ⅰ(B)	0.99	0.90	0.97	0.94	0.95
四 平	Ⅰ(C)	0.99	0.89	0.96	0.94	0.94
桦 甸	Ⅰ(B)	1.00	0.91	0.97	0.95	0.95
延 吉	Ⅰ(C)	1.00	0.90	0.97	0.94	0.94
临 江	Ⅰ(C)	1.00	0.91	0.97	0.95	0.95
长 白	Ⅰ(B)	0.99	0.91	0.97	0.94	0.95
集 安	Ⅰ(C)	1.00	0.90	0.97	0.94	0.95
黑龙江省						
哈尔滨	Ⅰ(B)	1.00	0.92	0.97	0.95	0.95
漠 河	Ⅰ(A)	0.99	0.93	0.97	0.95	0.95
呼 玛	Ⅰ(A)	1.00	0.92	0.97	0.96	0.96

城 市	气候 区属	外墙、屋面传热系数修正值				
		屋面	南墙	北墙	东墙	西墙
黑 河	Ⅰ(A)	1.00	0.93	0.98	0.96	0.96
孙 吴	Ⅰ(A)	1.00	0.93	0.98	0.96	0.96
嫩 江	Ⅰ(A)	1.00	0.93	0.98	0.96	0.96
克 山	Ⅰ(B)	1.00	0.92	0.97	0.96	0.96
伊 春	Ⅰ(A)	1.00	0.93	0.98	0.96	0.96
海 伦	Ⅰ(B)	1.00	0.92	0.97	0.96	0.96
齐齐哈尔	Ⅰ(B)	1.00	0.91	0.97	0.95	0.95
富 锦	Ⅰ(B)	1.00	0.92	0.97	0.95	0.95
泰 来	Ⅰ(B)	1.00	0.91	0.97	0.95	0.95
安 达	Ⅰ(B)	1.00	0.91	0.97	0.95	0.95
宝 清	Ⅰ(B)	1.00	0.91	0.97	0.95	0.95
通 河	Ⅰ(B)	1.00	0.92	0.97	0.95	0.95
虎 林	Ⅰ(B)	1.00	0.91	0.97	0.95	0.95
鸡 西	Ⅰ(B)	1.00	0.91	0.97	0.95	0.95
尚 志	Ⅰ(B)	1.00	0.91	0.97	0.95	0.95
牡丹江	Ⅰ(B)	0.99	0.90	0.97	0.94	0.95
绥芬河	Ⅰ(B)	0.99	0.90	0.97	0.94	0.95
江苏省						
赣 榆	Ⅱ(A)	0.99	0.84	0.95	0.91	0.92
徐 州	Ⅱ(B)	1.00	0.84	0.95	0.92	0.92
射 阳	Ⅱ(B)	0.99	0.82	0.94	0.91	0.91
安徽省						
亳 州	Ⅱ(B)	1.01	0.85	0.95	0.92	0.92
山东省						
济 南	Ⅱ(B)	0.99	0.83	0.95	0.91	0.91
长 岛	Ⅱ(A)	0.97	0.83	0.94	0.91	0.91
龙 口	Ⅱ(A)	0.97	0.83	0.95	0.91	0.91
惠民县	Ⅱ(B)	0.98	0.84	0.95	0.92	0.92
德 州	Ⅱ(B)	0.96	0.82	0.94	0.90	0.90
成山头	Ⅱ(A)	0.96	0.81	0.94	0.90	0.90
陵 县	Ⅱ(B)	0.98	0.84	0.95	0.91	0.92
海 阳	Ⅱ(A)	0.97	0.83	0.95	0.91	0.91
潍 坊	Ⅱ(A)	0.97	0.84	0.95	0.91	0.92
莘 县	Ⅱ(A)	0.98	0.84	0.95	0.92	0.92
沂 源	Ⅱ(A)	0.98	0.84	0.95	0.92	0.92

续表 E.0.2

城　市	气候区属	外墙、屋面传热系数修正值				
		屋面	南墙	北墙	东墙	西墙
青　岛	Ⅱ(A)	0.95	0.81	0.94	0.89	0.90
兖　州	Ⅱ(B)	0.98	0.83	0.95	0.91	0.91
日　照	Ⅱ(A)	0.94	0.81	0.93	0.88	0.89
费　县	Ⅱ(A)	0.98	0.83	0.94	0.91	0.91
菏　泽	Ⅱ(A)	0.97	0.83	0.94	0.91	0.91
定　陶	Ⅱ(B)	0.98	0.83	0.95	0.91	0.91
临　沂	Ⅱ(A)	0.98	0.83	0.95	0.91	0.91
河南省						
郑　州	Ⅱ(B)	0.98	0.82	0.94	0.90	0.91
安　阳	Ⅱ(B)	0.98	0.84	0.95	0.91	0.92
孟　津	Ⅱ(A)	0.99	0.83	0.95	0.91	0.91
卢　氏	Ⅱ(A)	0.98	0.84	0.95	0.92	0.92
西　华	Ⅱ(B)	0.99	0.84	0.95	0.91	0.92
四川省						
若尔盖	Ⅰ(B)	0.90	0.82	0.94	0.90	0.90
松　潘	Ⅰ(C)	0.93	0.81	0.94	0.90	0.90
色　达	Ⅰ(A)	0.90	0.82	0.94	0.88	0.89
马尔康	Ⅱ(A)	0.92	0.78	0.93	0.89	0.89
德　格	Ⅰ(C)	0.94	0.82	0.94	0.90	0.90
甘　孜	Ⅰ(C)	0.89	0.77	0.93	0.87	0.87
康　定	Ⅰ(C)	0.95	0.82	0.95	0.91	0.91
巴　塘	Ⅱ(A)	0.88	0.71	0.91	0.85	0.85
理　塘	Ⅰ(B)	0.88	0.79	0.93	0.88	0.88
稻　城	Ⅰ(C)	0.87	0.76	0.92	0.85	0.85
贵州省						
毕　节	Ⅱ(A)	0.97	0.82	0.94	0.90	0.90
威　宁	Ⅱ(A)	0.96	0.81	0.94	0.90	0.90
云南省						
德　钦	Ⅰ(C)	0.91	0.81	0.94	0.89	0.89
昭　通	Ⅱ(A)	0.91	0.76	0.93	0.88	0.87
西藏自治区						
拉　萨	Ⅱ(A)	0.90	0.77	0.93	0.87	0.88
狮泉河	Ⅰ(A)	0.85	0.78	0.93	0.87	0.87
改　则	Ⅰ(A)	0.80	0.84	0.92	0.85	0.86
索　县	Ⅰ(B)	0.88	0.83	0.94	0.88	0.88

续表 E.0.2

城 市	气候区属	外墙、屋面传热系数修正值				
		屋面	南墙	北墙	东墙	西墙
那 曲	Ⅰ(A)	0.93	0.86	0.95	0.91	0.91
丁 青	Ⅰ(B)	0.91	0.83	0.94	0.89	0.90
班 戈	Ⅰ(A)	0.88	0.82	0.94	0.89	0.89
昌 都	Ⅱ(A)	0.95	0.83	0.94	0.90	0.90
申 扎	Ⅰ(A)	0.87	0.81	0.94	0.88	0.88
林 芝	Ⅱ(A)	0.85	0.72	0.92	0.85	0.85
日喀则	Ⅰ(C)	0.87	0.77	0.92	0.86	0.87
隆 子	Ⅰ(C)	0.89	0.80	0.93	0.88	0.88
帕 里	Ⅰ(A)	0.88	0.83	0.94	0.88	0.89
陕西省						
西 安	Ⅱ(B)	1.00	0.85	0.95	0.92	0.92
榆 林	Ⅱ(A)	0.97	0.85	0.96	0.92	0.93
延 安	Ⅱ(A)	0.98	0.85	0.95	0.92	0.92
宝 鸡	Ⅱ(A)	0.99	0.84	0.95	0.92	0.92
甘肃省						
兰 州	Ⅱ(A)	0.96	0.83	0.95	0.91	0.91
敦 煌	Ⅱ(A)	0.96	0.82	0.95	0.92	0.91
酒 泉	Ⅰ(C)	0.94	0.82	0.95	0.91	0.91
张 掖	Ⅰ(C)	0.94	0.82	0.95	0.91	0.91
民 勤	Ⅱ(A)	0.94	0.82	0.95	0.91	0.90
乌鞘岭	Ⅰ(A)	0.91	0.84	0.94	0.90	0.90
西峰镇	Ⅱ(A)	0.97	0.84	0.95	0.92	0.92
平 凉	Ⅱ(A)	0.97	0.84	0.95	0.92	0.92
合 作	Ⅰ(C)	0.93	0.83	0.95	0.91	0.91
岷 县	Ⅰ(C)	0.93	0.82	0.94	0.90	0.91
天 水	Ⅱ(A)	0.98	0.85	0.95	0.92	0.92
成 县	Ⅱ(A)	0.89	0.72	0.92	0.85	0.86
青海省						
西 宁	Ⅰ(C)	0.93	0.83	0.95	0.90	0.91
冷 湖	Ⅰ(B)	0.93	0.83	0.95	0.91	0.91
大柴旦	Ⅰ(B)	0.93	0.83	0.95	0.91	0.91
德令哈	Ⅰ(C)	0.93	0.83	0.95	0.91	0.90
刚 察	Ⅰ(A)	0.91	0.83	0.95	0.90	0.91
格尔木	Ⅰ(C)	0.91	0.80	0.94	0.89	0.89
都 兰	Ⅰ(B)	0.91	0.82	0.94	0.90	0.90

城市	气候区属	外墙、屋面传热系数修正值				
		屋面	南墙	北墙	东墙	西墙
同 德	I(B)	0.91	0.82	0.95	0.90	0.91
玛 多	I(A)	0.89	0.83	0.94	0.90	0.90
河 南	I(A)	0.90	0.82	0.94	0.90	0.90
托托河	I(A)	0.90	0.84	0.95	0.90	0.90
曲麻莱	I(A)	0.90	0.83	0.94	0.90	0.90
达 日	I(A)	0.90	0.83	0.94	0.90	0.90
玉 树	I(B)	0.90	0.81	0.94	0.89	0.89
杂 多	I(A)	0.91	0.84	0.95	0.90	0.90
宁夏回族自治区						
银 川	II(A)	0.96	0.84	0.95	0.92	0.91
盐 池	II(A)	0.94	0.83	0.95	0.91	0.91
中 宁	II(A)	0.96	0.83	0.95	0.91	0.91
新疆维吾尔自治区						
乌鲁木齐	I(C)	0.98	0.88	0.96	0.94	0.94
哈巴河	I(C)	0.98	0.88	0.96	0.94	0.93
阿勒泰	I(B)	0.98	0.88	0.96	0.94	0.94
富 蕴	I(B)	0.97	0.87	0.96	0.94	0.94
和布克赛尔	I(B)	0.96	0.86	0.96	0.92	0.93
塔 城	I(C)	1.00	0.88	0.96	0.94	0.94
克拉玛依	I(C)	0.99	0.88	0.97	0.94	0.94
北塔山	I(B)	0.97	0.87	0.96	0.93	0.93
精 河	I(C)	0.99	0.89	0.96	0.94	0.94
奇 台	I(C)	0.97	0.87	0.96	0.93	0.93
伊 宁	II(A)	0.99	0.85	0.96	0.93	0.93
吐鲁番	II(B)	0.98	0.85	0.96	0.93	0.92
哈 密	II(B)	0.96	0.84	0.95	0.92	0.92
巴伦台	I(C)	1.00	0.88	0.96	0.94	0.94
库尔勒	II(B)	0.95	0.82	0.95	0.91	0.91
库 车	II(A)	0.95	0.83	0.95	0.91	0.91
阿合奇	I(C)	0.94	0.83	0.95	0.91	0.91
铁干里克	II(B)	0.95	0.82	0.95	0.92	0.91
阿拉尔	II(A)	0.95	0.82	0.95	0.91	0.91
巴 楚	II(A)	0.95	0.80	0.94	0.91	0.90
喀 什	II(A)	0.94	0.80	0.94	0.90	0.90

城　市	气候区属	外墙、屋面传热系数修正值				
		屋面	南墙	北墙	东墙	西墙
若　羌	Ⅱ(B)	0.93	0.81	0.94	0.90	0.90
莎　车	Ⅱ(A)	0.93	0.80	0.94	0.90	0.90
安德河	Ⅱ(A)	0.93	0.80	0.95	0.91	0.90
皮　山	Ⅱ(A)	0.93	0.80	0.94	0.90	0.90
和　田	Ⅱ(A)	0.94	0.80	0.94	0.90	0.90

注：表格中气候区属Ⅰ(A)为严寒(A)区、Ⅰ(B)为严寒(B)区、Ⅰ(C)为严寒(C)区；Ⅱ(A)为寒冷(A)区、Ⅱ(B)为寒冷(B)区。

E.0.3 封闭阳台对外墙传热的影响可采用阳台温差修正系数 ξ 来计算。

E.0.4 不同朝向的阳台温差修正系数 ξ 可按表 E.0.4 确定。

表 E.0.4　不同朝向的阳台温差修正系数 ξ

城　市	气候区属	阳台类型	阳台温差修正系数			
			南向	北向	东向	西向
直辖市						
北　京	Ⅱ(B)	凸阳台	0.44	0.62	0.56	0.56
		凹阳台	0.32	0.47	0.43	0.43
天　津	Ⅱ(B)	凸阳台	0.47	0.61	0.57	0.57
		凹阳台	0.35	0.47	0.43	0.43
河北省						
石家庄	Ⅱ(B)	凸阳台	0.46	0.61	0.57	0.57
		凹阳台	0.34	0.47	0.43	0.43
围　场	Ⅰ(C)	凸阳台	0.49	0.62	0.58	0.58
		凹阳台	0.37	0.48	0.44	0.44
丰　宁	Ⅰ(C)	凸阳台	0.47	0.62	0.57	0.57
		凹阳台	0.35	0.47	0.43	0.44
承　德	Ⅱ(A)	凸阳台	0.49	0.62	0.58	0.58
		凹阳台	0.37	0.48	0.44	0.44
张家口	Ⅱ(A)	凸阳台	0.47	0.62	0.57	0.58
		凹阳台	0.35	0.47	0.44	0.44
怀　来	Ⅱ(A)	凸阳台	0.46	0.62	0.57	0.57
		凹阳台	0.35	0.47	0.43	0.44
青　龙	Ⅱ(A)	凸阳台	0.48	0.62	0.57	0.58
		凹阳台	0.36	0.47	0.44	0.44
蔚　县	Ⅰ(C)	凸阳台	0.49	0.62	0.58	0.58
		凹阳台	0.37	0.48	0.44	0.44

表 E.0.4

城 市	气候区属	阳台类型	阳台温差修正系数			
			南向	北向	东向	西向
直辖市						
唐 山	Ⅱ(A)	凸阳台	0.47	0.62	0.57	0.57
		凹阳台	0.35	0.47	0.43	0.44
乐 亭	Ⅱ(A)	凸阳台	0.47	0.62	0.57	0.57
		凹阳台	0.35	0.47	0.43	0.44
保 定	Ⅱ(B)	凸阳台	·0.47	0.62	0.57	0.57
		凹阳台	0.35	0.47	0.43	0.44
沧 州	Ⅱ(B)	凸阳台	0.46	0.61	0.56	0.56
		凹阳台	0.34	0.47	0.43	0.43
泊 头	Ⅱ(B)	凸阳台	0.46	0.61	0.56	0.57
		凹阳台	0.34	0.47	0.43	0.43
邢 台	Ⅱ(B)	凸阳台	0.45	0.61	0.56	0.56
		凹阳台	0.34	0.47	0.42	0.43
山西省						
太 原	Ⅱ(A)	凸阳台	0.45	0.61	0.56	0.57
		凹阳台	0.34	0.47	0.43	0.43
大 同	Ⅰ(C)	凸阳台	0.47	0.62	0.57	0.57
		凹阳台	0.35	0.47	0.43	0.44
河 曲	Ⅰ(C)	凸阳台	0.47	0.62	0.58	0.57
		凹阳台	0.35	0.47	0.44	0.43
原 平	Ⅱ(A)	凸阳台	0.46	0.62	0.57	0.57
		凹阳台	0.34	0.47	0.43	0.43
离 石	Ⅱ(A)	凸阳台	0.48	0.62	0.58	0.58
		凹阳台	0.36	0.47	0.44	0.44
榆 社	Ⅱ(A)	凸阳台	0.46	0.61	0.57	0.57
		凹阳台	0.34	0.47	0.43	0.43
介 休	Ⅱ(A)	凸阳台	0.45	0.61	0.56	0.56
		凹阳台	0.34	0.47	0.43	0.43
阳 城	Ⅱ(A)	凸阳台	0.45	0.61	0.56	0.56
		凹阳台	0.33	0.47	0.43	0.43
运 城	Ⅱ(B)	凸阳台	0.47	0.62	0.57	0.57
		凹阳台	0.35	0.47	0.44	0.44
内蒙古自治区						
呼和浩特	Ⅰ(C)	凸阳台	0.48	0.62	0.58	0.58
		凹阳台	0.36	0.48	0.44	0.44

表 E.0.4

城　市	气候区属	阳台类型	阳台温差修正系数			
			南向	北向	东向	西向
图里河	Ⅰ(A)	凸阳台	0.57	0.65	0.62	0.62
		凹阳台	0.43	0.50	0.47	0.47
海拉尔	Ⅰ(A)	凸阳台	0.58	0.65	0.63	0.63
		凹阳台	0.44	0.50	0.48	0.48
博克图	Ⅰ(A)	凸阳台	0.58	0.65	0.62	0.63
		凹阳台	0.44	0.50	0.48	0.48
新巴尔虎右旗	Ⅰ(A)	凸阳台	0.57	0.65	0.62	0.62
		凹阳台	0.43	0.50	0.47	0.47
阿尔山	Ⅰ(A)	凸阳台	0.56	0.64	0.60	0.60
		凹阳台	0.42	0.49	0.46	0.46
东乌珠穆沁旗	Ⅰ(B)	凸阳台	0.54	0.64	0.61	0.61
		凹阳台	0.41	0.49	0.46	0.46
那仁宝拉格	Ⅰ(A)	凸阳台	0.53	0.64	0.60	0.60
		凹阳台	0.40	0.49	0.46	0.46
西乌珠穆沁旗	Ⅰ(B)	凸阳台	0.53	0.64	0.60	0.60
		凹阳台	0.40	0.49	0.46	0.46
扎鲁特旗	Ⅰ(C)	凸阳台	0.51	0.63	0.58	0.59
		凹阳台	0.38	0.48	0.45	0.45
阿巴嘎旗	Ⅰ(B)	凸阳台	0.54	0.64	0.60	0.60
		凹阳台	0.41	0.49	0.46	0.46
巴林左旗	Ⅰ(C)	凸阳台	0.51	0.63	0.58	0.59
		凹阳台	0.38	0.48	0.45	0.45
锡林浩特	Ⅰ(B)	凸阳台	0.53	0.64	0.60	0.60
		凹阳台	0.40	0.49	0.46	0.46
二连浩特	Ⅰ(A)	凸阳台	0.52	0.63	0.59	0.59
		凹阳台	0.40	0.48	0.45	0.45
林　西	Ⅰ(C)	凸阳台	0.49	0.62	0.58	0.58
		凹阳台	0.37	0.48	0.44	0.44
哲里木盟	Ⅰ(C)	凸阳台	0.51	0.63	0.59	0.59
		凹阳台	0.38	0.48	0.45	0.45
满都拉	Ⅰ(C)	凸阳台	0.47	0.62	0.57	0.56
		凹阳台	0.35	0.47	0.43	0.43
朱日和	Ⅰ(C)	凸阳台	0.49	0.62	0.57	0.58
		凹阳台	0.37	0.48	0.44	0.44

表 E.0.4

城 市	气候区属	阳台类型	阳台温差修正系数			
			南向	北向	东向	西向
赤 峰	Ⅰ(C)	凸阳台	0.48	0.62	0.58	0.58
		凹阳台	0.36	0.48	0.44	0.44
多 伦	Ⅰ(B)	凸阳台	0.50	0.63	0.58	0.59
		凹阳台	0.38	0.48	0.44	0.45
额济纳旗	Ⅰ(C)	凸阳台	0.45	0.61	0.56	0.57
		凹阳台	0.34	0.47	0.42	0.43
化 德	Ⅰ(B)	凸阳台	0.50	0.62	0.58	0.58
		凹阳台	0.37	0.48	0.44	0.44
达尔罕联合旗	Ⅰ(C)	凸阳台	0.47	0.62	0.57	0.57
		凹阳台	0.35	0.47	0.44	0.43
乌拉特后旗	Ⅰ(C)	凸阳台	0.45	0.61	0.56	0.56
		凹阳台	0.34	0.47	0.43	0.43
海力素	Ⅰ(C)	凸阳台	0.47	0.62	0.57	0.57
		凹阳台	0.35	0.47	0.43	0.43
集 宁	Ⅰ(C)	凸阳台	0.48	0.62	0.57	0.57
		凹阳台	0.36	0.47	0.43	0.44
临 河	Ⅱ(A)	凸阳台	0.45	0.61	0.56	0.56
		凹阳台	0.34	0.47	0.43	0.43
巴音毛道	Ⅰ(C)	凸阳台	0.44	0.61	0.56	0.56
		凹阳台	0.33	0.47	0.43	0.42
东 胜	Ⅰ(C)	凸阳台	0.46	0.61	0.56	0.56
		凹阳台	0.34	0.47	0.43	0.42
吉兰太	Ⅱ(A)	凸阳台	0.44	0.61	0.56	0.55
		凹阳台	0.33	0.47	0.43	0.42
鄂托克旗	Ⅰ(C)	凸阳台	0.45	0.61	0.56	0.56
		凹阳台	0.33	0.47	0.43	0.42
辽宁省						
沈 阳	Ⅰ(C)	凸阳台	0.52	0.63	0.59	0.60
		凹阳台	0.39	0.48	0.45	0.46
彰 武	Ⅰ(C)	凸阳台	0.51	0.63	0.59	0.59
		凹阳台	0.38	0.48	0.45	0.45
清 原	Ⅰ(C)	凸阳台	0.55	0.64	0.61	0.61
		凹阳台	0.42	0.49	0.47	0.47
朝 阳	Ⅱ(A)	凸阳台	0.50	0.62	0.59	0.59
		凹阳台	0.38	0.48	0.45	0.45

表 E.0.4

城 市	气候 区属	阳台 类型	阳台温差修正系数			
			南向	北向	东向	西向
本 溪	Ⅰ(C)	凸阳台	0.53	0.63	0.60	0.60
		凹阳台	0.40	0.49	0.46	0.46
锦 州	Ⅱ(A)	凸阳台	0.50	0.63	0.58	0.59
		凹阳台	0.38	0.48	0.45	0.45
宽 甸	Ⅰ(C)	凸阳台	0.53	0.63	0.60	0.60
		凹阳台	0.40	0.48	0.46	0.46
营 口	Ⅱ(A)	凸阳台	0.51	0.63	0.59	0.59
		凹阳台	0.39	0.48	0.45	0.45
丹 东	Ⅱ(A)	凸阳台	0.50	0.63	0.59	0.58
		凹阳台	0.38	0.48	0.45	0.44
大 连	Ⅱ(A)	凸阳台	0.46	0.61	0.56	0.56
		凹阳台	0.34	0.47	0.43	0.42
吉林省						
长 春	Ⅰ(C)	凸阳台	0.54	0.64	0.60	0.61
		凹阳台	0.41	0.49	0.46	0.46
前郭尔罗斯	Ⅰ(C)	凸阳台	0.54	0.64	0.60	0.61
		凹阳台	0.41	0.49	0.46	0.46
长 岭	Ⅰ(C)	凸阳台	0.54	0.64	0.60	0.60
		凹阳台	0.41	0.49	0.46	0.46
敦 化	Ⅰ(B)	凸阳台	0.55	0.64	0.60	0.61
		凹阳台	0.41	0.49	0.46	0.46
四 平	Ⅰ(C)	凸阳台	0.53	0.63	0.60	0.60
		凹阳台	0.40	0.49	0.46	0.46
桦 甸	Ⅰ(B)	凸阳台	0.56	0.64	0.61	0.61
		凹阳台	0.42	0.49	0.47	0.47
延 吉	Ⅰ(C)	凸阳台	0.54	0.64	0.60	0.60
		凹阳台	0.41	0.49	0.46	0.46
临 江	Ⅰ(C)	凸阳台	0.56	0.64	0.61	0.61
		凹阳台	0.42	0.49	0.47	0.47
长 白	Ⅰ(B)	凸阳台	0.55	0.64	0.61	0.61
		凹阳台	0.42	0.49	0.46	0.46
集 安	Ⅰ(C)	凸阳台	0.54	0.64	0.60	0.61
		凹阳台	0.41	0.49	0.46	0.46

表 E.0.4

城 市	气候区属	阳台类型	阳台温差修正系数			
			南向	北向	东向	西向
黑龙江省						
哈尔滨	Ⅰ(B)	凸阳台	0.56	0.64	0.62	0.62
		凹阳台	0.43	0.49	0.47	0.47
漠 河	Ⅰ(A)	凸阳台	0.58	0.65	0.62	0.62
		凹阳台	0.44	0.50	0.47	0.47
呼 玛	Ⅰ(A)	凸阳台	0.58	0.65	0.62	0.62
		凹阳台	0.44	0.50	0.48	0.48
黑 河	Ⅰ(A)	凸阳台	0.58	0.65	0.62	0.63
		凹阳台	0.44	0.50	0.48	0.48
孙 吴	Ⅰ(A)	凸阳台	0.59	0.65	0.63	0.63
		凹阳台	0.45	0.50	0.49	0.48
嫩 江	Ⅰ(A)	凸阳台	0.58	0.65	0.62	0.62
		凹阳台	0.44	0.50	0.48	0.48
克 山	Ⅰ(B)	凸阳台	0.57	0.65	0.62	0.62
		凹阳台	0.44	0.50	0.47	0.48
伊 春	Ⅰ(A)	凸阳台	0.58	0.65	0.62	0.63
		凹阳台	0.44	0.50	0.48	0.48
海 伦	Ⅰ(B)	凸阳台	0.57	0.65	0.62	0.62
		凹阳台	0.44	0.50	0.47	0.48
齐齐哈尔	Ⅰ(B)	凸阳台	0.55	0.64	0.61	0.61
		凹阳台	0.42	0.49	0.46	0.47
富 锦	Ⅰ(B)	凸阳台	0.57	0.64	0.62	0.62
		凹阳台	0.43	0.49	0.47	0.47
泰 来	Ⅰ(B)	凸阳台	0.55	0.64	0.61	0.61
		凹阳台	0.42	0.49	0.46	0.47
安 达	Ⅰ(B)	凸阳台	0.56	0.64	0.61	0.61
		凹阳台	0.42	0.49	0.47	0.47
宝 清	Ⅰ(B)	凸阳台	0.56	0.64	0.61	0.61
		凹阳台	0.42	0.49	0.47	0.47
通 河	Ⅰ(B)	凸阳台	0.57	0.65	0.62	0.62
		凹阳台	0.43	0.50	0.47	0.47
虎 林	Ⅰ(B)	凸阳台	0.56	0.64	0.61	0.61
		凹阳台	0.43	0.49	0.47	0.47
鸡 西	Ⅰ(B)	凸阳台	0.55	0.64	0.61	0.61
		凹阳台	0.42	0.49	0.46	0.46

表 E.0.4

城 市	气候区属	阳台类型	阳台温差修正系数			
			南向	北向	东向	西向
尚 志	I (B)	凸阳台	0.56	0.64	0.61	0.61
		凹阳台	0.42	0.49	0.47	0.47
牡丹江	I (B)	凸阳台	0.55	0.64	0.61	0.61
		凹阳台	0.41	0.49	0.46	0.46
绥芬河	I (B)	凸阳台	0.55	0.64	0.60	0.61
		凹阳台	0.41	0.49	0.46	0.46
江苏省						
赣 榆	II (A)	凸阳台	0.45	0.61	0.56	0.56
		凹阳台	0.33	0.47	0.43	0.43
徐 州	II (B)	凸阳台	0.46	0.61	0.57	0.57
		凹阳台	0.34	0.47	0.43	0.43
射 阳	II (B)	凸阳台	0.43	0.60	0.55	0.55
		凹阳台	0.32	0.46	0.42	0.42
安徽省						
亳 州	II (B)	凸阳台	0.47	0.62	0.57	0.58
		凹阳台	0.35	0.47	0.44	0.44
山东省						
济 南	II (B)	凸阳台	0.45	0.61	0.56	0.56
		凹阳台	0.33	0.46	0.42	0.43
长 岛	II (A)	凸阳台	0.44	0.60	0.55	0.55
		凹阳台	0.32	0.46	0.42	0.42
龙 口	II (A)	凸阳台	0.45	0.61	0.56	0.55
		凹阳台	0.33	0.46	0.42	0.42
惠民县	II (B)	凸阳台	0.46	0.61	0.56	0.57
		凹阳台	0.34	0.47	0.43	0.43
德 州	II (B)	凸阳台	0.42	0.60	0.54	0.55
		凹阳台	0.31	0.46	0.41	0.41
成山头	II (A)	凸阳台	0.41	0.60	0.54	0.54
		凹阳台	0.30	0.46	0.41	0.41
陵 县	II (B)	凸阳台	0.45	0.61	0.56	0.56
		凹阳台	0.33	0.47	0.43	0.43
海 阳	II (A)	凸阳台	0.44	0.61	0.55	0.55
		凹阳台	0.32	0.46	0.42	0.42
潍 坊	II (A)	凸阳台	0.45	0.61	0.56	0.56
		凹阳台	0.34	0.47	0.43	0.43

表 E.0.4

城 市	气候区属	阳台类型	阳台温差修正系数			
			南向	北向	东向	西向
莘县	Ⅱ(A)	凸阳台	0.46	0.61	0.57	0.57
		凹阳台	0.34	0.47	0.43	0.43
沂源	Ⅱ(A)	凸阳台	0.46	0.61	0.56	0.56
		凹阳台	0.34	0.47	0.43	0.43
青岛	Ⅱ(A)	凸阳台	0.42	0.60	0.53	0.54
		凹阳台	0.31	0.46	0.40	0.41
兖州	Ⅱ(B)	凸阳台	0.44	0.61	0.56	0.56
		凹阳台	0.33	0.47	0.42	0.43
日照	Ⅱ(A)	凸阳台	0.41	0.59	0.52	0.53
		凹阳台	0.0	0.45	0.39	0.40
费县	Ⅱ(A)	凸阳台	0.44	0.61	0.55	0.55
		凹阳台	0.32	0.46	0.42	0.42
菏泽	Ⅱ(A)	凸阳台	0.44	0.61	0.55	0.55
		凹阳台	0.32	0.46	0.42	0.42
定陶	Ⅱ(B)	凸阳台	0.45	0.61	0.56	0.56
		凹阳台	0.33	0.47	0.42	0.43
临沂	Ⅱ(A)	凸阳台	0.44	0.61	0.55	0.56
		凹阳台	0.33	0.46	0.42	0.42
河南省						
郑州	Ⅱ(B)	凸阳台	0.43	0.60	0.55	0.55
		凹阳台	0.32	0.46	0.42	0.42
安阳	Ⅱ(B)	凸阳台	0.45	0.61	0.56	0.56
		凹阳台	0.33	0.47	0.42	0.43
孟津	Ⅱ(A)	凸阳台	0.44	0.61	0.56	0.56
		凹阳台	0.33	0.46	0.42	0.43
卢氏	Ⅱ(A)	凸阳台	0.45	0.61	0.57	0.56
		凹阳台	0.33	0.47	0.43	0.43
西华	Ⅱ(B)	凸阳台	0.45	0.61	0.56	0.56
		凹阳台	0.34	0.47	0.42	0.43
四川省						
若尔盖	Ⅰ(B)	凸阳台	0.43	0.60	0.54	0.54
		凹阳台	0.32	0.46	0.41	0.41
松潘	Ⅰ(C)	凸阳台	0.41	0.60	0.54	0.54
		凹阳台	0.30	0.46	0.41	0.41

表 E.0.4

城 市	气候区属	阳台类型	阳台温差修正系数			
			南向	北向	东向	西向
色 达	Ⅰ(A)	凸阳台	0.42	0.59	0.52	0.52
		凹阳台	0.31	0.45	0.39	0.39
马尔康	Ⅱ(A)	凸阳台	0.37	0.59	0.52	0.52
		凹阳台	0.27	0.45	0.39	0.39
德 格	Ⅰ(C)	凸阳台	0.43	0.60	0.55	0.55
		凹阳台	0.32	0.46	0.41	0.42
甘 孜	Ⅰ(C)	凸阳台	0.35	0.58	0.49	0.49
		凹阳台	0.25	0.44	0.37	0.37
康 定	Ⅰ(C)	凸阳台	0.43	0.61	0.55	0.55
		凹阳台	0.32	0.46	0.42	0.42
巴 塘	Ⅱ(A)	凸阳台	0.28	0.56	0.48	0.47
		凹阳台	0.19	0.42	0.36	0.35
理 塘	Ⅰ(B)	凸阳台	0.39	0.59	0.52	0.51
		凹阳台	0.28	0.45	0.39	0.38
稻 城	Ⅰ(C)	凸阳台	0.34	0.56	0.48	0.47
		凹阳台	0.24	0.43	0.36	0.35
贵州省						
毕 节	Ⅱ(A)	凸阳台	0.42	0.60	0.54	0.54
		凹阳台	0.31	0.46	0.41	0.41
威 宁	Ⅱ(A)	凸阳台	0.42	0.60	0.54	0.54
		凹阳台	0.31	0.46	0.41	0.41
云南省						
德 钦	Ⅰ(C)	凸阳台	0.41	0.59	0.53	0.53
		凹阳台	0.30	0.45	0.40	0.40
昭 通	Ⅱ(A)	凸阳台	0.34	0.58	0.51	0.50
		凹阳台	0.25	0.44	0.39	0.37
西藏自治区						
拉 萨	Ⅱ(A)	凸阳台	0.35	0.58	0.50	0.51
		凹阳台	0.25	0.44	0.38	0.38
狮泉河	Ⅰ(A)	凸阳台	0.38	0.58	0.49	0.50
		凹阳台	0.27	0.44	0.37	0.38
改 则	Ⅰ(A)	凸阳台	0.45	0.57	0.47	0.48
		凹阳台	0.34	0.43	0.35	0.36
索 县	Ⅰ(B)	凸阳台	0.44	0.59	0.51	0.52
		凹阳台	0.32	0.45	0.39	0.39

城　市	气候区属	阳台类型	阳台温差修正系数			
			南向	北向	东向	西向
那　曲	Ⅰ(A)	凸阳台	0.48	0.61	0.55	0.56
		凹阳台	0.36	0.47	0.42	0.43
丁　青	Ⅰ(B)	凸阳台	0.44	0.60	0.53	0.54
		凹阳台	0.32	0.46	0.40	0.41
班　戈	Ⅰ(A)	凸阳台	0.43	0.60	0.52	0.53
		凹阳台	0.32	0.45	0.39	0.40
昌　都	Ⅱ(A)	凸阳台	0.44	0.60	0.55	0.55
		凹阳台	0.32	0.46	0.41	0.41
申　扎	Ⅰ(A)	凸阳台	0.42	0.59	0.51	0.52
		凹阳台	0.31	0.45	0.39	0.39
林　芝	Ⅱ(A)	凸阳台	0.29	0.56	0.46	0.47
		凹阳台	0.20	0.43	0.35	0.35
日喀则	Ⅰ(C)	凸阳台	0.36	0.58	0.49	0.50
		凹阳台	0.26	0.44	0.37	0.38
隆　子	Ⅰ(C)	凸阳台	0.40	0.59	0.51	0.52
		凹阳台	0.29	0.45	0.38	0.39
帕　里	Ⅰ(A)	凸阳台	0.44	0.60	0.52	0.53
		凹阳台	0.32	0.45	0.39	0.40
陕西省						
西　安	Ⅱ(B)	凸阳台	0.47	0.62	0.57	0.57
		凹阳台	0.35	0.47	0.43	0.44
榆　林	Ⅱ(A)	凸阳台	0.47	0.62	0.58	0.58
		凹阳台	0.35	0.47	0.44	0.44
延　安	Ⅱ(A)	凸阳台	0.47	0.62	0.57	0.57
		凹阳台	0.35	0.47	0.44	0.43
宝　鸡	Ⅱ(A)	凸阳台	0.46	0.61	0.56	0.57
		凹阳台	0.34	0.47	0.43	0.43
甘肃省						
兰　州	Ⅱ(A)	凸阳台	0.43	0.61	0.56	0.56
		凹阳台	0.32	0.46	0.42	0.42
敦　煌	Ⅱ(A)	凸阳台	0.43	0.61	0.56	0.56
		凹阳台	0.32	0.47	0.43	0.42
酒　泉	Ⅰ(C)	凸阳台	0.43	0.61	0.55	0.56
		凹阳台	0.32	0.47	0.42	0.42

表 E.0.4

城　市	气候区属	阳台类型	阳台温差修正系数			
			南向	北向	东向	西向
张　掖	Ⅰ(C)	凸阳台	0.43	0.61	0.55	0.56
		凹阳台	0.32	0.47	0.42	0.42
民　勤	Ⅱ(A)	凸阳台	0.43	0.61	0.55	0.55
		凹阳台	0.31	0.46	0.42	0.42
乌鞘岭	Ⅰ(A)	凸阳台	0.45	0.60	0.54	0.55
		凹阳台	0.33	0.46	0.41	0.41
西峰镇	Ⅱ(A)	凸阳台	0.46	0.61	0.56	0.57
		凹阳台	0.34	0.47	0.43	0.43
平　凉	Ⅱ(A)	凸阳台	0.46	0.61	0.57	0.57
		凹阳台	0.34	0.47	0.43	0.43
合　作	Ⅰ(B)	凸阳台	0.44	0.61	0.55	0.55
		凹阳台	0.33	0.46	0.42	0.42
岷　县	Ⅰ(C)	凸阳台	0.43	0.61	0.54	0.55
		凹阳台	0.32	0.46	0.41	0.42
天　水	Ⅱ(A)	凸阳台	0.47	0.61	0.57	0.57
		凹阳台	0.35	0.47	0.43	0.43
成　县	Ⅱ(A)	凸阳台	0.29	0.57	0.47	0.48
		凹阳台	0.20	0.43	0.35	0.36
青海省						
西　宁	Ⅰ(C)	凸阳台	0.44	0.61	0.55	0.55
		凹阳台	0.32	0.46	0.41	0.42
冷　湖	Ⅰ(B)	凸阳台	0.44	0.61	0.56	0.56
		凹阳台	0.33	0.47	0.42	0.42
大柴旦	Ⅰ(B)	凸阳台	0.44	0.61	0.56	0.55
		凹阳台	0.33	0.47	0.42	0.42
德令哈	Ⅰ(C)	凸阳台	0.44	0.61	0.55	0.55
		凹阳台	0.33	0.46	0.42	0.42
刚　察	Ⅰ(A)	凸阳台	0.44	0.61	0.54	0.55
		凹阳台	0.33	0.46	0.41	0.42
格尔木	Ⅰ(C)	凸阳台	0.40	0.60	0.53	0.53
		凹阳台	0.29	0.46	0.40	0.40
都　兰	Ⅰ(B)	凸阳台	0.42	0.60	0.54	0.54
		凹阳台	0.31	0.46	0.41	0.41
同　德	Ⅰ(B)	凸阳台	0.43	0.61	0.54	0.55
		凹阳台	0.32	0.46	0.41	0.42

表 E.0.4

城　市	气候区属	阳台类型	阳台温差修正系数			
			南向	北向	东向	西向
玛　多	Ⅰ(A)	凸阳台	0.44	0.60	0.54	0.54
		凹阳台	0.32	0.46	0.41	0.41
河　南	Ⅰ(A)	凸阳台	0.43	0.60	0.54	0.54
		凹阳台	0.32	0.46	0.41	0.41
托托河	Ⅰ(A)	凸阳台	0.45	0.61	0.54	0.55
		凹阳台	0.34	0.46	0.41	0.41
曲麻菜	Ⅰ(A)	凸阳台	0.44	0.60	0.54	0.54
		凹阳台	0.33	0.46	0.41	0.41
达　日	Ⅰ(A)	凸阳台	0.44	0.60	0.54	0.54
		凹阳台	0.33	0.46	0.41	0.41
玉　树	Ⅰ(B)	凸阳台	0.41	0.60	0.53	0.53
		凹阳台	0.30	0.45	0.40	0.40
杂　多	Ⅰ(A)	凸阳台	0.46	0.61	0.54	0.55
		凹阳台	0.34	0.46	0.41	0.41
宁夏回族自治区						
银　川	Ⅱ(A)	凸阳台	0.45	0.61	0.57	0.56
		凹阳台	0.34	0.47	0.43	0.42
盐　池	Ⅱ(A)	凸阳台	0.44	0.61	0.56	0.55
		凹阳台	0.33	0.46	0.42	0.42
中　宁	Ⅱ(A)	凸阳台	0.44	0.61	0.56	0.56
		凹阳台	0.33	0.46	0.42	0.42
新疆维吾尔自治区						
乌鲁木齐	Ⅰ(C)	凸阳台	0.51	0.63	0.59	0.60
		凹阳台	0.39	0.48	0.45	0.45
哈巴河	Ⅰ(C)	凸阳台	0.51	0.63	0.59	0.59
		凹阳台	0.38	0.48	0.45	0.45
阿勒泰	Ⅰ(B)	凸阳台	0.51	0.63	0.59	0.59
		凹阳台	0.38	0.48	0.45	0.45
富　蕴	Ⅰ(B)	凸阳台	0.50	0.63	0.60	0.59
		凹阳台	0.38	0.48	0.45	0.45
和布克赛尔	Ⅰ(B)	凸阳台	0.48	0.62	0.58	0.58
		凹阳台	0.36	0.48	0.44	0.44
塔　城	Ⅰ(C)	凸阳台	0.51	0.63	0.60	0.60
		凹阳台	0.38	0.49	0.46	0.46

表 E.0.4

城 市	气候区属	阳台类型	阳台温差修正系数			
			南向	北向	东向	西向
克拉玛依	Ⅰ(C)	凸阳台	0.52	0.64	0.60	0.60
		凹阳台	0.39	0.49	0.46	0.46
北塔山	Ⅰ(B)	凸阳台	0.49	0.63	0.58	0.58
		凹阳台	0.37	0.48	0.44	0.45
精 河	Ⅰ(C)	凸阳台	0.52	0.63	0.60	0.60
		凹阳台	0.39	0.49	0.46	0.46
奇 台	Ⅰ(C)	凸阳台	0.50	0.63	0.59	0.59
		凹阳台	0.37	0.48	0.45	0.45
伊 宁	Ⅱ(A)	凸阳台	0.47	0.62	0.59	0.58
		凹阳台	0.35	0.48	0.45	0.44
吐鲁番	Ⅱ(B)	凸阳台	0.46	0.62	0.58	0.58
		凹阳台	0.35	0.47	0.44	0.44
哈 密	Ⅱ(B)	凸阳台	0.45	0.62	0.57	0.57
		凹阳台	0.34	0.47	0.43	0.43
巴伦台	Ⅰ(C)	凸阳台	0.51	0.63	0.59	0.59
		凹阳台	0.38	0.48	0.45	0.45
库尔勒	Ⅱ(B)	凸阳台	0.43	0.61	0.56	0.55
		凹阳台	0.32	0.47	0.42	0.42
库 车	Ⅱ(A)	凸阳台	0.44	0.61	0.56	0.55
		凹阳台	0.32	0.47	0.42	0.42
阿合奇	Ⅰ(C)	凸阳台	0.44	0.61	0.56	0.56
		凹阳台	0.32	0.47	0.43	0.42
铁干里克	Ⅱ(B)	凸阳台	0.43	0.61	0.56	0.56
		凹阳台	0.32	0.47	0.43	0.42
阿拉尔	Ⅱ(A)	凸阳台	0.42	0.61	0.56	0.56
		凹阳台	0.31	0.47	0.43	0.42
巴 楚	Ⅱ(A)	凸阳台	0.40	0.60	0.55	0.55
		凹阳台	0.29	0.46	0.42	0.41
喀 什	Ⅱ(A)	凸阳台	0.40	0.60	0.55	0.54
		凹阳台	0.29	0.46	0.41	0.41
若 羌	Ⅱ(B)	凸阳台	0.42	0.60	0.55	0.54
		凹阳台	0.31	0.46	0.41	0.41
莎 车	Ⅱ(A)	凸阳台	0.39	0.60	0.55	0.54
		凹阳台	0.29	0.46	0.41	0.41

表 E.0.4

城　　市	气候区属	阳台类型	阳台温差修正系数			
			南向	北向	东向	西向
安德河	Ⅱ(A)	凸阳台	0.40	0.61	0.55	0.55
		凹阳台	0.30	0.46	0.42	0.41
皮　山	Ⅱ(A)	凸阳台	0.40	0.60	0.54	0.54
		凹阳台	0.29	0.46	0.41	0.41
和　田	Ⅱ(A)	凸阳台	0.40	0.60	0.54	0.54
		凹阳台	0.29	0.46	0.41	0.41

注：1　表中凸阳台包含正面和左右侧面三个接触室外空气的外立面，而凹阳台则只有正面一个接触室外空气的外立面。

2　表格中气候区属Ⅰ(A)为严寒(A)区、Ⅰ(B)为严寒(B)区、Ⅰ(C)为严寒(C)区；Ⅱ(A)为寒冷(A)区、Ⅱ(B)为寒冷(B)区。

附录 F　关于面积和体积的计算

F.0.1　建筑面积（A_0），应按各层外墙外包线围成的平面面积的总和计算，包括半地下室的面积，不包括地下室的面积。

F.0.2　建筑体积（V_0），应按与计算建筑面积所对应的建筑物外表面和底层地面所围成的体积计算。

F.0.3　换气体积（V），当楼梯间及外廊不采暖时，应按 $V=0.60V_0$ 计算；当楼梯间及外廊采暖时，应按 $V=0.65V_0$ 计算。

F.0.4　屋面或顶棚面积，应按支承屋顶的外墙外包线围成的面积计算。

F.0.5　外墙面积，应按不同朝向分别计算。某一朝向的外墙面积，应由该朝向的外表面积减去外窗面积构成。

F.0.6　外窗（包括阳台门上部透明部分）面积，应按不同朝向和有无阳台分别计算，取洞口面积。

F.0.7　外门面积，应按不同朝向分别计算，取洞口面积。

F.0.8　阳台门下部不透明部分面积，应按不同朝向分别计算，取洞口面积。

F.0.9　地面面积，应按外墙内侧围成的面积计算。

F.0.10　地板面积，应按外墙内侧围成的面积计算，并应区分为接触室外空气的地板和不采暖地下室上部的地板。

F.0.11　凹凸墙面的朝向归属应符合下列规定：

　　1　当某朝向有外凸部分时，应符合下列规定：

　　　　1)　当凸出部分的长度（垂直于该朝向的尺寸）小于或等于 1.5m 时，该凸出部分的全部外墙面积应计入该朝向的外墙总面积；

　　　　2)　当凸出部分的长度大于 1.5m 时，该凸出部分应按各自实际朝向计入各自朝向的外墙总面积。

    2 当某朝向有内凹部分时，应符合下列规定：

      1）当凹入部分的宽度（平行于该朝向的尺寸）小于 5m，且凹入部分的长度小于或等于凹入部分的宽度时，该凹入部分的全部外墙面积应计入该朝向的外墙总面积；

      2）当凹入部分的宽度（平行于该朝向的尺寸）小于 5m，且凹入部分的长度大于凹入部分的宽度时，该凹入部分的两个侧面外墙面积应计入北向的外墙总面积，该凹入部分的正面外墙面积应计入该朝向的外墙总面积；

      3）当凹入部分的宽度大于或等于 5m 时，该凹入部分应按各实际朝向计入各自朝向的外墙总面积。

F. 0. 12 内天井墙面的朝向归属应符合下列规定：

    1 当内天井的高度大于等于内天井最宽边长的 2 倍时，内天井的全部外墙面积应计入北向的外墙总面积。

    2 当内天井的高度小于内天井最宽边长的 2 倍时，内天井的外墙应按各实际朝向计入各自朝向的外墙总面积。

附录 G　采暖管道最小保温层厚度（$\delta_{\min}$）

G. 0. 1 当管道保温材料采用玻璃棉时，其最小保温层厚度应按表 G. 0. 1-1、表 G. 0. 1-2 选用。玻璃棉材料的导热系数应按下式计算：

$$\lambda_m = 0.024 + 0.00018 t_m \tag{G. 0. 1}$$

式中：λ_m——玻璃棉的导热系数 [W/(m・K)]。

表 G. 0. 1-1　玻璃棉保温材料的管道最小保温层厚度（mm）

气候分区	严寒(A)区　$t_{mw}=40.9℃$					严寒(B)区　$t_{mw}=43.6℃$				
公称直径	热价20元/GJ	热价30元/GJ	热价40元/GJ	热价50元/GJ	热价60元/GJ	热价20元/GJ	热价30元/GJ	热价40元/GJ	热价50元/GJ	热价60元/GJ
DN 25	23	28	31	34	37	22	27	30	33	36
DN 32	24	29	33	36	38	23	28	31	34	37
DN 40	25	30	34	37	40	24	29	32	36	38
DN 50	26	31	35	39	42	25	30	34	37	40
DN 70	27	33	37	41	44	26	31	36	39	43
DN 80	28	34	38	42	46	27	32	37	40	44
DN 100	29	35	40	44	47	28	33	38	42	45
DN 125	30	36	41	45	49	28	34	39	43	47
DN 150	30	37	42	46	50	29	35	40	44	48
DN 200	31	38	44	48	53	30	36	42	46	50

续表 G.0.1-1

气候分区	严寒(A)区 $t_{mw}=40.9℃$					严寒(B)区 $t_{mw}=43.6℃$				
公称直径	热价20元/GJ	热价30元/GJ	热价40元/GJ	热价50元/GJ	热价60元/GJ	热价20元/GJ	热价30元/GJ	热价40元/GJ	热价50元/GJ	热价60元/GJ
DN 250	32	39	45	50	54	31	37	43	47	52
DN 300	32	40	46	51	55	31	38	43	48	53
DN 350	33	40	46	51	56	31	38	44	49	53
DN 400	33	41	47	52	57	31	39	44	50	54
DN 450	33	41	47	52	57	32	39	45	50	55

注：保温材料层的平均使用温度 $t_{mw}=\dfrac{t_{ge}+t_{he}}{2}-20$；$t_{ge}$、$t_{he}$分别为采暖期室外平均温度下，热网供回水平均温度（℃）。

表 G.0.1-2 玻璃棉保温材料的管道最小保温层厚度（mm）

气候分区	严寒（C）区 $t_{mw}=43.8℃$					寒冷（A）区或寒冷（B）区 $t_{mw}=48.4℃$				
公称直径	热价20元/GJ	热价30元/GJ	热价40元/GJ	热价50元/GJ	热价60元/GJ	热价20元/GJ	热价30元/GJ	热价40元/GJ	热价50元/GJ	热价60元/GJ
DN 25	21	25	28	31	34	20	24	28	30	33
DN 32	22	26	29	32	35	21	25	29	31	34
DN 40	23	27	30	33	36	22	26	29	32	35
DN 50	23	28	32	35	38	23	27	31	34	37
DN 70	25	30	34	37	40	24	29	32	36	39
DN 80	25	30	35	38	41	24	29	33	37	40
DN 100	26	31	36	39	43	25	30	34	38	41
DN 125	27	32	37	41	44	26	31	35	39	43
DN 150	27	33	38	42	45	26	32	36	40	44
DN 200	28	34	39	43	47	27	33	38	42	46
DN 250	28	35	40	44	48	27	33	39	43	47
DN 300	29	35	41	45	49	28	34	39	44	48
DN 350	29	36	41	46	50	28	34	40	44	48
DN 400	29	36	42	46	51	28	35	40	45	49
DN 450	29	36	42	47	51	28	35	40	45	49

注：保温材料层的平均使用温度 $t_{mw}=\dfrac{t_{ge}+t_{he}}{2}-20$；$t_{ge}$、$t_{he}$分别为采暖期室外平均温度下，热网供回水平均温度（℃）。

G.0.2 当管道保温采用聚氨酯硬质泡沫材料时，其最小保温层厚度应按表 G.0.2-1、表 G.0.2-2 选用。聚氨酯硬质泡沫材料的导热系数应按下式计算。

$$\lambda_m = 0.02 + 0.00014t_m \tag{G.0.2}$$

式中：λ_m——聚氨酯硬质泡沫的导热系数[W/(m·K)]。

表 G.0.2-1　聚氨酯硬质泡沫保温材料的管道最小保温层厚度（mm）

气候分区	严寒（A）区 $t_{mw}=40.9℃$					严寒（B）区 $t_{mw}=43.6℃$				
公称直径	热价20元/GJ	热价30元/GJ	热价40元/GJ	热价50元/GJ	热价60元/GJ	热价20元/GJ	热价30元/GJ	热价40元/GJ	热价50元/GJ	热价60元/GJ
DN 25	17	21	23	26	27	16	20	22	25	26
DN 32	18	21	24	26	28	17	20	23	25	27
DN 40	18	22	25	27	29	17	21	24	26	28
DN 50	19	23	26	29	31	18	22	25	27	30
DN 70	20	24	27	30	32	19	23	26	29	31
DN 80	20	24	28	31	33	19	23	27	29	32
DN 100	21	25	28	32	34	20	24	27	30	33
DN 125	21	26	29	33	35	20	25	28	31	34
DN 150	21	26	30	33	36	20	25	29	32	35
DN 200	22	27	31	35	38	21	26	30	33	36
DN 250	22	27	32	35	39	21	26	30	34	37
DN 300	23	28	32	36	39	21	26	31	34	37
DN 350	23	28	32	36	40	22	27	31	34	38
DN 400	23	28	33	36	40	22	27	31	35	38
DN 450	23	28	33	37	40	22	27	31	35	38

注：保温材料层的平均使用温度 $t_{mw}=\dfrac{t_{ge}+t_{he}}{2}-20$；$t_{ge}$、$t_{he}$ 分别为采暖期室外平均温度下，热网供回水平均温度（℃）。

表 G.0.2-2　聚氨酯硬质泡沫保温材料的管道最小保温层厚度（mm）

气候分区	严寒(C)区 $t_{mw}=43.8℃$					寒冷(A)区或寒冷(B)区 $t_{mw}=48.4℃$				
公称直径	热价20元/GJ	热价30元/GJ	热价40元/GJ	热价50元/GJ	热价60元/GJ	热价20元/GJ	热价30元/GJ	热价40元/GJ	热价50元/GJ	热价60元/GJ
DN 25	15	19	21	23	25	15	18	20	22	24
DN 32	16	19	22	24	26	15	18	21	23	25
DN 40	16	20	22	25	27	16	19	22	24	26
DN 50	17	20	23	26	28	16	20	23	25	27
DN 70	18	21	24	27	29	17	21	24	26	28
DN 80	18	22	25	28	30	17	21	24	27	29
DN 100	18	22	26	28	31	18	22	25	27	30
DN 125	19	23	26	29	32	18	22	25	28	31
DN 150	19	23	27	30	33	18	22	26	29	31
DN 200	20	24	28	31	34	19	23	27	30	32
DN 250	20	24	28	31	34	19	23	27	30	33

续表 G.0.2-2

气候分区	严寒(C)区 $t_{mw}=43.8℃$					寒冷(A)区或寒冷(B)区 $t_{mw}=48.4℃$				
公称直径	热价20元/GJ	热价30元/GJ	热价40元/GJ	热价50元/GJ	热价60元/GJ	热价20元/GJ	热价30元/GJ	热价40元/GJ	热价50元/GJ	热价60元/GJ
DN 300	20	25	28	32	35	19	24	27	31	34
DN 350	20	25	29	32	35	19	24	28	31	34
DN 400	20	25	29	32	35	19	24	28	31	34
DN 450	20	25	29	33	36	20	24	28	31	34

注：保温材料层的平均使用温度 $t_{mw}=\dfrac{t_{ge}+t_{he}}{2}-20$；$t_{ge}$、$t_{he}$ 分别为采暖期室外平均温度下，热网供回水平均温度（℃）。

本标准用词说明

1 为便于在执行本标准条文时区别对待，对要求严格程度不同的用词说明如下：
　1）表示很严格，非这样做不可的：
　　正面词采用"必须"，反面词采用"严禁"；
　2）表示严格，在正常情况下均应这样做的：
　　正面词采用"应"，反面词采用"不应"或"不得"；
　3）表示允许稍有选择，在条件许可时首先应这样做的：
　　正面词采用"宜"，反面词采用"不宜"；
　4）表示有选择，在一定条件下可以这样做的，采用"可"。
2 条文中指明应按其他有关标准执行的写法为："应符合……的规定"或"应按……执行"。

引用标准名录

1　《公共建筑节能设计标准》GB 50189
2　《建筑外门窗气密、水密、抗风压性能分级及检测方法》GB/T 7106
3　《设备及管道绝热设计导则》GB/T 8175
4　《房间空气调节器能效限定值及能源效率等级》GB 12021.3
5　《多联式空调（热泵）机组能效限定值及能源效率等级》GB 21454
6　《转速可控型房间空气调节器能效限定值及能源效率等级》GB 21455

附录2 《夏热冬冷地区居住建筑节能设计标准》JGJ 134－2010 条文部分

中华人民共和国行业标准
夏热冬冷地区居住建筑节能设计标准
Design standard for energy efficiency of residential buildings
in hot summer and cold winter zone
JGJ 134-2010

批准部门：中华人民共和国住房和城乡建设部
施行日期：2 0 1 0 年 8 月 1 日

中华人民共和国住房和城乡建设部
公　告

第 523 号

关于发布行业标准《夏热冬冷地区
居住建筑节能设计标准》的公告

现批准《夏热冬冷地区居住建筑节能设计标准》为行业标准，编号为 JGJ 134-2010，自 2010 年 8 月 1 日起实施。其中，第 4.0.3、4.0.4、4.0.5、4.0.9、6.0.2、6.0.3、6.0.5、6.0.6、6.0.7 条为强制性条文，必须严格执行。原《夏热冬冷地区居住建筑节能设计标准》JGJ 134-2001 同时废止。

本标准由我部标准定额研究所组织中国建筑工业出版社出版发行。

中华人民共和国住房和城乡建设部
2010 年 3 月 18 日

前　言

　　根据原建设部《关于印发〈2005 年工程建设标准规范制订、修订计划（第一批）〉的通知》（建标〔2005〕84 号）的要求，标准编制组经广泛调查研究，认真总结实践经验，参考有关国际标准和国外先进标准，并在广泛征求意见的基础上，修订本标准。

　　本标准的主要技术内容是：1. 总则；2. 术语；3. 室内热环境设计计算指标；4. 建筑和围护结构热工设计；5. 建筑围护结构热工性能的综合判断；6. 采暖、空调和通风节能设计等。

　　本次修订的主要技术内容是：重新确定住宅的围护结构热工性能要求和控制采暖空调能耗指标的技术措施；建立新的建筑围护结构热工性能综合判断方法；规定采暖空调的控制和计量措施。

　　本标准中以黑体字标志的条文为强制性条文，必须严格执行。

　　本标准由住房和城乡建设部负责管理和对强制性条文的解释，由中国建筑科学研究院负责具体技术内容的解释。执行过程中如有意见或建议，请寄送中国建筑科学研究院（地址：北京市北三环东路 30 号，邮政编码：100013）。

本 标 准 主 编 单 位：中国建筑科学研究院

本 标 准 参 编 单 位：重庆大学

中国建筑西南设计研究院有限公司

中国建筑业协会建筑节能专业委员会

上海市建筑科学研究院（集团）有限公司

江苏省建筑科学研究院有限公司

福建省建筑科学研究院

中南建筑设计研究院

重庆市建设技术发展中心

北京振利高新技术有限公司

巴斯夫（中国）有限公司

欧文斯科宁（中国）投资有限公司

哈尔滨天硕建材工业有限公司

中国南玻集团股份有限公司

秦皇岛耀华玻璃钢股份公司

乐意涂料（上海）有限公司

本标准主要起草人员：郎四维　林海燕　付祥钊　冯　雅

涂逢祥　刘明明　许锦峰　赵士怀

刘安平　周　辉　董　宏　姜　涵

林燕成　王　稚　康玉范　许武毅

李西平　邓　威

本标准主要审查人员：李百战　陆善后　寿炜炜　杨善勤
　　　　　　　　　　徐金泉　胡吉士　储兆佛　张瀛洲
　　　　　　　　　　郭和平

目　次

Contents

1 总 则

1.0.1 为贯彻国家有关节约能源、保护环境的法律、法规和政策，改善夏热冬冷地区居住建筑热环境，提高采暖和空调的能源利用效率，制定本标准。

1.0.2 本标准适用于夏热冬冷地区新建、改建和扩建居住建筑的建筑节能设计。

1.0.3 夏热冬冷地区居住建筑必须采取节能设计，在保证室内热环境的前提下，建筑热工和暖通空调设计应将采暖和空调能耗控制在规定的范围内。

1.0.4 夏热冬冷地区居住建筑的节能设计，除应符合本标准的规定外，尚应符合国家现行有关标准的规定。

2 术 语

2.0.1 热惰性指标(D) index of thermal inertia

表征围护结构抵御温度波动和热流波动能力的无量纲指标，其值等于各构造层材料热阻与蓄热系数的乘积之和。

2.0.2 典型气象年(TMY) typical meteorological year

以近 10 年的月平均值为依据，从近 10 年的资料中选取一年各月接近 10 年的平均值作为典型气象年。由于选取的月平均值在不同的年份，资料不连续，还需要进行月间平滑处理。

2.0.3 参照建筑 reference building

参照建筑是一栋符合节能标准要求的假想建筑。作为围护结构热工性能综合判断时，与设计建筑相对应的，计算全年采暖和空气调节能耗的比较对象。

3 室内热环境设计计算指标

3.0.1 冬季采暖室内热环境设计计算指标应符合下列规定：

  1 卧室、起居室室内设计温度应取 18℃；

  2 换气次数应取 1.0 次/h。

3.0.2 夏季空调室内热环境设计计算指标应符合下列规定：

  1 卧室、起居室室内设计温度应取 26℃；

  2 换气次数应取 1.0 次/h。

4 建筑和围护结构热工设计

4.0.1 建筑群的总体布置、单体建筑的平面、立面设计和门窗的设置应有利于自然通风。

4.0.2 建筑物宜朝向南北或接近朝向南北。

4.0.3 夏热冬冷地区居住建筑的体形系数不应大于表 4.0.3 规定的限值。当体形系数大于表 4.0.3 规定的限值时，必须按照本标准第 5 章的要求进行建筑围护结构热工性能的综合判断。

表 4.0.3　夏热冬冷地区居住建筑的体形系数限值

建筑层数	≤3 层	(4～11)层	≥12 层
建筑的体形系数	0.55	0.40	0.35

4.0.4 建筑围护结构各部分的传热系数和热惰性指标不应大于表 4.0.4 规定的限值。当设计建筑的围护结构中的屋面、外墙、架空或外挑楼板、外窗不符合表 4.0.4 的规定时，必须按照本标准第 5 章的规定进行建筑围护结构热工性能的综合判断。

表 4.0.4　建筑围护结构各部分的传热系数 (K)
和热惰性指标 (D) 的限值

围护结构部位		传热系数 $K[\text{W}/(\text{m}^2 \cdot \text{K})]$	
		热惰性指标 $D \leqslant 2.5$	热惰性指标 $D > 2.5$
体形系数 ≤0.40	屋面	0.8	1.0
	外墙	1.0	1.5
	底面接触室外空气的架空或外挑楼板	1.5	
	分户墙、楼板、楼梯间隔墙、外走廊隔墙	2.0	
	户门	3.0(通往封闭空间) 2.0(通往非封闭空间或户外)	
	外窗(含阳台门透明部分)	应符合本标准表 4.0.5-1、 表 4.0.5-2 的规定	
体形系数 >0.40	屋面	0.5	0.6
	外墙	0.80	1.0
	底面接触室外空气的架空或外挑楼板	1.0	
	分户墙、楼板、楼梯间隔墙、外走廊隔墙	2.0	
	户门	3.0(通往封闭空间) 2.0(通往非封闭空间或户外)	
	外窗(含阳台门透明部分)	应符合本标准表 4.0.5-1、 表 4.0.5-2 的规定	

4.0.5 不同朝向外窗（包括阳台门的透明部分）的窗墙面积比不应大于表 4.0.5-1 规定的限值。不同朝向、不同窗墙面积比的外窗传热系数不应大于表 4.0.5-2 规定的限值；综合遮阳系数应符合表 4.0.5-2 的规定。当外窗为凸窗时，凸窗的传热系数限值应比表 4.0.5-2 规定的限值小 10%；计算窗墙面积比时，凸窗的面积应按洞口面积计算。当设计建筑的窗墙面积比或传热系数、遮阳系数不符合表 4.0.5-1 和表 4.0.5-2 的规定时，必须按照本标准第 5 章的规定进行建筑围护结构热工性能的综合判断。

表 4.0.5-1 不同朝向外窗的窗墙面积比限值

朝 向	窗墙面积比
北	0.40
东 、西	0.35
南	0.45
每套房间允许一个房间（不分朝向）	0.60

表 4.0.5-2 不同朝向、不同窗墙面积比的外窗传
热系数和综合遮阳系数限值

建 筑	窗墙面积比	传热系数 K $[W/(m^2 \cdot K)]$	外窗综合遮阳系数 SC_w （东、西向／南向）
体形系数 ≤0.40	窗墙面积比≤0.20	4.7	—／—
	0.20<窗墙面积比≤0.30	4.0	—／—
	0.30<窗墙面积比≤0.40	3.2	夏季≤0.40/夏季≤0.45
	0.40<窗墙面积比≤0.45	2.8	夏季≤0.35/夏季≤0.40
	0.45<窗墙面积比≤0.60	2.5	东、西、南向设置外遮阳 夏季≤0.25 冬季≥0.60
体形系数 >0.40	窗墙面积比≤0.20	4.0	—／—
	0.20<窗墙面积比≤0.30	3.2	—／—
	0.30<窗墙面积比≤0.40	2.8	夏季≤0.40/夏季≤0.45
	0.40<窗墙面积比≤0.45	2.5	夏季≤0.35/夏季≤0.40
	0.45<窗墙面积比≤0.60	2.3	东、西、南向设置外遮阳 夏季≤0.25 冬季≥0.60

注：1 表中的"东、西"代表从东或西偏北 30°（含 30°）至偏南 60°（含 60°）的范围；"南"代表从南偏东 30°至偏西 30°的范围。

2 楼梯间、外走廊的窗不按本表规定执行。

4.0.6 围护结构热工性能参数计算应符合下列规定：

1 建筑物面积和体积应按本标准附录 A 的规定计算确定。

2 外墙的传热系数应考虑结构性冷桥的影响，取平均传热系数，其计算方法应符合本标准附录 B 的规定。

3 当屋顶和外墙的传热系数满足本标准表 4.0.4 的限值要求，但热惰性指标 $D \leqslant 2.0$ 时，应按照《民用建筑热工设计规范》GB 50176-93 第 5.1.1 条来验算屋顶和东、西向外墙的隔热设计要求。

4 当砖、混凝土等重质材料构成的墙、屋面的面密度 $\rho \geqslant 200 \mathrm{kg/m^2}$ 时，可不计算热惰性指标，直接认定外墙、屋面的热惰性指标满足要求。

5 楼板的传热系数可按装修后的情况计算。

6 窗墙面积比应按建筑开间（轴距离）计算。

7 窗的综合遮阳系数应按下式计算：

$$SC = SC_C \times SD = SC_B \times (1 - F_K/F_C) \times SD \tag{4.0.6}$$

式中：SC——窗的综合遮阳系数；

$\qquad SC_C$——窗本身的遮阳系数；

$\qquad SC_B$——玻璃的遮阳系数；

$\qquad F_K$——窗框的面积；

$\qquad F_C$——窗的面积，F_K/F_C 为窗框面积比，PVC 塑钢窗或木窗窗框比可取 0.30，铝合金窗窗框比可取 0.20，其他框材的窗按相近原则取值；

$\qquad SD$——外遮阳的遮阳系数，应按本标准附录 C 的规定计算。

4.0.7 东偏北 30°至东偏南 60°、西偏北 30°至西偏南 60°范围内的外窗应设置挡板式遮阳或可以遮住窗户正面的活动外遮阳，南向的外窗宜设置水平遮阳或可以遮住窗户正面的活动外遮阳。各朝向的窗户，当设置了可以完全遮住正面的活动外遮阳时，应认定满足本标准表 4.0.5-2 对外窗遮阳的要求。

4.0.8 外窗可开启面积（含阳台门面积）不应小于外窗所在房间地面面积的 5%。多层住宅外窗宜采用平开窗。

4.0.9 建筑物 1~6 层的外窗及敞开式阳台门的气密性等级，不应低于国家标准《建筑外门窗气密、水密、抗风压性能分级及检测方法》GB/T 7106-2008 中规定的 4 级；7 层及 7 层以上的外窗及敞开式阳台门的气密性等级，不应低于该标准规定的 6 级。

4.0.10 当外窗采用凸窗时，应符合下列规定：

1 窗的传热系数限值应比本标准表 4.0.5-2 中的相应值小 10%；

2 计算窗墙面积比时，凸窗的面积按窗洞口面积计算；

3 对凸窗不透明的上顶板、下底板和侧板，应进行保温处理，且板的传热系数不应低于外墙的传热系数的限值要求。

4.0.11 围护结构的外表面宜采用浅色饰面材料。平屋顶宜采取绿化、涂刷隔热涂料等隔热措施。

4.0.12 当采用分体式空气调节器（含风管机、多联机）时，室外机的安装位置应符合下列规定：

1 应稳定牢固，不应存在安全隐患；

2 室外机的换热器应通风良好，排出空气与吸入空气之间应避免气流短路；

3 应便于室外机的维护；

4 应尽量减小对周围环境的热影响和噪声影响。

5 建筑围护结构热工性能的综合判断

5.0.1 当设计建筑不符合本标准第 4.0.3、第 4.0.4 和第 4.0.5 条中的各项规定时，应按本章的规定对设计建筑进行围护结构热工性能的综合判断。

5.0.2 建筑围护结构热工性能的综合判断应以建筑物在本标准第 5.0.6 条规定的条件下计算得出的采暖和空调耗电量之和为判据。

5.0.3 设计建筑在规定条件下计算得出的采暖耗电量和空调耗电量之和，不应超过参照建筑在同样条件下计算得出的采暖耗电量和空调耗电量之和。

5.0.4 参照建筑的构建应符合下列规定：

　1 参照建筑的建筑形状、大小、朝向以及平面划分均应与设计建筑完全相同；

　2 当设计建筑的体形系数超过本标准表 4.0.3 的规定时，应按同一比例将参照建筑每个开间外墙和屋面的面积分为传热面积和绝热面积两部分，并应使得参照建筑外围护的所有传热面积之和除以参照建筑的体积等于本标准表 4.0.3 中对应的体形系数限值；

　3 参照建筑外墙的开窗位置应与设计建筑相同，当某个开间的窗面积与该开间的传热面积之比大于本标准表 4.0.5-1 的规定时，应缩小该开间的窗面积，并应使得窗面积与该开间的传热面积之比符合本标准表 4.0.5-1 的规定；当某个开间的窗面积与该开间的传热面积之比小于本标准表 4.0.5-1 的规定时，该开间的窗面积不应作调整；

　4 参照建筑屋面、外墙、架空或外挑楼板的传热系数应取本标准表 4.0.4 中对应的限值，外窗的传热系数应取本标准表 4.0.5 中对应的限值。

5.0.5 设计建筑和参照建筑在规定条件下的采暖和空调年耗电量应采用动态方法计算，并应采用同一版本计算软件。

5.0.6 设计建筑和参照建筑的采暖和空调年耗电量的计算应符合下列规定：

　1 整栋建筑每套住宅室内计算温度，冬季应全天为 18℃，夏季应全天为 26℃；

　2 采暖计算期应为当年 12 月 1 日至次年 2 月 28 日，空调计算期应为当年 6 月 15 日至 8 月 31 日；

　3 室外气象计算参数应采用典型气象年；

　4 采暖和空调时，换气次数应为 1.0 次/h；

　5 采暖、空调设备为家用空气源热泵空调器，制冷时额定能效比应取 2.3，采暖时额定能效比应取 1.9；

　6 室内得热平均强度应取 $4.3W/m^2$。

6 采暖、空调和通风节能设计

6.0.1 居住建筑采暖、空调方式及其设备的选择，应根据当地能源情况，经技术经济分析，及用户对设备运行费用的承担能力综合考虑确定。

6.0.2 当居住建筑采用集中采暖、空调系统时，必须设置分室（户）温度调节、控制装置及分户热（冷）量计量或分摊设施。

6.0.3 除当地电力充足和供电政策支持、或者建筑所在地无法利用其他形式的能源外，夏热冬冷地区居住建筑不应设计直接电热采暖。

6.0.4 居住建筑进行夏季空调、冬季采暖，宜采用下列方式：

  1 电驱动的热泵型空调器（机组）；

  2 燃气、蒸汽或热水驱动的吸收式冷（热）水机组；

  3 低温地板辐射采暖方式；

  4 燃气（油、其他燃料）的采暖炉采暖等。

6.0.5 当设计采用户式燃气采暖热水炉作为采暖热源时，其热效率应达到国家标准《家用燃气快速热水器和燃气采暖热水炉能效限定值及能效等级》GB 20665－2006 中的第 2 级。

6.0.6 当设计采用电机驱动压缩机的蒸气压缩循环冷水（热泵）机组，或采用名义制冷量大于 7100W 的电机驱动压缩机单元式空气调节机，或采用蒸气、热水型溴化锂吸收式冷水机组及直燃型溴化锂吸收式冷（温）水机组作为住宅小区或整栋楼的冷热源机组时，所选用机组的能效比（性能系数）应符合现行国家标准《公共建筑节能设计标准》GB 50189 中的规定值；当设计采用多联式空调（热泵）机组作为户式集中空调（采暖）机组时，所选用机组的制冷综合性能系数（IPLV（C））不应低于国家标准《多联式空调（热泵）机组能效限定值及能源效率等级》GB 21454－2008 中规定的第 3 级。

6.0.7 当选择土壤源热泵系统、浅层地下水源热泵系统、地表水（淡水、海水）源热泵系统、污水水源热泵系统作为居住区或户用空调的冷热源时，严禁破坏、污染地下资源。

6.0.8 当采用分散式房间空调器进行空调和（或）采暖时，宜选择符合国家标准《房间空气调节器能效限定值及能效等级》GB 12021.3 和《转速可控型房间空气调节器能效限定值及能源效率等级》GB 21455 中规定的节能型产品（即能效等级 2 级）。

6.0.9 当技术经济合理时，应鼓励居住建筑中采用太阳能、地热能等可再生能源，以及在居住建筑小区采用热、电、冷联产技术。

6.0.10 居住建筑通风设计应处理好室内气流组织、提高通风效率。厨房、卫生间应安装局部机械排风装置。对采用采暖、空调设备的居住建筑，宜采用带热回收的机械换气装置。

附录 A　面积和体积的计算

A.0.1 建筑面积应按各层外墙外包线围成面积的总和计算。

A.0.2 建筑体积应按建筑物外表面和底层地面围成的体积计算。

A.0.3 建筑物外表面积应按墙面面积、屋顶面积和下表面直接接触室外空气的楼板面积的总和计算。

附录 B 外墙平均传热系数的计算

B.0.1 外墙受周边热桥的影响（图 B.0.1），其平均传热系数应按下式计算：

$$K_m = \frac{K_P \cdot F_P + K_{B1} \cdot F_{B1} + K_{B2} \cdot F_{B2} + K_{B3} \cdot F_{B3}}{F_P + F_{B1} + F_{B2} + F_{B3}} \tag{B.0.1}$$

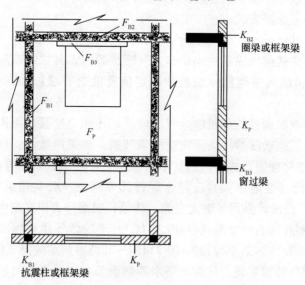

图 B.0.1 外墙主体部位与周边热桥部位示意

式中： K_m——外墙的平均传热系数 $[W/(m^2 \cdot K)]$；

  K_P——外墙主体部位的传热系数 $[W/(m^2 \cdot K)]$，应按国家标准《民用建筑热工设计规范》GB 50176–93 的规定计算；

K_{B1}、K_{B2}、K_{B3}——外墙周边热桥部位的传热系数 $[W/(m^2 \cdot K)]$；

  F_P——外墙主体部位的面积（m^2）；

F_{B1}、F_{B2}、F_{B3}——外墙周边热桥部位的面积（m^2）。

附录 C 外遮阳系数的简化计算

C.0.1 外遮阳系数应按下式计算：

$$SD = ax^2 + bx + 1 \tag{C.0.1-1}$$

$$x = A/B \tag{C.0.1-2}$$

式中：SD——外遮阳系数；

  x——外遮阳特征值，$x > 1$ 时，取 $x = 1$；

a、b——拟合系数，宜按表 C.0.1 选取；

A、B——外遮阳的构造定性尺寸，宜按图 C.0.1-1～图 C.0.1-5 确定。

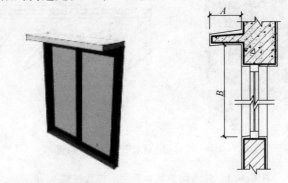

图 C.0.1-1　水平式外遮阳的特征值

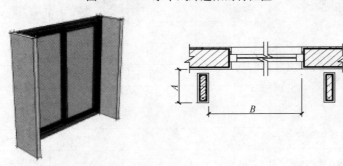

图 C.0.1-2　垂直式外遮阳的特征值

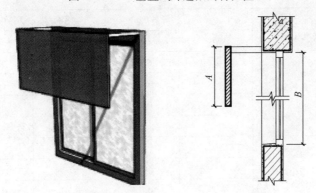

图 C.0.1-3　挡板式外遮阳的特征值

图 C.0.1-4　横百叶挡板式外遮阳的特征值

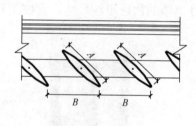

图 C.0.1-5　竖百叶挡板式外遮阳的特征值

表 C.0.1　外遮阳系数计算用的拟合系数 *a*、*b*

气候区	外遮阳基本类型		拟合系数	东	南	西	北
夏热冬冷地区	水平式 （图 C.0.1-1）		a	0.36	0.50	0.38	0.28
			b	−0.80	−0.80	−0.81	−0.54
	垂直式 （图 C.0.1-2）		a	0.24	0.33	0.24	0.48
			b	−0.54	−0.72	−0.53	−0.89
	挡板式 （图 C.0.1-3）		a	0.00	0.35	0.00	0.13
			b	−0.96	−1.00	−0.96	−0.93
	固定横百叶挡板式 （图 C.0.1-4）		a	0.50	0.50	0.52	0.37
			b	−1.20	−1.20	−1.30	−0.92
	固定竖百叶挡板式 （图 C.0.1-5）		a	0.00	0.16	0.19	0.56
			b	−0.66	−0.92	−0.71	−1.16
	活动横百叶挡板式 （图 C.0.1-4）	冬	a	0.23	0.03	0.23	0.20
			b	−0.66	−0.47	−0.69	−0.62
		夏	a	0.56	0.79	0.57	0.60
			b	−1.30	−1.40	−1.30	−1.30
	活动竖百叶挡板式 （图 C.0.1-5）	冬	a	0.29	0.14	0.31	0.20
			b	−0.87	−0.64	−0.86	−0.62
		夏	a	0.14	0.42	0.12	0.84
			b	−0.75	−1.11	−0.73	−1.47

C.0.2　组合形式的外遮阳系数，可由参加组合的各种形式遮阳的外遮阳系数的乘积来确定，单一形式的外遮阳系数应按本标准式（C.0.1-1）、式（C.0.1-2）计算。

C.0.3　当外遮阳的遮阳板采用有透光能力的材料制作时，应按下式进行修正：

$$SD = 1 - (1 - SD^*)(1 - \eta^*) \tag{C.0.3}$$

式中：SD^*——外遮阳的遮阳板采用非透明材料制作时的外遮阳系数，按本标准式
（C.0.1-1）、式（C.0.1-2）计算。

η^*——遮阳板的透射比，按表 C.0.3 选取。

表 C. 0. 3 遮阳板的透射比

遮阳板使用的材料	规 格	η^*
织物面料、玻璃钢类板	—	0.40
玻璃、有机玻璃类板	深色：$0<S_e\leqslant 0.6$	0.60
	浅色：$0.6<S_e\leqslant 0.8$	0.80
金属穿孔板	穿孔率：$0<\varphi\leqslant 0.2$	0.10
	穿孔率：$0.2<\varphi\leqslant 0.4$	0.30
	穿孔率：$0.4<\varphi\leqslant 0.6$	0.50
	穿孔率：$0.6<\varphi\leqslant 0.8$	0.70
铝合金百叶板	—	0.20
木质百叶板	—	0.25
混凝土花格	—	0.50
木质花格	—	0.45

本标准用词说明

1 为便于在执行本标准条文时区别对待，对要求严格程度不同的用词说明如下：

1）表示很严格，非这样做不可的：

正面词采用"必须"，反面词采用"严禁"；

2）表示严格，在正常情况下均应这样做的：

正面词采用"应"，反面词采用"不应"或"不得"；

3）表示允许稍有选择，在条件许可时首先应这样做的：

正面词采用"宜"，反面词采用"不宜"；

4）表示有选择，在一定条件下可以这样做的，采用"可"。

2 条文中指明应按其他有关标准执行的写法为："应符合……的规定"或"应按……执行"。

引用标准名录

1 《民用建筑热工设计规范》GB 50176-93

2 《公共建筑节能设计标准》GB 50189

3 《建筑外门窗气密、水密、抗风压性能分级及检测方法》GB/T 7106-2008

4 《房间空气调节器能效限定值及能效等级》GB 12021.3

5 《家用燃气快速热水器和燃气采暖热水炉能效限定值及能效等级》GB 20665-2006

6 《多联式空调（热泵）机组能效限定值及能源效率等级》GB 21454-2008

7 《转速可控型房间空气调节器能效限定值及能源效率等级》GB 21455